科技经费财务管理制度汇编

（2012）

科技部科研条件与财务司
财　政　部　教　科　文　司　编

科学技术文献出版社
SCIENTIFIC AND TECHNICAL DOCUMENTATION PRESS

图书在版编目(CIP)数据

科技经费财务管理制度汇编:2012/科技部科研条件与财务司,财政部教科文司编.—北京:科学技术文献出版社,2012.12

ISBN 978-7-5023-7501-0

Ⅰ.①科… Ⅱ.①科… ②财… Ⅲ.①科研经费-财务管理-规章制度-汇编-中国-2012 Ⅳ.①G322

中国版本图书馆 CIP 数据核字(2012)第 210890 号

科技经费财务管理制度汇编

策划编辑:周国臻　责任编辑:邸雁冰　马　帅　周国臻　责任出版:张志平

出 版 者　科学技术文献出版社
地　　址　北京市复兴路 15 号　邮编 100038
编 务 部　(010)58882938,58882087(传真)
发 行 部　(010)58882868,58882866(传真)
邮 购 部　(010)58882873
官方网址　http://www.stdp.com.cn
淘宝旗舰店　http://stbook.taobao.com
发 行 者　科学技术文献出版社发行　全国各地新华书店经销
印 刷 者　北京金其乐彩色印刷有限公司
版　　次　2012 年 12 月第 1 版　2012 年 12 月第 1 次印刷
开　　本　787×1092　1/16 开
字　　数　781 千
印　　张　33.5
书　　号　ISBN 978-7-5023-7501-1
定　　价　88.00 元

前　言

为贯彻落实《国家中长期科学和技术发展规划纲要(2006—2020年)》及其配套政策,规范财政科技经费管理,提高经费使用效益,科技部、财政部会同有关部门对相关科技经费管理政策进行了修改和完善,并于2007年将有关政策汇编成册,出版了《科技经费财务管理制度汇编》。该汇编自出版发行以来,受到了科研单位和广大科研人员的欢迎。

"十二五"以来,科技部、财政部根据科技经费管理改革的新任务和新要求,修订了相关的科技经费管理政策,基本建立了既适应财政管理要求,又符合科研活动规律和特点的科技经费管理制度。特别是2012年7月,党中央国务院召开了全国科技创新大会,对深化我国的科技体制改革和加快建设国家创新体系进行了战略部署。

为方面科研单位和相关人员学习、掌握和落实有关政策,我们对《科技经费财务管理制度汇编》进行了修订,重点收录了"十二五"以来出台的文件,和2006年以来出台的目前仍在继续执行的科技经费管理相关政策文件以及与科技经费管理相关的国家法律法规,可作为科技管理部门、科研单位日常科技管理工作的重要资料,也可供广大科研人员学习参考。

科技部科研条件与财务司

财 政 部 教 科 文 司

二〇一二年十二月

目　录

一、科技经费管理类

二、科技计划(专项)管理类

三、财政管理类

四、其他类

一、科技经费管理类

国务院办公厅转发财政部　科技部关于改进和加强中央财政科技经费管理若干意见的通知

国办发[2006]56号

各省、自治区、直辖市人民政府，国务院各部委、各直属机构：

财政部、科技部《关于改进和加强中央财政科技经费管理的若干意见》已经国务院同意，现转发给你们，请认真贯彻执行。

中华人民共和国国务院办公厅

二〇〇六年八月二十一日

关于改进和加强中央财政科技经费管理的若干意见

在"十一五"开局之年,党中央、国务院召开了全国科技大会,做出了增强自主创新能力、建设创新型国家的重大战略决策,对实施《国家中长期科学和技术发展规划纲要(2006—2020年)》(以下简称《规划纲要》)进行了全面部署,我国的科技事业步入了新的历史时期。为全面贯彻落实《规划纲要》及其配套政策,在确保财政科技投入稳定增长的同时,必须进一步规范财政科技经费管理,提高经费使用效益。现就改进和加强中央(民口)财政科技经费管理提出以下意见:

一、完善科技资源配置的统筹协调和决策机制

1. 完善国家科技计划(基金等)及重大科技事项的决策机制。新设立(或在每个五年规划期后需延续设立)的国家科技计划(基金等)以及涉及国民经济、社会发展和国家安全的重大科技事项,要在科学论证的基础上,报请国家科教领导小组或国务院决策。

2. 建立部(局)际联席会议制度。定期交流部门年度重点科技工作,加强部门之间科技资源配置的协调沟通,推动科技资源共建共享,减少重复、分散和浪费。

3. 加强对地方科技资源配置和科技经费管理工作的指导和协调。构建中央、地方信息沟通平台,加强中央与地方之间科技资源配置的协调,发挥地方资源优势,联合推动重大科技项目的实施,推动区域创新体系的建设。

二、优化中央财政科技投入结构

4. 财政科技投入主要用于支持市场机制不能有效配置资源的基础研究、前沿技术研究、社会公益研究、重大共性关键技术研究开发等公共科技活动。

5. 根据科研活动规律、科技工作特点和财政预算管理要求,优化中央财政科技投入结构。中央财政科技投入主要分为以下五类:

——国家科技计划(基金等)经费。主要支持对经济社会发展、国家安全和科技发展具有重大作用的科学技术研究与开发。国家自然科学基金主要支持自由探索的基础研究。

——科研机构运行经费。主要用于从事基础研究和社会公益研究的科研机构的运行保障,结合科研机构管理体制和运行机制改革,逐步提高保障水平。

——基本科研业务费。主要用于支持公益性科研机构等的优秀人才或团队开展自主选题研究。

——公益性行业科研经费。主要用于支持公益性科研任务较重的行业部门,组织开展本行业应急性、培育性、基础性科研工作。

——科研条件建设经费。主要用于支持科研基础设施建设、科研机构基础设施维修和科研仪器设备购置、科技基础条件平台建设等。

《规划纲要》确定的重大专项经国务院批准后,统筹落实专项经费,以专项计划的形式逐项

启动实施。

6. 合理配置各类财政科技经费，明确各类经费的功能定位，实行分类管理，避免重复交叉。

三、创新财政经费支持方式，推动产学研结合

7. 加大财政支持力度，改进国家科技计划（基金等）支持方式。国家有关科技计划项目要更多地反映企业重大科技需求，在具有明确市场应用前景的领域，应当由企业、高等院校、科研院所共同参与实施。建立健全产学研多种形式结合的新机制，促进科研院所与高等院校围绕企业技术创新需求服务，推动企业提高自主创新能力。

8. 财政对企业自主创新的支持要符合 WTO 和公共财政的原则，主要用于对共性技术和关键性技术研发的支持。要综合运用无偿资助、贷款贴息、风险投资等多种投入方式，加大对企业、高等院校、科研院所开展产学研合作的支持，积极推动产学研有机结合。

四、健全科研项目立项及预算评审评估制度

9. 根据不同科研项目的特点，建立健全专家咨询、政府决策的立项机制，以及科研项目预算的编制与评审制度，积极引入第三方评估，提高科研项目立项及预算的科学性和规范性。

10. 完善专家参与科研项目管理的机制，建立评审专家库，完善评审专家的遴选、回避、信用和问责制度。

11. 提高科研项目管理的透明度。在符合国家保密规定的前提下，全面实行网上申报，逐步推行网上评审，积极实施公告、公示制度。

12. 建立全国统一的科研项目数据库。在符合国家保密规定的条件下，财政支持的科研项目，从申报、评审、立项、执行到验收等信息必须全部纳入数据库，避免或减少重复申报、重复立项等现象，同时，方便科研人员和科研管理人员了解全国科研项目的信息。

五、强化科研项目经费使用的监督管理

13. 建立和完善国家科技计划（基金等）经费管理制度。严格规定科研项目经费的开支范围与开支标准，重点规范人员费、会议费、差旅费、国际合作与交流费、协作研究费等支出的管理。

14. 加强科研项目经费支出的管理。科研项目经费支出要严格按照批准的预算执行，严禁违反规定自行调整预算和挤占挪用科研项目经费，严禁各项支出超出规定的开支范围和开支标准，严禁层层转拨科研项目经费和违反规定将科研任务外包。健全科研项目经费报账制度。

15. 健全科研项目经费的内部管理制度。各科研项目承担单位应当按照国家有关财务规章制度的规定，健全科研项目经费内部管理制度。科研项目承担单位要明确科研、财务等部门及项目负责人在科研项目经费使用与管理中的职责与权限。科研项目经费必须纳入单位财务统一管理，单独设账，专款专用。科研项目结余经费应严格按照国家有关财务规章制度和财政部结余资金管理的有关规定执行，不得归项目组成员所有、长期挂账，严禁用于发放奖金和福

利支出。

16. 加强科研项目经费的监督检查。建立包括审计、财政、科技等部门和社会中介机构在内的财政科技经费监督体系,建立对科研项目的财务审计与财务验收制度。

17. 严格追究违法违纪单位和个人的责任。对违反国家财政法律制度和财经纪律的单位和个人,要给予追回财政拨款等处罚,取消其以后若干年度申请国家科研项目的资格,并向社会公告。同时建议有关部门给予单位和个人纪律处分。构成犯罪的,要依法移送司法机关追究刑事责任。

18. 逐步建立科研项目经费的绩效评价制度。对应用型科研项目,应明确项目的绩效目标,并对其执行过程与执行结果进行绩效评价。绩效评价的结果将成为单位和个人今后申请立项的重要依据。逐步建立国家科技计划(基金等)经费的绩效评价制度。

国防科技工业科技经费管理办法另行研究制订。

财政部　科技部《关于调整国家科技计划和公益性行业科研专项经费管理办法若干规定》的通知

财教[2011]434号

国务院各部委、各直属机构，总装备部，新疆生产建设兵团，各省、自治区、直辖市、计划单列市财政厅(局)、科技厅(委、局)，有关单位：

2006年，财政部、科技部共同制定了《国家重点基础研究发展计划专项经费管理办法》、《国家科技支撑计划专项经费管理办法》、《国家高技术研究发展计划(863计划)专项经费管理办法》和《公益性行业科研专项经费管理试行办法》(财教[2006]159号、160号、163号和219号，以下简称《经费管理办法》)。为进一步改革和加强科研经费管理，针对《经费管理办法》执行过程中存在的需要进一步明确和解决的问题，现就相关国家科技计划课题和公益性行业科研专项项目(以下统一简称课题)经费管理和使用的有关事项通知如下：

一、调整课题经费开支范围

为适应科研活动规律的需要，落实财政科学化精细化管理要求，建立课题间接成本补偿机制，将课题经费分为直接费用和间接费用。

1. 直接费用是指在课题研究开发过程中发生的与之直接相关的费用，主要包括设备费、材料费、测试化验加工费、燃料动力费、差旅费、会议费、国际合作与交流费、出版/文献/信息传播/知识产权事务费、劳务费、专家咨询费和其他支出等。

2. 间接费用是指承担课题任务的单位在组织实施课题过程中发生的无法在直接费用中列支的相关费用。主要包括承担课题任务的单位为课题研究提供的现有仪器设备及房屋，水、电、气、暖消耗，有关管理费用的补助支出，以及绩效支出等。其中绩效支出是指承担课题任务的单位为提高科研工作绩效安排的相关支出。

间接费用使用分段超额累退比例法计算并实行总额控制，按照不超过课题经费中直接费用扣除设备购置费后的一定比例核定，具体比例如下：

500万元及以下部分不超过20%；

超过500万元至1000万元的部分不超过13%；

超过 1000 万元的部分不超过 10%。

间接费用中绩效支出不超过直接费用扣除设备购置费后的 5%。

间接费用按课题统一核定，由课题承担单位和课题合作单位根据各自承担的研究任务和经费额度，协商提出分配方案，在课题预算(书)中明确，并分别纳入各自单位财务统一管理，统筹安排使用。其中绩效支出，应当在对科研工作进行绩效考核的基础上，结合科研人员实绩，由所在单位根据国家有关规定统筹安排。课题承担单位和课题合作单位不得在核定的间接费用以外再以任何名义在课题经费中重复提取、列支相关费用。

二、强化预算编制和评估评审要求

课题申请单位应当在认真学习理解《经费管理办法》的基础上，根据课题研究开发任务的特点和实际需要，按照政策相符性、目标相关性和经济合理性的原则，科学、合理、真实地编制课题经费预算。课题直接费用各项支出不得简单按比例编列。其中，劳务费预算没有比例限制，课题申请单位应当结合单位实际和相关人员参与课题的全时工作时间，科学合理、实事求是地编制，并严格按照《经费管理办法》规定的开支范围使用；专家咨询费预算应当按照《经费管理办法》规定的标准据实编制；设备费预算编制中应当注意严格控制设备购置，鼓励共享、试制、租赁专用仪器设备以及对现有仪器设备进行升级改造，确有必要购买的，单位应当对拟购置设备的必要性、现有同样设备的利用情况以及购置设备的开放共享方案等进行单独说明。

课题经费预算评估评审中，有关中介机构和咨询专家应当科学合理地提出预算审核建议，不得简单化地按比例核减课题直接费用预算。建立健全课题经费预算评估评审的沟通反馈机制。

三、加强资金拨付和结存结余经费的管理

科技部、相关主管部门应当按照部门预算管理的规定，提前组织课题立项等相关工作，并按照部门预算编报的时间要求及时将预算安排建议报送财政部，提高年初预算到位率。财政部及时审核并通过部门预算下达课题经费预算。科技部、相关主管部门应当按照财政国库管理有关规定及时支付资金，财政部正式批复部门预算前可以从 1 月 1 日起按“二上”预算数的 1/4 支付资金。

课题承担单位应当根据课题年度实施的实际需要申请预算，本着勤俭节约的原则合理安排支出，最大限度地减少资金的结存结余，提高课题年度预算的执行效率。

课题结存结余经费的管理按照《经费管理办法》有关规定执行。课题结存经费是指未完成课题年度经费预算减去年度实际支出后的余额，课题在研期间，结存经费应当留由课题承担单位结转下一年度按规定继续使用。课题结余经费是指课题结束或因故终止时，课题经费总预算减去实际总支出后的余额，因故终止课题结余经费还应当包括处理已购物资、材料及仪器、设备的变价收入。课题结余经费应当按原渠道收回科技部或相关主管部门，由科技部或相关主管部门按照财政部关于财政拨款结转和结余资金管理的有关规定执行。

四、简化预算调整程序

1. 课题预算总额调整，课题承担单位变更等应当按原程序报财政部批准。

2. 相关国家科技计划课题总预算不变，课题合作单位之间以及增加或减少课题合作单位的预算调整，应当按原程序报科技部批准。

3. 课题总预算不变的情况下，直接费用中材料费、测试化验加工费、燃料动力费、出版/文献/信息传播/知识产权事务费、其他支出预算如需调整，课题组和课题负责人根据实施过程中科研活动的实际需要提出申请，由课题承担单位审批，科技部或相关主管部门在中期财务检查或财务验收时予以确认。设备费、差旅费、会议费、国际合作与交流费、劳务费、专家咨询费预算一般不予调增，如需调减可按上述程序调剂用于课题其他方面支出。间接费用不得调整。

五、强化课题承担单位和课题合作单位的职责

1. 课题承担单位是课题经费使用和管理的责任主体，应当建立健全经费管理制度，完善内部控制和监督制约机制，严格课题预算调整审批程序，按时提出财务验收申请，配合做好财务审计、财务验收等工作，及时按规定办理财务结账手续，并采取有效措施切实保障科研、财务、行政等管理部门对课题实施的全面支撑，积极推动本单位现有仪器设备等科研条件对课题的开放共享。

课题合作单位应当按照《经费管理办法》的规定，对课题经费和自筹经费分别单独核算，自觉接受有关监督检查。

课题承担单位和课题合作单位应当严格执行国家关于政府采购、招投标、资产管理等的规定。行政事业单位使用课题经费形成的固定资产属于国有资产，一般由单位进行使用和管理，国家有权进行调配。企业使用课题经费形成的固定资产，按照《企业财务通则》等相关规章制度执行。

2. 课题承担单位和课题合作单位应当按照国家有关规定强化间接费用的管理，制定具体的管理办法。遵循公开、公平、公正的原则，合理统筹安排绩效支出，提升科研人员工作绩效水平。

3. 课题承担单位应当及时按预算核拨课题合作单位经费，并加强对外拨经费的监督管理。课题承担单位和课题合作单位不得层层转拨、变相转拨经费。

六、加强监督检查

1. 财政部、科技部、相关主管部门按照《经费管理办法》规定的职责分工对课题经费通过专项审计、中期财务检查、财务验收、绩效评价等多种方式实施监督检查，严肃处理各类违法违规使用经费的行为，切实维护财经法规的严肃性。

2. 建立健全信用管理机制。科技部、相关主管部门对课题承担单位和课题合作单位、课题负责人等科研人员、中介机构和咨询专家在经费管理使用、评估评审方面的信誉度进行评价和记录，作为今后参加国家科技计划和公益性行业科研专项科研和评估评审等活动的重要依据。

3．积极推进信息公开。科技部、相关主管部门应当及时对非涉密课题预算安排情况进行公示，接受社会监督；逐步探索建立课题绩效情况公示制度；积极推进对违规使用科研经费的行为进行公开。课题承担单位应当逐步建立课题信息公开制度，在单位内部对课题组人员构成、课题设备购置、预算调整、外拨经费、间接费用使用情况等进行公开。

本通知自发布之日起施行。经费管理的其他有关规定，仍按照《经费管理办法》执行，其中涉及相关国家科技计划的定位、承担单位资质、课题组织等方面与相关国家科技计划管理办法规定不一致的内容，以相关国家科技计划管理办法为准。对于2011年1月1日至通知发布期间批复总预算的课题，在批复预算总额不变的前提下，分科目预算可按本通知第一条规定相应调整。各有关部门和单位要按照本通知和《经费管理办法》的要求，加强专项经费管理，切实提高经费使用效益。执行中若有问题，请及时函告财政部、科技部。财政部、科技部将针对本通知及有关科技经费管理政策实施情况，选择有代表性的单位，进行跟踪、指导和推动政策落实，总结、评估政策实施效果。

财政部　科学技术部

二〇一一年九月十四日

财政部　科技部关于印发《国家重点基础研究发展计划专项经费管理办法》的通知

财教[2006]159号

各省、自治区、直辖市、计划单列市财政厅(局)、科技厅(委、局),国务院各部委、各直属机构,新疆生产建设兵团,各有关单位:

为贯彻落实《国家中长期科学和技术发展规划纲要(2006—2020年)》,规范和加强国家重点基础研究发展计划专项经费的管理,提高资金使用效益,根据《国务院办公厅转发财政部　科技部关于改进和加强中央财政科技经费管理若干意见的通知》(国办发[2006]56号)和国家有关财务管理制度,财政部、科技部制定了《国家重点基础研究发展计划专项经费管理办法》。现印发给你们,请遵照执行。

附件:国家重点基础研究发展计划专项经费管理办法

财政部　科学技术部

二〇〇六年九月三十日

附件:

国家重点基础研究发展计划专项经费管理办法

第一章 总 则

第一条 为贯彻落实《国家中长期科学和技术发展规划纲要(2006—2020 年)》,规范和加强国家重点基础研究发展计划(以下简称 973 计划)专项经费的管理,提高资金使用效益,根据《国务院办公厅转发财政部科技部关于改进和加强中央财政科技经费管理若干意见的通知》(国办发[2006]56 号)和国家有关财务规章制度,制定本办法。

第二条 973 计划专项经费(以下简称专项经费)来源于中央财政拨款,主要用于支持中国大陆境内具有法人资格的科研机构和高等院校开展面向国家重大战略需求的基础研究和承担相关重大科学研究计划。

专项经费优先支持国家重点研究基地及优秀团队依托单位承担 973 计划任务。

第三条 专项经费管理和使用原则:

(一)集中财力,突出重点。专项经费要集中用于支持国家确定的、由 973 计划承接的重点研究任务,保障其经费需求,避免分散使用。

(二)科学安排,合理配置。要严格按照项目的目标和任务,科学合理地编制和安排预算,杜绝随意性。

(三)单独核算,专款专用。项目和课题经费应当纳入单位财务统一管理,单独核算,确保专款专用,并建立专项经费管理和使用的追踪问效机制。

第四条 973 计划项目预算由课题预算组成。根据财政预算管理要求和 973 计划特点,课题年度预算纳入科技部部门预算管理。

第五条 科技部建立科研项目预算管理数据库,完善信息公开公示制度。将项目(课题)预算安排情况、项目和课题承担单位、首席科学家、课题负责人和课题研究人员、承担单位承诺的科研条件等内容纳入数据库进行管理,对非保密信息及时予以公开,接受社会监督。

第二章 课题经费开支范围

第六条 课题经费是指在课题组织实施过程中与研究活动直接相关的、由专项经费支付的各项费用。

第七条 课题经费的开支范围一般包括设备费、材料费、测试化验加工费、燃料动力费、差旅费、会议费、国际合作与交流费、出版/文献/信息传播/知识产权事务费、劳务费、专家咨询费、管理费等。

(一)设备费:是在指课题研究过程中购置或试制专用仪器设备,对现有仪器设备进行升级改造,以及租赁外单位仪器设备而发生的费用。专项经费要严格控制设备购置费支出。

（二）材料费：是指在课题研究过程中消耗的各种原材料、辅助材料等低值易耗品的采购及运输、装卸、整理等费用。

（三）测试化验加工费：是指在课题研究过程中支付给外单位（包括课题承担单位内部独立经济核算单位）的检验、测试、化验及加工等费用。

（四）燃料动力费：是指在课题研究过程中相关大型仪器设备、专用科学装置等运行发生的可以单独计量的水、电、气、燃料消耗费用等。

（五）差旅费：是指在课题研究过程中开展科学实验（试验）、科学考察、业务调研、学术交流等所发生的外埠差旅费、市内交通费用等。差旅费的开支标准应当按照国家有关规定执行。

（六）会议费：是指在课题研究过程中为组织开展学术研讨、咨询以及协调项目或课题等活动而发生的会议费用。课题承担单位应当按照国家有关规定，严格控制会议规模、会议数量、会议开支标准和会期。

（七）国际合作与交流费：是指在课题研究过程中课题研究人员出国及外国专家来华工作的费用。国际合作与交流费应当严格执行国家外事经费管理的有关规定。课题发生国际合作与交流费，应当事先报经首席科学家审核同意。

（八）出版/文献/信息传播/知识产权事务费：是指在课题研究过程中，需要支付的出版费、资料费、专用软件购买费、文献检索费、专业通信费、专利申请及其他知识产权事务等费用。

（九）劳务费：是指在课题研究过程中支付给课题组成员中没有工资性收入的相关人员（如在校研究生）和课题组临时聘用人员等的劳务性费用。

（十）专家咨询费：是指在课题研究过程中支付给临时聘请的咨询专家的费用。专家咨询费不得支付给参与973计划及其项目、课题管理相关的工作人员。

以会议形式组织的咨询，专家咨询费的开支一般参照高级专业技术职称人员500～800元/人天、其他专业技术人员300～500元/人天的标准执行。会期超过两天的，第三天及以后的咨询费标准参照高级专业技术职称人员300～400元/人天、其他专业技术人员200～300元/人天执行。

以通讯形式组织的咨询，专家咨询费的开支一般参照高级专业技术职称人员60～100元/人次、其他专业技术人员40～80元/人次的标准执行。

（十一）管理费：是指在课题研究过程中对使用本单位现有仪器设备及房屋，日常水、电、气、暖消耗，以及其他有关管理费用的补助支出。管理费按照课题专项经费预算分段超额累退比例法核定，核定比例如下：

课题经费预算在100万元及以下的部分按照8%的比例核定；

超过100万元至500万元的部分按照5%的比例核定；

超过500万元至1000万元的部分按照2%的比例核定；

超过1000万元的部分按照1%的比例核定。

管理费实行总额控制，由课题承担单位管理和使用。

第八条 课题研究过程中发生的除上述费用之外的其他支出，应当在申请预算时单独列示，单独核定。

第三章 预算的编制与审批

第九条 项目申报单位在申请立项、编制项目申报材料的同时,应当编制项目概算。结合重大项目的综合评审和研究专项的复评,应当对项目概算进行独立的咨询评议。咨询评议结果作为项目立项决策和控制项目总预算的重要依据,并报财政部备案。

第十条 项目确定立项后,项目第一承担单位应当会同首席科学家组织课题承担单位编制前两年课题预算。

第十一条 课题预算编制要求:

(一)课题预算的编制应当根据课题研究的合理需要,坚持目标相关性、政策相符性和经济合理性原则。

(二)课题预算编制时应当编制来源预算与支出预算。

来源预算除申请专项经费外,有自筹经费来源的,应当提供出资证明及其他相关财务资料。自筹经费包括单位的自有货币资金、专项用于该课题研究的其他货币资金等。

支出预算应当按照经费开支范围确定的支出科目和不同经费来源编列,同一支出科目一般不得同时列支专项经费和自筹经费。支出预算应当对各项支出的主要用途和测算理由等进行详细说明。

(三)有多个单位共同承担一个课题的,应当同时编列各单位承担的主要任务、经费预算等。

(四)课题预算书应当由课题负责人协助课题承担单位财务部门共同编制。

(五)编制课题预算时,应当同时申明课题承担单位的现有组织实施条件和资源,以及从单位外部可能获得的共享服务,并针对课题实施可能形成的科技资源和成果,提出社会共享的方案。

第十二条 课题预算由首席科学家协助项目第一承担单位审核汇总后报送科技部。

第十三条 科技部、财政部组织专家或委托中介机构进行课题预算评审或评估。科技部建立预算评审专家库,完善评审专家的遴选、回避、信用和问责制度。

第十四条 科技部对预算评审或评估结果进行审核,并按程序公示。对于课题预算存在重大异议的,应当按照程序进行复议。

第十五条 科技部提出项目(课题)前两年预算安排建议报财政部批复后,下达项目(课题)前两年预算。批复预算的项目(课题)应当纳入科研项目预算管理数据库统一管理,分年度滚动安排。

第十六条 科技部根据预算批复,与项目首席科学家、项目第一承担单位、课题承担单位签订前两年项目(课题)预算书,作为预算执行、监督检查和财务验收的依据。其余年度的项目(课题)预算,结合中期评审评估的结果,按照以上程序进行编制、评审评估、审核批复和签订预算书。

第十七条 项目(课题)年度预算由科技部按照部门预算编制的要求报送财政部。

第十八条 科技部根据财政部批复的预算,将课题年度预算下达到课题承担单位,并抄送项目第一承担单位。

第四章　预算执行

第十九条　专项经费的拨付按照财政资金支付管理的有关规定执行。经费使用中涉及政府采购的，按照政府采购有关规定执行。

第二十条　课题承担单位应当严格按照下达的课题预算执行，一般不予调整，确有必要调整时，应当按照以下程序进行核批：

(一)项目(课题)预算总额、课题间预算调整，应当按程序报科技部审核、财政部批准。

(二)课题总预算不变、课题合作单位之间以及增加或减少课题合作单位的预算调整，应当由项目专家组民主决策，并由项目首席科学家协助项目承担单位提出预算调整申请，报科技部核批。

(三)课题支出预算科目中劳务费、专家咨询费和管理费预算一般不予调整。其他支出科目，在不超过该科目核定预算10%，或超过10%但科目调整金额不超过5万元的，由课题承担单位根据研究需要调整执行；其他支出科目预算执行超过核定预算10%且金额在5万元以上的，由课题负责人协助课题承担单位提出调整申请，经项目首席科学家、项目第一承担单位审核同意后报科技部核批。

第二十一条　项目和课题承担单位应当严格按照本办法的规定，制定内部管理办法，加强对专项经费的监督和管理，对专项经费及其自筹经费分别进行单独核算。

第二十二条　课题承担单位应当严格按照本办法规定的课题经费开支范围和标准办理支出。严禁使用课题经费支付各种罚款、捐款、赞助、投资等，严禁以任何方式变相牟取私利。

第二十三条　课题承担单位应当按照规定编制课题经费年度决算。课题经费下达之日起至年度终了不满三个月的，当年可以不编报年度决算，其经费使用情况在下一年度的年度决算中反映。课题决算由课题承担单位财务部门会同课题负责人编制。课题决算由项目第一承担单位审核汇总后，于每年的4月20日前报送科技部。

第二十四条　在研课题的年度结存经费，结转下一年度按规定继续使用。课题因故终止，课题承担单位财务部门应当及时清理账目与资产，编制财务报告及资产清单，由项目首席科学家协助项目第一承担单位审核汇总后报送科技部，由科技部组织进行清查处理，结余经费(含处理已购物资、材料及仪器、设备的变价收入)收回科技部，由科技部按照财政部关于结余资金管理的有关规定执行。

第二十五条　预算执行过程中实行重大事项报告制度。在项目实施期间出现项目计划任务调整、首席科学家变更或调动单位、项目或课题承担单位变更等影响经费预算执行的重大事项，项目首席科学家、项目第一承担单位应当及时报科技部批准。

第二十六条　专项经费形成的固定资产属国有资产，一般由课题承担单位进行管理和使用，国家有权调配用于相关科学研究。专项经费形成的知识产权等无形资产的管理，按照国家有关规定执行。

专项经费形成的大型科学仪器设备、科学数据、自然科技资源等，按照国家有关规定开放共享，以减少重复浪费，提高资源利用效率。

第五章 监督检查

第二十七条 财政部、科技部对专项经费拨付使用情况进行监督检查。

第二十八条 973计划项目进行中期评估时，科技部会同财政部组织专家或委托中介机构对专项经费的使用和管理进行专项财务检查或评估。专项财务检查或评估的结果，作为调整项目(课题)预算安排的重要依据。

第二十九条 项目完成后，首席科学家协助项目第一承担单位及时向科技部提出财务验收申请，财务验收是进行项目和课题验收的前提。科技部负责组织对项目和课题进行财务审计与财务验收，财务审计是财务验收的重要依据。

第三十条 存在下列行为之一的，不得通过财务验收：

(一)编报虚假预算，套取国家财政资金；

(二)未对专项经费进行单独核算；

(三)截留、挤占、挪用专项经费；

(四)违反规定转拨、转移专项经费；

(五)提供虚假财务会计资料；

(六)未按规定执行和调整预算；

(七)虚假承诺、自筹经费不到位；

(八)其他违反国家财经纪律的行为。

第三十一条 项目通过验收后，各课题承担单位应当在一个月内及时办理财务结账手续。课题经费如有结余，应当及时全额上缴科技部，由科技部按照财政部关于结余资金管理的有关规定执行。

第三十二条 科技部应当结合财务审计和财务验收，逐步建立科研项目经费的绩效评价制度。

第三十三条 专项经费管理建立承诺机制。课题承担单位法定代表人、课题负责人在编报预算时应当共同签署承诺书，保证所提供信息的真实性，并对信息虚假导致的后果承担责任。

第三十四条 专项经费管理建立信用管理机制。科技部对项目首席科学家、项目和课题承担单位、课题负责人、中介机构和评审评议专家在专项经费管理方面的信誉度进行评价和记录。

第三十五条 对于预算执行过程中，不按规定管理和使用专项经费、不及时编报决算、不按规定进行会计核算的课题承担单位，科技部将会同财政部予以停拨经费或通报批评，情节严重的可以终止项目或课题。对于未通过财务验收，存在弄虚作假，截留、挪用、挤占专项经费等违反财经纪律的行为，以及不按照规定及时上缴结余经费的，科技部、财政部可以取消有关单位或个人今后三年内申请国家科研项目的资格，并向社会公告。同时建议有关部门给予单位和个人纪律处分。构成犯罪的，要依法移送司法机关追究其刑事责任。

第六章　附　则

第三十六条　本办法由财政部、科技部负责解释。

第三十七条　本办法自发布之日起施行。《国家重点基础研究专项经费财务管理办法》(国科发财字[1998]508 号)和《〈国家重点基础研究专项经费财务管理办法〉补充规定》(国科发财字[1999]280 号)同时废止。

财政部　科技部关于印发《国家科技支撑计划专项经费管理办法》的通知

财教[2006]160号

各省、自治区、直辖市、计划单列市财政厅(局)、科技厅(委、局),国务院各部委、各直属机构,新疆生产建设兵团,各有关单位:

为贯彻落实《国家中长期科学和技术发展规划纲要(2006—2020年)》,规范和加强国家科技支撑计划专项经费的管理,提高资金使用效益,根据《国务院办公厅转发财政部科技部关于改进和加强中央财政科技经费管理若干意见的通知》(国办发[2006]56号)和国家有关财务管理制度,财政部、科技部制定了《国家科技支撑计划专项经费管理办法》。现印发给你们,请遵照执行。

附件:国家科技支撑计划专项经费管理办法

财政部　科学技术部

二〇〇六年九月三十日

附件：

国家科技支撑计划专项经费管理办法

第一章 总 则

第一条 为贯彻落实《国家中长期科学和技术发展规划纲要（2006—2020年）》（以下简称《规划纲要》），规范和加强国家科技支撑计划（以下简称支撑计划）专项经费的管理，提高资金使用效益，根据《国务院办公厅转发财政部科技部关于改进和加强中央财政科技经费管理若干意见的通知》（国办发[2006]56号）和国家有关财务管理制度，制定本办法。

第二条 支撑计划专项经费（以下简称专项经费）来源于中央财政拨款，主要用于中国大陆境内具有独立法人资格的科研院所、高等院校、内资或内资控股企业等，围绕《规划纲要》重点领域及其优先主题开展重大公益技术、产业共性技术、关键技术的研究开发与应用示范。

第三条 专项经费管理和使用原则：

（一）集中财力，突出重点。专项经费要集中用于支持由支撑计划承接的重大技术研究开发与示范应用任务，防止分散使用。对反映产业重大科技需求，具有明确市场应用前景，以产学研结合方式，开展重大产业共性技术、关键技术研究开发与示范应用，能够明显提高企业自主创新能力的项目予以重点支持。

（二）分类支持，多元投入。根据项目和课题的特点，专项经费一般采取无偿资助方式给予支持，积极探索实践贷款贴息、偿还性资助、风险投资等方式，发挥政府资金引导、带动社会资金参与支撑计划项目实施的作用。

（三）科学安排，合理配置。要严格按照项目的目标和任务，科学合理地编制和安排预算，杜绝随意性。

（四）单独核算，专款专用。项目和课题经费应当纳入单位财务统一管理，单独核算，确保专款专用。专项经费管理和使用要建立面向结果的追踪问效机制。

第四条 科技部建立科研项目预算管理数据库，完善信息公开公示制度。将项目（课题）预算安排情况、项目组织单位和课题承担单位、课题负责人和课题研究人员、承担单位承诺的科研条件等内容纳入数据库进行管理，对非保密信息及时予以公开，接受社会监督。

第二章 无偿资助性项目的经费开支范围

第五条 对重大公益技术研究开发和重大产业共性、关键技术产业化前阶段的技术研究开发项目，一般以无偿资助的方式予以支持。

第六条 项目经费由课题经费组成。课题经费是指在课题组织实施过程中与研究开发活动直接相关的、由专项经费支付的各项费用。

第七条 课题经费的开支范围一般包括设备费、材料费、测试化验加工费、燃料动力费、差旅费、会议费、国际合作与交流费、出版/文献/信息传播/知识产权事务费、劳务费、专家咨询费、管理费等。

(　)设备费:是指在课题研究开发过程中购置或试制专用仪器设备,对现有仪器设备进行升级改造,以及租赁外单位仪器设备而发生的费用。专项经费要严格控制设备购置费支出。

(二)材料费:是指在课题研究开发过程中消耗的各种原材料、辅助材料等低值易耗品的采购及运输、装卸、整理等费用。

(三)测试化验加工费:是指在课题研究开发过程中支付给外单位(包括课题承担单位内部独立经济核算单位)的检验、测试、化验及加工等费用。

(四)燃料动力费:是指在课题研究开发过程中相关大型仪器设备、专用科学装置等运行发生的可以单独计量的水、电、气、燃料消耗费用等。

(五)差旅费:是指在课题研究开发过程中开展科学实验(试验)、科学考察、业务调研、学术交流等所发生的外埠差旅费、市内交通费用等。差旅费的开支标准应当按照国家有关规定执行。

(六)会议费:是指在课题研究开发过程中为组织开展学术研讨、咨询以及协调项目或课题等活动而发生的会议费用。课题承担单位应当按照国家有关规定,严格控制会议规模、会议数量、会议开支标准和会期。

(七)国际合作与交流费:是指在课题研究开发过程中课题研究人员出国及外国专家来华工作的费用。国际合作与交流费应当严格执行国家外事经费管理的有关规定。课题发生国际合作与交流费,应当事先报经项目组织单位审核同意。

(八)出版/文献/信息传播/知识产权事务费:是指在课题研究开发过程中,需要支付的出版费、资料费、专用软件购买费、文献检索费、专业通信费、专利申请及其他知识产权事务等费用。

(九)劳务费:是指在课题研究开发过程中支付给课题组成员中没有工资性收入的相关人员(如在校研究生)和课题组临时聘用人员等的劳务性费用。

(十)专家咨询费:是指在课题研究开发过程中支付给临时聘请的咨询专家的费用。专家咨询费不得支付给参与支撑计划及其项目、课题管理相关的工作人员。

以会议形式组织的咨询,专家咨询费的开支一般参照高级专业技术职称人员500～800元/人天、其他专业技术人员300～500元/人天的标准执行。会期超过两天的,第三天及以后的咨询费标准参照高级专业技术职称人员300～400元/人天、其他专业技术人员200～300元/人天执行。

以通讯形式组织的咨询,专家咨询费的开支一般参照高级专业技术职称人员60～100元/人次、其他专业技术人员40～80元/人次的标准执行。

(十一)管理费:是指在课题研究开发过程中对使用本单位现有仪器设备及房屋,日常水、电、气、暖消耗,以及其他有关管理费用的补助支出。管理费按照课题专项经费预算分段超额累退比例法核定,核定比例如下:

课题经费预算在100万元及以下的部分按照8%的比例核定;

超过100万元至500万元的部分按照5%的比例核定;

超过 500 万元至 1000 万元的部分按照 2%的比例核定；

超过 1000 万元的部分按照 1%的比例核定。

管理费实行总额控制，由课题承担单位管理和使用。

第八条 课题在研究开发过程中发生的除上述费用之外的其他支出，应当在申请预算时单独列示，单独核定。

第三章 无偿资助性项目的预算编制与审批

第九条 科技部在对征集项目进行筛选、凝练、整合时，应当同时形成项目概算。

第十条 科技部结合项目的综合咨询，对项目概算进行独立的咨询评议。咨询评议结果作为项目立项决策和控制项目总预算的重要依据，并报财政部备案。

第十一条 确定立项的项目，项目组织单位组织可行性研究，编写项目可行性研究报告时，应当包含项目概算及其分解情况等内容。科技部结合项目可行性论证，对项目概算及其分解情况等内容进行独立论证，作为组织编制课题预算的依据。

第十二条 项目组织单位在选择课题承担单位的同时，应当组织课题申报单位编制课题预算。课题预算的编制要求：

(一)课题预算的编制应当根据课题研究的合理需要，坚持目标相关性、政策相符性和经济合理性原则。

(二)课题预算编制时应当编制来源预算与支出预算。

来源预算除申请专项经费外，有自筹经费来源的，应当提供出资证明及其他相关财务资料。自筹经费包括单位的自有货币资金、专项用于该课题研究的其他货币资金等。

支出预算应当按照经费开支范围确定的支出科目和不同经费来源编列，同一支出科目一般不得同时列支专项经费和自筹经费。支出预算应当对各项支出的主要用途和测算理由等进行详细说明。

(三)有多个单位共同承担一个课题的，应当同时编列各单位承担的主要任务、经费预算等。

(四)课题预算书应当由课题负责人协助课题承担单位财务部门共同编制。

(五)编制课题预算时，应当同时申明课题承担单位的现有组织实施条件和资源，以及从单位外部可能获得的共享服务，并针对课题实施可能形成的科技资源和成果，提出社会共享的方案。

第十三条 课题预算由项目组织单位审核汇总后报送科技部，项目组织单位为地方科技厅(委、局)的，应当商同级财政部门后汇总报送。

第十四条 科技部、财政部组织专家或委托中介机构对课题预算进行评审或评估。科技部建立预算评审专家库，完善评审专家的遴选、回避、信用和问责制度。

第十五条 科技部对预算评审或评估结果进行审核，并按程序公示。对于课题预算存在重大异议的，应当按照程序进行复议。

第十六条 科技部提出项目(课题)预算安排建议报经财政部批复后，下达项目(课题)预算。批复预算的项目(课题)应当纳入科研项目预算管理数据库统一管理，分年度滚动安排。

第十七条 科技部根据预算批复，与项目组织单位、课题承担单位签订项目(课题)预算书。项目(课题)预算书是预算执行、监督检查和财务验收的重要依据。

第十八条 项目(课题)年度预算由科技部按照要求报送财政部。

第十九条 财政部批复下达项目(课题)年度预算，并抄送科技部。

第二十条 实行招标投标管理的项目(课题)，其经费预算的确定按国家招投标的有关规定执行。

第四章 无偿资助性项目的预算执行

第二十一条 专项资金的拨付，按照财政资金支付管理的有关规定执行。经费使用中涉及政府采购的，按照政府采购有关规定执行。

第二十二条 课题承担单位应当严格按照下达的课题预算执行，一般不予调整，确有必要调整时，应当按照以下程序进行核批：

(一)项目(课题)预算总额、课题间预算调整，应当按程序报科技部审核、财政部批准。

(二)课题总预算不变、课题合作单位之间以及增加或减少课题合作单位的预算调整，应当由课题负责人协助课题承担单位提出调整意见，经项目组织单位审核同意后报科技部批准。

(三)课题支出预算科目中劳务费、专家咨询费和管理费预算一般不予调整。其他支出科目，在不超过该科目核定预算10%，或超过10%但科目调整金额不超过5万元的，由课题承担单位根据研究需要调整执行；其他支出科目预算执行超过核定预算10%且金额在5万元以上的，由课题负责人协助课题承担单位提出调整意见，经项目组织单位审核同意后报科技部批准。

第二十三条 课题承担单位应当严格按照本办法的规定，制定内部管理办法，建立健全内部控制制度，加强对专项经费的监督和管理，对专项经费及其自筹经费分别进行单独核算。

第二十四条 课题承担单位应当严格按照本办法规定的课题经费开支范围和标准办理支出。严禁使用课题经费支付各种罚款、捐款、赞助、投资等，严禁以任何方式变相牟取私利。

第二十五条 课题承担单位应当按照规定编制课题经费年度财务决算报告。课题经费下达之日起至年度终了不满三个月的课题，当年可不编报年度决算，其经费使用情况在下一年度的年度决算报表中编制反映。课题决算报告由课题承担单位财务部门会同课题负责人编制。课题决算报告由项目组织单位审核汇总后，于次年的4月20日前报送科技部。

第二十六条 在研课题的年度结存经费，结转下一年度按规定继续使用。课题因故终止，课题承担单位财务部门应当及时清理账目与资产，编制财务报告及资产清单，由项目组织单位审核汇总后报送科技部，由科技部组织进行清查处理，结余经费(含处理已购物资、材料及仪器、设备的变价收入)收回原渠道，并按照财政部关于结余资金管理的有关规定执行。

第二十七条 预算执行过程中实行重大事项报告制度。在课题实施期间出现课题计划任务调整、课题负责人变更或调动单位、课题承担单位变更等影响经费预算执行的重大事项，课题负责人、课题承担单位应当及时报项目组织单位及科技部批准。

第二十八条 专项经费形成的固定资产属国有资产，一般由课题承担单位进行管理和使用，国家有权调配用于相关科学研究开发。专项经费形成的知识产权等无形资产的管理，按照国家有关规定执行。

专项经费形成的大型科学仪器设备、科学数据、自然科技资源等，按照国家有关规定开放共享，以减少重复浪费，提高资源利用效率。

第五章　无偿资助性项目的监督检查

第二十九条　财政部、科技部对专项经费拨付使用的情况进行监督检查。

第三十条　科技部会同财政部组织专家或委托中介机构对专项经费的使用和管理进行专项财务检查或中期评估。专项财务检查和中期评估的结果，将作为调整项目或课题预算安排、按进度核拨经费的重要依据。

第三十一条　项目完成后，项目组织单位应当及时向科技部提出财务验收申请，财务验收是进行项目和课题验收的前提。科技部负责组织对项目和课题进行财务审计与财务验收，财务审计是财务验收的重要依据。

第三十二条　存在下列行为之一的，不得通过财务验收：

(一)编报虚假预算，套取国家财政资金；

(二)未对专项经费进行单独核算；

(三)截留、挤占、挪用专项经费；

(四)违反规定转拨、转移专项经费；

(五)提供虚假财务会计资料；

(六)未按规定执行和调整预算；

(七)虚假承诺、自筹经费不到位；

(八)其他违反国家财经纪律的行为。

第三十三条　项目通过验收后，各课题承担单位应当在一个月内及时办理财务结账手续。课题经费如有结余，结余经费收回原渠道，并按照财政部关于结余资金管理的有关规定执行。

第三十四条　科技部应当结合财务审计和财务验收，逐步建立科研项目经费的绩效评价制度。

第三十五条　专项经费管理建立承诺机制。课题承担单位法定代表人、课题负责人在编报预算时应当共同签署承诺书，保证所提供信息的真实性，并对信息虚假导致的后果承担责任。

第三十六条　专项经费管理建立信用管理机制。科技部对项目组织单位、课题承担单位、课题负责人、中介机构和评审评议专家在专项经费管理方面的信誉度进行评价和记录。

第三十七条　对于预算执行过程中，不按规定管理和使用专项经费、不及时编报决算、不按规定进行会计核算的单位，科技部将会同财政部予以停拨经费或通报批评，情节严重的可以终止项目或课题。对于未通过财务验收，存在弄虚作假，截留、挪用、挤占专项经费等违反财经纪律的行为，科技部、财政部可以取消有关单位或个人今后三年内申请国家科研项目的资格，并向社会公告。同时建议有关部门给予纪律处分。构成犯罪的，依法移送司法机关追究刑事责任。

第六章　贷款贴息

第三十八条　对已获得支撑计划(含原国家科技攻关计划)专项经费支持,且具有明确产品导向或产业化前景,并能形成一定生产能力规模的项目,可以采取贷款贴息的方式继续予以支持。对预期能够自主创新、形成自主知识产权的项目予以重点支持。

第三十九条　申请贷款贴息的项目承担单位应当同时具备以下条件:

(一)中国大陆境内具有独立法人资格的内资或内资控股企业;

(二)具有科技成果转化和扩散所必需的研发、产业化条件;

(三)该项目已获得一年期以上的银行贷款(包括政策性银行的软贷款,不包括一年以下的流动资金贷款)支持,并能够提供贷款合同、银行付息单等材料。

第四十条　根据贷款用于项目的实际支出水平,贷款贴息额为当年发生利息额的50%,贴息时间不超过3年,贴息总额度最高不超过500万元。

第四十一条　符合申请贷款贴息条件的企业,应当按照有关要求向科技部提出申请。科技部、财政部组织专家或委托中介机构对申请贷款贴息的项目进行评审评估。重点评价项目的市场前景、社会经济效益、技术创新性、技术可行性、风险性以及申报单位的经营管理水平等。

第四十二条　科技部根据评审评估意见,核定贴息金额,报财政部批准后,按照财政资金拨付的有关规定将贴息资金拨付给贷款银行或项目承担单位。

第七章　其他资助方式

第四十三条　积极探索其他资助方式,引导社会资金进入科技领域,通过市场机制促进自主创新。其他资助方式主要包括风险投资、偿还性资助等。

第四十四条　对已获得支撑计划(含原国家科技攻关计划)专项经费支持,且具有明确产品导向或产业化前景、并能形成一定生产规模,但未获得金融机构融资支持的应用示范项目,可以采用风险投资或偿还性资助方式继续予以支持。

第四十五条　风险投资、偿还性资助的具体管理办法另行制定。

第八章　附　则

第四十六条　本办法由财政部、科技部负责解释。

第四十七条　本办法自发布之日起施行,此前发布的相关管理办法中与本办法相抵触的,以本办法为准。

财政部　科技部　总装备部关于印发《国家高技术研究发展计划(863 计划)专项经费管理办法》的通知

财教[2006]163 号

国务院各部委、各直属机构，新疆生产建设兵团，各省、自治区、直辖市、计划单列市财政厅(局)、科技厅(委、局)，各有关单位：

为贯彻落实《国家中长期科学和技术发展规划纲要(2006—2020 年)》，规范和加强国家高技术研究发展计划专项经费的管理，提高资金使用效益，根据《国务院办公厅转发财政部科技部关于改进和加强中央财政科技经费管理若干意见的通知》(国办发[2006]56 号)和国家有关财务管理制度，财政部、科技部、总装备部制定了《国家高技术研究发展计划(863 计划)专项经费管理办法》。现印发给你们，请遵照执行。

附件：国家高技术研究发展计划(863 计划)专项经费管理办法

财政部　科技部　总装备部

二〇〇六年十月十日

附件:

国家高技术研究发展计划(863计划)专项经费管理办法

第一章 总 则

第一条 为贯彻落实《国家中长期科学和技术发展规划纲要(2006—2020年)》(以下简称《规划纲要》),规范和加强国家高技术研究发展计划(以下简称863计划)专项经费的管理,提高资金使用效益,根据《国务院办公厅转发财政部科技部关于改进和加强中央财政科技经费管理若干意见的通知》(国办发[2006]56号)和国家有关财务规章制度,制定本办法。

第二条 863计划专项经费(以下简称专项经费)来源于中央财政拨款。主要用于支持中国大陆境内具有独立法人资格的科研院所、高等院校、内资或内资控股企业等,围绕《规划纲要》提出的前沿技术和部分重点领域中的重大任务开展研究工作。

第三条 专项经费管理和使用原则:

(一)集中财力、突出重点。专项经费要集中用于支持事关国家长远发展和国家安全的战略性、前沿性和前瞻性高技术研究开发,防止分散使用。

(二)科学安排,合理配置。要严格按照项目的目标和任务,科学合理地编制和安排预算,杜绝随意性。

(三)单独核算,专款专用。项目和课题经费应当纳入单位财务统一管理,单独核算,确保专款专用。专项经费管理和使用要建立面向结果的追踪问效机制。

第四条 863计划由科技部牵头负责,并会同总装备部组织实施(科技部和总装备部以下简称组织实施部门)。组织实施部门设立863计划联合办公室(以下简称联办),同时按领域设立领域办公室(以下简称领域办)。

第五条 863计划领域内设专题和项目,专题下设课题,项目由课题组成。根据财政预算管理要求和863计划特点,课题年度预算纳入组织实施部门部门预算管理。

第六条 科技部建立科研项目预算管理数据库,完善信息公开公示制度。将项目(课题)预算安排情况、项目牵头(主持)单位和课题承担单位、课题负责人和课题研究人员、承担单位承诺的科研条件等内容纳入数据库进行管理,对非保密信息及时予以公开,接受社会监督。

第二章 课题经费开支范围

第七条 课题经费是指在课题组织实施过程中与研究开发活动直接相关的、由专项经费支付的各项费用。

第八条 课题经费的开支范围一般包括设备费、材料费、测试化验加工费、燃料动力费、差旅费、会议费、国际合作与交流费、出版/文献/信息传播/知识产权事务费、劳务费、专家咨询费、管理费等。

(一)设备费:是指在课题研究开发过程中购置或试制专用仪器设备,对现有仪器设备进行升级改造,以及租赁外单位仪器设备而发生的费用。专项经费要严格控制设备购置费支出。

(二)材料费:是指在课题研究开发过程中消耗的各种原材料、辅助材料等低值易耗品的采购及运输、装卸、整理等费用。

(三)测试化验加工费:是指在课题研究开发过程中支付给外单位(包括课题承担单位内部独立经济核算单位)的检验、测试、化验及加工等费用。

(四)燃料动力费:是指在课题研究开发过程中相关大型仪器设备、专用科学装置等运行发生的可以单独计量的水、电、气、燃料消耗费用等。

(五)差旅费:是指在课题研究开发过程中开展科学实验(试验)、科学考察、业务调研、学术交流等所发生的外埠差旅费、市内交通费用等。差旅费的开支标准应当按照国家有关规定执行。

(六)会议费:是指在课题研究开发过程中为组织开展学术研讨、咨询以及协调项目或课题等活动而发生的会议费用。课题承担单位应当按照国家有关规定,严格控制会议规模、会议数量、会议开支标准和会期。

(七)国际合作与交流费:是指在课题研究开发过程中课题研究人员出国及外国专家来华工作的费用。国际合作与交流费应当严格执行国家外事经费管理的有关规定。课题发生国际合作与交流费时,重大项目课题、重点项目课题应当事先报经项目总体专家组或项目牵头(主持)单位审核同意。

(八)出版/文献/信息传播/知识产权事务费:是指在课题研究开发过程中,需要支付的出版费、资料费、专用软件购买费、文献检索费、专业通信费、专利申请及其他知识产权事务等费用。

(九)劳务费:是指在课题研究开发过程中支付给课题组成员中没有工资性收入的相关人员(如在校研究生)和课题组临时聘用人员等的劳务性费用。

(十)专家咨询费:是指在课题研究开发过程中支付给临时聘请的咨询专家的费用。专家咨询费不得支付给参与863计划及其项目、课题管理相关的工作人员。

以会议形式组织的咨询,专家咨询费的开支一般参照高级专业技术职称人员500～800元/人天、其他专业技术人员300～500元/人天的标准执行。会期超过两天的,第三天及以后的咨询费标准参照高级专业技术职称人员300～400元/人天、其他专业技术人员200～300元/人天执行。

以通讯形式组织的咨询,专家咨询费的开支一般参照高级专业技术职称人员60～100元/人次、其他专业技术人员40～80元/人次的标准执行。

(十一)管理费:是指在课题研究开发过程中对使用本单位现有仪器设备及房屋,日常水、电、气、暖消耗,以及其他有关管理费用的补助支出。管理费按照课题专项经费预算分段超额累退比例法核定,核定比例如下:

课题经费预算在100万元及以下的部分按照8%的比例核定;

超过100万元至500万元的部分按照5%的比例核定;

超过500万元至1000万元的部分按照2%的比例核定；

超过1000万元的部分按照1%的比例核定。

管理费实行总额控制，由课题承担单位管理和使用。

第九条 课题在研究开发过程中发生的除上述费用之外的其他支出，应当在申请预算时单独列示，单独核定。

第三章 预算的编制与审批

第十条 领域办在组织研究提出本领域专题设置以及提出项目立项建议时，应当同时编制概算。

第十一条 在对专题设置和项目立项建议进行综合审议、审核时，应当对概算进行独立的咨询评议。咨询评议结果作为专题设置和项目立项决策，以及各专题、项目总预算控制的重要依据，并报财政部备案。

第十二条 经批准的重大项目立项建议，在研究提出实施方案建议时，应当包含项目概算及其分解情况等内容。组织实施部门结合重大项目实施方案论证，对项目概算及其分解情况等内容进行独立论证，作为组织编制课题预算的依据。

第十三条 各专题、项目在选择课题承担单位的同时，应当组织课题申报单位编制课题预算。课题预算的编制要求：

(一)课题预算的编制应当根据课题研究的合理需要，坚持目标相关性、政策相符性和经济合理性原则。

(二)课题预算编制时应当编制来源预算与支出预算。

来源预算除申请专项经费外，有自筹经费来源的，应当提供出资证明及其他相关财务资料。自筹经费包括单位的自有货币资金、专项用于该课题研究的其他货币资金等。

支出预算应当按照经费开支范围确定的支出科目和不同经费来源编列，同一支出科目一般不得同时列支专项经费和自筹经费。支出预算应当对各项支出的主要用途和测算理由等进行详细说明。

(三)有多个单位共同承担一个课题的，应当同时编列各单位承担的主要任务、经费预算等。

(四)课题预算书应当由课题负责人协助课题承担单位财务部门共同编制。

(五)编制课题预算时，应当同时申明课题承担单位的现有组织实施条件和资源，以及从单位外部可能获得的共享服务，并针对课题实施可能形成的科技资源和成果，提出社会共享的方案。

第十四条 课题预算按照有关要求经审核、汇总后报送组织实施部门。

组织实施部门、财政部组织专家或委托中介机构对课题预算进行评审或评估。组织实施部门建立预算评审专家库，完善评审专家的遴选、回避、信用和问责制度。

第十五条 组织实施部门对预算评审或评估结果进行审核，在符合保密规定的前提下，按程序公示。对于课题预算存在重大异议的，应当按照程序进行复议。

第十六条 组织实施部门按照财政预算管理的要求，提出项目(课题)预算安排建议报经财政部批复后，下达项目（课题）预算。批复预算的项目（课题）应当纳入科研项目预算管理数据库统一管理，分年度滚动安排。

第十七条 组织实施部门根据预算批复，与项目牵头（主持）单位、课题承担单位签订项目（课题）预算书。项目（课题）预算书是预算执行、监督检查和财务验收的重要依据。

第十八条 项目（课题）年度预算由组织实施部门按照部门预算编制的要求报送财政部。

第十九条 组织实施部门根据财政部批复的预算，将课题年度预算下达到课题承担单位，并抄送项目牵头（主持）单位。

第二十条 实行招标投标管理的项目（课题），其经费预算的确定按国家招投标的有关规定执行。

第四章 预算执行

第二十一条 专项资金的拨付，按照财政资金支付管理的有关规定执行。经费使用中涉及政府采购的，按照政府采购有关规定执行。

第二十二条 课题承担单位应当严格按照下达的课题预算执行，一般不予调整，确有必要调整时，应当按照以下程序进行核批：

（一）项目（课题）预算总额、课题间预算调整，应当按程序报组织实施部门审核、财政部批准。

（二）课题总预算不变、课题合作单位之间以及增加或减少课题合作单位的预算调整，应当由课题负责人协助课题承担单位提出调整意见，按程序报组织实施部门批准。

（三）课题支出预算科目中劳务费、专家咨询费和管理费预算一般不予调整。其他支出科目，在不超过该科目核定预算10%，或超过10%但科目调整金额不超过5万元的，由课题承担单位根据研究需要调整执行；其他支出科目预算执行超过核定预算10%且金额在5万元以上的，由课题负责人协助课题承担单位提出调整意见，按程序报组织实施部门批准。

第二十三条 课题承担单位应当严格按照本办法的规定，制定内部管理办法，建立健全内部控制制度，加强对专项经费的监督和管理，对专项经费及其自筹经费分别进行单独核算。

第二十四条 课题承担单位应当严格按照本办法规定的课题经费开支范围和标准办理支出。严禁使用课题经费支付各种罚款、捐款、赞助、投资等，严禁以任何方式变相牟取私利。

第二十五条 课题承担单位应当按照规定编制课题经费年度财务决算报告。课题经费下达之日起至年度终了不满三个月的课题，当年可不编报年度决算，其经费使用情况在下一年度的年度决算报表中编制反映。课题决算报告由课题承担单位财务部门会同课题负责人编制。课题决算报告按程序经审核、汇总后，于次年的4月20日前报送组织实施部门。

第二十六条 在研课题的年度结存经费，结转下一年度按规定继续使用。课题因故终止，课题承担单位财务部门应当及时清理账目与资产，编制财务报告及资产清单，按程序经审核、汇总后报送组织实施部门，由组织实施部门组织进行清查处理，结余经费（含处理已购物资、材料及仪器、设备的变价收入）收回组织实施部门，由组织实施部门按照财政部关于结余资金管理的有关规定执行。

第二十七条 预算执行过程中实行重大事项报告制度。在课题实施期间出现课题计划任务调整、课题负责人变更或调动单位、课题承担单位变更等影响经费预算执行的重大事项，课题负责人、课题承担单位应当及时按程序报组织实施部门批准。

第二十八条 专项经费形成的固定资产属国有资产，一般由课题承担单位进行管理和使用，国家有权调配用于相关科学研究开发。专项经费形成的知识产权等无形资产的管理，按照国家有关规定执行。

专项经费形成的大型科学仪器设备、科学数据、自然科技资源等，按照国家有关规定开放共享，以减少重复浪费，提高资源利用效率。

第五章 监督检查

第二十九条 财政部、组织实施部门对专项经费拨付使用情况进行监督检查。

第三十条 组织实施部门会同财政部组织专家或委托中介机构对专项经费的使用和管理进行专项财务检查或中期评估。专项财务检查和中期评估的结果，将作为调整项目(课题)预算安排、按进度核拨经费的重要依据。

第三十一条 项目(课题)完成后，项目牵头(主持)单位或课题承担单位应当及时向组织实施部门提出财务验收申请，财务验收是进行项目(课题)验收的前提。组织实施部门负责组织对项目(课题)进行财务审计与财务验收，财务审计是财务验收的重要依据。

第三十二条 存在下列行为之一的，不得通过财务验收：

(一)编报虚假预算，套取国家财政资金；

(二)未对专项经费进行单独核算；

(三)截留、挤占、挪用专项经费；

(四)违反规定转拨、转移专项经费；

(五)提供虚假财务会计资料；

(六)未按规定执行和调整预算；

(七)虚假承诺、自筹经费不到位；

(八)其他违反国家财经纪律的行为。

第三十三条 项目(课题)通过验收后，各课题承担单位应当在一个月内及时办理财务结账手续。课题经费如有结余，应当及时全额上缴组织实施部门，由组织实施部门按照财政部关于结余资金管理的有关规定执行。

第三十四条 组织实施部门应当结合财务审计和财务验收，逐步建立科研项目经费的绩效评价制度。

第三十五条 专项经费管理建立承诺机制。课题承担单位法定代表人、课题负责人在编报预算时应当共同签署承诺书，保证所提供信息的真实性，并对信息虚假导致的后果承担责任。

第三十六条 专项经费管理建立信用管理机制。组织实施部门对项目牵头(主持)单位、课题承担单位、课题负责人、中介机构和评审评议专家在专项经费管理方面的信誉度进行评价和记录。

第三十七条 对于预算执行过程中，不按规定管理和使用专项经费、不及时编报决算、不按规定进行会计核算的单位，组织实施部门将会同财政部予以停拨经费或通报批评，情节严重的可以终止项目或课题。对于未通过财务验收，存在弄虚作假，截留、挪用、挤占专项经费等违反财经纪律的行为，组织实施部门、财政部可以取消有关单位或个人今后三年内申请国家科研项目的资格，并向社会公告。同时建议有关部门给予纪律处分。构成犯罪的，依法移送司法机关追究刑事责任。

第六章　附　则

第三十八条　本办法由财政部、科技部和总装备部负责解释。

第三十九条　本办法自发布之日起施行。《国家高技术研究发展计划专项经费管理办法》(财教[2001]207号)同时废止。

财政部　科技部关于印发《公益性行业科研专项经费管理试行办法》的通知

财教[2006]219 号

各试点部门(单位)：

为贯彻落实《国家中长期科学和技术发展规划纲要(2006—2020 年)》，支持开展公益性行业科研工作，中央财政设立公益性行业科研专项经费(以下简称专项经费)。自 2006 年起，选择部分公益特点突出、行业科研任务较重的部门，先行开展试点。为规范和加强专项经费的管理，提高资金使用效益，根据《国务院办公厅转发财政部　科技部关于改进和加强中央财政科技经费管理若干意见的通知》(国办发[2006]56 号)和国家有关财务管理制度，财政部、科技部制定了《公益性行业科研专项经费管理试行办法》。现印发给你们，请遵照执行。

附件：公益性行业科研专项经费管理试行办法

财政部　科技部

二〇〇六年十一月三日

附件：

公益性行业科研专项经费管理试行办法

第一章 总 则

第一条 为贯彻落实《国家中长期科学和技术发展规划纲要（2006—2020 年）》（以下简称《规划纲要》），支持开展公益性行业科研工作，根据《国务院办公厅转发财政部科技部关于改进和加强中央财政科技经费管理若干意见的通知》（国办发[2006]56 号），中央财政设立公益性行业科研专项经费（以下简称专项经费）。为规范和加强专项经费的管理，提高资金使用效益，制定本办法。

第二条 专项经费主要用于支持公益性科研任务较重的国务院所属行业主管部门（以下简称行业主管部门），围绕《规划纲要》重点领域和优先主题，组织开展本行业应急性、培育性、基础性科研工作。主要包括：

（一）行业应用基础研究；

（二）行业重大公益性技术前期预研；

（三）行业实用技术研究开发；

（四）国家标准和行业重要技术标准研究；

（五）计量、检验检测技术研究。

第三条 专项经费管理和使用的原则：

（一）明确目标，突出重点。专项经费支持的项目要有明确的绩效目标，充分体现行业科研的特点与重点，并且与国家科技计划支持的项目合理区分层次，做好与国家科技计划项目的衔接。专项下只设项目层次，项目不分解，避免专项经费分散使用。

（二）权责明确，规范管理。专项经费管理各方权责明确、各负其责，坚持政府决策与专家咨询相结合，实行决策、实施、监督相互独立、相互制约的管理机制。

（三）科学安排，整合协调。要严格按照项目的目标，科学合理地编制和安排预算，杜绝随意性。要加强科技资源的统筹协调和有效整合。

（四）专款专用，追踪问效。要严格按照国家有关财务制度的规定，将专项经费纳入单位财务统一管理，单独核算，确保专款专用，并建立面向结果的追踪问效机制。

第四条 根据专项经费项目类型特点，一般采取招标或者择优委托方式确定项目承担单位。项目承担单位一般为中国大陆境内具有独立法人资格的科研院所、高等院校和内资或内资控股企业等。

第五条 行业主管部门系统外的单位承担专项经费项目的财政资金应当占各行业专项经费的一定比例，具体比例由行业主管部门确定并报送财政部备案。

第二章　组织管理体系

第六条　行业主管部门应当在财政部、科技部的指导下，组织来自行业主管部门以外的相关部门的管理代表和来自行业协会、科研院所、高等院校等方面的科技、管理、经济等领域的专家，成立专项经费管理咨询委员会(以下简称委员会)。专项经费项目组成员和其他可能影响公正的人员，不得担任委员会成员。委员会下可以根据需要设立专家组。

委员会成员一般不少于9人，其中应当保证40%以上的本部门及直属单位以外的人员。委员会主任由行业主管部门领导担任。委员会成员名单报送财政部、科技部备案。

第七条　财政部和科技部的主要职责是：

(一)财政部会同科技部制定专项经费管理办法；

(二)科技部负责对行业主管部门报送的专项经费项目建议提出协调意见；

(三)财政部会同科技部组织专项经费项目预算评审评估；

(四)财政部负责核批专项经费项目总预算及年度预算；

(五)财政部会同科技部组织抽取项目进行项目实施情况年度检查和财务审计，逐步建立专项经费的绩效评价制度。

第八条　行业主管部门的主要职责是：

(一)制定本行业科技发展战略规划；

(二)负责委员会的组建和管理工作；

(三)审核委员会提出的项目建议，并提出项目预算及年度预算安排建议方案；

(四)确定项目承担单位，与项目承担单位签订项目任务书；

(五)组织项目实施方案的评审和协作攻关；

(六)协调处理项目执行中的重大问题，组织监督检查、财务审计、项目验收和对项目经费的绩效考评。

第九条　委员会的主要职责是：

(一)根据行业科技发展战略规划，向行业主管部门提出专项经费项目建议；

(二)提出项目承担单位选择方式建议；

(三)对项目执行的全过程发挥咨询评议作用。

第十条　项目承担单位的主要职责是：

(一)按照要求编制项目实施方案和项目预算；

(二)按照签订的项目任务书具体实施项目，按照规定管理和使用项目经费，落实项目约定支付的自筹经费及其他配套条件；

(三)接受监督检查、验收和绩效考评。

第三章　项目及其预算审批程序

第十一条　行业主管部门结合《规划纲要》的目标和任务以及本行业科技发展的实际需要，在国家五年规划期第一年制定本行业科技发展战略规划，报送科技部、财政部备案。

第十二条　委员会根据行业科技发展战略规划，围绕确定的目标、任务和实际需求，提出专项经费项目建议，由行业主管部门审核后于每年 4 月底前报送科技部、财政部。项目建议的要求是：

(一)具有明确的目标和考核指标；

(二)完成后能够直接投入应用或具有较强应用前景；

(三)与国家科技计划项目层次区分清楚，避免重复交叉。

第十三条 科技部对行业主管部门报送的项目建议进行审核，对于与国家科技计划项目的重复交叉和各行业主管部门项目之间的重复交叉提出协调意见，于每年 5 月底前反馈行业主管部门，同时抄送财政部。

第十四条 行业主管部门根据科技部的反馈意见，委托委员会对项目进行调整，并由委员会提出项目承担单位选择方式建议报送行业主管部门。

第十五条 行业主管部门根据委员会提出的项目承担单位选择方式建议，采取择优委托或者招投标方式确定项目承担单位，并组织项目承担单位编制项目实施方案和项目预算。

第十六条 项目实施方案的主要内容包括：

(一)项目总体目标、年度目标；

(二)项目研究任务、技术路线和组织实施方式；

(三)项目分年度实施方案；

(四)项目承担单位已有科研条件。

第十七条 项目预算编制的要求是：

(一)项目预算的编制应当根据项目任务的合理需要，坚持目标相关性、政策相符性和经济合理性原则。

(二)项目预算编制时应当同时编制来源预算与支出预算。

来源预算除申请专项经费外，有自筹经费来源的，应当提供出资证明及其他相关财务资料。自筹经费包括单位的自有货币资金、专项用于该项目研究的其他货币资金等。

支出预算应当按照经费开支范围确定的支出科目和不同经费来源编列，同一支出科目一般不得同时列支专项经费和自筹经费。支出预算应当对各项支出的主要用途和测算理由等进行详细说明。

(三)有多个单位共同承担一个项目的，要同时编制列示各单位承担的主要任务、经费预算等。

(四)项目预算由项目负责人协助项目承担单位财务部门共同编制。

(五)编制项目预算时，需要同时申明项目承担单位的现有组织实施条件和资源，以及从单位外部可能获得的共享服务，并针对项目实施可能形成的科技资源和成果，提出社会共享的方案。

第十八条 行业主管部门组织专家对项目实施方案进行评审。行业主管部门建立评审专家库，建立和完善评审专家的遴选、回避、信用和问责制度。

第十九条 行业主管部门根据评审结果，提出专项经费项目预算安排建议，按照优先顺序排序后于每年 7 月底前一并报送财政部。

第二十条 财政部会同科技部组织专家或委托中介机构进行项目预算评审评估。

第二十一条 财政部根据预算评审评估结果,批复项目总预算,并抄送科技部。

第二十二条 行业主管部门根据财政部批复的项目总预算,与项目承担单位签订项目任务书,下达项目总预算。批复预算的项目应当纳入全国科研项目预算管理数据库统一管理,分年度滚动安排。

第二十三条 行业主管部门根据财政部部门预算编制的要求和批复的项目总预算,在部门预算"一上"时报送年度项目预算。

第二十四条 财政部结合财力情况,核批年度项目预算。

第二十五条 实行招标投标管理的项目,按照国家招投标的有关规定执行。

第二十六条 专项经费预算安排可以探索实行"项目先启动、依据成果后补助"等方式。

第四章 项目经费开支范围

第二十七条 项目经费是指在项目组织实施过程中与研究开发活动直接相关的、由专项经费支付的各项费用。

第二十八条 项目经费的开支范围一般包括设备费、材料费、测试化验加工费、燃料动力费、差旅费、会议费、国际合作与交流费、出版/文献/信息传播/知识产权事务费、劳务费、专家咨询费、管理费等。

(一)设备费:是指在项目研究开发过程中购置或试制专用仪器设备,对现有仪器设备进行升级改造,以及租赁外单位仪器设备而发生的费用。专项经费要严格控制设备购置费支出。

(二)材料费:是指在项目研究开发过程中消耗的各种原材料、辅助材料等低值易耗品的采购及运输、装卸、整理等费用。

(三)测试化验加工费:是指在项目研究开发过程中支付给外单位(包括项目承担单位内部独立经济核算单位)的检验、测试、化验及加工等费用。

(四)燃料动力费:是指在项目研究开发过程中相关大型仪器设备、专用科学装置等运行发生的可以单独计量的水、电、气、燃料消耗费用等。

(五)差旅费:是指在项目研究开发过程中开展科学实验(试验)、科学考察、业务调研、学术交流等所发生的外埠差旅费、市内交通费用等。差旅费的开支标准应当按照国家有关规定执行。

(六)会议费:是指在项目研究开发过程中为组织开展学术研讨、咨询以及协调项目或项目等活动而发生的会议费用。项目承担单位应当按照国家有关规定,严格控制会议规模、会议数量、会议开支标准和会期。

(七)国际合作与交流费:是指在项目研究开发过程中项目研究人员出国及外国专家来华工作的费用。国际合作与交流费应当严格执行国家外事经费管理的有关规定。项目发生国际合作与交流费时,应当事先报经行业主管部门审核同意。

(八)出版/文献/信息传播/知识产权事务费:是指在项目研究开发过程中,需要支付的出版费、资料费、专用软件购买费、文献检索费、专业通信费、专利申请及其他知识产权事务等费用。

(九)劳务费:是指在项目研究开发过程中支付给项目组成员中没有工资性收入的相关人

员（如在校研究生）和项目组临时聘用人员等的劳务性费用。

（十）专家咨询费：是指在项目研究开发过程中支付给临时聘请的咨询专家的费用。专家咨询费不得支付给参与专项经费及其项目管理相关的工作人员。

以会议形式组织的咨询，专家咨询费的开支一般参照高级专业技术职称人员500～800元/人天、其他专业技术人员300～500元/人天的标准执行。会期超过两天的，第三天及以后的咨询费标准参照高级专业技术职称人员300～400元/人天、其他专业技术人员200～300元/人天执行。

以通讯形式组织的咨询，专家咨询费的开支一般参照高级专业技术职称人员60～100元/人次、其他专业技术人员40～80元/人次的标准执行。

（十一）管理费：是指在项目研究开发过程中对使用本单位现有仪器设备及房屋，日常水、电、气、暖消耗，以及其他有关管理费用的补助支出。管理费按照项目专项经费预算分段超额累退比例法核定，核定比例如下：

项目经费预算在100万元及以下的部分按照8%的比例核定；

超过100万元至500万元的部分按照5%的比例核定；

超过500万元至1000万元的部分按照2%的比例核定；

超过1000万元的部分按照1%的比例核定。

管理费实行总额控制，由项目承担单位管理和使用。

第二十九条　项目在研究开发过程中发生的除上述费用之外的其他支出，应当在申请预算时单独列示，单独核定。

第五章　项目及其预算执行

第三十条　项目承担单位根据与行业主管部门签订的项目任务书开展项目研究开发工作。

第三十一条　项目执行过程中实行重大事项报告制度。在项目实施期间出现项目计划任务调整、项目负责人变更或调动单位、项目承担单位变更等重大事项，项目负责人和项目承担单位应当及时报行业主管部门批准。

第三十二条　项目执行的全过程中应当充分发挥委员会的咨询评议作用。

第三十三条　专项经费的拨付按照财政资金支付管理的有关规定执行。经费使用中涉及政府采购的，按照政府采购有关规定执行。

第三十四条　项目承担单位应当严格按照下达的项目预算执行，一般不予调整。确有必要调整时，应当按照以下程序审批：

（一）项目预算、项目年度预算总额的调整应当报经财政部批准。

（二）项目支出预算科目中劳务费、专家咨询费和管理费预算一般不予调整。其他支出科目，在不超过该科目核定预算10%，或超过10%但科目调整金额不超过5万元的，由项目承担单位根据研究需要调整执行；其他支出科目预算执行超过核定预算10%且金额在5万元以上的，由项目承担单位提出调整意见按程序报行业主管部门批准。

第三十五条　项目承担单位应当严格按照本办法的规定，制定内部管理办法，建立健全内部控制制度，加强对专项经费的监督和管理，对专项经费及其自筹经费分别进行单独核算。

第三十六条 项目承担单位应当严格按照本办法规定的经费开支范围和标准办理支出。严禁使用项目经费支付各种罚款、捐款、赞助、投资等，严禁以任何方式变相牟取私利。

第三十七条 项目承担单位应当按照规定编制项目经费年度专项决算。项目经费下达之日起至年度终了不满三个月的，当年可以不编报年度专项决算，其经费使用情况在下一年度的年度专项决算中反映。项目经费决算由项目承担单位财务部门编制，于每年的4月20日前将上年度专项决算报送行业主管部门，行业主管部门审核汇总后于每年的5月20日前报送财政部。

第三十八条 在研项目的年度结存经费，结转下一年度按规定继续使用。项目因故终止，项目承担单位财务部门应当及时清理账目与资产，编制财务报告及资产清单，按程序报送行业主管部门。行业主管部门组织进行清查处理，剩余经费（含处理已购物资、材料及仪器、设备的变价收入）收回行业主管部门，由行业主管部门按照财政部关于结余资金管理的有关规定执行。

第三十九条 专项经费形成的固定资产属国有资产，一般由项目承担单位进行管理和使用，国家有权调配用于相关科学研究开发。专项经费形成的知识产权等无形资产的管理，按照国家有关规定执行。

专项实施中所需的仪器设备应当尽量采取共享方式取得。专项经费形成的大型科学仪器设备、科学数据、自然科技资源等，按照国家有关规定开放共享，减少重复浪费，提高资源利用效率。

项目承担单位应当建立规范、健全的项目科学数据记录和报告制度，按照行业主管部门的要求及时上报项目有关数据。

第六章 监督检查与绩效考评

第四十条 财政部、科技部对专项经费拨付使用情况进行监督检查。

第四十一条 行业主管部门应当按照规定加强对项目实施的监督检查、验收和绩效考评。

第四十二条 项目完成后，项目承担单位应当及时向行业主管部门提出项目验收申请。项目验收分为财务验收和业务验收两个阶段，财务验收是进行业务验收的前提。

第四十三条 行业主管部门负责组织对项目进行财务审计与财务验收，财务审计是财务验收的重要依据。存在下列行为之一的，不得通过财务验收：

（一）编报虚假预算，套取国家财政资金；

（二）未对专项经费进行单独核算；

（三）截留、挤占、挪用专项经费；

（四）违反规定转拨、转移专项经费；

（五）提供虚假财务会计资料；

（六）未按规定执行和调整预算；

（七）虚假承诺、自筹经费不到位；

（八）其他违反国家财经纪律的行为。

第四十四条 财务验收完成后，行业主管部门组织业务验收。存在下列行为之一的，不得通过业务验收：

（一）项目、项目目标任务完成不到85%；

（二）所提供的验收文件、资料、数据不真实，存在弄虚作假；

（三）未经申请或批准，项目承担单位、项目负责人、项目目标、研究内容、技术路线等发生变更；

（四）超过下达的项目任务执行年限半年以上未完成，并且事先未做出说明。

第四十五条 项目通过验收后，项目承担单位应当在一个月内及时办理财务结账手续。项目经费如有结余，应当及时全额上缴行业主管部门，由行业主管部门按照财政部关于结余资金管理的有关规定执行。

第四十六条 行业主管部门应当结合财务验收和业务验收，逐步建立对项目经费的绩效考评制度。

第四十七条 行业主管部门负责制定对未通过验收以及其他违反相关管理规定的行为追究责任的规定。

第四十八条 财政部会同科技部组织抽取项目进行项目实施情况年度检查和财务审计，逐步建立专项经费的绩效评价制度。

第四十九条 年度检查、财务审计和绩效评价的结果将作为调整分行业专项经费预算规模的重要依据。

第七章 附 则

第五十条 行业主管部门可以根据本办法制定相关具体办法，报财政部、科技部备案。

第五十一条 本办法由财政部、科技部负责解释。

第五十二条 本办法自发布之日起施行。

财政部　科技部关于印发《国际科技合作与交流专项经费管理办法》的通知

财教[2007]428号

国务院有关部委、有关直属机构，有关转制科研机构，各省、自治区、直辖市、计划单列市财政厅（局）、科技厅（委、局），新疆生产建设兵团，有关单位：

为贯彻落实《国家中长期科学和技术发展规划纲要（2006—2020年）》（国发[2005]44号），进一步规范和加强国际科技合作与交流专项经费的管理，推动国际科技合作与交流，根据《国务院办公厅转发财政部科技部关于改进和加强中央财政科技经费管理若干意见的通知》（国办发[2006]56号）和国家有关财务规章制度，财政部、科技部制定了《国际科技合作与交流专项经费管理办法》。现印发给你们，请遵照执行。

附件：国际科技合作与交流专项经费管理办法

财政部　科技部

二〇〇七年十二月十九日

附件：

国际科技合作与交流专项经费管理办法

第一章 总 则

第一条 为贯彻落实《国家中长期科学和技术发展规划纲要（2006—2020 年）》（国发[2005]44 号，以下简称《规划纲要》），规范和加强国际科技合作与交流专项经费（以下简称专项经费）的管理，提高资金使用效益，根据《国务院办公厅转发财政部科技部关于改进和加强中央财政科技经费管理若干意见的通知》（国办发[2006]56 号）和国家有关财务规章制度，制定本办法。

第二条 专项经费来源于中央财政拨款，主要用于支持依法在中国境内成立，具有法人资格的科研机构、高等学校、内资或者内资控股企业开展的高水平国际科技合作与交流项目。

第三条 专项经费由财政部、科技部共同管理，科技部负责具体组织实施。

第四条 专项经费项目的组织实施按照“集中力量、突出重点、政府引导、合理配置、专款专用”的原则，紧密围绕建设创新型国家的总体目标和《规划纲要》的重点任务与要求，以提高我国自主创新能力为中心，服务于社会主义现代化建设和国家外交工作两个大局，充分利用全球科技资源，促进我国科技进步和国家竞争力的提高。

第五条 科技部建立专项经费项目管理数据库。将项目预算安排情况、项目承担单位及项目负责人、承担单位承诺的科研投入、外方合作单位及科研投入、合作研发成果及知识产权管理情况等内容纳入数据库进行管理。

在不违反国家对外合作政策与对外合作协议及承诺，以及财政管理有关规定的前提下，科技部建立专项经费信息公开公示制度，对非保密信息予以公开，接受社会监督。

第二章 支持重点和开支范围

第六条 专项经费重点支持符合以下条件的国际科技合作与交流项目：

（一）通过政府间双边和多边科技合作协定或者协议框架确定，并对我国科技、经济、社会发展和总体外交工作有重要支撑作用的政府间科技合作与交流项目。

（二）立足国民经济、社会可持续发展和国家安全的重大需求，符合国家对外科技合作政策目标，着力解决制约我国经济、科技发展的重大科学问题和关键技术问题，具有高层次、高水平、紧迫性特点的国际科技合作与交流项目。

（三）与国外一流科研机构、著名大学开展实质性合作研发，能够吸引海外杰出科技人才或者优秀创新团队来华从事短期或者长期工作，有利于推动我国国际科技合作基地建设，有利于增强自主创新能力，实现“项目—人才—基地”相结合的国际科技合作与交流项目。

专项经费不支持国内成熟技术产业化和属于基本建设支出范围的国际科技合作与交流

项目。

第七条 专项经费主要用于支付在项目组织实施过程中发生的，与国际科技合作与交流直接相关的各项费用。其开支范围主要包括设备费、材料费、测试化验加工费、燃料动力费、技术引进费、差旅费、会议费、合作交流费、出版/文献/信息传播/知识产权事务费、劳务费、专家咨询费、管理费和其他费用。

(一)设备费：是指在项目组织实施过程中购置或者试制专用仪器设备，对现有仪器设备进行升级改造，以及租赁外单位仪器设备而发生的费用。专项经费要严格控制设备购置费支出。

(二)材料费：是指在项目组织实施过程中消耗的各种原材料、辅助材料等低值易耗品的采购及运输、装卸、整理等费用。

(三)测试化验加工费：是指在项目组织实施过程中支付给外单位(包括课题承担单位内部独立经济核算单位)的检验、测试、化验及加工等费用。

(四)燃料动力费：是指在项目组织实施过程中相关大型仪器设备、专用科学装置等运行发生的可以单独计量的水、电、气、燃料消耗费用等。

(五)技术引进费：是指在项目组织实施过程中用于引进必要的国外先进适用技术经费。

(六)差旅费：是指在项目组织实施过程中开展科学实验(试验)、科学考察、业务调研、学术交流等所发生的外埠差旅费、市内交通费用等。差旅费的开支标准应当按照国家有关规定执行。

(七)会议费：是指在项目组织实施过程中为组织开展学术研讨、咨询以及协调项目等活动而发生的会议费用。项目承担单位应当按照国家有关规定，严格控制会议规模、会议数量、会议开支标准和会期。

(八)合作交流费：是指在项目组织实施过程中项目研究人员出国及外国专家来华工作的费用。合作交流费应当严格执行国家外事经费管理的有关规定。

(九)出版/文献/信息传播/知识产权事务费：是指在项目组织实施过程中，需要支付的出版费、资料费、专用软件购买费、文献检索费、专业通信费、专利申请及其他知识产权事务等费用。

(十)劳务费：是指在项目组织实施过程中支付给没有工资性收入的项目组成员(如在校研究生)和项目组临时聘用人员等的劳务性费用，以及聘请海外专家来华进行合作研发、技术培训、业务指导、讲学等支出的劳务性费用。支付给海外专家的劳务费标准应当与国内同等水平人员的标准相一致。

(十一)专家咨询费：是指在项目组织实施过程中支付给临时聘请专家的咨询费用。专家咨询费不得支付给参与项目组织实施及其管理相关的人员。

以会议形式组织的咨询，专家咨询费的开支一般参照高级专业技术职称人员500元～800元/人天、其他专业技术人员300元～500元/人天的标准执行。会期超过两天的，超出期间的咨询费标准参照高级专业技术职称人员300元～400元/人天、其他专业技术人员200元～300元/人天执行。

以通讯形式组织的咨询，专家咨询费的开支一般参照高级专业技术职称人员60元～100元/人次、其他专业技术人员40元～80元/人次的标准执行。

（十二）管理费：是指在项目组织实施过程中对使用本单位现有仪器设备及房屋，日常水、电、气、暖消耗，以及其他有关管理费用的补助支出。管理费按照项目专项经费预算分段超额累退比例法核定，核定比例如下：

项目经费预算在100万元及以下的部分按照8%的比例核定；

超过100万元至500万元的部分按照5%的比例核定；

超过500万元至1000万元的部分按照2%的比例核定；

超过1000万元的部分按照1%的比例核定。

项目管理费实行总额控制，由项目承担单位管理和使用。

（十三）其他费用：是指在项目组织实施过程中围绕关键技术引进和优秀人才引进，且无法在上述科目列支的费用。专项经费严格控制其他费用支出，加强审核和监督。确有需要的，原则上采用后补助的方式资助，按照预算调整的有关程序报批。

第三章　申请和立项

第八条　申请专项经费必须经国务院有关部门、中央直属企事业单位的国际科技合作或科技主管部门、地方省级科技厅（委、局）推荐，并具备以下条件：

（一）项目承担单位与外方合作单位有良好合作基础，且与外方合作单位签订了合作协议或者意向书。

（二）外方合作单位具有较强的技术实力或者较高的科研水平，并有一定人员、资金或设备投入。特殊情况下，外方合作单位可以技术投入（包括知识产权、专有技术和资料等）的方式参与合作。

（三）科技部根据对外科技合作政策认为应当具备的其他申请条件。

第九条　科技部对各推荐部门推荐的项目进行初步审查，并组织专家或委托中介机构组织专家（包括同行专家、财务管理专家、国际科技合作管理专家及科技发展战略专家）对项目申请材料进行评审或评估。

第十条　对于专项经费需求超过500万元的重大项目，项目承担单位在编制项目申报材料时，应当同时编制项目概算及其任务分解等材料。

科技部组织有关专家对重大项目的申报材料和项目概算及其任务分解等材料进行咨询评议。咨询评议结果作为重大项目立项决策以及总预算控制的重要依据，并报财政部备案。

第十一条　科技部根据立项评审或评估意见，结合国家科技发展战略和外交政策，择优确定专项经费支持项目，并通知项目申请单位编制项目预算。

第四章　预算编制和审批

第十二条　项目申请单位在接到科技部编制项目预算通知后，应当组织本单位财务部门会同项目负责人编制项目预算，并按本办法及通知要求编制完毕后报送科技部。

第十三条　项目预算编制要求：

（一）项目预算的编制应根据合作研发与交流的合理需要，坚持目标相关性、政策相符性和经济合理性原则。

(二)项目预算编制时要编制来源预算与支出预算。

来源预算除申请专项经费外,有自筹经费、外方投入经费来源的,需提供出资证明及其他相关财务资料。自筹经费包括单位的自有货币资金、专项用于合作研发与交流的其他货币资金等。外方投入经费是指外方投入的由中方支配和使用的货币资金。外方投入中不由中方支配、使用的货币资金,以及设备、人员、技术等非货币资金投入不列入来源预算,但应在来源预算说明中予以明确,包括外方各种投入的主要用途、使用方案,以及外方投入与合作研发成果、知识产权分享的关系。

支出预算按照经费开支范围确定的支出科目和不同经费来源编列,同一支出科目一般不得同时列支专项经费、自筹经费和外方投入经费。支出预算应当对各项支出的主要用途和测算理由等进行详细说明。

(三)由多个单位共同承担一个项目的,应当同时编制列示各单位承担的主要任务、经费预算等。

(四)编制项目预算时,项目申请单位应当申明项目承担单位的现有组织实施条件和资源,以及从单位外部可能获得的共享服务;应当对项目实施可能形成的,由中方享有全部产权的科技资源和成果,提出社会共享方案;由合作各方共同享有产权的科技资源和成果,应当提供合作协议约定的共享方案及使用方案。

第十四条 科技部、财政部组织专家或委托中介机构组织专家(包括财务管理专家、同行专家、国际科技合作管理专家)对项目预算进行评审或评估,并对预算评审或评估结果进行审核。对于项目预算存在重大异议的,应当按照程序进行复评。

第十五条 科技部按照财政科技经费管理的要求,提出项目预算安排建议报财政部批复后,向项目申请单位下达项目立项批复和预算批复,并抄送项目推荐部门。项目预算应当纳入科研项目管理数据库统一管理,重大项目应分年度滚动安排。

第十六条 项目申请单位在接到科技部下达的项目预算及项目立项批复后,即为项目承担单位。

第五章 预算执行

第十七条 科技部根据项目立项批复和预算批复,与项目推荐部门、项目承担单位签订项目任务合同书和项目预算书。项目任务合同书和项目预算书是项目和预算执行、监督检查和财务验收的重要依据。

第十八条 专项经费的拨付,按照财政资金支付管理的有关规定执行。

第十九条 项目承担单位应当严格按照下达的项目预算执行,一般不予调整,确有必要调整时,应当按照以下程序进行核批:

项目预算总额预算调整,应当按程序报科技部审核、财政部批准。

项目总预算不变、项目合作单位之间以及增加或者减少项目合作单位的预算调整,应由项目负责人提出调整意见,项目承担单位核定后,按程序报科技部批准。

项目支出预算科目中劳务费、专家咨询费和管理费预算一般不予调整。其他支出科目,在不超过该科目核定预算 10%,或超过 10%(含 10%)但科目调整金额不超过 5 万元的,由项目承担单位根据研究需要调整执行；其他支出科目预算执行超过核定预算 10%（含 10%）且金额在 5 万元（含 5 万元）以上的，由项目负责人提出调整意见，项目承担单位核定后，按程序报科技部批准。

第二十条 项目承担单位要严格按照本办法的规定，制定内部管理办法，建立健全内部控制制度，加强对专项经费的监督和管理，对专项经费、自筹经费以及外方投入经费分别进行核算。

第二十一条 项目承担单位应当严格按照本办法规定的项目经费开支范围和标准办理支出。严禁使用项目经费支付各种罚款、捐款、赞助、投资等，严禁以任何方式变相谋取私利。

第二十二条 项目承担单位应当按照规定编制专项资金年度财务决算报告。项目研究经费下达之日起至年度终了不满三个月的项目，当年可不编报年度决算，其经费使用情况在下一年度的年度决算报表中编制反映。项目决算报告由项目承担单位财务部门会同项目负责人编制。项目决算报告按程序经审核、汇总后，于次年的 4 月 20 日前报送科技部。

第二十三条 在研项目的年度结存经费，结转下一年度按规定继续使用。项目因故终止，项目承担单位财务部门应及时清理账目与资产，编制财务报告及资产清单，按程序经审核、汇总后报送科技部，由科技部组织进行清查处理，剩余经费（含处理已购物资、材料及仪器、设备的变价收入）收回科技部，由科技部按照财政部关于结余资金管理的有关规定执行。

第二十四条 预算执行过程中实行重大事项报告制度。在项目实施期间出现项目计划任务调整、项目负责人变更或调动单位、项目承担单位变更等影响经费预算执行的重大事项，项目负责人、项目承担单位应当及时按程序报科技部。

第二十五条 专项经费形成的固定资产属国有资产，一般由承担单位进行管理和使用，国家可以调配用于相关科学研究与开发。

第二十六条 专项经费形成的，以及外方投入由中方拥有的大型科学仪器设备、科学数据、自然科技资源等，按照国家有关规定开放共享，以减少重复浪费，提高资源利用效率。

第六章 合作成果与知识产权管理

第二十七条 专项经费项目的知识产权管理和保护应遵循平等互利、尊重协议、信守承诺的原则，遵守我国相关知识产权法律法规以及我国参加或者与合作国签订的有关知识产权保护的国际公约或者双边条约。

第二十八条 科技部在与项目承担单位签署的项目任务合同书中，应当明确约定该项目的知识产权具体目标、保护方式、属于中方部分的权利归属与分享以及项目承担单位的管理职责等事项。

第二十九条 项目承担单位在与外方合作单位签订项目合作协议时，应当设立知识产权专门条款或者双方另行签署专门的知识产权协议，对合作中所涉及或产生的知识产权归属及权益分配、违约责任、争议处理等知识产权事项做出具体约定，并按照原项目申请渠道报科技部备案。

专项经费项目所产生的研究成果及其形成的知识产权中属于中方的部分，除涉及国家安全、国家利益和重大社会公共利益以及项目任务合同书或合作协议中另有约定的以外，依照

《关于国家科研计划项目研究成果知识产权管理若干规定》(国办发[2002]30号)授予项目承担单位。项目承担单位可以依法自主决定实施、许可他人实施、转让、作价入股等,并取得相应的收益,具体规定依照科技部发布的《关于国际科技合作项目知识产权管理的暂行规定》(国科发外字[2006]479号)执行。

第七章　监督检查

第三十条　财政部、科技部对专项经费拨付使用情况进行监督检查。

第三十一条　科技部会同财政部组织专家或委托中介机构对专项经费的使用和管理进行专项财务检查或中期评估。专项财务检查和中期评估的结果,将作为调整项目预算安排、按进度核拨经费的重要依据。

第三十二条　项目完成后,项目承担单位应当及时向科技部提出财务验收申请。项目承担单位通过财务验收后才可进行项目验收。

科技部负责组织对项目进行财务审计与财务验收。财务审计是财务验收的重要依据。

第三十三条　存在下列行为之一的,不得通过财务验收:

(一)编报虚假预算,套取国家财政资金;

(二)未对专项经费进行单独核算;

(三)截留、挤占、挪用专项经费;

(四)违反规定转拨、转移专项经费;

(五)提供虚假财务会计资料;

(六)未按规定执行和调整预算;

(七)虚假承诺、自筹经费不到位;

(八)其他违反国家财经纪律、损害国家利益、危害国家安全的行为。

第三十四条　项目通过验收后,各项目承担单位应当在一个月内及时办理财务结账手续。项目经费如有结余,应当及时全额上缴科技部,由科技部按照财政部关于结余资金管理的有关规定执行。

第三十五条　科技部应当结合财务审计和财务验收,建立科研项目经费的绩效评价制度。

第三十六条　专项经费管理建立承诺机制。项目承担单位法定代表人、项目负责人在编报预算时应当共同签署承诺书,保证所提供信息的真实性,并对信息虚假导致的后果承担责任。

第三十七条　专项经费管理建立信用管理机制。科技部对项目推荐部门、项目承担单位、项目负责人、中介机构和评审评议专家在专项经费管理方面的信誉度进行评价和记录。

第三十八条　对于预算执行过程中,不按规定管理和使用专项经费、不及时编报决算、不按规定进行会计核算的项目承担单位,科技部将会同财政部予以停拨经费或通报批评,情节严重的可以终止项目。对于未通过财务验收,存在弄虚作假,截留、挪用、挤占专项经费等违反财经纪律的行为,科技部、财政部可以取消有关单位或个人今后三年内申请国家科研项目的资格,并向社会公告。同时建议有关部门给予纪律处分。涉嫌犯罪的,移送司法机关。

第八章　附　则

第三十九条　本办法由财政部、科技部负责解释。

第四十条　本办法自发布之日起施行。《国际科技合作与交流专项经费管理暂行办法》（国科发财字[2001]367 号）和《关于调整国际科技合作与交流专项资金支持对象的通知》（国科发财字[2003]463 号）同时废止。

财政部　科技部　发展和改革委员会关于印发《民口科技重大专项资金管理暂行办法》的通知

财教[2009]218号

各民口科技重大专项领导小组组长单位、牵头组织单位，国务院有关部委、有关直属机构，各省、自治区、直辖市、计划单列市财政厅（局）、科技厅（委、局）、发展改革委（局），新疆生产建设兵团财务局、科技局、发展改革委，各有关单位：

为了保障民口科技重大专项（以下简称重大专项）的组织实施，规范和加强重大专项资金管理，根据《国务院办公厅关于印发组织实施科技重大专项若干工作规则的通知》及国家有关财政财务管理制度，结合重大专项管理特点，我们制定了《民口科技重大专项资金管理暂行办法》。现印发给你们，请遵照执行。

《民口科技重大专项资金管理暂行办法》执行过程中，如遇到有关问题，请及时反馈财政部。

附件：民口科技重大专项资金管理暂行办法

财政部　科技部　发展和改革委员会

二〇〇九年九月二日

附件：

民口科技重大专项资金管理暂行办法

第一章 总 则

第一条 为了保障《国家中长期科学和技术发展规划纲要(2006—2020年)》确定的民口科技重大专项(以下简称"重大专项")的组织实施,规范和加强重大专项资金管理,根据《国务院办公厅关于印发组织实施科技重大专项若干工作规则的通知》及国家有关财政财务管理制度,结合重大专项管理特点,制定本办法。

第二条 重大专项的资金来源坚持多元化原则,包括中央财政资金、地方财政资金、单位自筹资金以及从其他渠道获得的资金。各种渠道获得的资金都应当按照"专款专用、单独核算、注重绩效"的原则使用和管理。

本办法主要规范中央财政安排的重大专项资金(以下简称"重大专项资金")的使用和管理。其他来源的资金应当按照相关资金提供方对资金使用和管理的具体要求,统筹安排和使用。

第三条 重大专项资金主要用于支持中国大陆境内具有独立法人资格,各重大专项领导小组批准承担重大专项任务的科研院所、高等院校、企业等,开展重大专项实施过程中市场机制不能有效配置资源的基础性和公益性研究,以及企业竞争前的共性技术和重大关键技术研究开发等公共科技活动,并对重大技术装备进入市场的产业化前期工作予以适当支持。

第四条 结合重大专项组织实施的要求和项目(课题)的特点,采取前补助、后补助等财政支持方式。

对于基础性和公益性研究,以及重大共性关键技术研究、开发、集成等公共科技活动,一般采取前补助方式支持。对于具有明确的、可考核的产品目标和产业化目标的项目(课题),以及具有相同研发目标和任务、并由多个单位分别开展研发的项目(课题),一般采取后补助方式支持。

具体支持方式,由牵头组织单位结合项目(课题)特点和承担单位性质在编制实施计划时明确,经领导小组审核后,作为科技部、发展改革委和财政部(以下简称"三部门")综合平衡的内容之一。

第五条 重大专项资金纳入国库单一账户体系,实行国库集中支付。资金支付纳入国库动态监控体系管理。

第二章 管理机构与职责

第六条 按照重大专项的组织管理体系,重大专项资金实行分级管理,分级负责。三部门、财政部、重大专项领导小组、牵头组织单位和项目(课题)承担单位根据各自职责,分别负责重大专项资金管理的相关工作。

第七条 财政部、科技部、发展改革委共同研究制定重大专项资金管理办法;开展实施计划综合平衡工作,统筹协调重大专项与科技计划、国家重大工程以及存量科技资源的关系,作为预算编制和审核的前提和基础。

第八条 财政部根据重大专项资金管理办法和三部门综合平衡意见,组织重大专项预算评审并核批重大专项项目(课题)总预算和年度预算;指导和督查预算执行情况,审核、批复重大专项实施中的重大预算调整;审核、批复重大专项决算等。

第九条 领导小组负责协调牵头组织单位编制重大专项项目(课题)总预算和年度预算,与牵头组织单位共同落实中央财政资金以外其他渠道资金及相关配套条件,组织开展重大专项资金的监督与检查等相关工作。

第十条 牵头组织单位是重大专项资金管理的责任主体,负责组织项目(课题)承担单位编报重大专项项目(课题)总预算和年度预算;按规定程序审核汇总项目(课题)总预算和年度预算建议方案;会同领导小组落实中央财政资金以外其他渠道资金及相关配套条件;负责建立符合重大专项特点的重大专项资金内部监管机制,保证重大专项资金使用的规范性、安全性和有效性;对重大专项实施中的重大预算调整提出建议,按规定审核项目(课题)预算执行中的一般性调整;组织项目(课题)承担单位编报重大专项资金决算,报告资金使用情况;组织进行财务验收等。

第十一条 项目(课题)承担单位是项目(课题)经费使用和管理的责任主体,负责编制和执行所承担的重大专项项目(课题)预算;按规定使用和管理重大专项资金;落实单位自筹资金及其他配套条件;严格执行各项财务规章制度并接受监督检查和验收;编报重大专项资金决算,报告资金使用情况等。

第三章 资金核定方式及开支范围

第十二条 重大专项资金由项目(课题)经费、不可预见费和管理工作经费组成,分别核定与管理。

第十三条 重大专项项目(课题)经费由直接费用和间接费用组成。

(一)直接费用是指在项目(课题)实施过程(包括研究、中间试验试制等阶段)中发生的与之直接相关的费用。主要包括:

1. 设备费:是指在项目(课题)实施过程中购置或试制专用仪器设备,对现有仪器设备进行升级改造,以及租赁使用外单位仪器设备而发生的费用。各项目(课题)承担单位应当严格控制设备购置费支出。对于使用重大专项资金购置的单台/套/件价格在200万元以上的仪器设备,应当按照《中央级新购大型科学仪器设备联合评议工作管理办法(试行)》的有关规定执行。

2. 材料费:是指在项目(课题)实施过程中由于消耗各种必需的原材料、辅助材料等低值易耗品而发生的采购、运输、装卸和整理等费用。

3. 测试化验加工费:是指在项目(课题)实施过程中由于承担单位自身的技术、工艺和设备等条件的限制,必须支付给外单位(包括项目和课题承担单位内部独立经济核算单位)的检验、测试、设计、化验及加工等费用。

4. 燃料动力费:是指在项目(课题)实施过程中相关大型仪器设备、专用科学装置等运行发生的可以单独计量的水、电、气、燃料消耗费用等。

5. 差旅费:是指在项目(课题)实施过程中开展科学实验(试验)、科学考察、业务调研、学术交流等所发生的外埠差旅费、市内交通费用等。差旅费的开支标准应当按照国家有关规定执行。

6. 会议费:是指在项目(课题)实施过程中为组织开展相关的学术研讨、咨询以及协调任务等活动而发生的会议费用。应当参照国家有关规定,严格控制会议数量、规模、开支标准和会期。

7. 国际合作与交流费:是指在项目(课题)实施过程中相关人员出国及外国专家来华工作而发生的费用。国际合作与交流费应当执行国家外事经费管理的有关规定。

8. 出版/文献/信息传播/知识产权事务费:是指在项目(课题)实施过程中,需要支付的出版费、资料费、专用软件购买费、文献检索费、专业通信费、专利申请及其他知识产权事务等费用。

9. 劳务费:是指在项目(课题)实施过程中支付给项目(课题)组成人员中没有工资性收入的相关研发人员(如在校研究生等)和临时聘用人员等的劳务性费用。项目(课题)承担单位聘用的参与重大专项研究任务的优秀高校毕业生在聘用期内所需的劳务性费用和有关社会保险费补助,可以在劳务费中列支。

10. 专家咨询费:是指在项目(课题)实施过程中支付给临时聘请的咨询专家的费用。专家咨询费不得支付给参与重大专项项目(课题)研究及其管理相关的工作人员。专家咨询费的开支标准见下表:

咨询专家	咨询方式	标准(元)	
具有或相当于高级专业技术职称的人员	会议咨询	500~800(人/天)(第1、2天)	300~400(人/天)(第3天以后)
	通讯咨询	60~100(人/个项目或课题)	
其他人员	会议咨询	300~500(人/天)(第1、2天)	200~300(人/天)(第3天以后)
	通讯咨询	40~80(人/个项目或课题)	

11. 基本建设费:是指重大专项实施过程中发生的房屋建筑物购建、专用设备购置等基本建设支出,应当单独列示,并参照基本建设财务制度执行。

12. 其他费用:是指在重大专项项目(课题)实施过程中除上述支出项目之外的其他直接相关的支出。其他费用应当在申请预算时单独列示,单独核定。

同一支出项目一般不得同时编列不同渠道的资金。

(二)间接费用是指项目(课题)承担单位在组织实施重大专项过程中发生的无法在直接费用中列支的相关费用。主要包括承担单位为项目(课题)研究提供的现有仪器设备及房屋,日常水、电、气、暖消耗,有关管理费用的补助支出,以及承担单位用于科研人员激励的相关支出等。

间接费用由财政部根据重大专项、项目(课题)的特点、项目(课题)承担单位性质等因素核定。间接费用一般不超过直接费用扣除设备购置费和基本建设费后的13%,其中用于科研人员激励的相关支出一般不超过直接费用扣除设备购置费和基本建设费后的5%。

间接费用由项目(课题)承担单位统筹使用和管理。间接费用中用于科研人员激励支出的部分,应当在对科研人员进行绩效考核的基础上,结合科研实绩,由所在单位根据国家有关规定统筹安排。

第十四条 不可预见费是指为应对重大专项实施过程中发生的不可预见因素安排的资金,由财政部统一管理。项目(课题)承担单位因不可预见因素需要追加预算时,应当按照规定程序报财政部审核批复。

第十五条 重大专项管理工作经费是指在重大专项组织实施过程中,三部门、重大专项领导小组、牵头组织单位等承担重大专项管理职能且不直接承担项目(课题)的有关部门和单位,开展与实施重大专项相关的组织、协调等管理性工作所需费用,由财政部单独核定。

第四章 前补助项目(课题)预算管理

第十六条 前补助是指项目(课题)立项后核定预算,并按照项目(课题)执行进度拨付经费的财政支持方式。

第十七条 重大专项前补助项目(课题)预算包括收入预算和支出预算,应当全面反映重大专项组织实施过程中的各项收入与支出,做到收支平衡。

第十八条 重大专项前补助项目(课题)收入预算包括中央财政资金、地方财政资金、单位自筹资金以及从其他渠道获得的资金。收入预算的编制,应当根据各重大专项的目标、任务和实施阶段,合理确定政府投入资金和其他渠道资金使用的方向和重点。领导小组、牵头组织单位和项目(课题)承担单位应当根据重大专项实施方案和实施计划,落实除中央财政资金以外的其他渠道的资金。项目(课题)承担单位编制重大专项项目(课题)预算时,应当提供其他渠道资金来源证明,领导小组和牵头组织单位汇总项目(课题)预算时予以重点审核。

第十九条 重大专项前补助项目(课题)支出预算包括直接费用和间接费用。支出预算的编制,应当围绕重大专项确定的项目(课题)目标,坚持目标相关性、政策相符性和经济合理性原则,有科学的测算依据并经过充分论证,以满足实施重大专项的合理需要。

第二十条 牵头组织单位根据国务院审议通过的重大专项实施方案,确定项目(课题)及其承担单位。组织项目(课题)承担单位财务部门会同科技管理部门编制项目(课题)总预算和年度预算,作为实施计划的组成内容,按规定程序逐级上报至三部门进行综合平衡。

第二十一条 牵头组织单位根据三部门综合平衡意见,组织修改和完善项目(课题)总预算和年度预算,由财务部门会同科技管理部门汇总编制重大专项预算建议方案,按规定程序在当年"一上"部门预算前一个月报送财政部,同时抄送科技部和发展改革委。有两个及以上牵头组织单位的,由第一牵头组织单位联合其他牵头组织单位汇总报送。

第二十二条 财政部组织重大专项预算评审,结合评审结果及当年财力状况,批复重大专项项目(课题)总预算与分年度预算。牵头组织单位应当根据项目(课题)立项批复和财政部批复的项目(课题)总预算与分年度预算,与项目(课题)承担单位签订任务合同书。

第二十三条 财政部根据批复的重大专项项目(课题)总预算与分年度预算,确定下年度项目(课题)预算控制数,下达至牵头组织单位,同时抄送科技部、发展改革委和领导小组组长单位。有多个牵头组织单位的,预算控制数分别下达至各牵头组织单位。

第二十四条 牵头组织单位根据下达的年度预算控制数,组织编报“二上”预算。

第二十五条 财政部按照法定预算程序正式批复牵头组织单位重大专项项目(课题)年度预算,并将批复情况函告科技部、发展改革委和领导小组组长单位。

“极大规模集成电路制造装备及成套工艺”重大专项按照地方专款预算管理的有关程序执行。

第二十六条 重大专项资金纳入国库单一账户体系管理,实行国库集中支付。项目(课题)承担单位应当按规定开立特设账户。牵头组织单位应当按照批复的预算、用款计划、实施进度和规定程序,及时通过国库集中支付方式,将资金支付到财政部门批准项目(课题)承担单位开设的重大专项资金特设账户。特设账户纳入国库动态监控体系管理。特设账户开立等事项,按照国库集中支付制度有关规定执行。

第二十七条 牵头组织单位负责组织项目(课题)预算的执行。重大专项资金根据项目(课题)实施进度和关键节点任务完成情况进行拨款。牵头组织单位应当根据任务合同书,在合理划分项目(课题)研发阶段和关键节点、明确关键节点的任务、研发进度及重大专项资金拨付条件的基础上,考核各项目(课题)的阶段目标和关键任务节点的完成情况,并据此在1个月内提出用款计划,财政部审核后支付资金。

第二十八条 项目(课题)承担单位应当严格按照批复的预算执行,并通过特设账户管理和核算重大专项资金。

项目(课题)预算一般不予调整,确需调整的,应当履行相关程序。在项目(课题)执行期间出现目标和技术路线调整、承担单位变更等重大事项,致使项目(课题)总预算、年度预算、项目(课题)间接费用以及直接费用中设备费、基本建设费预算发生调整的,应当由牵头组织单位按规定程序报财政部核批。

第二十九条 重大专项资金实行决算报告制度。重大专项资金决算应当包括中央财政资金、地方财政资金、单位自筹经费等渠道安排的用于重大专项的各种经费。

项目(课题)承担单位应当按照规定编制年度财务决算报告。项目(课题)经费下达之日起至年度终了不满三个月的课题,当年可以不编报年度决算,其经费使用情况在下一年度的年度决算报表中编制反映。项目(课题)决算由承担单位财务部门牵头编制。项目(课题)决算报告按程序经审核、汇总后,于次年4月20日前报送牵头组织单位。

重大专项项目(课题)通过验收后一个月内,项目(课题)承担单位应当编制项目(课题)决算,将项目(课题)经费使用情况逐级(层)报至牵头组织单位,牵头组织单位审核汇总后报财政部。

第三十条 未完项目(课题)的年度结存经费,按规定结转下一年度继续使用。项目(课题)因故中止,承担单位财务部门应当及时清理账目与资产,编制财务报告及资产清单,报送牵头组织单位。牵头组织单位研究提出清查处理意见并报领导小组审核后,报财政部批复。

第五章　后补助项目(课题)经费管理

第三十一条　后补助是指相关单位围绕重大专项的目标任务，先行投入并组织开展研究开发、成果转化和产业化活动，在项目(课题)完成并取得相应成果后，按规定程序进行审核、评估或验收后给予相应补助的财政支持方式。

后补助包括事前立项事后补助、事后立项事后补助两种方式。

第三十二条　采用事前立项事后补助方式的项目(课题)，按照前补助方式规定的程序立项，项目(课题)完成并通过验收后，牵头组织单位组织评估项目(课题)成果价值，提出预算安排建议，按规定程序报财政部核批。对于研发经费需求量大、风险程度高、承担单位经济实力较弱的项目(课题)，可事先拨付不超过该项目(课题)申报中央财政资金总额30%的启动经费。启动经费拨付和使用的管理，参照前补助项目(课题)资金管理规定执行。其余中央财政资金待牵头组织单位对项目(课题)成果进行验收、提出预算安排建议并经财政部核批后，予以拨付。

第三十三条　采用事后立项事后补助方式的项目(课题)，按规定程序完成立项后，牵头组织单位组织评估项目(课题)成果价值并结合项目(课题)的实际支出，提出预算安排建议，按规定程序报财政部核批。

对于具有相同研发目标和任务，并由多个单位分别开展研发的项目(课题)，一般由牵头组织单位根据验收情况，提出具体后补助的项目(课题)建议，原则上只对其中一个符合相关要求的项目(课题)给予后补助。同时，牵头组织单位综合成果价值和实际支出情况等因素，提出预算安排建议，按规定程序报财政部核批。

第三十四条　通过事前立项事后补助方式获得的资金，项目(课题)承担单位可以用于补偿组织开展相关研发活动发生的各项支出。通过事后立项事后补助方式获得的资金，项目(课题)承担单位可以统筹安排。

第六章　监督管理

第三十五条　项目(课题)承担单位应当严格按照本办法和国家财政财务管理的相关规定，制定内部管理办法，建立健全内部控制制度，加强对重大专项资金的管理。项目(课题)承担单位应当强化预算约束，严格按照本办法规定的经费开支范围和标准办理支出，严禁使用重大专项资金支付各种罚款、捐款、赞助等，严禁以任何方式牟取私利。项目(课题)承担单位应当建立健全各种费用开支的原始资料登记和材料消耗、统计盘点制度，做好预算与财务管理的各项基础性工作。

第三十六条　牵头组织单位应当按照重大专项目标和任务，结合重大专项特点建立经费监管制度，加强重大专项资金的监督与管理，保证重大专项资金使用的规范性、安全性和有效性。牵头组织单位还应当按照财政部有关绩效评价规定，并根据重大专项实施情况，组织专家或委托中介机构进行绩效评价，评价结果报送财政部。

第三十七条　领导小组应当对牵头组织单位组织实施管理工作情况以及重大专项的实施进展情况进行监督检查，指导牵头组织单位做好各项经费管理工作。

第三十八条 财政部组织对重大专项资金的使用与管理情况进行监督检查。财政部监督检查的结果、牵头组织单位预算执行情况及绩效评价结果、领导小组监督检查情况等，将作为项目(课题)承担单位编制预算、调整项目(课题)预算安排以及按进度核拨经费的重要依据。

第三十九条 重大专项项目(课题)完成后，牵头组织单位应当依据相关规章制度，组织对项目(课题)进行财务验收。通过财务验收是进行项目(课题)验收的前提之一。有下列行为之一的，不得通过财务验收：

(一)编报虚假预算，套取国家财政资金；

(二)未对专项经费进行单独核算；

(三)截留、挤占、挪用专项经费；

(四)违反规定转拨、转移专项经费；

(五)提供虚假财务会计资料；

(六)未按规定执行和调整预算；

(七)虚假承诺、自筹经费不到位；

(八)其他违反国家财经纪律的行为。

第四十条 重大专项项目(课题)通过验收后，各项目(课题)承担单位应当在一个月内及时办理财务结账手续。项目(课题)资金如有结余(含处理已购物资、材料及仪器、设备的变价收入等)，应当按照财政部关于结余资金管理的有关规定执行。

第四十一条 对于违反本办法规定使用和管理经费的，除依照《财政违法行为处罚处分条例》的规定追究有关单位和人员的责任以外，财政部会同有关部门可以视情况予以缓拨、停拨经费，情节严重的可以向三部门及领导小组提出终止项目(课题)的建议。涉嫌犯罪的，应当依法移送司法机关处理。

第七章 其 他

第四十二条 重大专项资金使用中涉及政府采购的，按照国家政府采购有关规定执行。

第四十三条 行政事业单位使用重大专项资金形成的固定资产属国有资产，一般由项目(课题)承担单位进行使用和管理，国家有权进行调配。企业使用重大专项资金形成的固定资产，按照《企业财务通则》等相关规章制度执行。重大专项资金形成的知识产权等无形资产的管理，按照国家有关规定执行。

重大专项资金形成的大型科学仪器设备、科学数据、自然科技资源等，在保障有关参与单位合法权益的基础上，按照国家有关规定开放共享，以减少重复浪费，提高资源使用效率。

第八章 附 则

第四十四条 各重大专项领导小组和牵头组织单位可以根据本办法制定实施细则，报三部门备案。

第四十五条 本办法由财政部负责解释。

第四十六条 本办法自发布之日起施行，此前相关管理规定与本办法相抵触的，以本办法为准。

财政部关于民口科技重大专项项目(课题)预算调整规定的补充通知

财教[2012]277号

各民口科技重大专项领导小组组长单位、牵头组织单位,国务院有关部委、有关直属机构,各省、自治区、直辖市、计划单列市财政厅(局),新疆生产建设兵团财务局,有关单位:

2009年,财政部、科技部、发展改革委联合印发了《民口科技重大专项资金管理暂行办法》(财教[2009]218号,以下简称《暂行办法》)。为进一步加强国家科技重大专项经费管理,针对《暂行办法》执行中存在问题,现就民口科技重大专项项目(课题)中央财政资金预算调整有关事项补充通知如下:

一、项目(课题)总预算、年度预算发生调整,由牵头组织单位按照规定程序报财政部核批。

二、项目(课题)间接费用以及直接费用中设备费、基本建设费预算发生调整的,由牵头组织单位按照规定程序报财政部核批。但设备用途和数量不变,因市场价格变化等导致设备费预算调减的,由项目(课题)承担单位审批,报牵头组织单位备案,并由牵头组织单位在财务验收时予以确认。调减的经费可调剂用于项目(课题)其他方面的支出。

三、项目(课题)总预算、分年度预算总额不变,项目(课题)承担单位变更的预算调整,由牵头组织单位按规定程序报财政部核批。

四、项目(课题)总预算、分年度预算总额不变,项目(课题)合作单位之间,以及增加或减少项目(课题)合作单位的预算调整,由项目(课题)承担单位提出申请,由牵头组织单位审批,报财政部备案。

五、项目(课题)总预算、分年度预算总额不变,直接费用中材料费、测试化验加工费、燃料动力费、差旅费、会议费、国际合作与交流费、出版/文献/信息传播/知识产权事务费、劳务费、专家咨询费、其他费用预算如需调整,由项目(课题)组提出申请,项目(课题)承担单位审批,报牵头组织单位备案,并由牵头组织单位在财务验收时予以确认。

六、项目(课题)直接费用中差旅费、会议费、国际合作与交流费、劳务费、专家咨询费预算不得调增,如需调减,应用于项目(课题)其他方面支出。

七、需报财政部核批的预算调整事项,由牵头组织单位于当年8月31日前将调整预算申请报财政部。报牵头组织单位核批的预算调整事项,由牵头组织单位根据实际情况做出规定。

八、牵头组织单位可按本通知内容，制订预算调整实施细则，并报财政部备案。

财政部

2012年9月4日

财政部关于印发《民口科技重大专项管理工作经费管理暂行办法》的通知

财教[2010]673号

各民口科技重大专项领导小组组长单位、牵头组织单位，国务院有关部委、有关直属机构，有关省、自治区、直辖市、计划单列市财政厅(局)：

为了规范民口科技重大专项管理工作经费的管理和使用，保障民口科技重大专项工作的顺利开展，提高资金使用效益，根据《民口科技重大专项资金管理暂行办法》(财教[2009]218号)和国家有关财政财务规章制度，结合重大专项管理工作特点，财政部会同科技部、发展改革委制定了《民口科技重大专项资金管理工作经费管理暂行办法》。现印发给你们，请遵照执行。

附件：民口科技重大专项管理工作经费管理暂行办法

财政部

二〇一〇年十二月十五日

附件：

民口科技重大专项管理工作经费管理暂行办法

第一条 为了规范民口科技重大专项管理工作经费（以下简称“管理费”）的管理和使用，保障民口科技重大专项（以下简称“专项”）工作的顺利开展，提高资金使用效益，根据《民口科技重大专项资金管理暂行办法》（财教[2009]218号）和国家有关财政财务规章制度，制定本办法。

第二条 本办法中的管理费是指在民口科技重大专项组织管理和实施过程中，有关部门和单位开展相关管理性工作而直接发生的费用。

第三条 管理费来源于中央财政预算。管理费预算应当根据专项管理工作的合理需求，按照财政预算、国库管理以及《民口科技重大专项资金管理暂行办法》的有关规定，进行编制、核定和支付。

第四条 管理费按照“分年核定、滚动使用、勤俭节约、专款专用”的原则管理和使用。

第五条 根据现行专项管理体制，管理费分为科技部、发展改革委、财政部（以下简称“三部门”）管理费、专项领导小组管理费和牵头组织单位管理费三类。三部门、各专项领导小组组长单位和牵头组织单位分别是相应管理费的使用单位。

第六条 三部门管理费用于支持三部门组织开展的重大问题调研、监督评估、实施计划的综合平衡、预算评审、组织管理培训、专项交流与汇报、验收与宣传等工作。

第七条 专项领导小组管理费用于支持专项领导小组、领导小组办公室和专项咨询专家组开展的重大问题研讨与调研、专项实施情况监测与过程评估等工作。

第八条 专项牵头组织单位管理费用于支持专项牵头组织单位开展的重大问题调研、实施计划制定、项目（课题）立项评审、招标和监理、项目（课题）监督检查与验收等工作。

第九条 管理费纳入部门预算管理。经费使用单位按照《中央部门预算管理工作规程》等要求分年度编报经费需求，财政部按照财政预算管理有关规定核定并下达管理费预算。

（一）三部门管理费由科技部根据三部门共同研究确定的专项管理工作任务进行测算并编报，列入科技部部门预算。其中，项目（课题）预算评审费由财政部根据工作情况单独编报，列入财政部部门预算。

（二）专项领导小组管理费由领导小组组长单位根据相关管理工作任务进行测算并编制预算，通过组长单位的部门预算报送，列入组长单位的部门预算。

（三）专项牵头组织单位管理费由牵头组织单位根据相关管理工作任务进行测算并编制预算，通过牵头组织单位部门预算报送，列入牵头组织单位部门预算。

（四）由地方牵头组织实施的专项，其牵头组织单位管理费由科技部代行编报预算，报财政部核定后下达地方财政。

第十条 管理费开支范围包括会议费、差旅费、专家咨询费、劳务费、审计/评审评估/招投

标/监理费、出版物/文献/信息传播费、设备购置费及其他费用等。主要开支内容和标准为:

(一)会议费是指专项组织实施和管理过程中召开的研讨会、论证会、评审评估会、培训会等会议费用。会议费的开支应当按照国家有关规定执行,严格控制会议的规模、数量、开支标准和会期。

(二)差旅费是指专项组织实施和管理过程中临时聘请的咨询专家发生的外埠差旅费、市内交通费用等,开支标准应当按照国家有关规定执行。

(三)专家咨询费是指专项组织实施和管理过程中支付给临时聘请的咨询专家的费用。专家咨询费不得支付给参与专项管理的相关工作人员。专家咨询费的开支标准见下表:

咨询专家	咨询方式	标准	
具有或相当于高级专业技术职称的人员	会议咨询	第1、2天每人每天500～800元	第3天以后,每人每天300～400元
通讯咨询	每个项目或课题每人60～100元		
其他人员	会议咨询	第1、2天每人每天300～500元	第3天以后,每人每天200～300元
通讯咨询	每个项目或课题每人40～80元		

(四)劳务费是指专项组织管理工作中支付给临时聘用且没有工资性(包括退休工资)收入人员的劳务性费用。

(五)审计/评审评估/招投标/监理费是指专项组织实施和管理过程中发生的审计、立项评审、招投标、项目监理等相关费用,开支标准应当按照国家有关规定执行。

(六)出版物/文献/信息传播费是指专项组织实施和管理过程中需要支付的出版费、资料费、专用软件购买费、文献检索费、宣传费等费用。

(七)设备购置费主要用于科技重大专项管理工作所必需的达到固定资产标准的小型设备购置。设备购置费原则上不予开支,确有需要的,应单独报批。

(八)其他费用是指在专项组织实施过程中除上述支出项目之外的其他与重大专项管理工作直接相关的支出。其他费用应当在申请预算时单独列示。

第十一条 管理费要在核定的预算范围内严格按照规定的开支范围和开支标准执行,不得挤占、挪用。

第十二条 经财政部核定的管理费预算一般不予调整。确需调整的,应当按原申报程序逐级报批。

第十三条 管理费应当按规定纳入相应使用单位机关财务,统一管理,单独核算。

使用单位应当加强对管理费支出的财务审核,对无预算、超预算、不符合开支范围和手续不完备的支出不予支付。

第十四条 列入科技部部门预算的三部门管理费,使用前须编制资金使用计划,经三部门同意后执行;日常管理由科技部负责并纳入科技部机关财务,统一管理,单独核算。

第十五条 管理费使用单位应当按照部门决算管理要求,据实编制管理费决算。

当年未使用完的管理费,按照财政拨款结转和结余资金管理的有关规定执行。

第十六条 管理费使用单位要加强对管理费的管理，完善内部管理制度，加强内部控制和日常管理，确保规范管理和安全高效地使用。管理费不得用于弥补相应单位的日常公用经费。

第十七条 管理费的管理和使用接受财政、审计等有关部门的监督。

第十八条 管理费管理实行责任追究制度。对于弄虚作假、挪用、挤占管理费等违反财政财务制度和财经纪律的行为，按照有关规定进行处理。

第十九条 本办法由财政部负责解释。

第二十条 本办法自发布之日起施行。

财政部《关于民口科技重大专项资金国库集中支付管理有关事项》的通知

财库[2009]135 号

各民口科技重大专项牵头组织单位，国务院有关部委、有关直属机构，各中央财政授权支付业务代理银行：

为了保障民口科技重大专项组织实施，规范和加强中央财政安排的重大专项资金支付管理，根据《国务院办公厅关于印发组织实施科技重大专项若干工作规则的通知》(国办发[2006]62 号)以及《财政部　科技部　发展改革委关于印发〈民口科技重大专项资金管理暂行办法〉的通知》(财教[2009]218 号，以下简称《办法》)有关规定，现就民口科技重大专项资金国库集中支付有关事项通知如下：

一、总体原则和要求

中央财政预算安排的民口科技重大专项资金，按照《办法》规定纳入国库单一账户体系，实行国库集中支付和财政国库动态监控管理。重大专项资金国库集中支付工作具体实施过程中，牵头组织单位目前已在执行的国库集中支付基本业务流程不变。牵头组织单位要切实履行预算执行主体责任，及时规范办理重大专项资金国库集中支付有关业务，加强对项目(课题)承担单位资金支付有关工作的组织指导。项目(课题)承担单位应当严格按照《办法》和本通知规定，以及牵头组织单位有关要求，做好特设账户开立、资金支付与会计核算管理等各项工作，主动接受财政国库动态监控管理。

二、特设账户的开立

特设账户是指由财政部门为项目(课题)承担单位开设的，专门用于接收、使用和核算项目(课题)经费的银行账户。

(一)代理银行选择。项目(课题)承担单位的特设账户，应当统一在财政部通过招投标选定的中央财政授权支付业务代理银行范围内开设(具体包括中国工商银行、中国农业银行、中国银行、中国建设银行、交通银行、中国光大银行、中信银行)。项目牵头单位应将中央财政授权支付业务代理银行范围及时通知各项目(课题)承担单位，由项目(课题)承担单位结合本单位承担的项目(课题)管理需要，在中央财政授权支付业务代理银行范围内，自行选择一家银行

(经营网点)作为本单位特设账户开户银行。

(二)账户开设申请。项目(课题)承担单位要按照《中央预算单位银行账户管理暂行办法》(财库[2002]48号)要求,结合选择的代理银行情况,提供账户开设的申请审批材料,由牵头组织单位审核汇总后,统一向财政部提出特设账户开户申请。

(三)账户审批管理。财政部对牵头组织单位提交的开户申请审核批准后,通知代理银行为项目(课题)承担单位开设特设账户。代理银行应当在账户开设后,按规定将有关账户信息报财政部备案,并由财政部通知牵头组织单位。牵头组织单位收到通知文件后,应及时通知项目(课题)承担单位到开户银行具体办理预留印鉴等手续。项目执行到期后,项目(课题)承担单位应及时办理撤户手续。

(四)账户动态管理。财政部通过特设账户开户银行,对特设账户开立、变更和撤销等情况实行动态管理。开户银行应通过客户服务系统,主动向财政部提供特设账户变动等相关信息。

三、资金支付管理

(一)国库集中支付方式的划分。民口科技重大专项资金实行国库集中支付,具体包括财政直接支付和财政授权支付两种方式。其中,预算安排给牵头组织单位等管理部门使用的重大专项管理工作经费实行财政授权支付方式,预算安排给项目(课题)承担单位使用的项目(课题)经费原则上全部实行财政直接支付方式。各项目(课题)资金具体支付方式,由财政部在每年的国库集中支付范围划分文件中予以明确,其中2009年各项目(课题)资金支付方式,由财政部在下达预算文件时明确。

(二)用款计划管理。牵头组织单位根据批准的预算和项目(课题)实施进度,按季分月向财政部提出重大专项资金用款计划申请。财政部审核同意后,及时批复用款计划。

(三)资金支付。重大专项管理工作经费,由相关管理部门在财政部批准的用款计划额度内,按财政授权支付方式办理资金支付;项目(课题)经费等其他资金,由牵头组织单位按照批准的预算、用款计划和项目实施进度,向财政部提交财政直接支付申请书,以及相关合同材料(加盖财务专用章的复印件),财政部审核同意后直接将资金支付到项目(课题)承担单位特设账户,由项目(课题)承担单位具体支付使用。

(四)支付指令填写。牵头组织单位和项目(课题)承担单位办理重大专项资金支付时,支付指令(支票、汇兑凭证等)中除了填写付款人、付款人开户银行、付款人账号、收款人、收款人开户银行、收款人账号、付款日期、付款金额等信息外,还要在"用途"栏填写具体用途,在"附加信息"栏填写项目名称、项目编号和国库集中支付附加信息码。

其中:用途应当严格按照《办法》核定的经费使用方向填写,如直接费用—差旅费—机票款、间接费用—管理费—电费、××项目—××费用等;项目名称、项目编码按照预算文件内容填写;国库集中支付附加信息码为包括预算管理类型、功能分类、经济分类、支出类型的12位连续代码,其中预算管理类型1位代码(基本支出填1、项目支出填2)、功能分类7位代码(按照项目所属的功能分类的类、款、项顺序填写),经济分类3位代码(按照经济分类的类级科目填写),支出类型1位代码(货物政府采购填1、工程政府采购填2、服务政府采购填3、货物非政府采购填4、工程非政府采购填5、服务非政府采购填6、转移支出填7、人员工资支出填8)。

四、动态监控管理

(一)报送基础信息。牵头组织单位在与项目(课题)承担单位签订项目(课题)合同协议后,应在5个工作日内将项目协议报财政部备案,并要同时提供项目预算管理信息、财务联系人及联系电话等信息。

(二)传输动态监控信息。牵头组织单位零余额账户代理银行和项目(课题)承担单位特设账户开户银行,要按财政部要求如实、完整、准确录入相关单位重大专项资金支付信息,并通过专线实时传输至财政国库动态监控系统。

(三)财政国库动态监控。财政部对项目实施全过程的资金支付情况进行实时动态监控,并通过适当方式核查。发现违规或不规范操作的,将依据相关法律法规和管理办法进行严肃处理。

五、其他有关事项

(一)"极大规模集成电路制造装备及成套工艺"重大专项按照现行的中央补助地方专款有关规定执行。

(二)事前立项事后补助项目资金(财政部门预拨资金除外),以及事后立项事后补助项目资金,由牵头组织单位按财政直接支付方式支付到项目(课题)承担单位基本存款账户,由项目(课题)承担单位自主使用。

本通知自发布之日起实施。本通知实施之前牵头组织单位已收到但尚未支付的专项资金,按本通知规定执行;项目(课题)承担单位已收到但尚未支付的专项资金,要及时转入按本通知规定开设的特设账户统一管理和核算。本通知未尽事宜,按照国库集中支付制度等有关规定执行

中华人民共和国财政部

二〇〇九年十月十二日

财政部关于印发《民口科技重大专项项目(课题)财务验收办法》的通知

财教[2011]287 号

各民口科技重大专项领导小组组长单位、牵头组织单位,国务院有关部委、有关直属机构,有关省、自治区、直辖市、计划单列市财政厅(局):

为做好民口科技重大专项(以下简称重大专项)项目(课题)财务验收工作,保证财务验收工作的科学性、公正性和规范性,根据《民口科技重大专项资金管理暂行办法》(财教[2009]218 号)、《国家科技重大专项管理暂行规定》(国科发计[2008]453 号)和国家有关财政财务管理制度,结合重大专项管理特点,我们制定了《民口科技重大专项项目(课题)财务验收办法》。现印发给你们,请遵照执行。

附件:民口科技重大专项项目(课题)财务验收办法

财政部

二〇一一年七月一日

附件:

民口科技重大专项项目(课题)财务验收办法

第一章 总 则

第一条 为做好民口科技重大专项(以下简称重大专项)项目(课题)财务验收工作,保证财务验收工作的科学性、公正性和规范性,根据《民口科技重大专项资金管理暂行办法》(财教[2009]218 号)、《民口科技重大专项管理工作经费管理暂行办法》(财教[2010]673 号)、《国家科技重大专项管理暂行规定》(国科发计[2008]453 号)和国家有关财政财务管理制度,制定本办法。

第二条 重大专项项目(课题)财务验收是重大专项项目(课题)验收的前提之一。组织财务验收旨在客观评价重大专项资金使用的总体情况,进一步促进提高重大专项资金使用效益,更好地推进重大专项顺利实施。

第三条 凡经批准列入重大专项管理的项目(课题)均应当进行财务验收。项目(课题)财务验收与项目(课题)验收要统一部署、同期实施,在任务合同规定完成时间到期后六个月内完成。不能按期完成任务的,需提出延期验收申请,说明延期理由和延期时间,报财政部备案。延期时间一般不超过一年。

第四条 重大专项以项目(课题)为基本单元进行财务验收。项目(课题)分管理级次的,各重大专项的牵头组织单位(以下简称牵头单位)可以根据专项组织管理情况分级次组织财务验收。

第五条 财务验收以国家相关财政财务制度和财政部门批复的重大专项项目(课题)预算为依据。财务验收的资金范围为纳入重大专项预算管理的全部资金,包括中央财政资金、地方财政资金、单位自筹资金以及从其他渠道获得的资金等。

第二章 财务验收的组织管理

第六条 财政部统一组织指导重大专项的项目(课题)财务验收工作,并负责对财务验收工作进行监督检查。根据政府采购有关规定,组织确定会计师事务所。根据有关规定对牵头单位组织开展的财务验收工作及其结果,组织开展财务验收抽查工作。

第七条 牵头单位负责相应重大专项项目(课题)财务验收的组织管理工作。牵头单位财务部门会同专项实施管理办公室具体负责组织财务验收工作。验收工作可以通过组织财务验收专家组和按规定委托会计师事务所等专业机构进行。

第八条 财务验收专家组、受托专业机构应当分别按合同要求,独立、客观、公正地开展财务验收工作,依据财务验收内容、验收指标等出具财务验收意见和验收报告。

第九条 财务验收人员应当包括财务专家、技术专家等。财务验收专家组成员原则上不少于7人,其中财务专家不少于5人。专家组组长由财务专家担任。

第十条 项目(课题)承担单位应当按要求及时提交财务验收申请报告及相关材料,并积极配合专家组完成财务验收相关工作。对于多个单位联合承担的项目(课题),相关承担单位应当积极配合第一承担单位做好上述工作。

第十一条 实行回避制度。重大专项项目(课题)承担单位、参加单位及其合作单位的人员不得作为验收专家参加本单位验收工作。

第三章 财务验收的方式和内容

第十二条 财务验收采取现场验收、非现场验收或两者相结合等方式。牵头单位可以视具体情况确定验收方式。

(一)现场验收:主要是通过深入项目(课题)承担单位现场,查验会计凭证和相关财务资料、现场听取有关汇报等,形成项目(课题)财务验收意见。

(二)非现场验收:主要是通过非现场听取汇报、查阅资料、咨询等形式进行财务验收,形成项目(课题)财务验收意见。对确需到项目(课题)现场核查有关资料的,可以组织专家到现场查阅相关资料。

第十三条 财务验收的主要内容有:财务管理制度执行情况、资金到位和落实情况、会计核算和财务信息情况、支出内容合规有效情况、预算执行情况和资产管理情况等。

第十四条 财务管理制度执行情况主要包括:预算管理、资金管理、合同管理、政府采购、审批报销、资产管理等国家相关制度的执行情况以及内部控制制度相关情况等。

第十五条 资金到位和落实情况主要包括:中央财政资金、地方财政资金、单位自筹资金、从其他渠道获得的资金的到位和落实情况,以及按照预算批复和合同任务书要求对任务承担单位资金拨付情况等。

第十六条 会计核算和财务信息情况主要包括:按照重大专项资金管理规定设立特设账户及单独核算相关情况,会计核算的规范性、准确性,财务信息的真实性,以及会计档案管理情况等。

第十七条 支出内容合规有效情况主要包括:执行国家财政财务制度及重大专项资金管理规定的支出范围和支出标准的情况,支出的目标相关性、政策相符性和经济合理性,以及资金使用效益情况等。

第十八条 预算执行情况主要包括:按照财政预算管理规定,合同任务约定和项目(课题)进展执行预算的情况,按规定程序和权限调整预算情况,以及各类资金结余情况等。

第十九条 资产管理情况主要包括:资产购置、资产入账、资产使用和处置情况,开放共享情况,以及无形资产管理情况等。

第二十条 在财务验收过程中,有《民口科技重大专项资金管理暂行办法》(财教[2009]218号)第三十九条规定的八种情况之一的,应限期整改后再进行财务验收。

第二十一条 财务验收评价采取定性与定量相结合的方式。依据规定的验收内容、验收指标及相应评价标准和分值(财务验收指标详见附2),形成财务验收综合得分,同时对存在的问题提出整改意见。

第四章 财务验收程序

第二十二条 牵头单位根据专项任务完成情况和总体工作安排,结合专项特点,制定专项项目(课题)财务验收工作方案,并报财政部备案。

牵头单位根据财务验收工作方案向项目(课题)承担单位发出进行财务验收的通知。

第二十三条 项目(课题)承担单位应当在任务完成后的30日内,在认真清理账目、编制项目(课题)财务收支执行情况报告的基础上,向牵头单位提交财务验收材料,主要包括:

(一)项目(课题)合同书、预算书和其他有关批复文件;

(二)项目(课题)财务收支执行情况报告(报告内容、格式见附1);

(三)项目(课题)结余资金情况说明;

(四)其他需要提供的材料。

项目(课题)验收文件资料须加盖项目(课题)承担单位公章。项目(课题)承担单位对提供的验收文件资料和相关数据的真实性、准确性和完整性负责。

第二十四条 牵头单位收到财务验收材料后,要及时进行形式审查。对通过形式审查的项目(课题),应当在财政部确定的会计师事务所范围内选定会计师事务所进行财务审计。

第二十五条 财务审计结束后,会计师事务所应当及时出具财务审计报告。财务审计报告是财务验收的重要依据。

牵头单位向项目(课题)承担单位做出回复。对于财务审计无问题的,牵头单位应当及时组织财务验收工作;对于财务审计有问题的,牵头单位应当及时通知项目(课题)承担单位进行整改,整改完成后再进行财务验收。

第二十六条 进行项目(课题)财务验收时,每位专家应当在认真学习领会有关政策和制度要求、深入了解项目(课题)相关情况基础上,独立填写并提交财务验收专家意见(详见附3)。总体财务验收结论意见须由全体验收专家讨论通过,由验收专家组组长组织填写财务验收专家组意见(详见附4)并由专家组组长签名。

第二十七条 牵头单位在汇总、分析项目(课题)财务验收意见的基础上,初步形成财务验收结论,并将财务验收结论下发至项目(课题)承担单位。

第二十八条 对存在问题需要整改的项目(课题),承担单位应当于接到财务验收结论后一个月内,按照财务验收结论的要求整改完毕,并将整改情况书面报告牵头单位。整改到位的通过财务验收,整改不到位的不通过财务验收。

第二十九条 牵头单位汇总整改后的财务验收意见及相关材料,形成最终财务验收结论,并编写财务验收报告(报告内容、格式见附5),报送财政部。财政部通过抽查方式对财务验收工作的程序、内容、质量和验收结论进行监督检查。

第三十条 涉密项目(课题)的财务验收工作,应严格按照《中华人民共和国保守国家秘密法》、《科学技术保密规定》和《实施科技重大专项的保密规定》等相关规定,由牵头单位商财政部另行组织实施。

第五章 财务验收结果及相关责任

第三十一条 重大专项财务验收结论分为“通过验收”和“不通过验收”两种。

项目(课题)综合得分总分值为100分,综合得分高于80分(包括80分)为“通过验收”;综合得分低于80分为“不通过验收”,其中,综合得分高于60分(包括60分)且低于80分的项目(课题)按照本办法第二十八条规定执行。

第三十二条 项目(课题)通过验收后一个月内,各项目(课题)承担单位应当办理完毕财务结账手续。项目(课题)经费如有结余,应当按照相关财政财务制度处理。

第三十三条 对于财务验收抽查工作中发现的问题,牵头单位及项目承担单位应当及时进行整改,并将整改情况报送财政部。财政部根据整改情况及专家组意见调整验收结论,按照规定作相应处理。

第三十四条 到期无故不申请验收、验收未通过的项目(课题),项目(课题)负责人不得再申报重大专项项目(课题),项目(课题)承担单位5年内不得再申报重大专项项目(课题)。

第三十五条 在财务验收过程中发现弄虚作假,截留、挪用、挤占重大专项资金等行为,按照有关规定追究相关责任人和单位的责任;涉嫌犯罪的,移交司法机关依法追究刑事责任。

第三十六条 在财务验收过程中,验收专家组成员、会计师事务所等专业机构人员、相关管理人员和相关机构有弄虚作假、徇私舞弊等行为的,终止或取消其参与重大专项财务验收工作的资格。有违反国家法律法规行为的,按有关法律法规处理。

第六章 附 则

第三十七条 各牵头单位可以依据本办法,结合专项的特点,制定相应的项目(课题)财务验收管理实施细则,报财政部备案。

第三十八条 项目(课题)承担单位组织财务验收所需经费,在其项目(课题)经费的间接费中列支;牵头单位组织财务验收所需经费,在牵头单位管理费中列支;财政部组织财务验收所需经费,在三部门管理费中列支。经费的开支内容和标准严格按照《民口科技重大专项资金管理暂行办法》(财教[2009]218号)和《民口科技重大专项管理工作经费管理暂行办法》(财教[2010]673号)执行。

第三十九条 本办法由财政部负责解释,自发布之日起实行。

附:1. 科技重大专项项目(课题)财务收支执行情况报告(略)

2. 科技重大专项项目(课题)财务验收指标(略)

3. 科技重大专项项目(课题)财务验收专家意见(略)

4. 科技重大专项项目(课题)财务验收专家组意见(略)

5. 科技重大专项项目(课题)财务验收报告(略)

财政部关于印发《中央级科学事业单位修缮购置专项资金管理办法》的通知

财教[2006]118 号

国务院有关部委、直属机构，高检院，有关人民团体：

为贯彻落实《国家中长期科学和技术发展规划纲要（2006—2020 年）》（以下简称《规划纲要》），切实改善中央级科学事业单位的科研基础条件，推进科技创新能力建设，特设立“中央级科学事业单位修缮购置专项资金”（以下简称修购专款）。为加强和规范修购专款的管理，根据中央财政项目资金管理的有关规定，我们制定了《中央级科学事业单位修缮购置专项资金管理办法》（以下简称《办法》），现予印发，请遵照执行。

为保证《办法》的顺利实施，请各有关单位根据“十一五”期间科学技术研究事业发展需要，围绕《规划纲要》，在摸清家底的情况下，实事求是地制订好 2006—2008 年修缮购置工作规划（参考格式见附件 2），并于 2006 年 10 月 15 日前报经主管部门审核汇总后，由主管部门报送财政部备案。

请各有关部门在组织做好三年修缮购置工作规划的同时，尽快组织所属单位开展 2006 年修购项目（修购专款支持的项目简称修购项目）的申报工作，并于 2006 年 9 月底前将相关申报文件报送财政部，逾期不予受理。

附件 1：中央级科学事业单位修缮购置专项资金管理办法

附件 2：×××2006—2008 年修缮购置工作规划

财政部

二〇〇六年八月二十二日

附件1:

中央级科学事业单位修缮购置专项资金管理办法

第一条 为贯彻落实《国家中长期科学和技术发展规划纲要(2006—2020年)》(以下简称《规划纲要》),切实改善中央级科学事业单位的科研基础条件,推进科技创新能力建设,特设立"中央级科学事业单位修缮购置专项资金"(以下简称修购专款)。为规范和加强修购专款管理,提高使用效益,根据中央财政项目资金管理的有关规定,制定本办法。

第二条 本办法所指修购专款,是指中央财政在年度预算中安排的用于中央级科学事业单位(不包括已转制的科研院所,以下简称项目单位)的房屋修缮、基础设施改造、仪器设备购置及升级改造的专项资金。

第三条 修购专款实行项目管理,主管部门应建立动态管理的项目库。

第四条 修购专款的安排使用原则:

(一)科学规划、突出重点的原则。修购专款安排使用要紧密围绕落实《规划纲要》任务和项目单位科学研究事业发展的合理需要,以提高项目单位科技创新能力为核心,解决科技基础条件"瓶颈"问题为重点,区分轻重缓急,进行科学规划。

(二)整合集成、效益优先的原则。主管部门和项目单位应在摸清家底的基础上,按照整合、共享、完善、提高的要求,激活存量资源,最大限度地发挥存量资源的使用效益,通过项目实施,有效调控增量资源。修购专款优先支持整合力度大、集成度高、能实现开放和共享、预期效益高的项目。项目实行追踪问效和绩效考评。

第五条 修购专款的支持范围包括:

(一)连续使用15年以上、且已不能适应科研工作需要的房屋及科研辅助设施的维修改造;

(二)水、暖、电、气等基础设施的维修改造;

(三)直接为科学研究工作服务的科学仪器设备购置;

(四)利用成熟技术对尚有较好利用价值、直接服务于科学研究的仪器设备所进行的功能扩展、技术升级等工作。

第六条 修购专款开支的范围:项目单位在项目执行中所发生的材料费、设备购置费、劳务费、水电动力费、设计费、运输费、安装调试费以及其他在项目执行中所发生的必要费用。修购专款严禁用于本办法规定范围之外的支出。

第七条 项目的申报程序。

(一)项目单位根据主管部门审核的修购工作规划,按规定填写年度《中央级科学事业单位修缮购置项目申报书》(附1,以下简称《申报书》),并于当年3月底前报送主管部门。申报内容主要包括:项目单位基本情况,项目实施意义、目标,项目实施的保障条件等。

(二)主管部门按照项目单位修购工作规划,对项目单位所申报的年度项目进行审核,按轻重缓急进行排序后编制本部门年度《中央级科学事业单位修缮购置项目审核推荐表》(附2),并于当年5月底前连同《申报书》及申报文件报送财政部。

(三)财政部根据情况组织专家或委托中介机构对上报的项目进行评审或评估。

项目单位和主管部门要对申报和推荐的项目的真实性、合理性和可行性负责。

第八条 财政部结合主管部门和项目单位科学研究事业发展的需求,以及项目评审或评估结论,根据年度财政专项资金情况和项目轻重缓急程度确定并下达当年项目预算到主管部门。主管部门应按规定时间及时将项目预算批转所属项目单位。

第九条 主管部门应结合项目单位科学研究事业发展的需要和财政部批复的年度项目预算情况,对项目库进行调整。

第十条 项目单位应严格按照批复的项目预算执行,不得擅自变更项目预算内容。确因特殊情况需要进行调整的,应通过主管部门报经财政部批准。

第十一条 修购专款支出属于政府采购范围的,应按照《政府采购法》及政府采购的有关规定执行。

第十二条 修购项目的资金拨付,按照财政国库管理制度的有关规定执行。

第十三条 购置价值超过200万元以上的单台或成套仪器设备,应按照《中央级新购大型科学仪器设备联合评议工作管理办法》有关规定执行。

第十四条 项目单位和主管部门应加强对项目实施的管理,财政部对项目实施情况进行定期或不定期的检查或抽查。

主管部门应当加强对项目的监督管理,对已完项目应进行验收和总结,在项目实施周期终了后3个月内,及时将项目的实施情况、验收和总结材料报送财政部。对未能按期完成的项目,应逐项申明理由和提出后续工作措施。

第十五条 项目单位和主管部门在编制年度决算时,应对修购专款使用情况进行单独说明。

第十六条 项目结余资金按照财政部有关规定执行。

第十七条 使用修购专款形成的资产属国有资产,应按国家国有资产管理的有关规定加强管理。

第十八条 主管部门可按照财政部有关绩效考评规定,并根据项目实施情况,组织专家或委托中介机构对修购项目进行绩效考评,考评结果报送财政部。

第十九条 有下列行为之一的,经财政部确认后,应对项目单位做出收回修购专款或在一定时期内不予核批修购项目的处罚,并建议按照有关规定对相关责任人给予相应处罚。

(一)未按批准的项目预算使用专项资金,擅自改变项目内容,变更项目资金使用范围的;

(二)未按规定实施政府采购的;

(三)未按规定上报项目验收总结报告的;

(四)项目管理不善、有违反财经纪律现象的。

第二十条 各有关主管部门可以依据本办法制定实施细则,并报财政部备案。

第二十一条 本办法由财政部负责解释。

第二十二条 本办法自发布之日起施行。此前发布的有关科学事业单位修购工作管理规定若与本办法相抵触的，均按本办法执行。

附：1. 中央级科学事业单位修缮购置项目申报书
2. 中央级科学事业单位修缮购置项目审核推荐表

附 1:

中央级科学事业单位
修缮购置项目申报书

项 目 单 位:______________________(盖章)

单位预算编码:______________________

法 人 代 表:______________________(签字)

主 管 部 门:______________________

申 报 时 间:_________年_____月_____日

中华人民共和国财政部制

填 表 说 明

1. 本申报书由项目单位填写。一式 4 份,单位自留 1 份,上报主管部门 1 份,经初审后上报财政部 2 份。如果主管部门另有需求,印刷数量可酌加。

2. 表 1-1 中,联系人指项目单位修购项目实施的主要负责人或项目办公室主要负责人。“科研队伍”、“仪器设备”等相应栏目填报的数据均截止到上一年 12 月 31 日为准。“项目单位及项目情况概述”要求文字简洁,尽可能以量化的数据进行阐述和说明。涉及所申报项目内容,应该分明细项目逐一阐明。

3. 表 1-3 中的“建筑面积”指所申报修缮项目涉及的原建筑物的总建筑面积,“修缮面积”是指所申报修缮项目涉及的建筑面积。

4. 表 1-4 中“投入使用时间”指拟改造的基础设施建成后投入使用的年份。

5. 表 1-5 中的“仪器设备名称”仅填写价值 5 万元以上仪器设备,即仪器设备购置项目只允许购置价值 5 万元以上仪器设备。

6. 表 1-6 中的“购置时间”和“原值”指拟要升级改造的仪器设备的购置时间及原值。

7. 表 1-3、表 1-4、表 1-5、表 1-6 中,“项目编号”由“单位预算编码＋项目类别码(1 位)＋项目顺序码(2 位)”组成,其中项目类别码分别规定为:1-房屋修缮,2-基础设施改造,3-仪器设备购置,4-仪器设备升级改造;项目顺序码分项目类别顺序编排,但填表时,项目编号只填写后三位;“总体排序”指项目单位对所申报的 4 类项目全部汇总后按项目轻重缓急排定的优先顺序;“实施周期”指项目从启动到结束所需要的总时间,以月为单位。

8. 表 1-7 是对表 1-3、表 1-4、表 1-6 相关栏目的补充,其中的“项目编号”、“项目名称”和“项目类型”与表 1-3、表 1-4、表 1-6 中的相关栏目完全对应。“项目主要内容”分别是表 1-3“修缮工作内容摘要”、表 1-4“主要改造内容摘要”和表 1-6“利用的主要技术和升级改造的主要内容摘要”等相应栏目内容的进一步细化,对于仪器设备升级改造项目应列出升级改造设备名称、规格及型号、升级改造技术方案和内容等。“项目支出明细预算”中的支出细目包括:“原材料”、“辅助材料”、“设备购置费”、“人工费”、“水电动力费”、“设计费”、“运输费”、“安装调试费”、“其他费用”等,可根据不同类别项目分别选填和划分开支细目。表 1-7 可续页。

表 1-1 项目单位基本情况表

单位名称			所属部门			
人员信息	人员	姓名	职务	联系电话	电子邮箱	联系地址
	法人代表					
	联系人					
科研队伍	编制(人)			实有(人)		
	专职科研人员(人)			离退休(人)		
	30～50 岁中青年科研人员(人)			院士(人)		
	在读博士生(人)			在读硕士生(人)		
仪器设备	分类统计	数量(台件)		原值(万元)		
		总量	其中:在用	总量	其中:在用	
	总计					
	其中:10 万～50 万元					
	50 万～100 万元					
	100 万元以上					
科技经费	时期	前五年期间		上一年		
		项目数(项)	经费(万元)	项目数(项)	经费(万元)	
	总计					
	其中:纵向					
	横向					
	国际合作					
科技成果		前五年期间		上一年		
	国家科技进步奖(项)					
	国家技术发明奖(项)					
	省部科技进步奖(项)					
	省部技术发明奖(项)					
	鉴定新药证书或申请新品种保护(项)					
	申请国家专利(项)					
	发表 SCI 论文(篇)					

表 1-2 项目基本情况表

<table>
<tr><td rowspan="6">项目申请经费</td><td>经费来源
项目类型</td><td>总计
（万元）</td><td>中央财政
（万元）</td><td>主管部门
（万元）</td><td>其他
（万元）</td></tr>
<tr><td>总 计</td><td></td><td></td><td></td><td></td></tr>
<tr><td>房屋修缮</td><td></td><td></td><td></td><td></td></tr>
<tr><td>基础设施改造</td><td></td><td></td><td></td><td></td></tr>
<tr><td>仪器设备购置</td><td></td><td></td><td></td><td></td></tr>
<tr><td>仪器设备升级改造</td><td></td><td></td><td></td><td></td></tr>
<tr><td>项目基本情况概述</td><td colspan="5">（尽可能以量化的指标简要阐明项目实施的意义，各明细项目工作目标、验收标准及项目实施的保障条件等，可续页。）</td></tr>
</table>

表 1-3 房屋修缮类明细项目表

项目编号	项目名称	建成时间	建筑面积（m^2）	修缮面积（m^2）	修缮工作内容摘要	实施周期（月）	经费申请数(万元)				总体排序
							合计	中央财政	主管部门	其他	
—	合计	—			—	—					—

表 1-4 基础设施改造类明细项目表

项目编号	项目名称	投入使用时间	主要改造内容摘要	实施周期（月）	经费申请数（万元）				总体排序
					合计	中央财政	主管部门	其他	
——	合计	——	——	——					——

表 1-5　仪器设备购置类明细项目表

项目编号	项目名称/设备名称	规格及型号	产地	主要用途摘要	数量(台件)	实施周期(月)	经费申请数(万元)				总体排序
							合计	中央财政	主管部门	其他	
——	合计	——	——	——		——					——
	×××项目小计										
1	××设备										——
2	××设备										——
……	……										——
	×××项目小计										
1	××设备										——
2	××设备										——
……	……										——
	×××项目小计										
1	××设备										——
……	……										——

表 1-6　仪器设备升级改造类明细项目表

项目编号	项目名称/设备名称	购置时间	原值（万元）	利用的主要技术和升级改造的主要内容摘要	实施周期（月）	经费申请数(万元)				总体排序
						合计	中央财政	主管部门	其他	
—	合计	—	—	—	—					—
	×××项目小计									
1	××设备									—
2	××设备									—
……	……									—
	×××项目小计									
1	××设备									—
2	××设备									—
……	……									—
	×××项目小计									
1	××设备									—
……	……									—

表 1-7　明细项目主要内容及支出预算补充资料表

<table>
<tr><td colspan="2">项目编号</td><td colspan="2"></td><td>项目名称</td><td colspan="2"></td></tr>
<tr><td colspan="2">项目类型</td><td colspan="5">□房屋修缮　□基础设施改造　□仪器设备升级改造</td></tr>
<tr><td>项目主要内容</td><td colspan="6"></td></tr>
<tr><td>申请经费测算依据</td><td colspan="6"></td></tr>
<tr><td rowspan="11">项目支出预算明细表</td><td colspan="2"></td><td>合计</td><td>中央财政</td><td>主管部门</td><td>其他</td></tr>
<tr><td colspan="2">合计</td><td></td><td></td><td></td><td></td></tr>
<tr><td colspan="2">1.</td><td></td><td></td><td></td><td></td></tr>
<tr><td colspan="2">2.</td><td></td><td></td><td></td><td></td></tr>
<tr><td colspan="2">3.</td><td></td><td></td><td></td><td></td></tr>
<tr><td colspan="2">4.</td><td></td><td></td><td></td><td></td></tr>
<tr><td colspan="2">5.</td><td></td><td></td><td></td><td></td></tr>
<tr><td colspan="2">6.</td><td></td><td></td><td></td><td></td></tr>
<tr><td colspan="2">7.</td><td></td><td></td><td></td><td></td></tr>
<tr><td colspan="2">8.</td><td></td><td></td><td></td><td></td></tr>
<tr><td colspan="2">9.</td><td></td><td></td><td></td><td></td></tr>
</table>

附 2:

中央级科学事业单位修缮购置项目审核推荐表

（　　　年）

主管部门(盖章):________　　预算编码:________　　填报时间:________

编号	项目名称	项目单位申请数(万元)				主管部门审核数(万元)				实施周期(月)
		合计	中央财政	主管部门	其他	合计	中央财政	主管部门	其他	
——	总　　计									——
###1	房屋修缮类项目合计									——
###2	基础设施改造类项目合计									——
###3	仪器设备购置类项目合计									——
###4	仪器设备升级改造类项目合计									——
***	××××项目单位合计									——
***1	房屋修缮类项目小计									——
***101	××项目									
***102	××项目									
……	……									
***2	基础设施改造类项目小计									——
***201	××项目									
***202	××项目									
……	……									
***3	仪器设备购置类项目小计									——
***301	××项目									

续表

编号	项目名称	项目单位申请数(万元)				主管部门审核数(万元)				实施周期（月）
		合计	中央财政	主管部门	其他	合计	中央财政	主管部门	其他	
＊＊＊302	××项目									
……	……									
＊＊＊4	仪器设备升级改造类项目小									—
＊＊＊401	××项目									
＊＊＊402	××项目									
……	……									
＊＊＊	××××项目单位合计									—
＊＊＊1	房屋修缮类项目小计									—
＊＊＊101	××项目									
＊＊＊102	××项目									
……	……									
＊＊＊2	基础设施改造类项目小计									—
＊＊＊201	××项目									
＊＊＊202	××项目									
……	……									
＊＊3	仪器设备购置类项目小计									—
＊＊＊301	××项目									
……	……									

注:1. 本表由主管部门分年度汇总填写。2. 表中“＃＃＃”和“＊＊＊”分别代表主管部门和项目单位的预算编码，填表时注意替换。3. 项目单位合计记录条对应的编号为项目单位预算编码，各项目记录条对应编号为项目编号，分别对应于《申报书》相应的项目编号。4. 此表可续页。

附件2：

×××2006—2008年修缮购置工作规划

（提纲参考格式）

一、科技基础条件现状

（一）科技基础条件现状概述

（二）在科技基础条件建设方面积累的主要经验和存在的主要问题

二、2006—2008年科技基础条件修缮购置工作规划

（一）“十一五”期间科技事业发展总体目标及对科技基础条件的要求

（二）近三年科技基础条件修缮购置工作思路与目标

（三）近三年科技基础条件修缮购置工作主要内容及经费需求（从房室修缮、基础设施改造、仪器设备购置、仪器设备升级改造等方面分别阐明）

（四）科技基础条件修缮购置工作年度计划

（规划方案见《×××2006—2008年修缮购置工作规划表》，样表附后）

三、修购项目实施的保障机制与主要措施

×××2006—2008年修缮购置工作规划表(样表)

项目单位：__________ 预算编码：__________ 制表时间：______年______月______日

序号	项目名称	项目(修缮、改造、购置等)主要内容概要	修缮建筑面积(m^2)	购置(改造)仪器设备(台件)	拟需求经费(万元)			
					合计	中央财政	主管部门	其他
	总　计	——						
	2006年合计	——						
	房屋修缮类项目小计							
	××项目							
	××项目							
	……							
	基础设施改造类项目小计							
	××项目							
	××项目							
	……							
	仪器设备购置类项目小计							
	××项目							
	××项目							
	……							
	仪器设备升级改造类项目小计							
	××项目							
	××项目							
	……							

续表

序号	项目名称	项目(修缮、改造、购置等)主要内容概要	修缮建筑面积(m^2)	购置(改造)仪器设备(台件)	拟需求经费(万元)			
					合计	中央财政	主管部门	其他
	2007年合计							
	房屋修缮类项目小计							
	××项目							
	××项目							
	……							
	基础设施改造类项目小计							
	××项目							
	××项目							
	……							
	仪器设备购置类项目小计							
	××项目							
	××项目							
	……							
	仪器设备升级改造类项目小计							
	××项目							
	××项目							
	……							

续表

序号	项目名称	项目(修缮、改造、购置等)主要内容概要	修缮建筑面积(m^2)	购置(改造)仪器设备(台件)	拟需求经费(万元)			
					合计	中央财政	主管部门	其他
	2008 年合计	—						
	房屋修缮类项目小计							
	××项目							
	××项目							
	……							
	基础设施改造类项目小计							
	××项目							
	××项目							
	……							
	仪器设备购置类项目小计							
	××项目							
	××项目							
	……							
	仪器设备升级改造类项目小计							
	××项目							
	××项目							
	……							

注:此表由项目单位依据 2006—2008 年修缮购置工作规划填报,并根据项目类型选填"修缮建筑面积"和"购置(改造)仪器设备";此表经主管部门审核后报财政部教科文司备案。

财政部关于印发《中央级公益性科研院所基本科研业务费专项资金管理办法(试行)》的通知

财教[2006]288号

国务院有关部委、有关直属机构,高检院,有关人民团体:

为了贯彻落实《国家中长期科学和技术发展规划纲要(2006—2020年)》,加大对中央级公益性科学事业单位的支持力度,建立稳定的支持机制,促进科研院所持续创新能力的提升,根据《国务院办公厅转发财政部科技部关于改进和加强中央财政科技经费管理若干意见的通知》(国办发[2006]56号)精神,特设立"公益性科研院所基本科研业务费专项资金"(以下简称基本科研业务费)。为规范和加强基本科研业务费的管理,提高使用效益,依据中央财政资金管理的有关规定,我们制定了《中央级公益性科研院所基本科研业务费专项资金管理办法(试行)》,现予印发,请遵照执行。

附件:中央级公益性科研院所基本科研业务费专项资金管理办法(试行)

财政部

二〇〇六年十二月八日

附件:

中央级公益性科研院所基本科研业务费专项资金管理办法(试行)

第一条 为了贯彻落实《国家中长期科学和技术发展规划纲要(2006—2020年)》,加大对中央级公益性科研院所(以下简称科研院所)的支持力度,建立稳定的支持机制,促进科研院所持续创新能力的提升,根据《国务院办公厅转发财政部科技部关于改进和加强中央财政科技经费管理若干意见的通知》(国办发[2006]56号)精神,中央财政设立"公益性科研院所基本科研业务费专项资金"(以下简称基本科研业务费)。为了规范和加强基本科研业务费的管理,提高使用效益,依据中央财政资金管理的有关规定,制定本办法。

第二条 基本科研业务费用于支持科研院所开展符合公益职能定位,代表学科发展方向,体现前瞻布局的自主选题研究工作。具体包括:

(一)学科优势明显,发展潜力大,能保持或提升科研院所持续发展能力的储备性研究。

(二)瞄准世界科技发展前沿,具有重要科学意义、学术思想新颖、交叉领域学科新生长点的创新性研究。

(三)围绕国民经济和社会发展需求,有重要应用前景或重大公益意义,有望取得重要突破或重大发现的孵化性研究。

第三条 基本科研业务费的管理和使用原则:

(一)稳定支持、长效机制。基本科研业务费稳定支持科研院所培育优秀科研人才和团队,为科研院所形成有益于持续发展、不断创新的长效机制提供经费支持。

(二)科学民主、公开公正。基本科研业务费支持的自主选题项目和项目负责人应当在科研院所内按照科学民主的原则,通过学术委员会评议,结果公示等公开公平的方式进行遴选。

(三)依托院所、自主安排。基本科研业务费的使用应当依托科研院所已有的科研条件、设施和环境,由科研院所自行立项,自主安排。重点支持有助于科研院所实现学科布局与发展规划目标,有利于培育优秀科研人才和团队的选题,不搞平均分配。

(四)专款专用、追踪问效。基本科研业务费应当纳入科研院所财务统一管理,单独设账,专款专用,并实行追踪问效。

第四条 财政部负责根据科研发展规律和科研院所的特点综合测算确定科研院所的基本科研业务费年度预算额度,以项目预算"基本科研业务费"方式随部门预算下达。下设研究所的科学(研究)院本级单独核定预算。

主管部门负责本部门基本科研业务费分配、使用和管理的监督检查和绩效评价,定期向财政部提交总结报告。

科研院所负责基本科研业务费的具体分配,使用,考核等全过程管理,定期向主管部门提交总结报告。

第五条 获得基本科研业务费的科研院所应当根据国家规定的职能定位，结合学科发展方向和优秀科研人员、团队独立提出的科研需求，制定发展规划，做好前瞻布局。

第六条 基本科研业务费项目的申报由科研院所自行组织，原则上每年一次，每人或团队限申请一项，已获支持尚未结题的不能申请新项目。申请者应当具备以下条件：

（一）恪守科学道德，学风端正扎实，有可靠时间保证；学术思想活跃，发展潜力较大。

（二）年龄在40周岁及以下，能够组建以青年科技人员为主的稳定研究队伍，申请时没有承担排名前四名的国家科技计划（基金等）等项目。

适度支持引进正在国外学习和工作，年龄在45岁及以下的专家学者。引进人才应当具有博士学位，在国外已聘为助理教授及以上职位，引进后能明显提升科研院所持续创新能力。

第七条 科研院所应当设立学术委员会，由其具体负责评议和遴选基本科研业务费支持的项目和项目负责人等工作。

学术委员会应当由9人以上的科技、经济和财务管理等方面的单数专家组成，其中外单位专家应当占1/3以上。项目申请人和其他可能影响公正的人员应当主动申请回避。

第八条 学术委员会应当在2/3以上委员到会时提出立项项目、项目负责人候选提名和资助金额等具体建议，并在院（所）范围内公示（涉密项目除外）。科研院所负责受理公示期质疑，学术委员会进行调查和复议。

第九条 学术委员会根据公示结果确定基本科研业务费支持项目、项目负责人和资助额度后，应当报科研院所的法定代表人审定，并由科研机构的法定代表人与项目负责人签订项目任务书，明确约定双方的权责关系。

任务书应当包括研究目标、研究内容、时间节点、研究团队（含外协单位）、考核指标、经费预算（含总预算与年度预算）等要素。任务书一经签订，一般不得变动。确需变动，需经学术委员会审议、科研院所的法定代表人审批。

第十条 科研院（所）应当将法定代表人审定的项目、项目负责人和资助额度等情况，按级次向主管部门报告。

第十一条 基本科研业务费是用于支持科研院所的优秀科研人员和团队完成项目研究的直接研究经费，应当严格执行财政专项资金管理的有关规定，按照任务书确定的开支范围和标准使用专项经费。

第十二条 基本科研业务费的开支范围包括：

（一）材料费。是指在项目研究过程中发生的各种原材料、辅助材料的消耗费用。

（二）测试化验加工费。是指在项目研究过程中发生的检验、测试、化验及加工等费用。

（三）差旅费。是指在项目研究过程中开展科学实验（试验）、科学考察、业务调研、学术交流等所发生的外埠差旅费及（含出差补助）、市内交通费。

（四）会议费。是指在项目研究过程中为组织学术研讨、咨询以及协调等活动而发生的会议费用。

（五）出版/文献/信息传播/知识产权事务费。是指在项目研究过程中发生的论文论著出版、文献资料检索与购置、专用软件购置、专利申请与保护的费用。

（六）专家咨询费。是指在项目研究过程中支付给临时聘请的咨询专家进行学术指导所发生的费用。

(七)劳务费。是指项目研究过程中支付给项目组成员中没有工资性收入的相关人员(如在校研究生)和项目组临时聘用人员等的劳务性费用。

基本科研业务费各项费用的开支标准应当严格按照国家有关科技经费管理的规定执行。

基本科研业务费不得开支有工资性收入的人员工资、奖金、津补贴和福利支出,不得购置大型仪器设备,不得分摊院所公共管理和运行费用(含科研房屋占用费),不得开支罚款、捐赠、赞助、投资等,严禁以任何方式牟取私利。

项目研究过程中发生的除上述费用之外的其他支出,应当在申请时单独列示,单独核定。

第十三条 科研院所应当建立健全基本科研业务费内部管理制度,明确经费使用和管理的职责权限,按照时间节点进行考核,加强内部监督检查,确保资金的合理使用和安全有效。

第十四条 基本科研业务费支持的项目应当在到期两个月以内,由科研院所负责组织学术委员会进行验收。项目负责人应当按期提交结题申请、项目总结报告和经费决算等相关材料。

第十五条 科研院所应当建立以科学道德、科技创新、人才培养、社会效益和经济效益等为主要目标的评价体系,按照定性与定量评价相结合的原则,定期组织本院(所)的基本科研业务费的节点考核和绩效评价工作,并向主管部门报送考核评价报告。重点评价一定时期内基本科研业务费所支持项目的绩效情况和科研院所科学研究能力水平的整体变化情况。

第十六条 主管部门应当按照财政部关于绩效考评的有关规定,结合所属科研院所提交的总结报告,逐步开展或组织第三方开展所属科研院所整体科研水平的绩效考评,并向财政部报送总结报告。

第十七条 使用基本科研业务费形成的固定资产、无形资产等均属国有资产,并按照国家有关规定执行管理。

第十八条 获得基本科研业务费的科研院所应当根据本办法规定制定实施细则,报主管部门审定后,由主管部门报财政部备案。

第十九条 本办法由财政部负责解释。

第二十条 本办法自发布之日起施行。

财政部　科技部关于印发《国家重大科学仪器设备开发专项资金管理办法(试行)》的通知

财教[2011]352 号

各有关单位:

为贯彻落实《国家中长期科学和技术发展规划纲要(2006—2020 年)》,支持重大科学仪器设备开发,中央财政设立国家重大科学仪器设备开发专项(以下简称专项)资金。为规范专项资金管理,财政部会同科技部制定了《国家重大科学仪器设备开发专项资金管理办法(试行)》。现予印发,请遵照执行。

附件:国家重大科学仪器设备开发专项资金管理办法(试行)

财政部　科技部

二〇一一年八月二十五日

附件：

国家重大科学仪器设备开发专项资金管理办法(试行)

第一章 总 则

第一条 为贯彻落实《国家中长期科学和技术发展规划纲要(2006—2020 年)》,中央财政设立国家重大科学仪器设备开发专项(以下简称专项)资金。为规范专项资金管理,依据《科学技术进步法》和国家有关科研管理、财务管理制度,制定本办法。

第二条 专项资金主要用于支持重大科学仪器设备的开发,以提高我国科学仪器设备的自主创新能力和自我装备水平,支撑科技创新,服务经济建设和社会发展。

第三条 专项资金的支持范围包括:

(一)基于新原理、新方法和新技术的重大科学仪器设备的开发;

(二)基于已有重大科学仪器设备(装置)创新成果的工程化开发;

(三)重要通用科学仪器设备(含核心基础器件)的开发;

(四)其它重要科学仪器设备的开发。

第四条 专项实施以需求为牵引,以应用为导向,推进政产学研用结合,明晰各方权责,突出管理创新,注重实施绩效。

第五条 专项以项目方式、分年度实施,项目周期一般不超过五年。

第六条 专项资金来源坚持多元化原则,包括中央财政资金、地方财政资金、单位自筹资金以及从其他渠道获得的资金。

本办法主要规范中央财政资金的使用和管理。其他来源的资金应当按照相关资金提供方对资金使用和管理的规定及要求,统筹安排和使用。

第七条 专项实行试点先行、稳步推开,充分发挥中央有关部门(机构)的组织管理作用。

第二章 管理体制与职责

第八条 科技部和国家自然科学基金委员会应当建立查重和协调机制。专项应当与国家自然科学基金委员会"重大科研仪器设备研制专项"和"科学仪器基础研究专款"有效衔接,并加强与相关国家科技计划等的衔接。

第九条 财政部的主要职责包括:

(一)会同科技部研究制定相关管理制度;

(二)会同科技部确定试点项目组织部门,并根据实施情况动态调整;

(三)批复项目预算(包括总预算和年度预算,下同);

(四)会同科技部开展项目经费管理使用的监督检查。

第十条 科技部的主要职责包括：

（一）会同财政部研究制定相关管理制度；

（二）会同财政部确定试点项目组织部门，并根据实施情况动态调整；

（三）负责专项的总体协调，指导并监督项目组织部门的组织管理工作；

（四）负责批复项目立项、项目综合验收、项目成果汇总管理和项目后评估；

（五）负责组织项目预算评审评估，向财政部提出项目预算安排建议方案，会同财政部开展项目经费管理使用的监督检查；

（六）建立适合本专项特点的专家咨询评审机制。

第十一条 项目组织部门是指中央有关部门（机构），负责项目的组织管理工作。主要职责包括：

（一）根据本部门、本行业的实际情况，研究确定科学仪器设备创新和发展工作重点；

（二）组织本部门所属单位作为项目牵头单位的项目申报、实施方案评审论证，择优项向科技部推荐项目；

（三）与项目牵头单位签订项目任务书并组织项目实施；

（四）成立项目监理组，监督检查项目的执行情况和经费管理使用情况，协调处理项目执行过程中出现的有关问题；

（五）按要求向科技部报告项目年度执行情况及项目执行过程中的重大事项；

（六）负责项目初步验收，负责本部门组织项目的成果管理；

（七）发挥市场机制的作用，负责项目成果的推广应用等。

第十二条 项目牵头单位是项目的具体实施单位，对项目的具体实施和总体目标的实现负责。主要职责包括：

（一）在用户、市场、技术及其他配套条件调研和分析基础上，负责开展项目的可行性分析，向组织部门提出项目建议，设计项目实施方案（含技术方案、应用和产业化方案、组织实施方式、经费预算等）；

（二）联合优势单位共同组建项目团队，并与项目合作单位签订协议，明确各方权责；

（三）负责项目的具体实施工作，落实项目配套条件和措施，确保项目各项任务和总体目标的完成；

（四）建立激励和评价机制，调动项目团队成员积极性，促进项目有效实施；

（五）组织用户代表成立用户委员会，参与专项成果的应用方法开发、应用示范和推广应用等工作；

（六）负责项目经费的管理和使用；

（七）按要求编报项目年度执行情况和有关信息，及时向项目组织部门报告执行中出现的重大问题。

（八）接受科技部、财政部、项目组织部门、项目监理组等的监督、检查和指导。

第三章 立 项

第十三条 申请专项资金支持的项目应当具备以下条件：

(一)符合本办法第三条确定的支持范围;

(二)国内外需求迫切,且相关理论、方法或技术已取得重要突破,能形成具有自主知识产权和市场竞争力的产品;

(三)拥有本领域的核心关键人才,且具有相关理论研究、设计、工程工艺、系统集成、应用研究以及产业化研究等相关方面结构合理的人员队伍;

(四)项目设计的运行机制良好,目标明确具体,技术指标可考核,实施方案可行。产学研用结合紧密,具有明确的成果应用单位和良好的市场应用前景,推广应用和产业化措施明确可行。

第十四条　项目牵头单位应当具备以下条件:

(一)中国境内注册、具有独立法人资格的科研院所、高等院校、企业等;

(二)熟悉国内外相关行业领域发展趋势,具有长期积累和明显的技术与人才优势;

(三)具有良好的项目实施条件和较强的资源统筹协调能力,能充分调动国内外有关人力、物力和财力等资源开展相关工作;

(四)在前期相关的科学仪器设备自主创新方面已取得重要进展和突破,相关工作在国内外具有重要影响。

项目牵头单位的确定,涉及政府采购的,按照政府采购有关规定执行。

第十五条　科技部、财政部根据国家重大科学仪器设备开发的总体部署,并结合中央有关部门(机构)科学仪器设备开发的基础和能力,确定试点项目组织部门及其项目推荐数量。

第十六条　被确定为试点的项目组织部门组织项目申报工作。

项目牵头单位联合优势技术力量,研究提出符合我国科学技术发展的现实需求且具有广泛应用前景的项目,并编制实施方案,经过初步论证后,报项目组织部门。

项目组织部门组织专家对项目及实施方案进行评审论证,按照规定的项目推荐数量择优向科技部推荐项目(含实施方案)。项目组织部门在具备条件时,应当积极采取网络视频评审等方式,促进评审工作的公平、公正、公开。

第十七条　科技部将项目组织部门推荐的项目纳入备选项目库,并结合国家科技创新、经济建设和社会发展的需求,从备选项目库中择优遴选项目,形成年度立项项目初步意见,并通知项目组织部门。

第十八条　项目组织部门根据立项初步意见和预算编制要求,组织项目牵头单位编制项目预算申请书,审核后报科技部。

科技部组织项目预算评审评估,提出项目预算安排建议方案,按照部门预算管理有关规定报财政部。

第十九条　财政部批复项目预算;科技部批复项目立项;科技部根据财政部批复的预算,将项目预算下达至项目牵头单位,并抄送项目组织部门;项目组织部门根据批复组织起草项目任务书(含经费预算),经科技部审核后,与项目牵头单位签订任务书,组织项目实施。

项目实施起始时间以预算下达时间为准。

第四章　经费管理

第二十条　项目经费管理和使用遵循目标明确、突出重点，权责清晰、规范管理，专款专用、追踪问效的原则。

第二十一条　项目经费由直接费用和间接费用组成。

（一）直接费用是指在项目实施过程中发生的与之直接相关的费用。主要包括：设备费、材料费、测试化验加工费、燃料动力费、差旅费、会议费、国际合作与交流费、出版/文献/信息传播/知识产权事务费、劳务费、专家咨询费及其他费用等。

（二）间接费用是指项目牵头单位和合作单位在组织实施项目过程中发生的无法在直接费用中列支的相关费用。主要包括项目牵头单位和合作单位为项目实施提供的现有仪器设备及房屋，日常水、电、气、暖消耗，有关管理费用的补助支出，以及绩效支出等。其中绩效支出是指项目牵头单位和合作单位为提高科研工作的绩效安排的相关支出。

第二十二条　直接费用中的劳务费是指在项目实施过程中支付给项目团队成员中没有工资性收入的人员（如在校研究生）和临时聘用人员等的劳务性费用。劳务费预算应当结合单位实际和相关人员参与项目的全时工作时间，科学合理、实事求是地编制，

差旅费的开支标准应当按照国家有关规定执行；会议费的开支应当按照国家有关规定执行，严格控制会议规模、会议数量、会议开支标准和会期。

专家咨询费的开支标准为：以会议形式组织的咨询，专家咨询费的开支一般参照高级专业技术职称人员500～800元/人天、其他专业技术一般人员300～500元/人天的标准执行。会期超过两天的，第三天及以后的咨询费标准参照高级专业技术职称人员300～400元/人天、其他专业技术人员200～300元/人天执行。以通讯形式组织的专家咨询，专家咨询费的开支一般参照高级专业技术职称人员60～100元/人次、其他专业技术一般人员40～80元/人次的标准执行。

严格控制设备购置，项目经费原则上不列支设备购置费，鼓励共享、租赁专用仪器设备以及对现有仪器设备进行升级改造。确有必要购买的，应当对拟购置设备的必要性、现有同样设备的利用情况以及购置设备的开放共享方案等进行单独说明。

第二十三条　间接费用使用分段超额累退比例法计算并实行总额控制，按照不超过项目经费中直接费用扣除设备购置费后的一定比例核定，具体比例如下：

500万元及以下部分不超过20%；

超过500万元至1000万元的部分不超过13%；

超过1000万元的部分不超过10%。

间接费用中绩效支出不超过直接费用扣除设备购置费后的5%。

间接费用按项目统一核定，其中绩效支出，应当在对科研工作进行绩效考核的基础上，结合科研人员实绩，由所在单位根据国家有关规定统筹安排。间接费用由项目牵头单位和项目合作单位根据各自承担的研究任务和经费额度，协商提出分配方案，在项目任务书中明确，并分别纳入各自单位财务统一管理，统筹安排使用。项目牵头单位和合作单位不得在核定的间接费用以外再以任何名义在项目经费中重复提取、列支相关费用。

项目牵头单位和合作单位应当按照国家有关规定强化间接费用的管理,制定具体的管理办法。遵循公开、公平、公正的原则,合理统筹安排绩效支出,提升科研工作绩效水平。

第二十四条 项目预算编制的要求:

(一)根据项目任务的合理需要,坚持目标相关性、政策相符性和经济合理性原则。

(二)预算编制包括收入预算与支出预算。

收入预算包括中央财政资金和其他资金。其他资金包括地方财政资金、单位自筹资金以及从其他渠道获得的资金。企业为项目牵头单位的项目,企业投入的资金应当不低于项目总预算的50%。

支出预算应当按照项目经费开支范围确定的支出科目和不同经费来源编列,同一支出一般不得同时列支中央财政资金和其他资金。支出预算应当对各项支出的主要用途和测算理由等进行详细说明。

(三)项目下设多个任务的,应当同时编制各任务经费预算。

(四)项目预算由项目牵头单位负责汇总编制。

第二十五条 项目牵头单位和合作单位应当严格按照下达的项目预算执行。项目预算总额一般不予调整,确有必要调整时,应当经项目组织部门审核后报经科技部、财政部批准后执行。

在目标与经费总额不变的情况下,直接费用中材料费、测试化验加工费、燃料动力费、出版/文献/信息传播/知识产权事务费和其他费用如需调整,由项目负责人根据实际情况提出申请,报项目总体组同意后,由项目牵头单位审批,科技部在中期财务检查或财务验收时予以确认。设备费、差旅费、会议费、国际合作与交流费、劳务费、专家咨询费一般不予调增,如需调减可按上述程序调剂用于项目其他方面支出。间接费用不得调整。

第二十六条 项目经费支付管理按照财政国库管理制度有关规定执行。

项目牵头单位应当及时按预算核拨合作单位经费,并加强对外拨经费的监督管理。项目牵头单位和合作单位不得层层转拨、变相转拨经费。

第二十七条 科技部、财政部定期对项目经费管理、使用情况进行监督检查和财务审计,逐步建立专项资金的绩效评价制度。

第二十八条 未完项目的年度结存经费,按规定结转下一年度继续使用。项目因故中止(含未通过综合验收),项目牵头单位财务部门应当及时清理账目与资产,编制财务报告及资产清单,报项目组织部门,由项目组织部门进行清查处理并报科技部备案,结余经费收回原渠道,并按照财政部关于财政拨款结转和结余资金管理的有关规定执行。

第五章 项目实施与监督

第二十九条 项目实施实行法人负责制。项目牵头单位对项目负责,合作单位对所承担的任务负责。

第三十条 项目牵头单位应当组建由本单位主要行政领导任组长,项目组织部门相关人员、合作单位相关管理人员、项目负责人及项目团队主要人员组成的项目总体组,具体负责项目和任务执行的协调工作、研究解决项目执行中出现的新情况、新问题。

第三十一条 项目牵头单位应当组建项目技术专家组和项目用户委员会,对项目的技术开发和成果应用提供咨询。

第三十二条 项目牵头单位和合作单位应当建立严格的质量控制体系,规范从图纸设计、材料选择、部件加工到工艺安装等各环节管理,形成完整齐全的技术文件。技术文件应当达到科学仪器设备成果能够复制、生产的要求。

第三十三条 项目组织部门建立由技术、财务、管理等领域专家和用户代表组成项目监理组,对项目的运行机制、保障条件、实施进度、经费使用、档案管理和成果应用等进行全过程监督,并定期向项目组织部门提交监理活动报告,如发现重大事项,应当及时向项目组织部门报告。项目牵头单位和合作单位应当按要求及时向项目监理组提供有关材料,积极配合项目监理组工作。

科技部根据管理需要,对项目实施情况进行抽查。

第三十四条 实行项目年度执行情况和重大事项报告制度。项目组织部门按年度向科技部报告项目执行情况。

第三十五条 项目在实施过程出现下列重大事项的,应当及时调整或撤销:

(一)技术、市场需求等情况发生重大变化,造成项目原定目标及技术路线需要修改;

(二)承诺的配套条件不能落实,影响项目正常实施;

(三)技术引进、国际合作等发生重大变化导致研究工作无法进行;

(四)项目技术骨干发生重大变化,致使研究工作无法正常进行;

(五)由于其他不可抗拒的因素,致使研究工作不能正常进行;

(六)其他导致不能完成项目有关目标和要求的情况。

第三十六条 涉及科技部立项批复确定的内容调整及项目撤销等重大事项,由项目牵头单位向项目组织部门提出申请,经项目组织部门审核并提出处理意见后报科技部审批。其它重大调整,由项目组织部门按程序审批。

第三十七条 项目组织部门、科技部对相关人员和单位在立项、项目执行、检查、评估和验收等各环节中信用状况进行客观记录,并作为项目管理与决策的重要依据。

第六章 验收和档案管理

第三十八条 项目完成后,项目组织部门组织开展项目初步验收工作。验收材料包括相关技术文件、用户使用报告、财务审计报告等。

鼓励项目组织部门在初步验收工作中增加科学仪器设备成果的质量评价环节。

第三十九条 项目完成6个月内,在项目初步验收基础上,项目牵头单位提出项目综合验收申请,经项目组织部门审核后,报请科技部综合验收。

第四十条 科技部组织专家组开展综合验收工作,综合验收工作包括财务验收和项目验收两个部分。根据项目的完成情况,综合验收结论分为通过验收和不通过验收。

项目目标和任务已按照要求完成,经费使用合理,为通过验收。凡具有下列情况之一的,不通过验收:

(一)项目目标完成不到85%;

(二)所提供的验收文件、资料、数据不真实,存在弄虚作假;

(三)研究过程及结果等存在纠纷尚未解决;

(四)经费使用存在严重问题;

(五)无正当理由且未经批准,超过规定的执行期限半年以上仍未完成项目任务。

第四十一条 在项目综合验收结束后一个月内,科技部将综合验收结果通知项目组织部门。

未通过综合验收的,项目组织部门应当在接到科技部通知的三个月内,组织项目牵头单位和合作单位针对存在的问题做出相应改进,并再次提出综合验收申请。仍未通过综合验收且无正当理由的,项目牵头单位应当依据相关规定和要求总结分析,项目负责人和承担单位三年内不得再承担本专项项目。

第四十二条 项目通过综合验收后,项目牵头单位应当在一个月内及时办理财务结账手续。项目经费如有结余,收回原渠道,并按照财政部关于财政拨款结转和结余资金管理的有关规定执行。

第四十三条 事业单位使用专项资金购置和试制的固定资产属于国有资产,其管理按照国家有关规定执行。企业使用专项资金购置和试制的固定资产,按照《企业财务通则》等相关规章制度执行。

第四十四条 项目组织部门对项目的组织管理情况及其所组织项目的执行情况,将作为科技部、财政部对试点项目组织部门进行动态调整的重要依据。

第四十五条 项目牵头单位应当建立科学、规范的档案管理制度,将项目实施过程中产生的具有保存价值的电子文档、文字资料、声像资料、照片、图表、数据信息等档案及时进行收集、整理和归档,并经项目组织部门及时报送科技部存档。属于保密项目的,严格遵守国家相关保密管理规定。

第四十六条 科技部建立统一的专项信息和成果管理平台,促进项目交流合作与成果共享。在遵守国家相关保密管理规定的前提下,对项目立项、项目成果等信息及时向社会公开,接受公众监督,促进成果共享与应用。

第七章 成果应用和知识产权管理

第四十七条 项目综合验收后,项目组织部门和项目牵头单位应当与应用单位和相关企业密切合作,按照市场化原则,加强成果的应用,提高市场占有率,推动成果转化或技术转移。成果应用推广或技术转移方案应当报科技部备案。

第四十八条 项目综合验收后三年内,项目牵头单位应当经项目组织部门向科技部报送项目成果使用年度报告,包括产业化、市场占有率、用户使用情况以及开放共享情况等。在此基础上,科技部对项目成果应用状况和效益开展综合评估,评估结果将作为后续立项和选择承担单位的依据之一。

第四十九条 项目形成的知识产权的归属、运用、保护和管理等,应当严格按照《科学技术进步法》和国家有关知识产权保护的法律法规及《关于国家科研计划项目研究成果知识产权管理的若干规定》(国办发[2002]30号)等法律法规的规定执行。

项目产生的核心技术、关键部件、工程工艺、应用方法和科学仪器设备整机等重要成果及其知识产权应当首先在境内使用，向境外的组织或者个人转让或者许可境外的组织或者个人独占实施的，应当经项目组织部门审核后报科技部批准。

第五十条 项目牵头单位应当与合作单位事先签署协议明确任务分工及知识产权归属、管理、运用及其利益分配。

第五十一条 项目执行过程中产生的科学仪器设备产品、专著、论文、软件、数据库、专利等，均应当标注“国家重大科学仪器设备开发专项资金资助”字样和项目批准号。

第八章 附 则

第五十二条 科技部、财政部适时选择工作基础好、示范性强的地区纳入专项试点范围。试点地区范围内，项目牵头单位是试点项目组织部门所属单位的，项目由试点项目组织部门推荐；项目牵头单位是地方单位（企业）的，项目由项目牵头单位所在省（直辖市、自治区、计划单列市）科技部门会同财政部门推荐。项目组织管理按照本办法相应规定执行。

第五十三条 本办法由财政部、科技部负责解释。

第五十四条 本办法自印发之日起施行。

财政部　科技部关于印发《国家重点实验室专项经费管理办法》的通知

财教[2008]531 号

有关单位：

为贯彻落实《国家中长期科学和技术发展规划纲要（2006—2010 年）》，中央财政设立国家（重点）实验室专项经费。为规范和加强国家重点实验室专项经费的管理，提高资金使用效益，根据《国务院办公厅转发财政部科技部关于改进和加强中央财政科技经费管理若干意见的通知》（国办发[2006]56 号）和国家有关财务管理制度，财政部、科技部制定了《国家重点实验室专项经费管理办法》。现印发给你们，请遵照执行。

附件：国家重点实验室专项经费管理办法

财政部　科学技术部

二〇〇八年十二月二十六日

附件：

国家重点实验室专项经费管理办法

第一章　总　则

第一条　为贯彻落实《国家中长期科学和技术发展规划纲要（2006—2020年）》，中央财政设立国家（重点）实验室专项经费。为规范和加强国家重点实验室专项经费（以下简称专项经费）的管理，提高资金使用效益，根据《国务院办公厅转发财政部科技部关于改进和加强中央财政科技经费管理若干意见的通知》（国办发[2006]56号）和国家有关财务规章制度，制定本办法。

第二条　专项经费主要用于支持按照《国家重点实验室建设与运行管理办法》设立的国家重点实验室（以下简称重点实验室，不包括依托单位为企业的重点实验室）开放运行、自主创新研究和仪器设备更新改造等。

第三条　专项经费管理和使用的原则：

（一）稳定支持，长效机制。按照科学研究的规律，加大对重点实验室稳定支持力度，为其正常运转提供保障，推动建立有利于重点实验室持续发展、不断创新的长效机制。

（二）分类管理，追踪问效。按照专项经费用途分类实行不同的预算管理方式，建立相应的绩效评价制度，提高资金使用效益。

（三）动态调整，择优委托。对重点实验室运行管理进行定期评估和动态调整，被撤销的重点实验室不纳入专项经费支持范围。国家级科技计划专项经费、基金等应当按照项目、基地、人才相结合的原则，优先委托有条件的重点实验室承担。

（四）单独核算，专款专用。重点实验室专项经费应当纳入依托单位财务统一管理，单独核算，专款专用，加强监督管理。

第二章　经费开支范围

第四条　专项经费开支范围包括由重点实验室直接使用、与重点实验室任务直接相关的开放运行费、基本科研业务费和仪器设备费。

（一）开放运行费包括日常运行维护费和对外开放共享费。

1. 日常运行维护费是指维持重点实验室正常运转、完成日常工作任务发生的费用，包括办公及印刷费、水电气燃料费、物业管理费、图书资料费、差旅费、会议费、日常维修费、小型仪器设备购置改造费、公共试剂和耗材费、专家咨询费和劳务费等。

2. 对外开放共享费是指重点实验室支持开放课题、组织学术交流合作、研究设施对外共享等发生的费用。包括对外开放共享过程中发生的与工作直接相关的材料费、测试化验加工费、差旅费、会议费、出版/文献/信息传播/知识产权事务费、专家咨询费、劳务费、高级访问学者经费等。重点实验室固定人员不得使用开放课题经费。

(二)基本科研业务费是指重点实验室围绕主要任务和研究方向开展持续深入的系统性研究和探索性自主选题研究等发生的费用。具体包括与研究工作直接相关的材料费、测试化验加工费、差旅费、会议费、出版/文献/信息传播/知识产权事务费、专家咨询费、劳务费等。

(三)科研仪器设备费是指正常运行且通过评估或验收的重点实验室,按照科研工作需求进行五年一次的仪器设备更新改造等发生的费用。包括直接为科学研究工作服务的仪器设备购置;利用成熟技术对尚有较好利用价值、直接服务于科学研究的仪器设备所进行的功能扩展、技术升级;与重点实验室研究方向相关的专用仪器设备研制;为科学研究提供特殊作用及功能的配套设备和实验配套系统的维修改造等费用。

第五条 专项经费允许开支的劳务费是指在开展重点实验室相关工作中支付给重点实验室成员或相关课题组成员中没有工资性收入的人员(如在校研究生)和临时聘用人员等的劳务性费用。

专项经费中差旅费的开支标准应当按照国家有关规定执行;会议费的开支应当按照国家有关规定执行,严格控制会议规模、会议数量、会议开支标准和会期。

专项经费中咨询费的开支标准为:以会议形式组织的咨询,专家咨询费的开支一般参照高级专业技术职称人员500~800元/人天、其他专业技术一般人员300~500元/人天的标准执行。会期超过两天的,第三天及以后的咨询费标准参照高级专业技术职称人员300~400元/人天、其他专业技术人员200~300元/人天执行。以通讯形式组织的专家咨询,专家咨询费的开支一般参照高级专业技术职称人员60~100元/人次、其他专业技术一般人员40~80元/人次的标准执行。

专项经费不得开支有工资性收入的人员工资、奖金、津补贴和福利支出,不得开支罚款、捐赠、赞助、投资等,严禁以任何方式牟取私利。

依托单位不得以任何名义从专项经费中提取管理费。

第三章 预算管理

第六条 科技部根据重点实验室总规划,批准重点实验室的建立、调整和撤销,定期组织重点实验室评估,将评估结果送财政部。

第七条 开放运行费和基本科研业务费预算实行分类分档管理,下达程序包括:

(一)科技部根据重点实验室定期评估结果,结合年度考核情况、学科领域特点、规模等,提出重点实验室档次划分建议,送财政部。

(二)财政部会同科技部根据分档情况,结合财力可能,确定分类分档支持标准。

(三)财政部按照分类分档情况和支持标准,按照相应预算渠道下达开放运行费和基本科研业务费预算,并抄送科技部。

第八条 科研仪器设备经费预算申报和下达程序:

(一)每一年重点实验室评估结束后,当年参加评估(不含建设期)的重点实验室编制科研仪器设备工作方案(含经费预算)。工作方案编报年限一般为三年。重点实验室应当按照研究方向和发展目标,结合基础条件和人员队伍现状等,以形成各具特色的研究实验体系为目标,根据实际需求和预计可以完成的工作量,区分轻重缓急,科学合理、实事求是地进行编制。

(二)科研仪器设备工作方案由依托单位出具审核意见并汇总后报主管部门或按相应预算渠道报相关地方财政部门,主管部门或相关地方财政部门商科技行政主管部门出具审核意见并汇总后报送财政部,同时抄送科技部。

(三)依托单位超过一个的重点实验室应统一编制总体工作方案,再分解到实验室各组成部分,经各自依托单位审核后报送至第一依托单位,由第一依托单位审核汇总后按相应渠道上报。

(四)财政部、科技部组织专家或委托中介机构对科研仪器设备工作方案进行评审评估。财政部结合重点实验室定期评估结果和专项经费评审评估结果、学科领域特点,核定并按相应预算渠道下达仪器设备经费年度预算,并抄送科技部。

第九条 依托单位超过一个的重点实验室,专项经费预算分别下达到各依托单位主管部门或相关地方。

第十条 重点实验室依托单位主管部门或相关地方要及时下拨专项经费。

第十一条 购置价值超过200万元以上的单台或成套仪器设备,按照《财政部科技部 教育部 中国科学院关于印发〈中央级新购大型科学仪器设备联合评议工作管理办法(试行)〉的通知》(财教[2004]33号)有关规定执行。

第十二条 财政部建立专项经费预算管理数据库,将专项经费预算安排情况、执行情况等内容纳入数据库进行管理。

第十三条 已获批准但尚未通过验收的重点实验室在建设期间所需经费,包括基本建设费和仪器设备经费等,主要通过原渠道由主管部门和依托单位解决。专项经费可以适当安排开放运行费和基本科研业务费补助。

第十四条 鼓励其他渠道的经费投入重点实验室,同时应当注意与专项经费支持内容有效衔接,避免交叉重复。

第四章 预算执行

第十五条 专项经费的支付按照财政国库管理制度的有关规定执行。

第十六条 重点实验室应当严格按照下达的经费预算执行,一般不予调整。确有必要调整的,应按原渠道报经财政部批准。

第十七条 专项经费支出属于政府采购范围的,应按照《政府采购法》及政府采购的有关规定执行。

第十八条 使用专项经费形成的固定资产、无形资产等属于国有资产,按照国家国有资产管理有关规定进行管理。专项经费形成的大型科学仪器设备、科学数据、自然科技资源等,按照规定开放共享,提高资源使用效率。

第十九条 专项经费的年度结余经费,按照财政部关于财政拨款结余资金管理的有关规定执行。

第二十条 专项经费决算纳入依托单位决算编制。

第五章 监督检查与绩效评价

第二十一条 依托单位及其主管部门或地方财政部门应当按照各自职责加强对专项经费管理使用的监督检查,并将有关情况及时向财政部、科技部通报。

第二十二条 依托单位应当建立健全专项经费内部管理机制,制定内部管理办法,将专项经费纳入依托单位财务统一管理,单独核算,专款专用。

第二十三条 重点实验室依托单位和主管部门应当建立专项经费的绩效评价制度,按照定性与定量评价相结合的原则,对实验室经费使用情况进行绩效评价,有关制度和情况报送财政部、科技部备案。

第二十四条 财政部、科技部采取年度抽查与五年评估相结合的方式,对专项经费执行情况进行监督检查。经费执行情况的五年评估与重点实验室五年评估时间相衔接,有关内容包含在后者之中,其结果作为预算安排的重要依据之一。经费执行情况具体评估指标另行制定。

第二十五条 对于违反规定管理和使用专项经费的,按照《财政违法行为处罚处分条例》(国务院令第427号)有关规定执行。

第六章 附 则

第二十六条 本办法由财政部、科技部负责解释。

第二十七条 本办法自发布之日起实施。

科技部关于印发《国家科技计划和专项经费监督管理暂行办法》的通知

国科发财字[2007]393 号

各省、自治区、直辖市、计划单列市科技厅(委、局),新疆生产建设兵团,国务院各部委、各直属机构,各有关单位:

为贯彻落实《国家中长期科学和技术发展规划纲要(2006—2020 年)》,进一步加强国家科技计划和专项经费的管理,提高资金使用效益,根据《中华人民共和国预算法》、《国务院办公厅转发财政部　科技部关于改进和加强中央财政科技经费管理若干意见的通知》(国办发[2006]56 号)和国家有关财务管理制度,科技部制定了《国家科技计划和专项经费监督管理暂行办法》(见附件)。现印发给你们,请遵照执行。

附件:国家科技计划和专项经费监督管理暂行办法

科学技术部

二〇〇七年七月二日

附件:

国家科技计划和专项经费监督管理暂行办法

第一章 总 则

第一条 为贯彻落实《国家中长期科学和技术发展规划纲要(2006—2020 年)》,进一步加强国家科技计划和专项经费(以下简称科技经费)的管理,建立和完善经费管理与监督制度体系,提高资金使用效益,根据《中华人民共和国预算法》、《国务院办公厅转发财政部 科技部关于改进和加强中央财政科技经费管理若干意见的通知》(国办发[2006]56 号)和国家有关财务管理制度,制定本办法。

第二条 科技经费监督是指科技部对管理的各类科技计划、科技专项经费使用情况组织开展监督检查,并对违规违纪行为追究责任的工作。目的是规范科技经费管理和使用行为,帮助单位建立健全内部制度,实现关口前移、预防为主,更好地为科技计划和专项的顺利实施服务。

第三条 科技经费监督的主要服务对象是承担科技部管理的各类科技计划、科技专项的单位及其合作单位(以下简称承担单位)、项目(或课题,以下统一简称项目)负责人和项目组成员等。

第四条 科技经费监督工作,在财政部、审计署等相关部门的指导下,根据有关计划和专项经费管理办法的规定,按照依法、客观、公正、透明的原则组织开展,建立职责明确、措施有力、程序规范的监督管理机制。

第五条 承担单位上级主管部门和地方科技行政管理部门在科技经费监督过程中要切实履行职责,按照分级管理的原则,对所属单位(属地单位)承担项目的预算申报、预算执行和经费使用情况进行全面的监督、检查和指导。

第六条 科技经费的使用遵循承担单位法人负责制的原则。承担单位应当建立健全内部监督制约机构,完善内部控制制度,负责科技经费的日常管理和使用。承担单位财务部门要切实履行职责,加强对经费使用的财务审核和会计核算,保障专项经费规范、合理、有效使用,并自觉接受科技部或其委托的部门和单位组织的监督工作。

第二章 监督内容和方法

第七条 科技经费监督贯穿科技经费管理的全过程,必须突出重点、务求实效。监督的主要内容是:

(一)承担单位内部财务管理制度建设及执行情况。包括对财经法规及各项科技经费管理制度、规定的贯彻落实情况,针对本单位财务工作特点制定内部财务管理制度情况,以及单位内部控制制度建设情况等。

（二）承担单位对科技经费会计核算情况。包括单独核算情况，会计科目设置规范性，核算内容和财务报告信息的真实、准确和完整性，经费开支审批程序和手续的完备性，以及相关财务档案资料保存管理情况等。

（三）承担单位和项目负责人执行预算情况。包括按照规定的支出范围和标准执行预算情况，预算调整的必要性和程序规范性，拨付合作单位预算资金规范性及监管情况，配套资金及时足额到位情况；有无超预算、超范围、超标准支出，挤占、挪用、转移项目经费，自行分解、擅自转拨科技经费等问题。

（四）设备购置和管理情况。包括批复购置设备预算的执行情况，购置设备的开放共享情况，购置设备纳入单位固定资产管理情况等。

（五）承担单位对决算和财务验收制度的执行情况。包括编报决算和结题财务报告情况，及时清理账目、确定项目支出情况，结余经费的认定和上缴情况，以及有无拖延财务结账、长期挂账报销费用等问题。

第八条 建立和完善科技经费监督管理运行机制。根据需要，综合利用财务报告、巡视检查、专项审计、财务验收、绩效评价、受理举报等多种方法，通过日常监督与专项监督相结合的方式，对科技经费实施监督。

（一）财务报告。承担单位按照相关制度的规定和具体要求，定期或不定期的向科技部报告项目预算执行情况和重大财务事项。科技部对财务报告进行合规性审查。

（二）巡视检查。科技部定期派出巡视组，对使用科技经费数额较大的单位进行制度化的督促检查。通过听取汇报、召开座谈会、资料查验等多种方式，全面检查承担单位及其负责人在贯彻国家科技经费管理制度、建立内部管理机制、执行科技经费预算等方面的情况。

（三）专项审计。科技部或其委托的单位，不定期的对科技经费使用的合法性、合规性和合理性，以及财务收支信息的真实性和完整性等进行的专项检查和评价。

（四）财务验收。科技部或其委托的单位在项目验收期间，对项目预算执行情况、经费使用情况和财务决算报告等进行专门审核与评价。财务验收是项目验收的重要组成部分，未通过财务验收的项目不得通过项目验收。

（五）绩效评价。科技部运用一定的考核方法、量化指标及评价标准，对项目的实施过程及其完成结果进行综合性考核与评价。具体组织实施按照财政部《中央级教科文部门项目绩效考评管理办法》（财教[2005]149号）和科技部的有关规定执行。绩效评价的结果将作为单位和个人今后申请立项及预算的重要参考依据。

（六）受理举报。科技部根据举报，对相关单位或个人科技经费管理、使用中的问题组织开展专项调查处理工作。

第三章 组织实施

第九条 科技经费监督工作可以采用科技部直接组织检查组，委托主管部门、地方科技行政管理部门或委托会计师事务所等社会中介机构等多种方式进行。委托主管部门和地方科技行政管理部门开展的监督工作，可以采用跨部门监督、属地监督或异地交叉监督等形式进行。

第十条 委托开展的科技经费监督工作，需要履行规范的委托程序和手续。接受委托的部门和单位在具体的监督工作实施中,承担委托人赋予的监督责任。

第十一条 科技经费监督工作按照以下程序组织实施:

(一)制定监督计划。科技部根据管理工作需要,制定科技经费年度监督计划,确定年度监督的重点和内容,部署开展监督工作。

(二)通知被检查单位。科技部根据年度监督计划,遴选确定开展监督检查的单位和项目,并书面通知被检查单位。

(三)被检查单位准备资料。被检查单位根据监督检查工作的有关要求准备相关资料,主要包括自查报告、项目任务书、项目预算书、购置资产清单、相关账簿、会计凭证以及需要填报的财务报表等。

(四)现场检查。检查组或受委托单位根据需要对被检查单位进行现场检查,调查了解单位的规章制度建立情况和经费开支情况,收集有关资料和会计凭证,并就检查结果与被检查单位进行沟通和交流。

(五)出具监督检查报告。检查组或受委托单位对调查中取得的素材和资料进行归类、汇总和分析确认,按要求出具监督检查报告报送科技部。

(六)监督检查结果处理。科技部针对监督检查中发现的问题,按照相关制度规定,下达监督检查意见书。被检查单位应在监督检查意见书的规定时限内整改执行完毕,并将执行结果书面报告科技部。对监督检查意见书中认定问题有异议的,可以申请重新核查确认。

第十二条 充分发挥专家和中介机构对监督工作的咨询作用,建立对专家和中介机构的遴选、考核和评价制度。专家和中介机构在现场检查过程中,有责任就科技经费管理政策法规向被检查单位进行解释说明。在选择专家和会计师事务所的过程中,应坚持以下原则和要求:

(一)对专家的选择应坚持客观、公正和回避的原则,紧密围绕项目所属领域和自身特点选择专家,根据监督工作需要,检查专家可包括财务、技术、经济以及国际合作专家等。专家应了解被检查项目的基本情况,在检查过程中能够客观、公正的发表意见,并对通过检查获得的项目技术和财务情况保守秘密。

(二)对会计师事务所的选择应坚持公开、竞争和择优的原则。会计师事务所应当秉持第三方的独立原则开展审计工作,审计人员应熟悉国家财经法规和科技经费管理各项规定,客观、公正地发表审计意见。

第十三条 建立健全经费监督管理信息数据库,纳入全国统一的科研项目数据库,全面记录科技经费监督计划、组织实施情况、监督检查结果、以及整改落实情况等。积极推进信用记录制度,根据监督检查结果对承担单位和相关人员在经费管理方面的信用进行评价和记录,并作为今后申请科技经费的重要依据。

第四章 处罚措施

第十四条 对监督检查中发现的违规违纪行为,根据情节轻重予以处理,并记录相关单位和当事人的信用,通过适当的方式向社会公告。

第十五条 承担单位在科技经费内部管理制度和会计核算方面有下述行为之一的,将视情节轻重限期整改、停拨经费、通报批评、不通过财务验收直至一定时限内取消其项目申报资格。

（一）科技经费不按项目核算的；

（二）科技经费内部管理制度不健全，财务管理和会计基础性工作薄弱的；

（三）固定资产管理不规范，购置的固定资产不及时入账，形成账外资产的；

（四）不按要求及时编报决算，或脱离财务部门编报决算，造成报表数据不准确、账表不一致的；

（五）其他违反财经制度的行为。

第十六条 承担单位、项目负责人及项目组成员在监督检查中被发现在预算申报过程中有下述行为之一的，将视情节轻重停拨经费、通报批评、不通过财务验收、终止项目、追回已拨经费直至一定时限内取消其项目申报资格。

（一）编报虚假预算，套取国家财政资金的；

（二）提供虚假财务会计资料的；

（三）提供虚假配套资金承诺的；

（四）采用不正当手段影响预算评审评估结果的；

（五）其他违反财经制度的行为。

第十七条 承担单位、项目负责人及项目组成员在预算执行方面有下述行为之一的，将视情节轻重限期整改、停拨经费、通报批评、不通过财务验收、终止项目、追回已拨经费直至一定时限内取消其项目申报资格。

（一）不严格执行预算，存在超预算、超范围、超标准支出行为的；

（二）截留、挤占、挪用经费的；

（三）违反规定开支人员费，乱发津贴、补贴，超额提取管理费的；

（四）未按规定自行调整预算的；

（五）违反规定转拨、转移经费的；

（六）已承诺的配套资金不及时足额到位的；

（七）其他违反财经制度的行为。

第十八条 承担单位、项目负责人及项目组成员在结题验收方面有下述行为之一的，将视情节轻重限期整改、通报批评、不通过财务验收、直至一定时限内取消其项目申报资格。

（一）少报、漏报、隐匿不报结余资金，以及结余资金不按规定及时上缴的；

（二）单位财务不及时结账、长期挂账报销费用的；

（三）不配合监督检查工作，以及采取不正当手段，影响监督检查人员客观发表意见的；

（四）其他违反财经制度的行为。

第十九条 承担单位、项目负责人及项目组成员发生违反科技经费管理规定问题触犯财经纪律的，移交行政监察机关处理，涉嫌犯罪的，移送司法机关依法追究刑事责任。

第五章　附　则

第二十条 本办法由科技部负责解释。

第二十一条 本办法自发布之日起执行。

第二十二条 地方科技行政管理部门可参照执行。

财政部　科技部关于印发《国家科技成果转化引导基金管理暂行办法》的通知

财教[2011]289号

国务院各部委、各直属机构，新疆生产建设兵团，各省（自治区、直辖市、计划单列市）财政厅（局）、科技厅（委、局），有关单位：

为贯彻落实《国家中长期科学和技术发展规划纲要（2006—2020年）》，加速推动科技成果转化与应用，引导社会力量和地方政府加大科技成果转化投入，中央财政设立国家科技成果转化引导基金（以下简称转化基金）。为规范转化基金管理，我们制定了《国家科技成果转化引导基金管理暂行办法》。现予印发，请遵照执行。

附件：《国家科技成果转化引导基金管理暂行办法》

财政部　科学技术部

二〇一一年七月四日

附件：

国家科技成果转化引导基金管理暂行办法

第一章 总 则

为贯彻落实《国家中长期科学和技术发展规划纲要（2006—2020 年）》，加速推动科技成果转化与应用，引导社会力量和地方政府加大科技成果转化投入，中央财政设立国家科技成果转化引导基金（以下简称转化基金）。为规范转化基金的管理，制定本办法。

转化基金主要用于支持转化利用财政资金形成的科技成果，包括国家（行业、部门）科技计划（专项、项目）、地方科技计划（专项、项目）及其他由事业单位产生的新技术、新产品、新工艺、新材料、新装置及其系统等。

转化基金的资金来源为中央财政拨款、投资收益和社会捐赠。

转化基金的支持方式包括设立创业投资子基金、贷款风险补偿和绩效奖励等。

转化基金遵循引导性、间接性、非营利性和市场化原则。

第二章 科技成果转化项目库

科技部、财政部建立国家科技成果转化项目库（以下简称成果库），为科技成果转化提供信息支持。

应用型国家科技计划项目（课题）完成单位应当向成果库提交成果信息。

行业、部门、地方科技计划（专项、项目）产生的科技成果，分别经相关主管部门和省、自治区、直辖市、计划单列市（以下简称省级）科技部门审核推荐后可进入成果库；部门和地方所属事业单位产生的其他科技成果，分别经相关主管部门和省级科技部门审核推荐进入成果库。

成果库的建设和运行实行统筹规划、分层管理、开放共享、动态调整。鼓励部门、行业、地方参与成果库的建设。

成果库中的科技成果摘要信息，除涉及国家安全、重大社会公共利益和商业秘密外，向社会公开。

第三章 设立创业投资子基金

转化基金与符合条件的投资机构共同发起设立创业投资子基金（以下简称子基金），为转化科技成果的企业提供股权投资。科技部负责按规定批准发起设立子基金。

鼓励地方创业投资引导性基金参与发起设立子基金。

转化基金不作为子基金的第一大股东或出资人，对子基金的参股比例为子基金总额的20%～30%，其余资金由投资机构依法募集。

子基金应以不低于转化基金出资额三倍的资金投资于转化成果库中科技成果的企业，其他投资方向应符合国家重点支持的高新技术领域。

子基金不得从事贷款或股票(投资企业上市除外)、期货、房地产、证券投资基金、企业债券、金融衍生品等投资,也不得用于赞助、捐赠等支出。待投资金应当存放银行或购买国债。

子基金存续期一般不超过 8 年。鼓励其他投资者购买转化基金在子基金中的股权。

子基金应当在科技部、财政部招标选择的银行开设托管账户。存续期内产生的股权转让、分红、清算等资金应进入子基金托管账户,不得循环投资。

子基金应当委托投资管理公司或管理团队进行管理。

转化基金向子基金派出代表,对子基金行使出资人职责。

子基金存续期结束时,年平均收益达到一定要求的,投资管理公司或管理团队可提取一定比例的业绩提成。子基金出资各方按照出资比例或相关协议约定获取投资收益,并可将部分收益奖励投资管理公司或管理团队。

子基金应当在投资人协议和子基金章程中载明本章规定的相关事项。

第四章　贷款风险补偿

科技部、财政部招标确定合作银行,对合作银行符合下列条件的贷款(以下简称成果转化贷款),可由转化基金给予一定的风险补偿:

(一)向年销售额 3 亿元以下的科技型中小企业发放用于转化成果库中科技成果的贷款;

(二)上述贷款的期限为 1 年期(含 1 年)以上。

(三)贷款发生地省级政府出资共同开展成果转化贷款风险补偿。

合作银行应制定和公布成果转化贷款的条件、标准和程序,在符合贷款条件的前提下,降低贷款成本、提高工作效率。

合作银行省级分支机构汇总当地成果转化贷款项目报同级科技部门、财政部门共同审核后,由合作银行总行按年度汇总报送科技部。科技部提出贷款风险补偿建议报送财政部。

年度风险补偿额按照合作银行当年的成果转化贷款额进行核定,补偿比例不超过贷款额的 2%。

合作银行应加强对成果转化贷款的审核、管理和监督。

第五章　绩效奖励

对于为转化科技成果做出突出贡献的企业、科研机构、高等院校和科技中介服务机构,转化基金可给予一次性资金奖励。

绩效奖励对象所转化的成果应同时符合以下条件:

(一)属于本办法第二条规定的科技成果;

(二)在培育战略性新兴产业和支撑当前国家重点行业、关键领域发展中发挥了重要作用;

(三)未曾获得中央和地方财政用于科技成果转化方面的资金支持。

绩效奖励项目由有关部门和省级科技部门、财政部门向科技部、财政部推荐。

科技部、财政部组织专家或委托中介机构对申请绩效奖励的项目的经济和社会效益进行评价,科技部依据评价结果提出绩效奖励对象和额度的建议报送财政部。

绩效奖励资金应当分别用于以下方面：

(一)获奖企业的研究开发活动；

(二)获奖科研机构、高等院校的研究开发、成果转移转化活动；

(三)获奖科技中介服务机构的技术转移活动；

(四)获奖单位对创造科技成果和提供技术服务的科研人员的奖励。

第六章　组织管理和监督

科技部、财政部组织成立转化基金专家咨询委员会，为转化基金提供咨询。咨询委员由科技、管理、法律、金融、投资、财务等领域的专家担任。

科技部、财政部共同委托具备条件的机构负责转化基金的日常管理工作，并进行指导、监督和组织评价。

受托管理机构应当建立适应转化基金管理和工作需要的人员队伍、内部组织机构、管理制度和风险控制机制等。

转化基金实施过程中涉及信息提供的单位，应当保证所提供信息的真实性，并对信息虚假导致的后果承担责任。

转化基金建立公示制度。

第七章　附　则

科技部、财政部根据本办法制定转化基金相关实施细则。

地方可以参照本办法设立科技成果转化引导基金。

本办法由财政部、科技部负责解释。

财政部　科技部关于印发《科技型中小企业创业投资引导基金管理暂行办法》的通知

财企[2007]128号

各省、自治区、直辖市、计划单列市财政厅(局)、科技厅(委、局):

为贯彻《国务院关于实施〈国家中长期科学和技术发展规划纲要(2006—2020年)〉若干配套政策的通知》(国发[2006]6号),支持科技型中小企业自主创新,我们制定了《科技型中小企业创业投资引导基金管理暂行办法》,现印发给你们,请遵照执行。执行中有何问题,请及时向我们反映。

附件:科技型中小企业创业投资引导基金管理暂行办法

中华人民共和国财政部

中华人民共和国科学技术部

二〇〇七年七月六日

附件：

科技型中小企业创业投资引导基金管理暂行办法

第一章　总　则

第一条　为贯彻《国务院实施〈国家中长期科学和技术发展规划纲要（2006—2020年）〉若干配套政策》（国发[2006]6号），支持科技型中小企业自主创新，根据《国务院办公厅转发科学技术部财政部关于科技型中小企业技术创新基金的暂行规定的通知》（国办发[1999]47号），制定本办法。

第二条　科技型中小企业创业投资引导基金（以下简称引导基金）专项用于引导创业投资机构向初创期科技型中小企业投资。

第三条　引导基金的资金来源为，中央财政科技型中小企业技术创新基金；从所支持的创业投资机构回收的资金和社会捐赠的资金。

第四条　引导基金按照项目选择市场化、资金使用公共化、提供服务专业化的原则运作。

第五条　引导基金的引导方式为阶段参股、跟进投资、风险补助和投资保障。

第六条　财政部、科技部聘请专家组成引导基金评审委员会，对引导基金支持的项目进行评审；委托科技部科技型中小企业技术创新基金管理中心（以下简称创新基金管理中心）负责引导基金的日常管理。

第二章　支持对象

第七条　引导基金的支持对象为：在中华人民共和国境内从事创业投资的创业投资企业、创业投资管理企业、具有投资功能的中小企业服务机构（以下统称创业投资机构），及初创期科技型中小企业。

第八条　本办法所称的创业投资企业，是指具有融资和投资功能，主要从事创业投资活动的公司制企业或有限合伙制企业。申请引导基金支持的创业投资企业应当具备下列条件：

（一）经工商行政管理部门登记；

（二）实收资本（或出资额）在10 000万元人民币以上，或者出资人首期出资在3000万元人民币以上，且承诺在注册后5年内总出资额达到10 000万元人民币以上，所有投资者以货币形式出资；

（三）有明确的投资领域，并对科技型中小企业投资累计5000万元以上；

（四）有至少3名具备5年以上创业投资或相关业务经验的专职高级管理人员；

（五）有至少3个对科技型中小企业投资的成功案例，即投资所形成的股权年平均收益率不低于20%，或股权转让收入高于原始投资20%以上；

（六）管理和运作规范，具有严格合理的投资决策程序和风险控制机制；

(七)按照国家企业财务、会计制度规定,有健全的内部财务管理制度和会计核算办法;

(八)不投资于流动性证券、期货、房地产业以及国家政策限制类行业。

第九条　本办法所称的创业投资管理企业,是指由职业投资管理人组建的为投资者提供投资管理服务的公司制企业或有限合伙制企业。申请引导基金支持的创业投资管理企业应具备下列条件:

(一)符合本办法第八条第(一)、第(四)、第(五)、第(六)、第(七)项条件;

(二)实收资本(或出资额)在100万元人民币以上;

(三)管理的创业资本在5000万元人民币以上。

第十条　本办法所称的具有投资功能的中小企业服务机构,是指主要从事为初创期科技型中小企业提供创业辅导、技术服务和融资服务,且具有投资能力的科技企业孵化器、创业服务中心等中小企业服务机构。申请引导基金支持的中小企业服务机构需具备以下条件:

(一)符合本办法第八条第(五)、第(六)、第(七)项条件;

(二)具有企业或事业法人资格;

(三)有至少2名具备3年以上创业投资或相关业务经验的专职管理人员;

(四)正在辅导的初创期科技型中小企业不低于50家(以签订《服务协议》为准);

(五)能够向初创期科技型中小企业提供固定的经营场地;

(六)对初创期科技型中小企业的投资或委托管理的投资累计在500万元人民币以上。

第十一条　本办法所称的初创期科技型中小企业,是指主要从事高新技术产品研究、开发、生产和服务,成立期限在5年以内的非上市公司。享受引导基金支持的初创期科技型中小企业,应当具备下列条件:

(一)具有企业法人资格;

(二)职工人数在300人以下,具有大专以上学历的科技人员占职工总数的比例在30%以上,直接从事研究开发的科技人员占职工总数比例在10%以上;

(三)年销售额在3000万元人民币以下,净资产在2000万元人民币以下,每年用于高新技术研究开发的经费占销售额的5%以上。

第三章　阶段参股

第十二条　阶段参股是指引导基金向创业投资企业进行股权投资,并在约定的期限内退出。主要支持发起设立新的创业投资企业。

第十三条　符合本办法规定条件的创业投资机构作为发起人发起设立新的创业投资企业时,可以申请阶段参股。

第十四条　引导基金的参股比例最高不超过创业投资企业实收资本(或出资额)的25%,且不能成为第一大股东。

第十五条　引导基金投资形成的股权,其他股东或投资者可以随时购买。自引导基金投入后3年内购买的,转让价格为引导基金原始投资额;超过3年的,转让价格为引导基金原始投资额与按照转让时中国人民银行公布的1年期贷款基准利率计算的收益之和。

第十六条　申请引导基金参股的创业投资企业应当在《投资人协议》和《企业章程》中明确

下列事项：

（一）在有受让方的情况下，引导基金可以随时退出；

（二）引导基金参股期限一般不超过 5 年；

（三）在引导基金参股期内，对初创期科技型中小企业的投资总额不低于引导基金出资额的 2 倍；

（四）引导基金不参与日常经营和管理，但对初创期科技型中小企业的投资情况拥有监督权。创新基金管理中心可以组织社会中介机构对创业投资企业进行年度专项审计。创业投资机构未按《投资人协议》和《企业章程》约定向初创期科技型中小企业投资的，引导基金有权退出；

（五）参股创业投资企业发生清算时，按照法律程序清偿债权人的债权后，剩余财产首先清偿引导基金。

第四章　跟进投资

第十七条　跟进投资是指对创业投资机构选定投资的初创期科技型中小企业，引导基金与创业投资机构共同投资。

第十八条　创业投资机构在选定投资项目后或实际完成投资 1 年内，可以申请跟进投资。

第十九条　引导基金按创业投资机构实际投资额 50％以下的比例跟进投资，每个项目不超过 300 万元人民币。

第二十条　引导基金跟进投资形成的股权委托共同投资的创业投资机构管理。

创新基金管理中心应当与共同投资的创业投资机构签订《股权托管协议》，明确双方的权利、责任、义务、股权退出的条件或时间等。

第二十一条　引导基金按照投资收益的 50％向共同投资的创业投资机构支付管理费和效益奖励，剩余的投资收益由引导基金收回。

第二十二条　引导基金投资形成的股权一般在 5 年内退出。股权退出由共同投资的创业投资机构负责实施。

第二十三条　共同投资的创业投资机构不得先于引导基金退出其在被投资企业的股权。

第五章　风险补助

第二十四条　风险补助是指引导基金对已投资于初创期科技型中小企业的创业投资机构予以一定的补助。

第二十五条　创业投资机构在完成投资后，可以申请风险补助。

第二十六条　引导基金按照最高不超过创业投资机构实际投资额的 5％给予风险补助，补助金额最高不超过 500 万元人民币。

第二十七条　风险补助资金用于弥补创业投资损失。

第六章　投资保障

第二十八条　投资保障是指创业投资机构将正在进行高新技术研发、有投资潜力的初创期科技型中小企业确定为“辅导企业”后,引导基金对“辅导企业”给予资助。

投资保障分两个阶段进行。在创业投资机构与“辅导企业”签订《投资意向书》后,引导基金对“辅导企业”给予投资前资助;在创业投资机构完成投资后,引导基金对“辅导企业”给予投资后资助。

第二十九条 创业投资机构可以与“辅导企业”共同提出投资前资助申请。

第三十条 申请投资前资助的,创业投资机构应当与“辅导企业”签订《投资意向书》,并出具《辅导承诺书》,明确以下事项:

(一)获得引导基金资助后,由创业投资机构向“辅导企业”提供无偿创业辅导的主要内容。辅导期一般为1年,最长不超过2年;

(二)辅导期内“辅导企业”应达到的符合创业投资机构投资的条件;

(三)创业投资机构与“辅导企业”双方违约责任的追究。

第三十一条 符合本办法第三十条规定的,引导基金可以给予“辅导企业”投资前资助,资助金额最高不超过100万元人民币。资助资金主要用于补助“辅导企业”高新技术研发的费用支出。

第三十二条 经过创业辅导,创业投资机构实施投资后,创业投资机构与“辅导企业”可以共同申请投资后资助。引导基金可以根据情况,给予“辅导企业”最高不超过200万元人民币的投资后资助。资助资金主要用于补助“辅导企业”高新技术产品产业化的费用支出。

第三十三条 对辅导期结束未实施投资的,创业投资机构和“辅导企业”应分别提交专项报告,说明原因。对不属于不可抗力而未按《投资意向书》和《辅导承诺书》履约的,由创新基金管理中心依法收回投资前资助资金,并在有关媒体上公布违约的创业投资机构和“辅导企业”名单。

第七章 管理与监督

第三十四条 财政部、科技部履行下列职责:

(一)制订引导基金项目评审规程;

(二)聘请有关专家组成引导基金评审委员会;

(三)根据引导基金评审委员会评审结果,审定所要支持的项目;

(四)指导、监督创新基金管理中心对引导基金的日常管理工作;

(五)委托第三方机构,对引导基金的运作情况进行评估,对获得引导基金支持的创业投资机构的经营业绩进行评价。

第三十五条 引导基金评审委员会履行下列职责:

依据评审标准和评审规程公开、公平、公正地对引导基金项目进行评审。

第三十六条 创新基金管理中心履行下列职责:

(一)对申请引导基金的项目进行受理和初审,向引导基金评审委员会提出初审意见;

(二)受财政部、科技部委托,作为引导基金出资人代表,管理引导基金投资形成的股权,负责实施引导基金投资形成的股权退出工作;

(三)监督检查引导基金所支持项目的实施情况,定期向财政部、科技部报告监督检查情况，并对监督检查结果提出处理建议。

第三十七条 经引导基金评审委员会评审的支持项目，在有关媒体上公示，公示期为2周。对公示中发现问题的项目，引导基金不予支持。

第八章 附 则

第三十八条 引导基金项目管理办法由科技部会同财政部另行制定。

第三十九条 本办法由财政部会同科技部负责解释。

财政部　科技部关于印发《科技惠民计划专项经费管理办法》的通知

财教[2012]429 号

有关省(自治区、直辖市)财政厅(局)、科技厅(委、局),国务院有关部委,有关单位:

为推进民生科技成果转化应用,发挥好科技进步在惠及民生、促进社会发展中的支撑引领作用,科技部、财政部联合启动了科技惠民计划,中央财政设立"科技惠民计划专项经费"。为规范和加强科技惠民计划专项经费的管理,提高资金使用效益,按照国家有关财务管理制度,财政部、科技部制定了《科技惠民计划专项经费管理办法》。现印发给你们,请遵照执行。

附件:科技惠民计划专项经费管理办法

财政部　科技部

2012 年 11 月 30 日

科技惠民计划专项经费管理办法

第一章 总 则

第一条 为贯彻落实《国家中长期科学和技术发展规划纲要(2006—2020 年)》,规范和加强科技惠民计划专项经费的管理,提高资金使用效益,根据《国务院办公厅转发财政部科技部关于改进和加强中央财政科技经费管理若干意见的通知》(国办发[2006]56 号)和国家有关财务规章制度,制定本办法。

第二条 科技惠民计划专项经费(以下简称专项经费),是中央财政安排的引导支持基层开展社会发展领域先进技术成果转化应用、先进适用技术综合集成示范的专项经费。

国家引导和鼓励其他资金投入科技惠民计划,包括地方财政投入的资金、单位自筹资金、社会资金以及从其他渠道获得的资金。各渠道资金按照科技惠民计划的部署统筹安排和使用,并执行各提供方对资金管理的有关规定。

第三条 专项经费的管理和使用原则:

(一)突出重点,择优支持。科技惠民计划重点资助人口健康、生态环境、公共安全等与社会管理和社会发展密切相关的科技领域,择优支持基层开展具有导向作用的先进技术成果转化应用,提升技术的实用性和产业化水平;择优支持基层开展重点领域先进适用技术的综合集成和示范应用,推动先进适用技术在基层公共服务领域转化应用,促进可持续发展。

(二)政府引导,多元投入。科技惠民计划坚持政府引导、需求驱动,推进"政、产、学、研、用"联合的协同机制;坚持经费来源多元化原则,中央和地方财政共同投入,鼓励和引导社会资金、单位自筹等多元化投入。

(三)分级管理,明晰责权。科技惠民计划实行中央、省(自治区、直辖市)、基层(县、市、区)三级管理,明晰项目经费管理各方的责任和权利。充分发挥各级人民政府科技主管部门、财政部门和相关业务主管部门的作用,省级科技主管部门、财政部门会同相关业务主管部门作为项目实施的省级组织单位,基层科技主管部门、财政部门会同相关业务主管部门(单位)作为项目实施的基层组织单位。

(四)专款专用,追踪问效。专项经费应当纳入单位财务统一管理,单独核算,专款专用,提高资金使用效益。加强信用管理和监督考核,实行责任追究制度,建立面向结果的绩效评价制度。

第四条 科技惠民计划项目承担单位应当是在中国境内注册、具有独立法人资格的企事业单位等,鼓励用户优先作为项目牵头单位。

第五条 结合科技惠民计划组织实施的要求和项目的特点,对于具有明确的可考核的产品目标和产业化目标的项目,应当实施后补助。对其他类型的项目,鼓励采用后补助方式。

第二章 开支范围

第六条 专项经费主要用于项目实施过程中发生的与技术成果转化应用和集成示范直接相关费用的补助支出。

第七条 专项经费的开支范围主要包括技术引进费、技术开发费、技术应用示范费、科技服务费、培训费等。

(一)技术引进费:是指项目实施过程中为引进新技术、新流程、新工艺,或购买专利等发生的费用。

(二)技术开发费:是指项目实施过程中对有关技术进行消化吸收、生产工艺流程改进、技术的适用性改进和创新等发生的费用。

(三)技术应用示范费:是指项目实施过程中为开展技术转化应用、综合集成和示范等发生的费用。

(四)科技服务费:是指项目实施过程中聘请有关技术专家对项目进行技术指导、咨询和服务所发生的费用。

(五)培训费:是指项目实施过程中开展的实用技术培训等工作发生的资料费、专家讲课费、场地租用费、学员食宿补助等费用。

专项经费不得开支有工资性收入的人员工资、奖金、津贴补贴和福利支出,不得开支罚款、捐赠、赞助、投资等,严禁以任何方式牟取私利。

第八条 项目实施过程中发生的除上述费用之外,需由专项经费安排的其他支出,应当在申请预算时单独列示、单独核定。

第三章 预算编制与审批

第九条 项目牵头单位联合合作单位(统称项目承担单位)按照有关部署和要求,提出项目实施方案,同时编制项目预算,报基层组织单位。

第十条 项目预算包括收入预算和支出预算。项目预算应当全面反映项目组织实施过程中的各项收入和支出,做到收支平衡。

第十一条 项目收入预算包括专项经费和其他来源资金。收入预算编制的要求:

(一)收入预算的编制应当根据项目目标和任务的实际需要,合理确定专项经费和其他来源资金的投入结构、投入规模、使用方向和重点。

(二)地方财政投入是项目其他来源资金的重要组成部分。在编制收入预算时,应当明确地方财政投入的总量、投入方向、预算安排方式和预算安排进度等。

(三)基层组织单位和项目承担单位落实除财政投入以外的其他来源资金,并提供相关资金来源证明,明确到位时间与进度安排。

(四)作为项目组织实施保障条件的现有实物资产不得列入收入预算。

第十二条 项目支出预算包括项目实施过程中发生的各项必要费用。支出预算的编制要求:

(一)支出预算应当围绕项目确定的目标,坚持目标相关性、政策相符性和经济合理性原则，有科学的测算依据并经过充分论证，以满足项目的合理需要。

（二）项目牵头单位应当在基层组织单位的协调指导下，联合合作单位共同编制项目支出预算，在预算中分别列示各单位承担的主要任务、经费预算等，并申明现有组织实施条件和资源。

（三）专项经费的支出预算应当单独列示。

第十三条 基层组织单位在对项目实施方案进行可行性论证时，对项目预算进行审核。经可行性论证的项目实施方案和经审核的项目预算由基层组织单位按程序报送省级组织单位。

第十四条 省级组织单位对基层组织单位上报的项目实施方案进行评审论证的同时，应当对项目预算进行评议，按有关要求向科技部、财政部报送项目实施方案和项目预算，并抄送科技惠民计划相关的中央级业务主管部门。

第十五条 科技部商相关中央级业务主管部门委托相关机构对项目预算进行评估或评审，提出预算安排建议。

第十六条 科技部按照预算管理有关规定，将项目预算安排建议报财政部审核批复。财政部审核并向科技部批复项目总预算，并分别抄送省级财政部门、当地专员办和相关中央级业务主管部门，同时分年度下达项目预算。

项目牵头单位是中央单位的，将项目年度预算下达至科技部，并分别抄送省级财政部门、当地专员办和相关中央级业务主管部门。由科技部向项目牵头单位下达预算。

项目牵头单位是地方单位的，将项目年度预算下达至省级财政部门，并分别抄送科技部、相关中央级业务主管部门和当地专员办。省级财政部门根据中央财政下达的专项资金，结合地方财政投入，统一下达到项目牵头单位同级财政部门。

第十七条 省级组织单位根据预算批复，组织基层组织单位和项目承担单位对本省（自治区、直辖市）申报的项目实施方案进行修改，完善项目预算，协调落实其他来源资金，并将修改后的项目实施方案上报科技部备案。项目实施方案和项目预算修改完善时，实施方案不得随意调整，地方财政投入等其他来源资金收入预算一般不得调减。有关预算安排是预算执行和监督检查的重要依据。

第十八条 后补助项目预算的申报和审核按上述规定程序进行，待项目通过验收后一次性支付经费，由项目承担单位统筹安排使用。对于风险程度高、经费投入多的项目，根据情况可先行支付一定比例的启动经费，其余经费待项目验收后予以支付，启动经费应当按照本办法规定的专项经费开支范围使用。国家对经费用途另有规定的按照有关规定执行。

第四章 预算执行

第十九条 专项经费实行项目承担单位法人管理责任制。项目承担单位应当严格按照本办法的规定，制定内部管理办法，建立健全内部控制制度，加强货币资金和实物资产管理，明确专项经费支出的审批权限和流程。

第二十条 项目牵头单位应当按照预算批复，结合修改后的项目实施方案和项目预算，在基层组织单位的协调下及时与合作单位签订任务协议，落实任务分工和预算分解方案。

第二十一条 项目牵头单位应当及时足额向合作单位转拨专项经费，并加强对合作单位的监督和管理。项目承担单位不得层层转拨、变相转拨经费。

第二十二条 项目承担单位应当严格按照国家有关财经制度的规定加强项目经费的财务管理，对不同来源的项目经费分别单独核算。

第二十三条 项目承担单位应当严格按照预算批复和项目实施方案执行预算。专项经费预算一般不予调整，确有必要调整时应当按程序报批：

（一）专项经费总预算调整，项目牵头单位应当按预算申报程序报财政部批准。

（二）专项经费总预算不变，项目承担单位之间以及增加或减少项目承担单位的预算调整，应当由项目牵头单位按预算申报程序报省级组织单位批准。省级组织单位将调整情况汇总报科技部备案。

（三）专项经费总预算不变，专项经费支出结构进行的调整，由项目牵头单位提出申请，报基层组织单位审核备案后执行，省级组织单位在财务检查或财务验收时予以确认。

第二十四条 省级组织单位、基层组织单位和项目承担单位及时协调并按进度落实承诺的其他来源资金和实施保障条件，确保项目顺利实施。

第二十五条 基层组织单位每年组织项目牵头单位按时编制项目年度预算执行情况报告，并及时报送省级组织单位。预算执行情况报告应当包括项目年度总体实施情况、预算来源及到位情况、预算支出情况、预算执行效果、影响预算执行的重大事项变更、存在的问题和建议等。

专项经费下达之日起至年度终了不满三个月的，当年可不编报年度预算执行情况报告，其经费使用情况在下一年度的年度预算执行情况报告中编制反映。

省级组织单位每年向财政部、科技部报送项目年度预算执行情况汇总报告，并抄送相关中央级业务主管部门。

第二十六条 未完项目年度结存经费，按规定结转下一年度继续使用。项目因故终止，项目承担单位应当及时清理账目与资产，编制财务报告及资产清单，逐级审核后报送省级组织单位。省级组织单位组织进行清查，结余经费（含处理已购物资、材料及仪器设备的变价收入）收回原渠道，按照财政拨款结转和结余资金管理的有关规定执行，并将有关情况报财政部备案。

第二十七条 专项经费的支付，按照财政国库管理制度的有关规定执行。专项经费使用中涉及政府采购的，应当按照政府采购有关规定执行。

第二十八条 事业单位使用专项经费形成的固定资产属于国有资产，一般由项目承担单位进行使用和管理，国家有权进行调配。企业使用专项经费形成的固定资产，按照《企业财务通则》等相关规章制度执行。

第五章 财务验收与考核评价

第二十九条 省级组织单位和基层组织单位应当建立监督检查制度，加强项目经费的管理和监督，保证项目经费使用的规范性、安全性和有效性。对于发现的重大问题应当及时上报财政部、科技部。

第三十条 科技部、财政部会同相关中央级业务主管部门对项目预算执行情况进行监督检查，重点检查专项经费支出的合法性、合规性和合理性，以及地方财政投入等其他来源资金的落实情况等。

第三十一条 项目完成后，基层组织单位应当组织项目牵头单位在项目结束后一个月内向省级组织单位提出财务验收申请。财务验收是项目验收的前提。省级组织单位负责组织对项目进行财务审计与财务验收，财务审计是财务验收的重要依据。

第三十二条 存在下列行为之一的，不得通过财务验收：

（一）编报虚假预算，套取国家财政资金；

（二）未对项目经费分别进行单独核算；

（三）截留、挤占、挪用专项经费；

（四）违反规定转拨、转移专项经费；

（五）提供虚假财务会计资料；

（六）未按规定执行和调整预算；

（七）虚假承诺、其他来源资金不到位；

（八）其他违反国家财经纪律的行为。

第三十三条 项目通过验收后，项目承担单位应当在一个月内及时办理财务结账手续。专项经费如有结余，应当按原渠道收回科技部或省级财政部门，并按照财政拨款结转和结余资金管理的有关规定执行。

第三十四条 省级组织单位完成项目财务验收后，应当将验收结果报科技部、财政部、相关中央级业务主管部门备案。科技部、财政部会同中央级业务主管部门对财务验收结论进行抽查，重点检查财务验收工作的规范性和工作质量等。

省级组织单位完成项目验收后，应当组织编制成果推广方案，并落实成果推广所需经费。

第三十五条 科技部、财政部根据财政预算管理要求，逐步建立项目经费的绩效评价制度，并组织实施绩效评价。对于项目绩效评价结果良好、成果推广方案执行效果显著、管理经验先进的，采取以奖代补等方式，支持项目所在省（自治区、直辖市）开展社会管理和社会发展领域相关科技成果转化应用。

第三十六条 科技部、财政部逐步建立信用管理机制和信息公开公示制度。对省级组织单位和基层组织单位以及项目承担单位在经费使用管理方面的信誉度进行评价和记录；对于非保密项目信息及时予以公开，接受社会监督；逐步探索建立项目绩效情况公示制度；积极推进违规使用专项经费行为的公开。

第三十七条 有下列行为之一的，视情节轻重予以停拨经费，通报批评，终止项目，取消基层组织单位、项目承担单位未来三年的项目申报资格，调减或取消所在省（自治区、直辖市）未来三年的申报项目数量或资格。涉嫌犯罪的，依法移送司法机关处理：

（一）不按规定管理和使用项目经费；

（二）不按承诺落实地方财政投入等其他来源资金；

（三）不及时编报年度预算执行情况报告；

（四）不按规定进行会计核算；

（五）项目组织实施和经费监督检查不力；

(六)弄虚作假,截留、挪用、挤占项目财政经费;

(七)其他违反有关规定和相关财经纪律的行为。

第六章 附 则

第三十八条 本办法由财政部、科技部负责解释。

第三十九条 本办法自印发之日起施行。

财政部　科学技术部关于印发《科技富民强县专项行动计划资金管理暂行办法》的通知

财教[2005]140号

各省、自治区、直辖市、计划单列市财政厅(局)、科技厅(委、局),新疆生产建设兵团财政厅局:

为规范和加强科技富民强县专项行动计划资金的管理,提高资金使用效益,财政部、科技部在深入调研和广泛征求地方意见基础上,依据《科技富民强县专项行动计划实施方案(试行)》(以下简称《方案》)和《中央对地方专项拨款管理办法》,共同研究制定了《科技富民强县专项行动计划资金管理暂行办法》(以下简称《办法》)。

现将《办法》印发给你们,请遵照执行。2005年试点县和项目的遴选工作请各地按照《办法》规定的要求于2005年9月20日前将有关申报材料上报科技部、财政部,并同时报送电子版(相关文件可登录科技部网站查询下载)。受科技部、财政部委托,上报材料由科技部中国农村技术开发中心受理,报送材料邮箱:68529275@163.com。材料邮寄地址:北京2143信箱2分箱农村中心星火处,邮编:100045。

附件:科技富民强县专项行动计划资金管理暂行办法

财政部　科学技术部

二〇〇五年八月二十九日

附件:

科技富民强县专项行动计划资金管理暂行办法

第一章　总　则

第一条　为把科教兴国战略落实到基层,以科技为支撑,推动县域经济持续发展,促进农民增收致富和壮大县乡财政实力,科技部、财政部决定实施科技富民强县专项行动计划(以下简称"专项行动")。为规范和加强科技富民强县专项行动计划资金(以下简称"专项资金")的管理,提高资金使用效益,依据《科技富民强县专项行动计划实施方案(试行)》和《中央对地方专项拨款管理办法》,制定本办法。

第二条　中央财政为推动地方组织实施专项行动,设立专项资金。专项资金重点支持中西部地区和东部欠发达地区。

第三条　专项资金实行项目管理。项目一次性申报立项和批复预算,在考核的基础上分年度拨付资金。

第四条　专项资金按照以下原则管理和使用:

(一)分级管理、地方为主。专项行动由中央、省(区、市,下同)、地(市,下同)、县(市,下同)分级管理,以省为主,县具体负责组织实施。省级科技行政主管部门和财政部门负责集成相关科技资源,协调落实相关政策和专项资金投入。

(二)统一部署、分步实施。根据各地区域特色和地方科技工作基础,进行整体设计,统一部署,按照进度安排,选择不同类型的、具有示范带动作用的县及科技项目,成熟一批,实施一批。

(三)财政引导、奖补结合。以财政投入为引导,构建多元化投入机制。通过财政资金的前期引导和后期奖励等多种方式,调动社会各方参与实施专项行动的积极性,加大对专项行动的资金投入。

(四)专款专用、追踪问效。专项资金应当按照本办法中规定的开支范围使用,不得用于与专项行动无关的开支。同时,要建立对专项行动立项、实施、验收的动态管理机制,加强对项目预算执行情况和使用效果的监督管理,提高资金的使用效益。

第二章　专项资金开支范围

第五条　专项资金应当围绕区域特色产业发展,重点支持技术的引进、消化吸收、示范推广、技术培训等方面的工作。

第六条　专项资金的开支范围:

(一)新技术、新品种引进费:是指项目实施过程中为引进新技术、新品种,或购买专利,进行消化吸收、生产工艺流程改造、技术的适用性改进和集成创新等发生的费用。

(二)技术示范应用费:是指项目实施过程中为开展技术示范所需购买或改造小型仪器设备、低值易耗品以及租用示范场地等发生的费用。

(三)科技服务费:是指项目实施过程中聘请科技人员对项目进行技术指导、咨询、服务所发生的费用。

(四)培训费:是指项目实施过程中开展的实用技术培训等工作所发生的资料费、讲课费、场所租用费、学员食宿补助等费用。

第七条 各省和试点县应当按照国家有关财务规章制度的规定,加强对专项资金的管理,严禁擅自扩大开支范围。专项资金实行单独核算和管理。

第三章 申报与审批

第八条 专项资金的申报内容包括试点县科技富民强县专项行动计划实施方案(以下简称“实施方案”,格式见附 1)和项目预算。各省要将实施方案和项目预算同时上报。

当年新增试点县的实施方案和项目预算于当年 3 月底前申报。

第九条 实施方案的申报和批复

(一)根据各省专项行动方案,申报专项行动的县应当由县科技富民强县工作协调领导小组牵头组织有关部门按照相关要求制定实施方案,由县科技行政主管部门、财政部门逐级上报到省级科技行政主管部门、财政部门。实施方案应包括实施周期内专项行动的总体目标、具体任务、可行性分析、保障措施等。

(二)申报县应围绕本地有突出优势的特色产业,优选一个项目进行申报。专项行动实施周期根据科技项目的具体情况确定,项目周期一般为两年。根据区域特色产业布局情况,也可以由省统筹组织若干个县围绕一个区域支柱产业的不同环节和内容进行申报。

(三)省级科技行政主管部门、财政部门会同相关部门对申报县实施方案的可行性进行审核,确定上报的试点县,完善实施方案,正式行文并附省基本情况表(见附 2),各县实施方案(一式六份)报送科技部、财政部。

(四)科技部会同财政部组织专家对申报县的实施方案论证后进行批复。

第十条 项目预算的申请和批复

(一)项目预算申请由省级财政部门、科技行政主管部门根据上报的试点县实施方案,填写专项资金申请表和项目预算支出表(见附 3),正式行文报送财政部、科技部,并按照本办法规定的专项资金具体开支范围报送详细的测算依据、标准、说明等。

(二)财政部会同科技部对各省提出的专项资金申请进行审核,并批复。

(三)省级财政部门会同科技行政主管部门根据中央财政下达的专项资金,结合省里安排的资金,统一下达到试点县。

(四)专项资金的拨付按照财政资金拨付管理的有关规定执行。省级财政部门会同科技行政主管部门根据项目执行情况,分两批拨付专项资金。项目执行第一年拨付项目总预算的 70%。对于项目第一年执行效果好的,在第二年继续拨付其余 30%资金;对于第一年执行效果不理想的,则停止拨付。

第十一条 经批准的项目预算一般不予调整。省级财政部门、科技行政主管部门可根据项目的执行情况提出项目预算调整建议,并按照申报程序履行报批手续。

第四章 组织实施

第十二条 省、地、县各级科技、财政部门要加强与相关部门协调,集成资源,落实资金,严格按照省专项行动总体方案和批准的试点县实施方案进行组织实施。

第十三条 省级财政部门要给予必要的投入,保障专项行动的顺利实施。

第十四条 省级科技行政主管部门、财政部门对专项行动的实施实行动态管理,并按照有关要求及时向科技部、财政部报告年度执行情况。

第十五条 地级科技行政主管部门、财政部门按照有关要求,协调落实相关配套措施,对专项行动实施进行指导。

第十六条 试点县要充分发挥科技富民强县工作协调领导小组及办公室的作用,明确职责,合理分工,协调推进专项行动实施。科技富民强县工作协调领导小组办公室要加强项目管理,严格按照批复实施方案的内容和要求组织各相关单位具体落实,要及时向上级管理部门报告执行情况和重大事项,积极配合有关部门做好各项监督检查工作。

第十七条 项目因客观原因必须中止的,试点县应及时提出申请,由省级科技行政主管部门、财政部门负责清查处理,项目结余资金归还原渠道,专项资金形成的固定资产按照国家有关规定处置,并将处理结果报财政部、科技部备案。

第五章 绩效考评与监督管理

第十八条 专项行动实行绩效考评制度,对项目立项、执行、效果、资金管理等进行绩效考评。中央财政将对开展工作积极、措施得力、效果显著的省以项目补助的形式给予适当奖励,奖励经费仍然用于试点效果突出的县继续实施专项行动,也可以用于项目实施过程中对引进、应用新技术、新品种发挥示范带动作用,效果显著的农户、企业和相关单位给予奖励,以鼓励和引导农民和企业应用新技术、新品种。

第十九条 省及省以下各级科技富民强县工作协调领导小组办公室负责立项、执行和验收全过程的监督检查。

项目完成后,试点县科技富民强县工作协调领导小组办公室应当在1个月内向省级科技行政主管部门、财政部门提出验收申请。省级科技行政主管部门、财政部门按照有关规定组织验收,并将验收结果报科技部、财政部备案。

第二十条 科技部、财政部组织有关机构和专家对专项行动执行情况进行年度检查和整体评价。

对未经批准变更项目和任务,挤占、截留、挪用专项资金,未落实承诺经费等行为的试点县,科技部、财政部将视其情节轻重采取追回拨款、终止项目、取消试点县资格等措施。如省未履行职责,造成项目不能顺利实施,项目目标不能实现的,将调减对所在省的专项资金支持力度。

第六章　附　则

第二十一条　地方政府安排的用于实施专项行动的资金，可纳入本办法统一管理。

第二十二条　本办法自发布之日起施行。

第二十三条　本办法由财政部、科技部负责解释。

附 1：

科技富民强县专项行动计划
实施方案

申报县(人民政府盖章)：______________________________

所在省____________________地(市)____________________

项目名称：____

项目起止年限：20　　年　月　日至 20　　年　月　日

年　　月　　日

填报说明

一、由县科技富民强县工作协调领导小组负责遴选科技项目、组织申报材料。实施方案应当据实填报，并按要求在封面加盖县人民政府公章。

二、项目名称应当按照规范的用语表述，长度不得超过三十个汉字。

三、申报县基本情况。申报县基本情况中所用数据均为上年度数据。

人均可支配财力是由可支配财力除以财政供养人口数计算所得。可支配财力是指本级政府一般预算收入，上级政府财力性补助收入，以及可用于基本财政支出的预算外收入等。

财政科技拨款是指年度内由各级财政部门拨付的直接用于科技活动的款项，包括科学支出、科技三项费用、科研基建费及其他部门事业费（主要包括农业支出、林业支出、水利和气象支出、工业交通等部门的事业费等）安排的科研经费。

四、所有栏目均应填写，空格不够可加页，数值栏目一律取整数。

五、本实施方案须上报一式六份，同时报送电子版。

一、申报县基本情况

<table>
<tr><td colspan="2">申报县名称</td><td colspan="3"></td></tr>
<tr><td colspan="2">GDP(亿元)</td><td></td><td>一般预算收入(亿元)</td><td></td></tr>
<tr><td colspan="2">产业结构比例(%)</td><td></td><td>人均可支配财力(万元)</td><td></td></tr>
<tr><td rowspan="2">人口数
(万人)</td><td>总人口数</td><td></td><td rowspan="2">农民人均纯收入(元/人)</td><td rowspan="2"></td></tr>
<tr><td>其中:农业人口</td><td></td></tr>
<tr><td colspan="2">城镇居民可支配
收入(元/人)</td><td></td><td>财政科技拨款占
财政支出比例(%)</td><td></td></tr>
<tr><td colspan="5">县支柱产业发展情况;近三年来承担各级科技、农业等部门科技项目情况;县科技行政管理机构设置及其工作基础;省、地(市)、县对加强县域科技进步的政策措施和投入情况(分不同渠道和项目分别表述)。</td></tr>
</table>

二、项目概述(包括项目的意义和必要性,工作基础和优势、总体目标和任务,预期效果)

三、具体任务

四、技术内容和指标(主要技术来源、技术依托单位情况、技术人员情况、科技服务能力情况、技术集成、转化、推广方式及其技术路线;预期的技术、经济指标)

五、市场与效益分析

六、组织实施及保障措施

七、进度安排(按项目的阶段目标分年度描述)

八、经费需求

单位:万元

项目资金需求总额			
来源		支出	
省拨款		新技术、新品种引进费	
地(市)拨款		其中:中央专项资金支出	
县拨款		技术示范应用费	
其它资金		其中:中央专项资金支出	
申请中央补助		科技服务费	
		其中:中央专项资金支出	
		培训费	
		其中:中央专项资金支出	

九、审核意见

<table>
<tr><td colspan="4">1. 地(市)科技行政主管部门、财政部门审核意见：

(公章)　　　　(公章)
年　月　日　　　　年　月　日</td></tr>
<tr><td>联系人</td><td></td><td>电话</td><td></td></tr>
<tr><td colspan="4">2. 省科技行政主管部门、财政部门审核意见：

(公章)　　　　(公章)
年　月　日　　　　年　月　日</td></tr>
<tr><td>联系人</td><td></td><td>电话</td><td></td></tr>
</table>

附 2：

科技富民强县专项行动计划

省基本情况表

<table>
<tr><td colspan="2">GDP(亿元)</td><td></td><td>一般预算收入(亿元)</td><td></td></tr>
<tr><td colspan="2">产业结构比例(%)</td><td></td><td>人均可支配财力(万元)</td><td></td></tr>
<tr><td colspan="2">总人口数(万人)</td><td></td><td>农业人口数(万人)</td><td></td></tr>
<tr><td rowspan="2">近三年财政科技拨款占财政支出比例(%)</td><td>全省数</td><td></td><td rowspan="2">农民人均纯收入(元/人)</td><td rowspan="2"></td></tr>
<tr><td>省本级</td><td></td></tr>
<tr><td colspan="2" rowspan="6">财政科技拨款(万元)</td><td rowspan="2">科学支出</td><td>全省数</td><td></td></tr>
<tr><td>省本级</td><td></td></tr>
<tr><td rowspan="2">科技三项费用</td><td>全省数</td><td></td></tr>
<tr><td>省本级</td><td></td></tr>
<tr><td rowspan="2">其他科技经费</td><td>全省数</td><td></td></tr>
<tr><td>省本级</td><td></td></tr>
<tr><td colspan="5">近三年来，财政科技拨款重点支持了哪些产业和县；为促进县域科技进步采取的相关措施和投入的情况。</td></tr>
</table>

填表说明：

1. 表内数据除特殊说明外均为全省数。
2. 此表由省级科技行政主管部门、财政部门填写。
3. 表中所用数据(除注明年度外)，均为上年度数据。
4. 人均可支配财力是由可支配财力除以财政供养人口数计算所得。可支配财力是指本级政府一般预算收入，上级政府财力性补助收入，以及可用于基本财政支出的预算外收入等。
5. 财政科技拨款是指年度内由各级财政部门拨付的直接用于科技活动的经费。按预算科目划分，包括科学支出、科技三项费用、科研基建费及其他部门事业费(主要包括农业支出、林业支出、水利和气象支出、工业交通等部门的事业费等)安排的科研经费。

附 3:

科技富民强县专项行动计划

省专项资金项目预算申请表(公章)

序号	县(市)名称	科技项目名称	项目总预算(万元)					
			合计	省拨款	地(市)拨款	县拨款	其他资金	申请中央补助
总计								

科技富民强县专项行动计划

省专项资金项目预算支出表（公章）

序号	试点县名称	科技项目名称	预算支出（万元）									
			合计		新技术、新产品引进费		技术示范应用费		科技服务费		培训费	
			总支出	中央专项资金支出	总支出	中央专项资金支出	总支出	中央专项资金支出	总支出	中央专项资金支出	总支出	中央专项资金支出
合计												

填表说明：

1. 此表由省财政部门会同科技行政主管部门填写，并加盖单位公章。
2. 必须随表按本办法规定的专项资金具体开支范围报送详细的测算依据、标准、说明等。

财政部　农业部关于印发《现代农业产业技术体系建设专项资金管理试行办法》的通知

财教[2007]410 号

国务院有关部委、有关直属机构，各省、自治区、直辖市、计划单列市财政厅（局）、农业（畜牧、水产）厅（委、局、办），新疆生产建设兵团财务局，有关单位：

为贯彻落实《国家中长期科学和技术发展规划纲要（2006—2020 年）》（国发〔2005〕44 号），规范和加强现代农业产业技术体系建设专项资金的管理，提高资金使用效益，根据《国务院办公厅转发财政部、科技部关于改进和加强中央财政科技经费管理若干意见的通知》（国办发〔2006〕56 号）和国家有关财务管理规章制度，财政部、农业部制定了《现代农业产业技术体系建设专项资金管理试行办法》。现印发给你们，请遵照执行。

附件：现代农业产业技术体系建设专项资金管理试行办法

财政部　农业部

二〇〇七年十二月二十日

附件：

现代农业产业技术体系建设专项资金管理试行办法

第一条 根据《现代农业产业技术体系建设实施方案（试行）》（农科教发[2007]12号），为支持现代农业产业技术体系（以下简称产业技术体系）建设，中央财政设立现代农业产业技术体系建设专项资金（以下简称专项资金）。为规范和加强专项资金的管理，提高资金使用效益，根据《国务院办公厅转发财政部、科技部关于改进和加强中央财政科技经费管理若干意见的通知》（国办发〔2006〕56号）和国家有关财务管理规章制度，制定本办法。

第二条 专项资金主要用于产业技术体系中的产业技术研发中心（由若干功能研究室组成）、综合试验站的基本研发费和仪器设备购置费补助。

第三条 专项资金管理和使用的原则：

（一）合理安排，避免重复。按照农业产业发展的内在规律，合理安排专项资金在产业发展各环节、各产业和各区域的投入，与国家科技计划（专项）资金、地方政府资金和建设依托单位资金等有机衔接，避免重复交叉。

（二）稳定支持，动态考评。建立稳定支持、有益于产业技术体系持续发展、不断创新的长效机制。建立年度考核和综合考核相结合的绩效考评制度。根据考核结果实行优胜劣汰，动态调整。

（三）围绕目标，科学预算。围绕产业技术体系发展的目标，科学合理地编制和安排预算，杜绝随意性。

（四）规范管理，专款专用。专项资金应当纳入建设依托单位财务统一管理，单独核算，确保专款专用。

第四条 基本研发费是指在产业技术体系建设过程中发生的，与产业技术体系建设直接相关的研究开发和试验示范等费用。基本研发费的开支范围包括：

（一）材料和小型仪器设备购置费：是指在研究开发和试验示范过程中消耗的各种原材料、辅助材料等低值易耗品的采购和运输、装卸、整理等费用，以及单台（件）价值5万元以下（含5万元）的小型仪器设备购置费。

（二）测试化验加工费：是指在研究开发和试验示范过程中对外支付（包括建设依托单位内部独立经济核算单位）的检验、测试、化验及加工等费用。

（三）燃料动力费：是指在研究开发和试验示范过程中相关大型仪器设备、专用科学装置等运行发生的可以单独计量的水、电、气、燃料消耗费用等。

（四）差旅费：是指在研究开发和试验示范过程中开展科学实验（试验）、科学考察、业务调研、学术交流等所发生的差旅费等。差旅费的开支标准应当按照国家有关规定执行。

（五）会议费：是指在研究开发和试验示范过程中为组织开展学术研讨、人员培训、咨询以及协调等活动而发生的会议费用。应当按照国家有关规定，严格控制会议规模、会议数量、会议开支标准和会期。

(六)出版/文献/信息传播/知识产权事务费:是指在研究开发和试验示范过程中,需要支付的出版费、资料费、专用软件购买费、文献检索费、专业通信费、专利申请及其他知识产权事务等费用。

(七)劳务费:是指在研究开发和试验示范过程中支付给没有工资性收入的相关人员(如在校研究生)和临时聘用人员等的劳务性费用。

(八)管理费:是指在研究开发和试验示范过程中对使用依托单位现有仪器设备及房屋,日常水、电、气、暖消耗,以及其他有关管理费用的补助支出。管理费按照基本研发费预算分段超额累退比例法核定,核定比例如下:

基本研发费预算在100万元及以下部分按照8%的比例核定;

超过100万元至500万元部分按照5%的比例核定;

超过500万元至1000万元部分按照2%的比例核定;

超过1000万元的部分按照1%的比例核定。管理费实行总额控制,由建设依托单位管理和使用。

(九)其他:是指除上述费用之外,在产业技术体系建设过程中发生的与产业技术体系建设和管理密切相关的其他支出。

第五条 基本研发费预算的下达程序:

(一)各产业技术体系的首席科学家组织执行专家组在制定未来五年研究开发和试验示范任务规划,财政部会同农业部确定各产业技术体系基本研发费的定额标准,农业部会同财政部确定各产业技术体系中功能研究室、综合试验站及其人员岗位的数量。

(二)按照对各产业技术体系的绩效考评结果,根据定额标准和相关岗位数量进行测算的预算总规模,由首席科学家组织执行专家组,提出本体系内各功能研究室、综合试验站下一年度基本研发费的建议下达额度,经农业部审核报财政部审定后,由财政部按照相关建设依托单位的隶属关系,通过相应的预算渠道下达基本研发费的年度资金预算。同时,由农业部将下达的预算方案抄送各产业技术研发中心依托单位和首席科学家。

第六条 仪器设备购置费是指建设产业技术体系需要新增的单台(件)价值5万元以上专用科研仪器设备的购置费。建设依托单位隶属于中央的,新增的仪器设备购置费由中央财政负担;建设依托单位隶属于地方的,新增的仪器设备购置费由中央财政和地方财政各负担50%。

第七条 仪器设备购置费预算的申报和下达程序:

(一)各产业技术体系的首席科学家组织执行专家组在制定未来五年研究开发和试验示范任务规划和分年度计划的同时,结合相关建设依托单位的现有基础条件,制定本体系未来五年的仪器设备购置规划和分年度购置计划,一起上报管理咨询委员会办公室。

(二)建设依托单位隶属于中央的,由建设依托单位会同体系内人员共同编制新增仪器设备购置费的年度预算,通过相应预算渠道报财政部。

(三)建设依托单位隶属于地方的,由建设依托单位会同体系内人员共同编制新增仪器设备购置费的年度预算(含中央和地方各负担的50%),按相应程序报经同级财政部门同意后,通过相应预算渠道报财政部。

（四）财政部会同农业部组织专家或委托中介机构进行预算评审评估。

（五）财政部根据预算评审评估结果，按照相应的预算渠道下达专项资金预算。根据财政部下达的专项资金预算，地方财政部门按照相应的预算渠道下达地方财政应负担的其余50%的资金预算，并抄报财政部。

第八条 产业技术体系内各产业技术研发中心、功能研究室、综合试验站及其建设依托单位，应当严格按照下达的专项资金预算执行，一般不予调整。如果由于建设任务调整、人员或依托单位变更等因素确需调整，应当按照原申请程序上报财政部核批。

第九条 产业技术体系内各产业技术研发中心、功能研究室、综合试验站及其建设依托单位应当严格按照本办法规定的资金开支范围和标准办理支出。专项资金严禁用于开支有工资性收入的人员工资、奖金、津补贴和福利支出，严禁用于支付各种罚款、捐款、赞助、投资等，严禁以任何方式变相谋取私利。

第十条 产业技术体系内各建设依托单位应当严格按照本办法的规定，制定内部管理办法，对专项资金单独设账，单独核算。

第十一条 产业技术研发中心建设依托单位应当负责协助首席科学家按要求汇总分析产业技术体系资金安排与使用情况，以及相关科技基础条件变化等情况。

第十二条 专项资金的支付按照财政资金支付管理的有关规定执行。

第十三条 资金使用中涉及政府采购的，按照政府采购有关规定执行。

第十四条 各建设依托单位应当按照规定编制专项资金年度财务决算报告，并按照相应的预算渠道上报。首席科学家应当将年度内包括专项资金在内的、与产业技术体系建设直接相关的各项资金的来源、规模、执行及相关科技基础条件变化等情况上报管理咨询委员会办公室，由管理咨询委员会办公室汇总上报财政部、农业部备案。

第十五条 专项资金年度结余资金，按照财政部关于结余资金管理的有关规定执行。

第十六条 专项资金形成的固定资产属国有资产，一般由建设依托单位进行管理和使用。建设依托单位应当优先保证产业技术体系的建设和运行。

专项资金形成的科技成果、知识产权等无形资产的管理，根据国家有关规定执行，管理办法另行制定。

专项资金形成的大型科学仪器设备、科学数据、自然科技资源等，按照国家有关规定开放共享。

第十七条 加强对专项资金的监督管理。各建设依托单位及其上级主管部门（单位）或地方财政部门应当按照各自职责加强对专项资金的监督管理。财政部、农业部委托各产业技术体系监督评估委员会负责对专项资金管理和使用情况进行监督检查，监督检查结果报财政部、农业部，同时抄送管理咨询委员会办公室。建设依托单位隶属于地方的，同时抄送地方财政部门。

第十八条 财政部根据产业技术体系的绩效考评结果，相应调整专项资金预算。考核结果不合格的，取消相应的资金支持。

第十九条 建设过程中出现建设依托单位或体系内相关人员发生变更等需要清理账目及

资产的情况，建设依托单位财务部门应当及时清理账目与资产，编制财务报告及资产清单，按程序经审核、汇总后报送上级主管部门(单位)或地方财政部门，由其组织进行清查处理；结余资金(含处理已购物资、材料及仪器、设备的变价收入)按照财政部关于结余资金管理的有关规定执行。

第二十条 本办法由财政部会同农业部负责解释。

第二十一条 本办法自印发之日起施行。

财政部关于印发《中央补助地方科技基础条件专项资金管理办法》的通知

财教[2012]396 号

各省、自治区、直辖市、计划单列市财政厅(局),新疆生产建设兵团财务局:

为进一步促进地方科技事业发展,规范和加强中央补助地方科技基础条件专项资金的管理,提高资金使用效益,根据国家有关法律法规和财务规章制度的规定,以及财政预算管理相关要求,财政部对《中央补助地方科技基础条件专项资金管理办法》(财教〔2004〕12 号)进行了修订。

现将修订后的《中央补助地方科技基础条件专项资金管理办法》印发给你们,请遵照执行。

附件:中央补助地方科技基础条件专项资金管理办法

财政部

2012 年 10 月 24 日

附件：

中央补助地方科技基础条件专项资金管理办法

第一章 总 则

第一条 为进一步规范和加强中央补助地方科技基础条件专项资金的管理，提高资金使用效益，根据国家有关法律法规和财务规章制度的规定，结合地方科技活动的特点，制定本办法。

第二条 中央补助地方科技基础条件专项资金(以下简称专项资金)由中央财政设立，用于支持和引导地方科技事业发展、改善地方科研单位工作条件、提高地方科学普及水平。

第三条 专项资金实行统筹规划、突出重点，统一领导、分级管理，专款专用、追踪问效的原则。

第四条 专项资金为补助性质。地方各级财政部门和项目单位应当根据项目的实际需要，合理安排专项资金、地方财政投入、单位自筹资金以及其他渠道获得的资金，确保项目顺利实施。

第五条 省级财政部门应当会同有关部门按照项目管理要求逐步建立专项资金项目库。

第二章 管理使用原则和补助范围

第六条 专项资金按照下列原则管理和使用：

(一)统筹规划。省级财政部门应当会同有关部门和单位，结合本省(自治区、直辖市、计划单列市、新疆生产建设兵团，下同)经济社会发展规划、科技发展实际需求和现有科技资源布局，编制本省科技基础条件建设五年规划，并在规划内确定分年度支持重点。

(二)突出重点。专项资金应当集中财力办大事，重点支持能够提升本地区、单位科技创新能力或科学普及水平的项目。

(三)倾斜扶持。专项资金对中西部地区给予适当倾斜扶持。

(四)专款专用。专项资金应当按照规定用途专款专用，不得用于本办法规定范围以外的项目，不得抵顶单位行政、事业经费。各级科技、财政部门和有关单位不得截留、挪用和挤占。

第七条 专项资金的补助范围是：

(一)地市级以上科研单位(不含转为企业或其他事业单位的单位)的科研仪器设备购置和基础设施维修改造等；

(二)县级以上(含县级)政府直属或县级以上科技主管部门、科协所属科技馆的科普仪器设备购置和基础设施维修改造等。

第三章 申请和审批

第八条 省级财政部门会同有关部门和单位按照规定在国家五年规划期第一年，制定本省科技基础条件建设五年工作规划和年度工作计划，并报送财政部。

第九条 财政部根据各省规划和年度工作计划，以及区域差异、各省科研活动量、科研基础条件及利用率等因素，结合各省工作规划的编制质量、对工作规划的支持情况等，确定年度专项资金预算控制数，并下达省级财政部门。

第十条 省级财政部门根据本地区科技基础条件建设五年工作规划和年度工作计划，对本年度专项资金申请提出具体要求，在财政部下达的预算控制数内组织专项资金的申请。

第十一条 申请专项资金应当符合以下条件：

(一)符合五年工作规划和专项资金的支持范围。

(二)有明确的绩效目标并经过充分的可行性论证。

(三)专项资金项目单位应当具备较好的组织实施条件和能力。

第十二条 符合条件的项目单位应当围绕本单位事业发展和职能定位申请专项资金，按照本办法规定填报《中央补助地方科技基础条件专项资金项目申报书》(附后)(以下简称项目申报书)，并按照预算管理程序报送省级财政部门审核。

第十三条 省级财政部门会同有关部门根据专项资金控制数，结合地方财力确定年度备选项目，由省级财政部门审核汇总后向财政部提出申请。如有重大特殊情况，省级财政部门应当另行申请。

第十四条 省级财政部门应当在财政部下达预算控制数后1个月内，将专项资金申请报告报送财政部。

第十五条 财政部负责对省级财政部门上报的专项资金项目进行审核。审核的内容主要包括：与五年工作规划要求的相符性、申请项目的依据充分性、设备购置必要性、目标设置合理性、组织实施能力与条件、预期社会经济效益、项目预算合理性等。根据审核情况，将符合要求的项目纳入当年专项资金支持范围。

财政部根据项目审核情况相应调整预算控制数，并正式下达年度专项资金预算。

第十六条 省级财政部门应当在收到财政部下达的专项资金通知后30个工作日内将补助经费下达到项目单位。

第十七条 专项资金支付应当按照财政国库管理制度有关规定执行。

专项资金使用中属于政府采购范围的，应当按照政府采购有关规定执行。

第四章 项目管理

第十八条 项目执行中应当建立项目单位法人负责制，全面负责项目实施中的各项工作，并按照项目申报书中的承诺，为项目的实施提供必要条件和保障。

第十九条 项目单位应当按照专款专用原则对项目资金实行单独核算和管理。

第二十条 项目单位应当严格按照财政部批复的项目及预算执行，不得自行调整。项目执行过程中，因项目实施环境和条件与项目申报时发生重大变化确需调整的，应当按照申报程序履行报批手续。

第二十一条 项目完成后,项目单位应当及时组织验收,并就项目执行情况撰写总结报告,上报省级财政部门备案。省级财政部门应汇总本地区项目执行情况,并在下一年度申报专项资金时上报财政部。

第二十二条 项目单位应当将专项资金决算纳入本单位年度决算,并单独加以说明。项目资金如有结余,经省级财政部门批准,可用于项目单位以后年度的仪器设备购置、基础设施维修改造等方面的支出。

第二十三条 专项资金项目实施所形成的国有资产应当严格按照国家国有资产管理有关规定加强管理,防止国有资产流失。

第五章 监督检查

第二十四条 省级财政部门和相关部门负责项目立项、执行、验收全过程的监督检查。

第二十五条 财政部不定期组织财政专职监督机构,对专项资金项目执行情况进行检查,并将检查结果作为以后年度专项资金项目预算安排的重要参考。财政部对各省专项资金执行情况进行追踪问效。

第二十六条 有下列行为之一的,财政部将根据情节轻重,对使用专项资金的项目单位或所在省调减预算或暂缓拨款:

(一)项目申报书填写不真实;

(二)擅自变更项目内容;

(三)截留、挪用、挤占专项资金;

(四)因管理不力,给国家财产造成损失和浪费;

(五)专项资金不及时拨付到用款单位。

第六章 附 则

第二十七条 本办法由财政部负责解释。

第二十八条 本办法自发布之日起实施,2004 年 2 月 25 日财政部公布的《中央补助地方科技基础条件专项资金管理办法》(财教〔2004〕12 号)同时废止。

附:中央补助地方科技基础条件专项资金项目申报书(略)

财政部　中国科协关于印发《基层科普行动计划专项资金管理办法》的通知

财教[2012]171号

各省、自治区、直辖市、计划单列市财政厅(局)、科协，新疆生产建设兵团财务局、科协：

为贯彻落实《国务院关于印发全民科学素质行动计划纲要(2006—2010—2020年)的通知》(国发〔2006〕17号)精神，充分调动全社会贴近实际、贴近生活、贴近群众开展科普工作的积极性和主动性，引领激发广大群众学科学、用科学的积极性和创造性，中国科协、财政部决定在实施“科普惠农兴村计划”的基础上，拓展工作范围和内容，将社区科普工作纳入奖补范围，并将计划名称调整为“基层科普行动计划”。为保证该计划的实施，中央财政设立了“基层科普行动计划”专项资金。为规范和加强专项资金的管理，提高资金使用效益，我们制定了《基层科普行动计划专项资金管理办法》，现予印发，请遵照执行。

附件：基层科普行动计划专项资金管理办法

财政部　中国科协

2012年7月10日

附件：

基层科普行动计划专项资金管理办法

第一条 为规范和加强“基层科普行动计划”专项资金(以下简称“专项资金”)的管理，提高资金使用效益，根据《“基层科普行动计划”实施方案(试行)》(以下简称《实施方案》)和《中央财政对地方专项拨款管理办法》等有关规定，制定本办法。

第二条 专项资金按照“奖励先进、定额补助、定向使用”的原则进行分配、使用和管理。

第三条 财政部会同中国科协根据基层科普工作的实际需要、年度专项资金总量等因素确定年度奖补资金标准。

第四条 专项资金用于奖励和补助按照《实施方案》评选出的，在基层科普工作中做出突出贡献的农村专业技术协会、农村科普示范基地、农村科普带头人、少数民族科普工作队、科普示范社区等先进单位和个人(以下简称“先进单位和个人”)开展基层科普相关工作所需经费。

第五条 专项资金的开支范围包括：

(一)科普专用资料和设备费，包括图书资料费、专用设备费和展品展具费。其中，图书资料费是指为开展农村和社区科普活动所需购买或制作图书、音像资料、宣传资料等发生的费用；专用设备费是指为开展农村和社区科普活动所需购买影像制作器材、演示播放器材及其相关的多媒体计算机等科普专用设备所发生的费用；展品展具费是指用于购买和制作科普宣传品、宣传栏等科普展品、展具所发生的费用。

(二)科普活动费，包括培训讲座费、展览费和新技术新品种推广费等。其中，培训讲座费是指为开展面向农民、农村青少年和社区居民的培训讲座过程中发生的聘请师资、租赁场地和设备等费用；展览费是指举办面向农民、农村青少年和社区居民的科普宣传展览过程中发生的交通运输、差旅和劳务等费用；新技术新品种推广费是指在开展面向农民的科普示范活动中发生的购买新品种新技术及配套原辅材料、聘请专业技术人员、租赁示范场地和设备等费用。

(三)其他费用，是指除上述各项费用开支以外的、开展农村和社区科普活动过程中所发生的支出。

第六条 专项资金不得用于以下开支：

(一)人员工资、福利和个人奖金支出。

(二)日常办公、出国和业务招待支出。

(三)土建工程、办公设备设施的维修改造支出。

(四)组织、协调等各种管理性费用支出。

(五)罚款、还贷、捐赠、赞助、对外投资支出。

(六)与基层科普活动无关的其他支出。

第七条 专项资金使用中涉及政府采购的，应当按照政府采购的有关规定执行。

第八条 使用专项资金形成的资产，获奖对象为国有单位的，该资产属于国有资产，按照国家国有资产管理有关规定执行。

第九条 专项资金项目预算的申报审批程序按照《实施方案》规定的组织实施程序执行。

(一)财政部会同中国科协将先进单位和个人年度奖补资金标准,随同当年各省(自治区、直辖市、计划单列市)推荐名额控制数共同下达。

(二)推荐的先进单位和个人所在同级财政部门和同级科协,按照财政部和中国科协确定的先进单位和个人年度奖补资金标准,组织所推荐的单位和个人编制项目预算,填写《基层科普行动计划专项资金项目预算表》(详见附表1和附表2,以下简称《预算表》),经同级财政部门和同级科协审核后,与相关推荐材料一并报送。

(三)省级财政部门和省级科协对《预算表》进行审核并编制本地区《基层科普行动计划专项资金项目预算汇总表》(详见附表3),与相关推荐材料一并报送。

(四)财政部会同中国科协对各省(自治区、直辖市、计划单列市)上报的项目预算进行审核,综合项目评审和项目预算审核情况,批复下达项目预算。

第十条 专项资金的支付,按照财政国库管理制度的有关规定执行。

第十一条 获得专项资金支持的先进单位和个人应当严格按照批复的项目预算执行,不得自行调整。执行过程中确因实施条件与项目申报时发生重大变化需调整的,应当按照申报程序履行报批手续。

第十二条 专项资金由获得奖补资金的先进单位和个人所在的同级财政部门和同级科协按照以下程序共同负责管理。

(一)获奖单位及个人在收到获奖通知后,在规定的时间内,按照批复的项目预算及工作进度,及时将相关凭证资料报所在同级科协审核。

(二)同级科协及时审核获奖单位及个人的凭证资料,按照批复的项目预算,向同级财政部门出具审核意见。

(三)同级财政部门对同级科协的审核意见和获奖单位及个人的凭证资料进行复核。对复核合格的,按照财政国库管理制度的有关规定支付专项资金;对复核不合格的,退回同级科协,不予支付。

同级财政部门和同级科协可以按照本办法的规定,结合当地实际情况,制定具体的资金管理办法。

第十三条 先进单位和个人自预算批复之日起发生的费用,可以在专项资金中列支。原则上应当自预算批复之日起一年内执行完毕,因特殊原因一年内不能执行完毕的,执行时间从预算批复之日起最长不得超过两年。

第十四条 财政部和中国科协对专项资金使用情况进行检查和监督。有下列行为之一的,财政部和中国科协将追回其相应专项资金,在后续年度相应调减对所在地区的支持资金,并追究相关人员的责任。

(一)提供虚假资料。

(二)截留、挤占、挪用专项资金。

(三)失职致使计划无法实施,造成不良影响。

(四)因主观原因经费不能及时支付到用款单位和个人。

(五)其他违反国家有关法律、法规的行为。

省级财政部门和省级科协,应当加强对本地区专项资金使用情况的监督和管理,并按财政部和中国科协要求,汇总上报专项资金使用和绩效情况。

第十五条 本办法由财政部和中国科协负责解释。

第十六条 本办法自公布之日起施行。《科普惠农兴村计划专项资金管理办法(试行)》(财教[2006]140号)同时废止。

附表1.《科普惠农兴村计划专项资金项目预算表》(略)

附表2.《社区科普益民计划专项资金项目预算表》(略)

附表3.《基层科普行动计划专项资金预算汇总表》(略)

二、科技计划(专项)管理类

科技部关于印发《关于进一步加强国家科技计划项目（课题）承担单位法人责任的若干意见》的通知

国科发计[2012]86号

各省、自治区、直辖市、计划单列市科技厅（委、局），新疆生产建设兵团科技局，国务院有关部门科技司，各有关单位：

为贯彻落实《国家"十二五"科学和技术发展规划》，推进科技计划和科研经费管理制度改革，充分发挥项目（课题）承担单位在国家科技计划以及国家科技重大专项过程管理中的组织、协调、服务和监督作用，保障国家科技计划顺利实施，科技部在深入调查、认真研究和广泛听取意见的基础上，研究制定了《关于进一步加强国家科技计划项目（课题）承担单位法人责任的若干意见》。现印发给你们，请结合各地区、各部门实际，认真贯彻落实。

特此通知。

附件：关于进一步加强国家科技计划项目（课题）承担单位法人责任的若干意见

科学技术部

二〇一二年二月六日

附件：

关于进一步加强国家科技计划项目(课题)承担单位法人责任的若干意见

为贯彻落实《国家“十二五”科学和技术发展规划》，推进科技计划和科研经费管理制度改革，充分发挥项目(课题)承担单位在国家科技计划以及国家科技重大专项过程管理中的组织、协调、服务和监督作用，保障国家科技计划顺利实施，提出如下意见。

一、充分认识加强项目(课题)承担单位法人责任的重要意义

1. 进一步发挥项目(课题)承担单位的法人作用是加强科技计划管理的必然要求。“十一五”以来，国家科技计划管理改革深入推进，明确项目实施各方责任，赋予课题组科研自主权，有效调动了科研人员的积极性和创造性，在保障国家科技计划任务完成，促进科技成果产出和转化应用方面发挥了重要作用。随着我国经济社会发展对科技需求的持续增加，科研规模日益扩大，课题承担单位日趋多元，创新复杂程度不断提高，对科研活动的组织管理提出了新的更高要求。面对新形势，进一步完善国家科技计划管理责任体系、强化计划项目(课题)过程管理的需求十分迫切。法人单位作为国家科技计划项目(课题)管理的重要环节，在了解项目研发信息、把握项目进度、加强资源整合、组织协调和服务于项目实施等方面具有优势。加强国家科技计划的组织管理，要进一步推进国家科技计划项目(课题)过程管理重心下移，增强承担单位法人责任，明晰项目(课题)研究和管理各方的责权关系，保障项目(课题)任务顺利完成。

二、明确加强项目(课题)承担单位法人责任的总体要求

2. 进一步加强承担单位法人责任，就是坚持以人为本，把保障科研活动顺利进行作为计划管理工作的根本出发点和落脚点，积极引导和鼓励项目(课题)承担单位按照服务支撑与管理监督并重的基本原则，加强申报立项阶段的组织和指导，加强预算编制阶段的咨询和服务，加强组织实施阶段的协调和支撑，加强经费使用过程中的审核和监督，加强结题验收阶段的检验和凝练，加强计划成果的应用推广和产业化，切实提高国家科技计划项目管理的科学化水平。

3. 进一步加强项目(课题)承担单位法人责任的根本目的，就是要充分调动项目(课题)研究和管理各方积极性。要通过加强承担单位法人责任，进一步改进科研活动的氛围和环境，优化科研力量布局和科技资源配置，充分调动和发挥承担单位和科研人员的积极性、主动性和创造性；进一步建立和完善国家科技计划责任机制，强化计划过程管理，提升财政资金使用效益；进一步促进计划统筹和成果集成，推动科技成果向现实生产力转化。

三、健全立项机制，发挥法人单位在项目申报立项阶段的组织协调作用

4. 科技管理部门积极支持科研单位面向国家战略和经济社会发展需求，组织申报项目。科研单位应结合本单位学科建设、基础研究和技术进步与创新需求，协调组织本单位以及相关合作单位的优势科研力量共同参与，合理配置研发资源。

5. 各科研单位应按照国家科技计划管理办法要求，结合项目（课题）研究开发任务的特点和实际需要，协助本单位科技人员共同完成项目申请书、经费预算书等申报材料的填报工作，认真做好咨询服务和审核把关。

四、加强过程管理，发挥法人单位在项目实施阶段的指导服务作用

6. 承担单位要依据国家科技计划项目任务书或合同的约定条款，合理配置单位研发资源，为项目（课题）实施提供实验室、研究仪器等必要的条件保障，促进项目（课题）间资源的开放共享。行政事业单位使用课题经费形成的固定资产属于国有资产，应将其纳入单位固定资产账户进行核算与管理，行使使用权、经营权及收益权。企业法人使用课题经费形成的固定资产，按照《企业财务通则》等规章制度执行。

7. 各级科技管理部门要充分依靠承担单位，加强项目（课题）的过程管理。承担单位要根据项目（课题）合同书要求，督促科研人员按进度完成项目（课题）实施，并及时向项目组织单位或计划主管部门报告项目（课题）执行情况、经费到位及使用情况等。

8. 依据计划管理办法，承担单位应在充分听取项目（课题）负责人意见并做必要论证的基础上，对本单位承担项目（课题）的技术路线、经费预算和主要研究人员变动等事项提出调整建议。

9. 承担单位要加强科研规范和伦理道德教育，严肃调查处理科研不端行为，为计划实施创造良好环境。

五、规范经费管理，发挥法人单位在经费使用中的审核监督作用

10. 承担单位应根据国家科技计划经费管理办法，建立健全经费管理制度，完善内部控制和监督制约机制，认真行使经费管理、审核和监督权，对本单位使用、外拨项目（课题）经费情况实行有效监管。

11. 承担单位应根据国家科技计划经费管理办法，按照项目（课题）预算中核定的金额，与合作单位共同安排好间接费用支出。间接费用中的绩效支出要充分尊重课题负责人的意见，注重发挥对一线科研人员的激励作用，由承担单位按照国家工资津补贴政策统筹安排。

12. 承担单位应在经费管理使用方面为科研人员提供必要的政策咨询、培训支撑等相关服务，确保项目（课题）经费支出符合国家财政资金的使用要求，提高经费使用效益，有效促进科研活动开展。

六、完善成果管理，发挥法人单位在项目验收阶段的统筹集成作用

13. 承担单位应根据国家相关法规，鼓励和引导本单位科研人员加强项目（课题）知识产

权保护、管理和运用,并采取切实措施,加快国家科技成果的应用推广和产业化。对项目(课题)实施过程中产生的研究成果应及时采取知识产权保护措施,依法取得相关知识产权,并保障研究人员的合法权益。

14. 承担单位应按照有关国家科技计划管理办法和项目(课题)任务书要求,及时提醒和督促项目(课题)负责人做好验收准备,并认真审核验收材料。承担单位要高度重视项目(课题)经费审计和检查验收的意见建议,及时制定和落实整改措施。

15. 承担单位应按照要求落实国家科技报告制度,做好项目(课题)执行过程中产生的信息和数据管理工作,及时提交相关部门汇交共享。承担单位应建立健全科研文件材料的形成、整理和归档制度,确保国家科技计划项目(课题)归档文件的完整、准确和系统。

七、加强制度建设,提升项目(课题)承担单位管理能力与服务水平

16. 承担单位应按照国家科技计划项目(课题)管理要求,建立健全完善内部科研管理制度,加强科研管理机构和队伍建设,提升国家科技计划项目(课题)管理的科学化水平。

17. 承担单位应依据国家科技管理相关法规,建立健全有利于提升科研水平和确保公平公正的决策机制,充分尊重科研自主权,合理安排工作,合理分配资源,保证科研人员的时间投入,有效运用奖惩措施,充分保护、调动和发挥科研人员积极性。

八、强化激励引导,营造有利于法人单位发挥作用的良好环境

18. 科技部将会同有关部门,适时对法人单位承担国家科技计划项目(课题)实施情况进行绩效评估,并将评估结果作为后续经费拨付的重要依据。对在国家科技计划项目(课题)管理中表现突出的法人单位,及时给予表彰。

19. 科技部将加快建设国家科技计划信用管理系统,科学记录、管理和评价承担单位信用信息,据此作为评价研发基础的重要指标。信用优良的承担单位,优先考虑参与国家科技计划和国家创新基地建设。

20. 对于拒不履行项目(课题)任务书中的约定责任造成一定损失,以及违规操作甚至存在科研不端行为的项目(课题)承担单位,一经查实,视情节轻重采取通报批评、停止拨款、撤销项目(课题)直至取消其1～3年项目申报资格的处罚措施。

21. 各国家科技计划将依据本意见要求,结合计划定位,对计划项目(课题)任务书的格式和内容进行调整完善,明确承担单位在项目(课题)实施过程中的具体权利和责任。

科技部　总装备部　财政部关于印发《国家高技术研究发展计划（863 计划）管理办法》的通知

国科发计［2011］363 号

各有关单位：

依据《中华人民共和国科学技术进步法》，为保证国家高技术研究发展计划（以下简称“863 计划”）的顺利实施，实现计划管理的科学性、规范性、高效性和公正性，按照《国家科技计划管理暂行规定》、《国家科技计划项目管理暂行办法》等要求，科技部、总装备部和财政部对《国家高技术研究发展计划（863 计划）管理办法》（国科发计字［2006］329 号）进行了修订。

现将修订后的《国家高技术研究发展计划（863 计划）管理办法》印发你们，请在 863 计划的组织实施中遵照执行。《国家高技术研究发展计划（863 计划）管理办法》（国科发计字［2006］329 号）自本办法印发之日起废止。

附件：国家高技术研究发展计划（863 计划）管理办法

科技部　总装备部　财政部

二〇一一年八月十一日

附件:

国家高技术研究发展计划(863计划)管理办法

第一章 总 则

第一条 依据《中华人民共和国科学技术进步法》,为贯彻落实《国家中长期科学和技术发展规划纲要(2006—2020年)》(以下简称《纲要》),保证国家高技术研究发展计划(863计划)的顺利实施,实现科学、规范、高效和公正的管理,根据《国家科技计划管理暂行规定》和《国家科技计划项目管理暂行办法》的要求,制定本办法。

第二条 863计划突出国家战略目标和重大任务导向,重点落实《纲要》提出的前沿技术任务和部分重点领域中的重大任务,以解决事关国家长远发展和国家安全的战略性、前沿性和前瞻性高技术问题为核心,攻克前沿核心技术,抢占战略制高点;研发关键共性技术,培育战略性新兴产业生长点;培育和造就一批高水平人才和团队,形成一批高技术研究开发基地,提升我国高技术持续创新能力。

第三条 863计划选择信息技术、生物和医药技术、新材料技术、先进制造技术、先进能源技术、资源环境技术、航天航空技术、先进防御技术、海洋技术、现代农业技术、现代交通技术、地球观测与导航技术等高技术领域作为发展重点,由科技部牵头负责并与总装备部按照分工分头组织实施。

第四条 863计划按照领域、项目、课题分层次进行管理。项目分为主题项目和重大项目。主题项目以抢占战略制高点为导向,以攻克前沿核心技术、获取自主知识产权为目标。重大项目以培育战略性新兴产业生长点为导向,以攻克关键共性技术、形成原型样机(品)、技术系统或示范系统为目标。项目下设课题,课题为计划任务实施的基本单元。

第五条 863计划按照"竞争、公开、择优、问责"的原则组织实施。

(一)突出国家目标。面向国家重大战略需求,坚持自主创新,优化资源配置,竞争择优支持,强化目标管理,力争重点突破;

(二)明确权责关系。坚持政府决策与专家技术咨询相结合,实行保密制度、回避制度、信用管理制度和公示制度,强化过程管理,课题任务实行法人管理责任制;

(三)强化统筹协调。加强与国家重点基础研究发展计划(973计划)、国家科技支撑计划等相关科技计划的衔接,协同配合共同支持国家重大科研任务。充分发挥各方面的作用,统筹人才团队、项目和研究开发基地建设;

(四)加强评估监督。定期对领域、项目执行情况进行评估,并将评估结果作为动态调整的重要依据;逐步建立计划的绩效评估体系;加强对计划参与主体的监督,实行责任追究制度。

第二章 组 织

第六条 科技部和总装备部是 863 计划的组织实施部门,主要取责是:

(一)制定计划发展战略、目标和战略任务;

(二)确定技术领域及领域内任务设置;

(三)批准年度计划;

(四)建立国家科技计划备选项目库,批准项目(课题)立项建议、项目调整建议;

(五)对计划执行中的重大问题进行决策;

(六)建立国家科技计划管理信息系统。

第七条 组织实施部门设立 863 计划联合办公室(以下简称联办),作为其相关职能单位参与 863 计划管理的办事机构。联办的主要职责是:

(一)提出重大事项决策建议;

(二)组织高技术发展战略研究;

(三)组织编制年度计划;

(四)协调计划进度,组织协调跨领域活动;

(五)组织计划实施情况评估工作;

(六)综合管理创新团队和研究开发基地。

第八条 各领域设立领域办公室(以下简称领域办),作为领域管理的办事机构。领域办的主要职责是:

(一)研究提出本领域的发展战略、目标和重点任务建议;

(二)组织编制备选项目征集指南,组织项目评审入库;

(三)组织项目可行性论证;

(四)研究提出项目立项建议,编制领域年度计划;

(五)审核课题立项建议,核准课题任务书,批准课题调整建议;

(六)提出项目调整建议,组织项目评估和验收;

(七)负责本领域创新团队和研究开发基地的具体管理。

第九条 组织实施部门所属的相关中心(以下简称相关中心)在联办、领域办的指导下,承担 863 计划的过程管理和基础性工作,主要包括:

(一)组织课题实施方案评审;

(二)提出课题立项建议和课题调整建议;

(三)审核签订课题任务书;

(四)承担项目、课题实施的过程管理工作;

(五)承担主题专家组的支撑和服务工作。

第十条 863 计划设立计划专家委员会,负责对计划发展战略和计划目标、战略任务和部署等重大事项的决策提供咨询意见和建议,并对计划的实施进行监督。

计划专家委员会成员由组织实施部门聘任,实行任期制,每届任期五年,最多担任两届。

第十一条 各领域设立主题专家组,专家组的主要职责是:

(一)组织开展主题方向的技术发展战略与预测研究;

(二)参与备选项目凝练、整合和可行性论证工作;

(三)联系本领域项目并提供技术指导;

(四)审议课题立项建议和课题调整建议;

(五)参与项目(课题)检查、评估和验收工作;

(六)承担主题方向重要技术发展问题的咨询工作。

主题专家组成员由组织实施部门聘任。主题专家组实行任期制,每届任期三年,最多担任两届。

第十二条 863计划充分发挥同行专家作用。国家科技计划专家库中的同行专家根据工作需要,参加以下工作:

(一)参与项目(课题)评议、评审工作;

(二)参与项目(课题)检查、评估和验收工作;

(三)对计划、项目、课题管理提出意见和建议。

第十三条 主题项目经组织实施部门批准设首席专家。首席专家的主要职责是:

(一)负责项目实施的技术管理和协调;

(二)组织项目课题间的技术交流与集成;

(三)提出项目课题调整建议;

(四)参与项目过程管理工作。

第十四条 重大项目经组织实施部门批准设总体专家组,总体专家组组长为项目首席专家。总体专家组的主要职责是:

(一)负责项目实施的技术管理和协调;

(二)组织项目课题间的技术交流和任务总体集成;

(三)提出项目课题调整建议;

(四)参与项目过程管理工作。

重大项目根据需要可设立重大项目管理办公室,承担重大项目过程管理工作。

第十五条 项目根据需要可明确项目牵头单位。项目牵头单位会同首席专家(总体专家组),共同做好项目任务的总体集成,并积极配合相关中心开展的项目(课题)检查、验收等过程管理工作。

第十六条 课题承担单位为具有较强科研能力和条件、运行管理规范、在中国境内注册的、具有独立法人资格的企业、科研院所、高等院校等。课题承担单位按照法人管理责任制要求,对课题任务的实施负责,主要职责是:

(一)组织编写和签订课题任务书;

(二)按照签订的课题任务书,组织任务实施,落实配套条件,完成预定目标;

(三)负责课题实施过程中的经费管理、会计核算及资产管理等工作;

(四)按照要求编报课题年度执行报告和有关信息报表,以及课题验收的文件资料;

(五)提出课题任务及课题负责人调整申请;

(六)及时报告课题执行中出现的重大问题;

(七)接受组织实施部门(含下设机构)及专家组(含首席专家的指导、检查和验收。

第三章 年度计划管理

第十七条 年度计划是指导当年计划任务安排的基本依据,是编制年度经费预算安排方案的基础。

第十八条 组织实施部门根据国家目标及战略重点,加强顶层设计和统筹布局,确定年度支持重点并发布备选项目征集指南,结合地方、部门、行业、产业技术创新战略联盟等的科技需求,建立健全国家科技计划备选项目库。备选项目库是年度计划编制的基础。科技部组织同行专家通过网络视频等方式对备选项目进行评审,对于研究目标明确、研究内容重要、技术路线可行、研究队伍强、研究条件和基础好的备选项目择优入库。

第十九条 领域办根据《纲要》、国家科技发展规划、科技专项规划等确定的重点任务,结合本领域已安排任务情况和年度支持重点,组织对备选项目库中的备选项目进行凝练、整合,编写项目建议书,组织开展项目可行性论证,明确项目的目标、主要研究内容、任务分解方案和备选项目库中的主要优势承担单位,研究提出项目立项建议,汇总形成领域年度计划建议。对于涉及国家安全和重大利益的项目,领域办提出项目密级及保密期限建议,按照国家有关保密规定管理。

第二十条 联办汇总形成863计划年度计划建议,提交863计划专家委员会咨询。根据咨询意见,联办会同领域办对年度计划建议进行修改完善,报组织实施部门批准。

第二十一条 建立应急响应机制,对于突发、紧急的国家重大科技需求,组织实施部门研究提出快速反应项目,列入年度计划实施。

第四章 项目管理

第二十二条 根据批准的年度计划,相关中心组织项目任务落实工作。根据项目的任务分解方案,相关中心组织各选项目库中的主要优势承担单位编写课题实施方案,采取网络视频等方式组织课题实施方案评审,择优确定课题承担单位。

第二十三条 相关中心提出项目的课题立项建议,提交主题专家组咨询,报领域办审核、公示后,经联办会签,报组织实施部门批准。

第二十四条 组织实施部门按照财政预算管理要求,形成课题预算安排建议报财政部批复。

第二十五条 领域办办理项目课题立项通知。相关中心与课题承担单位签订课题任务书,领域办核准。

第二十六条 课题的执行实行年度报告制。课题承担单位在每年11月底前,填写完成课题年度执行情况报告,报送相关中心;执行期不足6个月的课题可在下一年度一并上报。

第二十七条 相关中心组织开展课题中期检查工作,并可根据情况进行不定期的现场抽查。根据课题执行检查情况,课题任务书签署各方可提出课题调整建议,报领域办批准。

第二十八条 课题在执行过程中,如遇下列情况之一,课题任务书签署各方均可提出撤销或终止课题的建议,报组织实施部门批准后执行。

(一)经实践证明,课题研究技术路线不合理、不可行、无实用价值,或课题无法实现任务书规定进度且无改进办法;

(二)在课题执行过程中出现了严重的知识产权问题;

(三)完成课题任务所需资金、原材料、人员、支撑条件等未落实;

(四)组织管理不力或者发生重大问题致使课题无法进行;

(五)课题任务书规定的其它需撤销或终止课题的情况。

第二十九条 课题承担单位在课题任务书规定完成日期之后的30日内,向相关中心提出课题验收申请,提交课题自验收报告等相关验收材料。

第三十条 相关中心组织开展课题验收工作。课题验收可根据情况采取会议验收、现场验收等方式进行。课题验收结论分为通过验收、不通过验收和结题三种。

(一)按照课题目标、任务按期保质完成、经费使用合理的,视为通过验收;

(二)因主观因素未完成课题任务书确定的主要目标和任务,或经费使用和管理中存在严重问题的,按不通过验收处理;

(三)因不可抗拒因素未完成课题任务书确定的主要目标和任务的,按照结题处理。

第三十一条 相关中心形成课题验收结论书,通知课题承担单位。对于未通过验收的课题,课题承担单位在接到课题验收结论书后的6个月内完成整改工作,再次提出验收申请。

第三十二条 课题实施形成的成果,由领域办定期公示。对于涉及国家安全和重大利益的成果,由课题承担单位提出密级及保密期限建议,经领域办审核后报国家科技保密办公室备案,按照有关保密规定管理。

第三十三条 领域办根据项目执行情况,可提出项目调整建议,经联办会签后,报组织实施部门批准。

第三十四条 项目的主要任务目标完成后,领域办组织项目验收。

第三十五条 对与部门、地方关联度大、具有明确应用示范目标的项目,组织实施部门可委托有关部门或地方政府作为项目主持单位,由其负责项目的组织实施和过程管理工作。

第五章 团队和基地管理

第三十六条 863计划落实《国家中长期人才发展规划纲要(2010—2020年)》精神,把创新人才培养作为重要目标,加强与创新人才推进计划的衔接,统筹项目实施、人才团队培养和研究开发基地建设工作。

第三十七条 对于完成863计划任务出色,有领军人才,专业、年龄结构合理,相对稳定的研发团队,认定为863计划创新团队;在我国具有特色与优势、战略必争的高技术研究方向,依托研究实力雄厚的单位,认定一批863计划研究开发基地。

第三十八条 863计划加强对创新团队和研究开发基地的支持,经批准的创新团队和研究开发基地可向国家科技计划备选项目库提出项目建议。

第三十九条 创新团队和研究开发基地实行动态管理。领域办定期组织对本领域的创新团队和研究开发基地进行评估和考核,根据评估和考核结果,进行动态调整。

第六章　知识产权和文档管理

第四十条　863 计划加强知识产权的管理和保护，鼓励知识产权应用和有序扩散，促进技术交易和成果转化，具体按照《中华人民共和国科学技术进步法》、国务院办公厅《关于国家科研计划项目研究成果知识产权管理的若干规定》和科技部《关于加强国家科技计划知识产权管理工作规定》等执行。

第四十一条　863 计划项目(课题)参与单位应通过正式协议约定成果和知识产权的归属及权益分配。项目(课题)实施形成的知识产权，除涉及国家安全、国家利益和重大社会公共利益的，授权课题承担单位依法取得；组织实施部门为了国家安全、国家利益和重大社会公共利益的需要，可以无偿实施，也可以许可他人有偿实施或者无偿实施。

第四十二条　863 计划项目(课题)实施形成的研究成果，包括论文、专著、专利、软件、数据库等，应标注“国家高技术研究发展计划(863 计划)资助”。

第四十三条　863 计划根据《科技计划支持重要技术标准研究与应用的实施细则》的要求，鼓励、引导对形成技术标准的成果集成示范和转化应用。

第四十四条　建立规范、健全的项目科学数据和科技报告档案，建立项目科技资源的汇交和共享机制。课题承担单位按照国家科技计划信息管理、科学数据共享和成果登记等有关规定，按时报送课题有关数据和成果信息。

第七章　评估与监督

第四十五条　863 计划定期对领域和项目的执行情况进行评估，评估结果作为对领域、项目的研究内容和经费进行调整以及改进和完善计划管理的重要依据。

第四十六条　863 计划加强实施过程的监督。领域办和主题专家组明确本领域每个项目的联系人，负责联系、指导和监督项目的实施。相关中心负责项目的过程管理，建立项目专员制度；集成示范性强的工程性项目实行监理制，委托专业监理机构进行全程监理。课题承担单位负责督促课题负责人及课题组按照课题任务书要求完成任务。

第四十七条　863 计划实行回避制度。在项目(课题)立项、检查、验收等环节中，有利益关联的单位和个人，应予回避。

第四十八条　863 计划实行信用管理制度，科学记录、管理和使用信用信息。

(一)对项目(课题)申请者在申报过程中的信用状况进行客观记录；

(二)对课题承担单位、课题负责人在课题实施过程中履行职责的信用状况进行客观记录；

(三)对专家参与项目(课题)评议、评审、评估、检查和验收等过程中的信用状况进行客观记录。

第四十九条　863 计划实行责任追究制度，对参与计划管理和实施的人员、单位发生的违规违纪行为，追究其相应责任。

(一)对于出现玩忽职守、以权谋私、弄虚作假等行为的管理人员，一经查实，视情节轻重给予批评教育，或由纪检监察部门依照有关规定对其给予行政(纪律)处分；

(二)对于在项目(课题)申请、评审、执行和验收过程中发现的弄虚作假、徇私舞弊等行为，以及违规操作或因主观原因未能完成课题任务并造成损失的科研单位或个人,一经查实,视情节轻重给予通报批评、终止项目(课题)任务并追回专项经费、取消其一定时期内申请国家科技计划任务的资格等处理;构成违纪的,由纪检监察部门依照有关规定对其给予行政(纪律)处分。

第五十条 863计划弘扬"公正、创新、求实、协作、奉献"精神。组织实施部门对在863计划研究开发和管理工作中做出突出成绩的个人或单位,给予表彰。

第八章 附 则

第五十一条 组织实施部门依照本办法制定相应的实施细则。

第五十二条 863计划专项经费管理办法另行制定。

第五十三条 本办法自发布之日起施行。原《国家高技术研究发展计划(863计划)管理办法》(国科发计字[2006]329号)同时废止。

第五十四条 本办法由科技部、总装备部和财政部负责解释。

科技部 财政部关于印发《国家科技支撑计划管理办法》的通知

国科发计[2011]430号

各省、自治区、直辖市、计划单列市科技厅(委、局)、财政厅(局),新疆生产建设兵团科技局、财务局,国务院各有关部门科技司,各有关单位:

为贯彻落实《国家中长期科学和技术发展规划纲要(2006—2020年)》,加强国家科技支撑计划(以下简称"支撑计划")的规范化、科学化管理,保证支撑计划的顺利实施,科技部、财政部对《国家科技支撑计划管理暂行办法》(国科发计字[2006]331号)进行了修订。

现将修订后的《国家科技支撑计划管理办法》印发,请在支撑计划的组织实施中遵照执行。《国家科技支撑计划管理暂行办法》(国科发计字[2006]331号)自本通知印发之日废止。

特此通知。

附件:国家科技支撑计划管理办法

科学技术部 财政部

二〇一一年九月二日

附件:

国家科技支撑计划管理办法

第一章 总 则

第一条 依据《中华人民共和国科学技术进步法》,为贯彻落实《国家中长期科学和技术发展规划纲要(2006—2020年)》(以下简称《纲要》),加强国家科技支撑计划(以下简称"支撑计划")的规范化、科学化管理,特制定本办法。

第二条 支撑计划面向国民经济和社会发展的重大科技需求,落实《纲要》重点领域及优先主题的任务部署,坚持自主创新,突破关键技术,加强技术集成应用和产业化示范,重点解决战略性、综合性、跨行业、跨地区的重大科技问题,培养和造就一批高水平的科技创新人才和团队,培育和形成一批具有国际水平的技术创新基地,为加快推进经济结构调整、发展方式转变和民生改善提供强有力的科技支撑。

第三条 支撑计划重点支持能源、资源、环境、农业、材料、制造业、交通运输、信息产业与现代服务业、人口与健康、城镇化与城市发展、公共安全及其他社会事业等领域的研发与应用示范。

第四条 支撑计划按照"竞争、公开、择优、问责"的原则组织实施,坚持需求牵引,突出重点;统筹协调,联合推进;权责明确,规范管理。在实施机制中突出企业技术创新的主体地位,促进产学研用紧密结合。

第五条 支撑计划实行保密制度、回避制度、信用管理制度和公示制度,课题任务的组织实施强化法人管理责任制;逐步建立支撑计划绩效评价体系,对计划参与主体加强监督,实行责任追究制度。

第六条 科学技术部(以下简称"科技部")建立国家科技计划管理信息系统,加强国家科技计划的信息化管理,推动科技资源的合理配置和共享。

第七条 科技部会同财政部制定支撑计划管理办法。科技部负责支撑计划的组织实施,设项目和课题两个层次。项目采取有限目标、分类指导、滚动立项、分年度实施的管理方式,实施周期为三至五年。

第二章 组 织

第八条 科技部负责支撑计划总体实施的组织、管理和监督,其主要职责是:

(一)负责支撑计划的总体设计和发展战略研究;

(二)制定有关管理办法;

(三)建立国家科技计划备选项目库,汇总提出、审定项目立项建议,确定项目组织单位,组织项目可行性论证,批复立项;

(四)编制年度计划;

(五)指导并督促支撑计划的实施,协调并处理项目执行中的重大问题;

(六)组织项目验收;

(七)汇总登记项目产生的科技成果,按规定加强管理;

(八)建立国家科技计划管理信息系统。

第九条 项目组织单位为国务院有关部门(单位)、有关地方科技厅(委、局)和其他具备组织协调能力的单位或组织,对项目目标的完成及实施效果负责,其主要职责是:

(一)按要求组织编制项目可行性研究报告;

(二)负责项目的任务分解,组织课题可行性论证,按照“公开、公平、公正”的原则,择优确定课题承担单位和项目最终技术或产品集成的负责单位,组织签订课题任务书;

(三)落实项目约定支付的除财政资金以外的其他渠道经费及相关保障条件;

(四)组织项目(课题)的实施,监督、检查课题的执行情况和经费使用情况,按要求汇总、报告项目年度执行情况及有关信息报表,协调并处理项目(课题)执行过程中出现的有关问题;

(五)按要求准备项目验收的有关文件资料,进行成果登记并对项目所形成的成果资料(包括技术报告、论文、数据、评价报告等)进行汇交和归档。按照有关政策法规加强管理,推动支撑计划成果的知识产权保护和转化应用。

第十条 课题承担单位为具有较强科研能力和条件、运行管理规范、在中国大陆境内注册的、具有独立法人资格的企业、科研院所、高等院校等,按法人管理责任制要求对课题任务的完成及实施效果负责,主要职责是:

(一)按照项目可行性论证报告编写课题任务书;

(二)按照签订的课题任务书所确定的各项任务,组织研究队伍,落实自筹投入及有关保障条件,完成课题预定的目标;

(三)按规定管理使用课题经费;

(四)按要求编报课题年度执行情况和有关信息报表,及时报告课题执行中出现的重大问题,提交课题验收的全部文件资料;

(五)在课题实施前与各参与单位签订协议,明确课题执行中产生的知识产权及成果归属,按照有关政策法规,保护各方权益。

第十一条 充分发挥专家在支撑计划的项目立项、实施监督、验收、经费预算等环节中的咨询作用;参与支撑计划的专家从国家科技计划专家库中随机抽取,专家对咨询结果的公正性、科学性负责;建立和完善专家遴选、使用、回避和信用制度。

第十二条 科技服务机构接受委托,开展专利查新、评估、过程管理等工作,对工作结果的科学性、公正性负责。

第三章 立 项

第十三条 支撑计划立项的基本要求:

(一)符合支撑计划的定位及支持重点;

(二)项目目标任务明确具体,技术指标可考核,三到五年能够完成,并能形成具有自主知

识产权的成果或相关技术标准;

(三)项目前期研究基础较好,组织实施机制和配套条件有保障,实施方案和经费配置合理、科学、可操作;

(四)能够带动人才、基地发展,项目完成后成果能够转化应用。

第十四条 科技部根据国家目标及战略重点,加强顶层设计和统筹布局,确定年度支持重点并发布备选项目征集指南,结合国务院各有关部门、地方科技厅(委、局)、国家级行业协会、产业技术创新战略联盟等科技需求,建立健全国家科技计划备选项目库。备选项目库是年度计划编制的主要来源。

第十五条 科技部组织专家通过网络视频方式对备选项目进行评审,对于研究内容重要、研究目标明确、技术路线可行、研究队伍强、研究基础和条件好的备选项目择优入库。

第十六条 科技部根据《纲要》确定的重点领域和优先主题,结合国家五年科技规划、五年科技专项规划、部际合作、部省会商等确定的重点任务,会同部门、地方及有关方面,从备选项目库中凝炼、整合,提出符合年度支持重点的备选项目建议。

第十七条 科技部组织专家,对提出的备选项目建议进行综合咨询,确定立项项目、项目组织单位等。

第十八条 项目组织单位组织编写项目可行性研究报告,提出项目具体目标、任务分解、项目实施运行机制等。

第十九条 项目组织单位根据论证意见,从科技部备选项目库中择优确定课题承担单位;对于目标任务明确、课题承担单位优势特别明显的项目,可以采取定向委托的方式确定课题承担单位。项目组织单位系统外的单位承担项目的财政资金所占比例,原则上不低于40%。

第二十条 对于具有明确产品导向和产业化前景的项目(课题),企业应作为实施主体,以企业投入为主。企业承担或参与项目(课题)的条件:

(一)符合课题承担单位要求的基本条件;

(二)产学研联合实施的项目(课题),企业应与其他机构事先签署具有法律约束力的协议,明确任务分工及知识产权归属和利益分配机制;

(三)通过项目(课题)实施获取的共性技术成果,企业有义务通过多种方式向本行业进行扩散;

(四)其自筹经费应不低于国拨经费。

第二十一条 鼓励产业技术创新战略联盟申报、组织和承担支撑计划项目。

第二十二条 科技部按照财政预算管理要求,形成项目(课题)预算安排建议报财政部批复。

第二十三条 科技部批复项目立项。项目组织单位根据批复意见,与课题承担单位签订课题任务书,经科技部审核后实施。

第二十四条 建立支撑计划应急反应机制。对影响国民经济与社会发展的突发性事件,如果具有紧迫的、重大的科技需求,科技部可商有关部门、地方直接论证立项,组织实施。

第二十五条 项目(课题)的可行性研究应将知识产权分析作为重要内容,并提交本技术领域的知识产权分布、发展趋势和本项目(课题)研究与产业化的知识产权对策等分析报告,把自主知识产权的获取作为项目(课题)的重要考核目标之一。

第二十六条 支撑计划把形成技术标准作为组织实施项目(课题)的重要目标之一。优先支持有助于形成国家经济社会发展急需的、可显著提高产业国际竞争力的、形成我国重要技术性贸易措施的技术标准项目(课题)。

第二十七条 支撑计划落实《国家中长期人才发展规划纲要(2010—2020 年)》精神,把创新人才培养作为重要目标,加强与创新人才推进计划的衔接,统筹项目实施、人才团队培养和研究开发基地建设工作。

第二十八条 建立公示制度。在遵守国家保密规定的前提下,对项目(课题)的立项等信息及时向社会公开。

第二十九条 严禁同一项目(课题)在不同的国家科技计划、公益行业科研专项等中重复申报立项。对于重复申报和课题申请单位弄虚作假、伪造申请材料或证明材料的,一经发现,将按照信用管理的有关规定执行。

第四章 实施与监督检查

第三十条 项目组织单位负责项目的具体组织实施工作。按照项目批复要求和课题任务书,检查、督促并落实项目(课题)的相关保障条件,确保项目(课题)按计划执行。

第三十一条 支撑计划项目实行年度报告制度。课题承担单位按要求编制年度计划执行情况报告并上报有关信息报表,项目组织单位汇总后于每年 11 月 15 日前上报科技部;执行期在当年度不足三个月的项目可在下一年度一并上报。年度报告是项目(课题)下一年度调整、撤销和拨款的重要依据。

第三十二条 加强对项目(课题)实施的管理、监督和评估。科技部委托相关事业单位或第三方科技服务机构对项目(课题)执行情况、组织管理、保障条件落实、经费管理、预期前景等进行独立的评估监督。项目过程管理实行项目专员制。对于围绕国家重大任务实施的项目,可采取设立项目专员或专家总体组等方式加强项目实施过程管理。具体按照有关规定执行。

第三十三条 项目(课题)在实施过程中出现下列情况的,应及时调整或撤销:

(一)市场、技术等情况发生重大变化,造成项目(课题)原定目标及技术路线需要修改;

(二)自筹资金或其它条件不能落实,影响项目(课题)正常实施;

(三)项目(课题)所依托的工程建设或装备开发已不能继续实施;

(四)技术引进、国际合作等发生重大变化导致研究工作无法进行;

(五)项目(课题)的技术骨干发生重大变化,致使研究工作无法正常进行;

(六)由于其它不可抗拒的因素,致使研究工作不能正常进行。

第三十四条 需要调整或撤销的项目(课题),由项目组织单位提出书面意见,报科技部核准后执行。必要时,科技部可根据实施情况、评估意见等直接进行调整。

第三十五条 支撑计划撤销的项目(课题),项目组织单位应当对已开展工作、经费使用、已购置设备仪器、阶段性成果、知识产权等情况做出书面报告,同时报科技部核查备案。

第三十六条 项目(课题)接受组织管理或实施部门、第三方科技服务机构、项目专员等的指导、检查和监督。

第三十七条 支撑计划实行责任追究制度,对参与计划管理和实施的人员、单位发生的违规违纪行为,追究其相应责任。

(一)对于出现玩忽职守、以权谋私、弄虚作假等行为的管理人员,一经查实,视情节轻重给予批评教育,或由纪检监察部门依照有关规定对其给予行政(纪律)处分;

(二)对于在项目(课题)申请、评审、执行和验收过程中发现的弄虚作假、徇私舞弊、剽窃他人科技成果等科研不端行为,以及违规操作或因主观原因未能完成课题任务并造成损失的科研单位或个人,一经查实,视情节轻重给予通报批评、终止项目(课题)任务并追回专项经费、取消其一定时期内申请国家科技计划任务的资格等处理;构成违纪的,由纪检监察部门依照有关规定对其给予行政(纪律)处分;

(三)对不按时上报年度报告材料或信息,以及不按规定接受监督检查的项目(课题),科技部可采取缓拨、减拨、停拨经费等措施,要求项目组织单位和课题承担单位限期整改。整改不力的项目(课题),视情节分别给予通报批评、追回已拨付经费、取消其一定时期内参与支撑计划活动资格等处理。

第三十八条 加强信用管理,对项目组织单位、课题承担单位及课题责任人、专家、科技服务机构等在实施支撑计划中的信用情况进行客观记录,并作为其参与国家科技计划活动的重要依据。

第五章　项目验收

第三十九条 科技部组织支撑计划项目验收。项目验收以项目批复确定的任务考核指标为依据;项目验收工作应在规定执行期结束后半年内完成。

第四十条 对项目在执行期结束后半年仍不能接受验收的,科技部将对有关单位或责任人进行通报。项目因故不能按期完成的,项目组织单位应提前三个月申请延期,经科技部批准后按新方案执行;如未能批准,项目仍需按原定期限进行验收。

第四十一条 验收工作可采取组织专家组或委托具有相应资质的科技服务机构进行。根据项目特点,可采取会议审查验收、网络评审验收、实地考核验收等多种方式进行,并形成验收结论意见。

第四十二条 支撑计划项目验收结论分为通过验收、不通过验收。

(一)项目目标和任务已按照考核指标要求完成,经费使用合理,为通过验收。

(二)凡具有下列情况之一,为不通过验收:

1. 项目目标任务完成不到85%;

2. 所提供的验收文件、资料、数据不真实,存在弄虚作假;

3. 未经申请或批准,课题承担单位、课题负责人、考核指标、研究内容、技术路线等发生变更;

4. 超过项目批复规定的执行期半年以上未完成,并且事先未做出说明;

5. 经费使用存在严重问题。

第四十三条 因提供的验收文件资料不翔实、不准确等原因导致验收意见争议较大,或项目的成果资料未按要求进行归档和整理,或研究过程及结果等存在纠纷尚未解决,需要复议。

需要复议的项目,应在首次验收后的半年内,针对存在的问题做出改进或补充材料后,再次组织验收。若未按规定时限要求进行改进或补充材料,视同不通过验收。

第四十四条 项目验收结论由科技部书面通知项目组织单位。除有保密要求外,项目验收结论及成果应向社会公示。

第四十五条 未通过验收的项目,科技部将对有关单位或责任人进行通报。其中,因违反有关政策法规和科技计划管理制度未通过验收的,取消其五年内承担支撑计划项目的资格。

第六章 知识产权、技术标准与成果

第四十六条 加强支撑计划成果和知识产权的管理与保护,鼓励支撑计划成果的转让和转化。支撑计划取得的成果要按照《科技成果登记办法》等有关规定进行登记和管理。支撑计划的知识产权管理及其产生的知识产权归属和利益分配,按照《中华人民共和国科学技术进步法》、国务院办公厅《关于国家科研计划项目研究成果知识产权管理的若干规定》和科技部《关于加强国家科技计划知识产权管理工作规定》等执行。

第四十七条 支撑计划根据《科技计划支持重要技术标准研究与应用的实施细则》的要求,鼓励、引导对形成技术标准的成果集成示范和转化应用。

第四十八条 对于涉及国家秘密的项目及取得的成果,按照《科学技术保密规定》执行。

第四十九条 项目组织单位和课题承担单位,在项目和课题启动实施前,应与各参与单位通过正式协议约定成果和知识产权的权益分配,不得有恶意垄断成果和知识产权等行为。如项目组织单位和课题承担单位违反成果和知识产权权益分配约定,在五年内不得参与支撑计划。

第五十条 加强支撑计划的宣传。支撑计划形成的技术、产品、专利和标准等成果的宣传推广,应标注"国家科技支撑计划资助"字样及项目编号,并作为评估或验收时确认依据。

第五十一条 建立规范、健全的项目科学数据和科技报告档案,建立项目科技资源的汇交和共享机制。项目组织单位和课题承担单位按照国家有关科学数据共享的规定,按时上报项目(课题)有关数据和成果。建立健全支撑计划项目数据和成果库,实现信息公开、资源共享。

第七章 附 则

第五十二条 支撑计划经费管理办法另行制定。

第五十三条 本办法自发布之日起施行,原《国家科技支撑计划暂行管理办法》(国科发计字[2006]331 号文件)同时废止。

第五十四条 本办法由科技部、财政部负责解释。

科技部　财政部关于印发《国家重点基础研究发展计划管理办法》的通知

国科发计[2011]626 号

各省、自治区、直辖市、计划单列市科技厅(委、局)、财政厅(局),新疆生产建设兵团科技局、财务局,国务院各有关部门科技司(局),各有关单位:

为贯彻落实《国家中长期科学和技术发展规划纲要(2006—2020 年)》,加强国家重点基础研究发展计划(以下简称 973 计划)的规范化、科学化管理,保证 973 计划的顺利实施,科技部、财政部对《国家重点基础研究发展计划管理办法》(国科发计字[2006]330 号)进行了修订。

现将修订后的《国家重点基础研究发展计划管理办法》印发给你们,请在 973 计划的组织实施中遵照执行,《国家重点基础研究发展计划管理办法》(国科发计字[2006]330 号)自本通知印发之日废止。

特此通知。

附件:国家重点基础研究发展计划管理办法

科学技术部　财政部

二〇一一年十一月二十一日

附件:

国家重点基础研究发展计划管理办法

第一章 总 则

第一条 依据《中华人民共和国科学技术进步法》,为贯彻落实《国家中长期科学和技术发展规划纲要(2006—2020年)》,规范和加强国家重点基础研究发展计划(以下简称973计划)的管理,根据《国家科技计划管理暂行规定》和《国家科技计划项目管理暂行办法》,制定本办法。

第二条 973计划是以国家重大需求为导向,对我国未来发展和科学技术进步具有战略性、前瞻性、全局性和带动性的基础研究发展计划。

973计划的主要任务是解决我国经济建设、社会发展、国家安全和科技发展中的重大科学问题,在世界科学发展的主流方向上取得一批具有重大影响的原始性创新成果,为国民经济和社会可持续发展提供科学基础,为未来高新技术的形成提供源头创新,提升我国基础研究自主创新能力。

第三条 973计划重点支持农业科学、能源科学、信息科学、资源环境科学、健康科学、材料科学、制造与工程科学、综合交叉科学、重大科学前沿等面向国家重大战略需求领域的基础研究。

围绕纳米研究、量子调控研究、蛋白质研究、发育与生殖研究、干细胞研究、全球变化研究等方向实施重大科学研究计划。

第四条 973计划将更加聚焦国家重大战略需求、更加强化科学目标导向、更加注重优秀团队建设。按照"竞争、公开、择优、问责"的原则组织实施。

(一)坚持自主创新,鼓励学科交叉,实现重点突破;

(二)坚持政府决策与专家咨询相结合,坚持"择需、择重、择优"和"公开、公平、公正";

(三)坚持项目、基地、人才相结合,注重支持国家重点研究基地及优秀研究团队,把创新人才培养作为重要目标;

(四)坚持科学管理,完善各项制度,强化过程管理,对项目的执行情况及实施效果进行科学考评。

第五条 973计划由中央财政专项拨款支持。计划经费单独核算,专款专用。

第二章 组织管理

第六条 科技部负责973计划的组织实施,主要职责是:

(一)制定973计划发展规划;

(二)制定实施细则及相关管理规定;

(三)组建973计划专家顾问组、领域专家咨询组和重大科学研究计划专家组;

(四)编制年度工作计划,发布申报指南;

(五)建立备选项目库,负责项目申报受理、评审评估、立项、结题验收等工作;

(六)负责计划实施过程中的调整、协调、监督等工作;

(七)建立国家科技计划管理信息系统。

第七条 973计划以重大项目方式组织实施;加强顶层设计,在一些重要方向部署重大科学目标导向项目。项目由若干课题组成。

第八条 973计划专家顾问组对973计划进行学术咨询,每届任期四年。973计划专家顾问组的主要职责是:

(一)开展战略研究,对973计划组织实施中的重大问题提出咨询意见和建议;

(二)提出973计划年度申报指南建议;

(三)主持立项综合咨询,以及项目结题验收工作;

(四)对973计划项目重大调整提出咨询意见和建议;

(五)承担科技部委托的其他相关工作。

第九条 领域专家咨询组以项目专员形式参与973计划项目组织实施的过程管理,每届任期五年。领域专家咨询组的主要职责是:

(一)跟踪了解项目执行情况,向科技部提出咨询意见和建议;

(二)总结项目实施情况,向科技部提出年度咨询工作报告;

(三)主持项目中期评估工作;

(四)承担科技部委托的其他相关工作。

第十条 重大科学研究计划专家组对重大科学研究计划进行学术咨询,并以项目责任专家形式参与项目组织实施的过程管理,每届任期三年。重大科学研究计划专家组的主要职责是:

(一)开展战略研究,对重大科学研究计划组织实施中的重大问题提出咨询意见和建议;

(二)提出重大科学研究计划年度指南建议;

(三)主持项目复评、中期评估和结题验收工作;

(四)跟踪了解项目执行情况,对项目实施情况向科技部提出咨询意见和建议,提出项目实施年度咨询工作报告;

(五)承担科技部委托的其他相关工作。

第十一条 科技部设立973计划联合办公室,加强973计划与国家自然科学基金、国家重大科技专项、863计划等的协调和衔接。

第十二条 在国家科技计划专家库中,遴选具有良好信誉的专家参与973计划的项目立项、中期评估、验收和绩效考评等有关评估评审工作,专家对评估咨询结果的公正性和科学性负责。

第十三条 973计划组织实施过程中实行回避制度。973计划专家顾问组成员和领域专家咨询组成员不相互兼任,不能参与项目申报或承担项目。在项目评审评估和验收等管理环节中,利益相关人员应回避。

第十四条 973计划组织实施过程中实行保密制度。在973计划项目评审评估、结题验收和实施过程中,评审评估专家和管理人员未经许可不能复制、透露或引用项目相关内容,不能对外透露评审评估过程中的意见和未公布的评审评估结果。

第十五条 973计划实行公示制度。对立项计划、中期评估和结题验收结果等进行公示,接受社会监督。

第十六条 973计划实行信用制度。对项目承担单位、项目参加人员、专家、管理人员、科技服务机构等在实施973计划中的信用情况进行客观纪录,并作为其参与国家科技计划活动的重要依据。

第十七条 973计划实行责任追究制度。参与973计划管理及项目申请、评审、执行、验收的单位和人员应当严格遵守各项管理规定,认真履行职责,自觉接受监督。违反有关管理规定的,根据《国家科技计划项目评估评审行为准则与督查办法》进行责任追究;构成犯罪的,依法移送司法机关追究刑事责任。

第三章 立 项

第十八条 科技部征集相关部门、地方、行业的重大需求;委托973计划专家顾问组和重大科学研究计划专家组依据国家相关规划和征集的重大需求提出973计划领域及重大科学研究计划年度项目申报指南的建议;科技部以973计划专家顾问组和重大科学研究计划专家组的建议为基础,研究制定并发布年度申报指南。

第十九条 中国大陆境内注册具有法人资格、有较强基础研究能力和条件、运行管理规范的科研院所、高等院校、企业等,可根据申报指南提出项目申请。申报单位通过主管部门、地方科技主管部门或直接向科技部申报项目。

第二十条 973计划项目立项的基本要求是:

(一)符合973计划年度申报指南要求;

(二)具有明确、先进的科学目标;

(三)针对明确的科学问题,具有创新的学术思想、可行的研究方案;

(四)具有高水平的学术带头人和研究团队;

(五)利用重点研究基地的研究条件,具有较好的研究工作基础。

第二十一条 项目立项一般需要经过初评、复评、进入备选项目库和综合咨询等步骤。评审以定性评价为主。项目答辩采取网络视频方式。

初评是同行评议。相关研究方向的同行专家依据项目申请书,从项目是否体现国家战略需求与科学前沿的结合、学术思路的创新性、研究方案的科学性与可行性、研究队伍的水平和研究工作基础等方面进行评审。

复评是领域和重大科学研究计划评审。由领域和重大科学研究计划同行专家组成复评专家组,听取项目答辩,根据各领域和各重大科学研究计划发展需求和布局,从项目的重要性、科学性和创新性、研究队伍的水平、研究工作基础等方面进行评审。

通过复评的项目按照专家组意见对申请书进行修改后,作为备选项目进入备选项目库。

973计划专家顾问组对备选项目进行综合咨询。从国家战略需求、项目的创新性及研究队伍的创新能力等方面进行评议,提出立项建议。

第二十二条 科技部审议、确定立项项目,聘任项目首席科学家,按照财政预算管理要求,形成项目(课题)预算安排建议报财政部批复,发布立项通知,签订项目计划任务书。

第二十三条 科技部委托973计划专家顾问组和重大科学研究计划专家组对重大科学目标导向项目进行顶层设计,充分论证,成熟一个,启动一个。

第二十四条 涉及国家安全、重大突发性事件等需要国家特殊安排和紧急部署的有关项目,由科技部委托973计划专家顾问组进行学术咨询后,列入年度计划实施。

第四章 项目实施

第二十五条 973计划项目设一名首席科学家,负责项目的具体实施。其主要职责是:

(一)制定项目研究计划和实施方案;

(二)组织研究队伍,聘任课题负责人;

(三)把握学术方向和研究重点;

(四)开展学术交流,推动科学数据共享;

(五)提出项目实施过程中的重大调整方案;

(六)组织项目年度总结、中期总结,验收课题;

(七)接受科技部和财政部组织的检查,支持专家组的工作。

第二十六条 项目首席科学家应具备以下条件:

(一)学术水平高,开拓创新能力强;

(二)组织、协调能力突出;

(三)作风民主、严谨,无学术不端行为和不良信用记录;

(四)能将主要时间和精力用于项目的组织、协调与研究工作;

(五)在申报项目当年一般不超过60岁。

第二十七条 重大项目首席科学家组建项目专家组,协助首席科学家组织实施项目,对涉及研究方向、研究计划、研究经费、研究队伍等方面的重大调整提出咨询意见。重大项目专家组一般由7～9人组成,其中不承担项目研究任务的同行专家应不少于3人。

第二十八条 科技部委托项目承担单位的主管部门或地方科技主管部门等作为项目依托部门,协助进行项目组织实施的监督与管理。项目依托部门的主要职责是:督促项目实施,协助处理项目执行过程中出现的问题,对项目研究计划、调整方案和结题等提出审查意见;承担其他需要组织协调的工作。

第二十九条 项目首席科学家所在单位为项目第一承担单位。课题是项目实施基本单元,课题承担单位按照加强法人单位管理的要求,为课题组织实施提供服务和保障,规范管理,加强监督。

项目第一承担单位的主要职责是:负责项目经费管理,为项目组织实施提供条件保障,负责项目执行过程中形成的研究成果管理;协调处理项目执行过程中出现的问题;审查项目计划任务书、调整方案以及项目其他上报材料。

课题承担单位的主要职责是:负责课题经费管理,加强对外拨经费的审查和监督,为课题组织实施提供条件保障;负责课题执行过程中形成的国有固定资产和研究成果的管理;协调处理课题执行过程中出现的问题;审查课题计划任务书、调整方案以及课题其他上报材料;接受科技部、财政部及专家组的指导、检查和验收等。

第三十条 项目计划任务书是项目实施的依据。项目计划任务书由科技部与项目首席科学家、项目第一承担单位和项目依托部门签订。项目首席科学家依据项目计划任务书同课题负责人和课题承担单位签订课题计划任务书,作为课题实施的依据。

第三十一条 项目实施实行重大事项报告制度。项目实施过程中,涉及项目研究目标、主要研究内容、课题设置、研究队伍、研究经费等重大事项调整或变更时,项目首席科学家通过项目第一承担单位按程序向科技部报告并提请审批,核批后执行。

第三十二条 项目或课题在执行过程中存在以下情况的,科技部可予以终止和调整:已重组为重大科学目标导向项目;原定研究方案不可行;与国家其它科技计划内容重复;因项目承担单位承诺的配套条件不落实而影响研究工作的开展;有严重弄虚作假行为;经费使用中存在严重问题,违反财经纪律等。

第三十三条 项目实施实行年度报告制度。项目首席科学家每年年底前应对年度计划执行情况进行检查和总结,并按规定要求向科技部提交年度总结报告。

第三十四条 项目实施实行中期评估制度。项目实施两年左右进行一次中期评估,科技部委托领域专家咨询组和重大科学研究计划专家组主持,重点评估项目的工作状态和研究前景,明确项目的研究计划和目标,调整和优化课题设置、经费和人员配置。根据中期评估结果,科技部与项目首席科学家、项目第一承担单位和项目依托部门签订项目计划任务书调整方案;项目首席科学家与课题负责人和课题承担单位签订课题计划任务书调整方案。

第五章 结题验收

第三十五条 项目实施期满或终止执行应进行结题验收。若由于客观原因需要提前或延期结题,项目首席科学家应商项目依托部门向科技部提出提前或延期结题的申请。提前或延期结题项目的结题验收工作由科技部统一安排。

第三十六条 结题验收工作包括课题验收和项目验收两个阶段,项目验收在课题验收的基础上进行。

第三十七条 项目验收主要依据项目计划任务书、项目计划任务书调整方案和项目结题验收总结报告。课题验收主要依据课题计划任务书、课题计划任务书调整方案和课题结题验收总结报告。

第三十八条 课题验收由项目首席科学家主持,会同项目依托部门组建课题验收专家组,对课题实施情况进行全面总结与评估。

课题验收重点是课题计划任务完成情况、研究成果的水平及创新性、课题对项目总体目标的贡献、研究队伍创新能力、人才培养情况等。

第三十九条 项目验收由科技部组织,委托项目验收专家组分领域和重大科学研究计划进行。

项目验收的重点是项目研究计划完成情况、项目实施效果、研究成果的水平与创新性、项目首席科学家作用、研究队伍创新能力、优秀人才培养情况,以及项目组织管理等。

第四十条 按照《科学技术评价办法(试行)》的要求,项目实施效果的评价按项目类型实行分类评价。对于面向国家重大需求的项目,重点评价重大科学问题的解决程度和针对性,研究成果预期解决国家重大需求的实质性贡献和作用;对于科学前沿项目,重点评价研究成果的原创性和科学价值、对学科发展的推动作用及国际影响。

第四十一条 科技部将项目结题验收结果向社会公示。

第六章 知识产权与成果管理

第四十二条 973计划加强成果和知识产权的管理与保护。成果要按照《科技成果登记办法》等有关规定进行登记和管理。知识产权管理及其产生的知识产权归属和利益分配,按照国务院办公厅《关于国家科研计划项目研究成果知识产权管理的若干规定》和科技部《关于加强国家科技计划知识产权管理工作规定》等执行。

第四十三条 项目(课题)承担单位应建立规范、健全的项目科学数据和科技报告档案,按照科技部有关科学数据共享和科技计划项目信息管理的规定和要求,按时上报项目和课题有关数据。

第四十四条 项目(课题)实施形成的研究成果,包括论文、专著、专利、软件、数据库等,均应标注"国家重点基础研究发展计划(973计划)资助"及项目编号。英文标注:"National Key Basic Research Program of China"或"973 Program"。

第七章 附 则

第四十五条 973计划经费管理办法另行制定。

第四十六条 本办法自公布之日起施行。《国家重点基础研究发展计划管理办法》(国科发计字[2006]330号)同时废止。

第四十七条 本办法由科技部、财政部负责解释。

科技部　财政部关于印发《国家国际科技合作专项管理办法》的通知

国科发外[2011]376 号

国务院有关部委、有关直属机构，有关转制科研机构，各省、自治区、直辖市、计划单列市科技厅(委、局)、财政厅(局)，新疆生产建设兵团有关单位：

为贯彻落实《国家中长期科学和技术发展规划纲要(2006—2020 年)》(国发[2005]44 号)，进一步加强国家国际科技合作专项管理的科学性和规范性，推动国际科技合作与交流，科技部、财政部制定了《国家国际科技合作专项管理办法》。现印发给你们，请遵照执行。

特此通知。

附件：国家国际科技合作专项管理办法

科学技术部　财政部

二〇一一年八月十七日

附件:

国家国际科技合作专项管理办法

第一章 总 则

第一条 依据《中华人民共和国科学技术进步法》,为贯彻落实《国家中长期科学和技术发展规划纲要(2006—2020年)》,加强国家国际科技合作专项(以下简称"国合专项")管理的科学性和规范性,制定本办法。

第二条 按照"开放创新、支撑发展、平等合作、互利共赢"的指导思想,国合专项的目标任务定位于:推进开放环境下的自主创新,围绕建设创新型国家的总体目标,以全球视野推进国家创新能力建设,面向国家科技、经济和社会发展需求,通过国际合作有效利用全球科技资源,促进我国科技进步和国家竞争力的提高;服务对外开放和外交工作大局,在更大范围、更广领域、更高层次参与国际科技合作与交流,有效发挥科技合作在对外开放中的先导和带动作用。

第三条 科学技术部(以下简称"科技部")会同财政部制定国合专项管理办法。科技部负责国合专项的组织实施。

第四条 按照"解放思想,创新管理"的工作思路,国合专项的组织管理原则是:

——以我为主,突出合作;——创新机制,特色鲜明;

——专家咨询,政府决策;——分级问责,管理规范。

第五条 国合专项重点支持符合以下条件的国际科技合作项目:

(一)通过政府间双边和多边科技合作协定或者协议框架确定,并对我国科技、经济、社会发展和总体外交工作有重要支撑作用的政府间科技合作项目;

(二)立足国民经济、社会可持续发展和国家安全的重大需求,符合国家对外科技合作政策目标,着力解决制约我国经济、科技发展的重大科学问题和关键技术问题,具有高层次、高水平、紧迫性特点的国际科技合作项目;

(三)与国外一流科研机构、著名大学、企业开展实质性合作研发,能够吸引海外杰出科技人才或者优秀创新团队来华从事短期或者长期工作,有利于推动我国国际科技合作基地建设,有利于增强自主创新能力,实现"项目-人才-基地"相结合的国际科技合作项目。

第六条 国合专项由中央财政通过"国际科技合作与交流专项经费"拨款支持,按照《国际科技合作与交流专项经费管理办法》(以下简称"经费管理办法")和国家科技计划体系经费管理的相关要求进行经费管理。

第二章 管理机制

第七条 国合专项突出国际科技合作特点,强化顶层设计,加强统筹协调,紧扣战略目标和技术需求,在项目形成、合作机制、吸收转化等关键环节,建立有利于"主动发现、加快合作、良好转化”的项目组织实施机制。

第八条 国合专项项目发现与形成机制:

(一)形成合作需求和合作可能的“主动发现”渠道。以国家战略需求和外交全局为目标,结合政府间合作、部际协调、部省会商、驻外使领馆推荐、部门和地方组织推荐,以及专业技术跟踪部门建议等多种项目发现渠道,建立以目标为导向,相互协调、互为补充的多元化项目发现机制,拓宽对技术来源和合作可能的发现渠道,形成“主动发现”合作项目的信息网络。

(二)建立专门的国合专项备选项目库。结合国家科技计划备选项目库中的相关技术需求,按照国别政策,围绕合作重点领域,将具备一定合作基础的项目建议列入国合专项备选项目库,用于规划和指导专项相关任务。按照“以我为主、自上而下”的工作机制,根据国家需要及合作可能,对具备合作潜力的项目建议主动设计,整合资源,合理分工,适时形成具体项目并组织实施。

第九条 国合专项项目组织实施机制:

(一)突出合作的项目组织实施机制。国合专项主要用于支持开放条件下通过国际科技合作促进国家创新能力建设的合作项目。项目必须具备相应合作条件和互信基础,并充分考虑对外合作对项目实施的不可替代性。

(二)注重与国家科技计划相配合的项目组织实施机制。国合专项作为境外人员、机构参与国家科技研发任务的重要平台,注重与国家科技重大专项和国家科技计划的相互衔接与配合。涉及关键技术的对外合作,可由国合专项支持相关技术引进或联合研究,其他科技计划支持引进后消化吸收再创新工作,以集成力量,共同保证国家研发目标和任务的完成。

(三)鼓励产学研用相结合的项目组织实施机制。国合专项鼓励企业成为合作主体,支持具备相应合作渠道的技术中介机构、具备一定研发实力的技术支撑单位和生产企业、具体用户联合实施项目。通过整合力量,分工负责,充分调动各方在技术、产业、合作渠道等方面的资源,加快合作成果的应用和市场化进程。

(四)促进“项目-人才-基地”相结合的项目组织实施机制。为落实《国家中长期人才发展规划纲要(2010—2020年)》精神,国合专项注重统筹项目实施、人才团队培养和研究开发基地建设工作,鼓励通过项目合作培养创新人才,推动国内一流科研机构、企业与国外一流科研机构建立长期稳定的对外合作机制,并重点支持各类国际合作基地所开展的对外合作项目。

第十条 针对国际科技合作的特点,对国家急需、意义重大、目标明确、条件成熟的项目,国合专项可根据项目实施需要和合作可能,采取相对快速的立项机制加快合作。必要时,可实行“先立项、后评估”的立项机制,及时组织项目实施。

第十一条 国合专项采取项目问责制管理,明确专项主管部门、项目组织(推荐)部门、项目过程管理机构和项目承担单位等相关单位和人员的权责,并将合作对目标任务的贡献作为项目完成情况的主要考核标准。

第十二条 国合专项实行回避制度。在项目立项、检查、验收等环节中,有利益关联的单位和个人,将进行回避。

第三章 管理职责

第十三条 科技部作为实施国合专项的主管部门,对专项的规划设计、立项管理和经费总体使用的合理性和有效性负责,其主要职责是:

(一)研究制定国合专项的总体发展战略,确定任务目标及合作重点领域;

(二)研究制定国合专项管理办法等有关规章制度;

(三)编制、审定国合专项年度组织实施方案及要求;

(四)建立专门的国合专项备选项目库,组织开展国合专项年度项目立项工作,审批年度项目立项建议,批复立项;

(五)指导、督促和检查国合专项项目的实施,并对项目过程管理实施有效监督和绩效考评;

(六)将国合专项逐步纳入国家科技计划管理信息系统。

第十四条 科技部委托专门机构承担国合专项项目的过程管理。过程管理机构对项目管理过程中所涉及的受理审查、组织专家咨询论证、检查、验收等工作的公正性和有效性负责,其主要职能是:

(一)承担项目受理及组织项目立项咨询、论证工作;

(二)组织填报、审核项目任务合同书;

(三)承担项目中期检查、评估和监督等过程管理工作;

(四)承担组织项目验收的支撑和服务工作;

(五)承担项目管理信息系统的建设与运行维护工作;

(六)协助开展专项相关管理政策与发展战略研究。

第十五条 国合专项设立专门的战略咨询专家委员会。战略咨询专家由具有丰富国际科技合作交流经验和科技管理经验,熟悉相关国别政策、领域发展战略的领域专家、管理专家、企业专家组成,负责国合专项的战略和决策咨询,对所提出咨询意见和建议的真实、可靠性负责。其主要职责是:

(一)对国合专项发展战略提供咨询意见和建议;

(二)对国合专项项目的目标、任务及实施可行性提供咨询意见;

(三)参与国合专项项目的战略评议等工作。

第十六条 国合专项利用科技部所设立的国际科技合作专家库进行项目的技术论证。专家库由同行专家、国际科技合作管理专家、企业技术专家及财务管理专家等组成。技术咨询专家参与项目的技术论证咨询工作,对评估咨询结果的公正性和科学性负责。其主要职责是:

(一)参与项目的技术论证工作,对项目实施的技术可行性提供咨询意见;

(二)参与项目执行情况的检查、评估和验收工作;

(三)对国合专项的管理和实施提出咨询意见和建议。

第十七条 国合专项的项目组织(推荐)部门为有关地方科技厅(委、局),国务院各有关部门、直属企事业单位的国际科技合作或科技主管部门,负责合作项目的组织推荐和实施监督与管理,对所推荐合作信息及项目建议的真实、有效性和项目目标的完成及实施效果负责。其主

要职责是:

(一)通过对国内技术需求和国外合作资源,以及合作基础的调查分析,提出有关项目合作建议;

(二)负责项目申报材料的审查和推荐;

(三)协助科技部审核并与项目承担单位共同签订项目任务合同书,负责落实项目约定的自筹经费和其他配套条件;

(四)指导和监督项目承担单位的实施项目,协调并处理项目执行过程中出现的问题,对重大事项调整等提出审查意见;

(五)接受科技部委托,承担项目检查和验收组织工作;

(六)对合作涉及的技术实行知识产权、保密等管理,推动合作成果的保护、应用和转化,维护各方权益。

第十八条 国合专项的项目承担单位为依法在中国境内设立,具有相应对外合作渠道和合作能力、科研条件和研发实力,并具备法人资格的科研机构、高等学校、企业。项目承担单位作为项目法人责任主体,按法人管理责任制要求对项目任务的完成及实施效果负责。其主要职责是:

(一)按照任务合同书所确定的任务,从行政组织、后勤和外事等支撑条件方面提供保障,提供项目约定的自筹经费和其他配套条件,确保项目的顺利实施和目标任务的完成;

(二)组织项目负责人和单位财务部门共同编制项目申报书、经费预算书和任务合同书等;

(三)负责项目经费管理,监督、检查项目经费使用情况;

(四)接受科技部、项目过程管理机构、项目组织(推荐)部门的监督、检查和评估;

(五)依据国家有关规定和对外合作协议,负责项目产生成果、知识产权和固定资产管理并行使使用权。

第十九条 国合专项项目负责人在批准的合同任务和预算范围内依照国家有关规定享有充分的项目管理权,并对完成任务和执行预算承担相应责任。其主要职责是:

(一)严格履行项目任务合同书,遵守相关管理规定,完成项目计划任务;

(二)遵守专项经费管理办法有关规定,严格按批复的项目经费预算执行;

(三)客观、及时报告项目执行中出现的重大问题。

第四章 立项管理

第二十条 国合专项项目主要由政府间项目和自主项目构成。

政府间项目是指我国政府与外国政府或国际组织所签订的政府间科技合作协定或协议框架下确定的重点国际科技合作项目。由科技部根据对外合作战略、国别特点和工作需要组织产生。

自主项目是指以《国家中长期科学与技术发展规划纲要(2006—2020年)》所设定的技术发展方向和重大项目为目标,围绕国家科技研发任务和重点合作领域,由中方主动组织设计开展的国际科技合作项目。自主项目要求以国家目标为导向、强调产学研用相结合,由科技部根据国家战略需求并结合合作可能,组织相关部门推荐产生。

第二十一条　国合专项项目应符合以下要求：

(一)符合国合专项的目标任务和支持重点，满足年度组织实施方案的相关要求和条件；

(二)项目合作的意义重要、理由充分、目标明确、内容具体，合作方案合理可行，技术指标可考核；

(三)项目具备相应的合作基础，项目承担单位具备相应合作渠道和合作能力，并与外方合作伙伴有着良好合作互信；

(四)外方合作伙伴具有较强的技术实力或较高的科研水平，并具备对华合作的意愿和能力；

(五)能有效保护知识产权及涉及国家安全的相关信息资源等，合理分享合作研发成果，维护我方利益。

第二十二条　国合专项实行"自上而下"的项目组织机制，所有项目均从国合专项备选项目库中组织产生。项目评审实行战略评议与技术论证相结合的两级评选机制，对支持经费超过一定金额的项目同时实行概算评议。

(一)战略评议由战略咨询专家组从国家战略层面对是否实施项目进行评议；

(二)技术论证由技术咨询专家组，从技术层面对项目实施方案、技术方案指标等方面进行论证。

第二十三条　科技部综合专家意见、国家科技发展战略、科技外交工作、国别政策和合作重点等要求择优遴选，确定国合专项立项建议，并委托有关机构对建议立项的项目经费预算进行评审、评估。

科技部根据项目预算评审、评估结果，提出项目预算安排建议，报财政部审批同意后，向项目组织(推荐)部门和项目承担单位下达项目立项批复和预算批复。

第五章　项目实施管理

第二十四条　国合专项项目执行期间，由科技部委托的过程管理机构对项目实施和进展情况进行管理，并就项目执行中的有关问题与相关部门进行具体协调。

第二十五条　项目承担单位和项目负责人应当认真履行项目任务合同所约定的各项义务，保证项目质量。

第二十六条　国合专项实行项目年度报告制度。

(一)执行中项目。项目负责人和承担单位应每年编制并上报项目执行年度报告和项目进展信息报表；

(二)已完成项目。在项目验收后三年内，项目负责人和承担单位应每年编制并上报项目后续发展年度报告和项目进展信息报表。

第二十七条　国合专项实行重大事项报告制度。在项目实施过程中，如遇外方合作伙伴发生重大变化致使项目无法进行，技术发生重大变化造成项目原定目标、内容及合作方案等需要修改或变更，项目负责人或承担项目工作的技术骨干发生重大变化致使项目无法正常进行以及自筹经费或其它项目实施条件不能落实影响项目正常实施等情况，需要调整项目实施计划、更换项目负责人或终止、撤消合同的，由项目承担单位提出调整、终止或撤销书面申请。

重大事项报告应当经项目组织(推荐)部门审核,报科技部批准后执行。未经批准不得擅自调整或终止、撤销项目。

经批准撤消、终止的项目,项目承担单位应对已完成工作、经费使用、固定资产购置、阶段性成果、知识产权等处理情况提出书面报告,报科技部核查、备案。

第二十八条 在项目实施过程中,根据项目具体情况,由过程管理机构、相关项目组织(推荐)部门组织专家对项目进行中期评估或监督检查。评估报告或检查报告可作为调整或者撤销项目和经费的重要依据。

第二十九条 科技部委托过程管理机构或项目组织(推荐)部门组织项目验收。项目负责人和项目承担单位应及时做出工作总结,并在任务合同书规定的截止日期后一个月内,向验收组织部门提出验收申请。验收工作包括财务验收和项目验收。

验收工作可采取组织专家组或委托具有相应资质的科技服务机构进行。根据项目特点,可采取网上答辩验收、会议审查验收、实地考核验收等多种方式进行,并形成验收结论意见。

第三十条 项目验收结论分为通过验收、不通过验收和结题三种。

(一)项目计划目标和任务已按照考核目标要求完成,经费使用合理,为通过验收。

(二)凡具有下列情况的,为不通过验收:

1. 项目目标任务完成不到85%的;

2. 所提供的验收文件、资料、数据不真实,存在弄虚作假;

3. 未经批准,项目承担单位、项目负责人、考核目标、研究内容、技术路线等发生变更;

4. 超过项目批复或项目任务合同书规定的执行年限半年以上未完成,并且事先未做出说明;

5. 项目财务验收未通过。

(三)项目由于不可抗拒的客观原因造成无法完成有关目标任务的,为结题。

第三十一条 因提供文件资料不详、难以判断等导致验收意见争议较大,或项目的成果资料未按要求进行归档和整理,或项目实施过程及结果等存在纠纷尚未解决而未通过验收,为需要复议。需要复议的项目,应在首次验收后的半年内,针对存在的问题做出改进或补充材料,再次提出验收申请。若未再提出申请或未按要求进行改进或补充材料,视同不通过验收。

第三十二条 未通过验收的项目,科技部应对法人单位进行通报。其中,因执行不力、违反有关政策法规和科技计划管理制度未通过验收的,可取消有关法人责任主体一定时期内申请国家科技计划任务的资格,并计入信用档案。

第三十三条 对项目实施成效显著,对经济、社会发展促进较大的项目,可结合项目验收工作,由项目组织(推荐)部门提出持续支持建议。相关项目承担单位可依此提出下一阶段实施方案及项目建议,申请持续支持下一阶段合作项目。

第三十四条 建立对项目成果的追踪和后评价机制。在项目验收后三年内,应对其成果状况和应用效益进行追踪,三年后进行综合绩效评价。

第三十五条 项目验收后,项目档案资料由项目承担单位归档,不得散失,不得由个人占有。属于国家技术秘密和商业秘密的资料按有关保密规定执行。

第六章 合作成果与知识产权管理

第三十六条 国合专项项目的知识产权管理应当遵循尊重协议、信守承诺的原则,遵守我国相关知识产权法律法规以及我国参加或与合作方政府签订的有关知识产权保护国际公约或双边条约。

第三十七条 国合专项取得的成果按照《科技成果登记办法》等有关规定进行登记和管理。相关知识产权管理及知识产权归属和利益分配,按照《中华人民共和国科技进步法》、国务院办公厅《关于国家科研计划项目研究成果知识产权管理若干规定》和科技部《关于国际科技合作项目知识产权管理的暂行规定》等执行。涉及国家秘密的,按照《科学技术保密规定》执行。

第三十八条 项目承担单位在与外国合作伙伴签订项目合作协议时,应当设立知识产权专门条款或者双方另行签署专门的知识产权协议,对合作研发中所涉及或产生的知识产权归属及权益分配、违约责任、争议处理等知识产权事项做出具体约定,并按照原项目申请渠道报科技部备案。

国合专项项目形成的知识产权的归属和使用,应当保障国家利益和社会公共利益,保护项目承担单位和项目研究人员的合法权益。

第三十九条 国合专项项目实施形成的各项成果,包括但不限于论文、专著、成果、软件、数据库等,均须按要求统一对外标注“国家国际科技合作专项资助”字样及项目编号,英文标注为“International Science & Technology Cooperation Program of China”。对不做标注的成果,评估或验收时可不予认可。

第七章 项目信息与文档管理

第四十条 建立规范、健全的项目科学数据和科技报告档案,建立项目科技资源的汇交和共享机制。项目承担单位应按照国家有关科学数据共享的规定,按时上报项目有关数据。项目承担单位应确保各类数据文件的完整齐全。涉密文档材料应按有关保密规定执行。

第四十一条 项目承担单位、项目组织(推荐)部门对涉及国家安全和国家重大利益的项目,应当做好定密保密工作;项目组织(推荐)部门与项目承担单位应当签订科技保密协议并监督实施。过程管理机构须按规定对所管理的项目文件和信息进行妥善管理和保存。

第四十二条 项目开展对外合作、技术进出口、国际学术交流、出国参展、发表论文、申请专利、信息资料交流、国内技术转让或建立合资企业等活动涉及保密事项的,项目承担单位应按项目管理渠道申请保密审查,由有审批权的部门提出审批意见,并及时将审查结果报送国家科技保密办公室。

第四十三条 项目保密成果的对外交流合作,按照《国家秘密技术出口审查规定》执行。未经批准,任何单位和个人不得对外进行交流、向外提供资料、申请专利、转让技术、出国参展或上网发布信息。

第四十四条 项目验收后,除保密项目外,一般项目应向社会宣传或公告所取得的成果。此外,项目结束后三年内,项目承担单位应就成果的应用转化及产业化进展,以及对所完成的项目成果进行后续改进后取得科技成果等情况提交报告。

第八章 信用管理与监督

第四十五条 国合专项按照国家科技计划信用管理要求进行信用管理,实行决策、执行、评价和监督相分离、责权对应的项目监督制约机制。

第四十六条 科技部将对国合专项项目组织(推荐)部门、项目承担单位及项目负责人、评审专家和验收专家等在项目实施过程中的信用情况进行客观记录,并作为其参与国家科技计划活动的重要依据。

第四十七条 信用监督内容为项目组织实施和执行过程中各行为主体的诚信度,主要包括:

(一)项目承担单位及项目负责人的信用状况;

(二)评审专家和验收专家的信用状况;

(三)项目组织(推荐)部门在组织、推荐项目申报过程中的客观公正性,在指导和督促项目执行,承担项目验收检查工作,汇总、审核项目实施有关信息报表、文件资料等过程中的工作责任性和有效性;

(四)项目承担单位、项目负责人在项目实施过程中的任务合同书执行情况、任务和目标完成情况、经费使用情况、项目管理情况、信息安全与保密情况,以及项目进展等有关文件资料信息的提交情况。

第四十八条 国合专项逐步建立绩效考评制度。

第四十九条 国合专项实行责任追究制度,对项目执行不力或管理不善者,以及参与项目管理和实施的人员、单位发生的违规违纪行为,追究其相应责任。

(一)对于出现玩忽职守、以权谋私、弄虚作假等行为的管理人员,一经查实,视情节轻重给予批评教育,或由纪检监察部门依照有关规定对其给予行政(纪律)处分;

(二)对于在项目申请、评审、执行和验收过程中发现的弄虚作假、徇私舞弊、剽窃他人科技成果等科研不端行为,以及违规操作或因主观原因未能完成项目任务并造成损失的科研单位或个人,一经查实,视情节轻重给予通报批评、终止项目任务并追回专项经费、取消其一定时期内申请国家科技计划任务的资格等处理;构成违纪的,由纪检监察部门依照有关规定对其给予行政(纪律)处分;

(三)对不按时上报年度报告材料或信息,以及不按规定接受监督检查的项目,科技部可采取缓拨、减拨、停拨经费等措施,要求项目组织(推荐)部门和项目承担单位限期整改。整改不力的项目,视情节分别给予通报批评、追回已拨付经费、取消其一定时期内参与国合专项资格等处理。

第五十条 考虑到国际科技合作项目的特殊性,对于项目实施过程中因外方因素丧失合作条件,确已无法完成项目目标任务的,可由项目承担单位通过项目组织(推荐)部门及时提出终止项目申请。经科技部审查核实并同意终止的,不影响单位信用记录,但对已经发生的支出,应按照经费管理办法的有关规定进行清查,并上交结余经费。

第九章 附 则

第五十一条 本办法的相关实施细则由组织实施部门另行制定。

第五十二条 本办法自发布之日起施行。

第五十三条 本办法由科技部、财政部负责解释。

科技部　财政部关于印发《国家重点实验室建设与运行管理办法》的通知

国科发基[2008]539 号

各有关单位：

为贯彻落实《国家中长期科学和技术发展规划纲要(2006—2020 年)》，进一步规范和加强国家重点实验室的建设和运行管理，现将修订后的《国家重点实验室建设与运行管理办法》印发给你们，请认真贯彻执行。

附件：《国家重点实验室建设与运行管理办法》

科学技术部　财政部

二〇〇八年八月二十九日

附件:

国家重点实验室建设与运行管理办法

第一章　总　则

第一条　为贯彻落实《国家中长期科学和技术发展规划纲要(2006—2020 年)》,规范和加强国家重点实验室(以下简称:重点实验室)的建设和运行管理,制定本办法。

第二条　重点实验室是国家科技创新体系的重要组成部分,是国家组织高水平基础研究和应用基础研究、聚集和培养优秀科技人才、开展高水平学术交流、科研装备先进的重要基地。其主要任务是针对学科发展前沿和国民经济、社会发展及国家安全的重要科技领域和方向,开展创新性研究。

第三条　重点实验室实行分级分类管理制度,坚持稳定支持、动态调整和定期评估。

第四条　重点实验室是依托大学和科研院所建设的科研实体,实行人财物相对独立的管理机制和“开放、流动、联合、竞争”运行机制。

第五条　中央财政设立专项经费,支持重点实验室的开放运行、科研仪器设备更新和自主创新研究。专项经费单独核算,专款专用。

第六条　国家各级各类科技计划、基金、专项等应按照项目、基地、人才相结合的原则,优先委托有条件的重点实验室承担。

第二章　职　责

第七条　科学技术部(以下简称科技部)是重点实验室的宏观管理部门,主要职责是:

1. 制定重点实验室发展方针和政策,宏观指导重点实验室的建设和运行。

2. 编制和组织实施重点实验室总体规划和发展计划。

3. 批准重点实验室的建立、调整和撤销。与重点实验室签订工作计划。组织重点实验室评估和检查。

第八条　国务院有关部门、地方科技管理部门是重点实验室的行政主管部门(以下简称主管部门),主要职责是:

1. 贯彻国家有关重点实验室建设和管理的方针和政策,支持重点实验室的建设和发展。

2. 依据本办法制定本部门重点实验室管理细则,指导重点实验室的运行和管理,组织实施重点实验室建设。

3. 聘任重点实验室主任和学术委员会主任。

4. 落实重点实验室建设期间所需的相关条件。

第九条　依托单位是重点实验室建设和运行管理的具体负责单位,主要职责是:

1. 优先支持重点实验室,并提供相应的条件保障,解决实验室建设与运行中的有关问题。

2. 组织公开招聘和推荐重点实验室主任，推荐重点实验室学术委员会主任，聘任重点实验室副主任和学术委员会委员。

3. 对重点实验室进行年度考核，配合科技部和主管部门做好评估和检查。

4. 根据学术委员会建议，提出重点实验室名称、研究方向、发展目标、组织结构等重大调整意见报主管部门。

第三章 建 设

第十条 重点实验室根据规划和布局，从部门和地方重点实验室中有计划、有重点地遴选建设，保持适度建设规模。

第十一条 科技部公开发布重点实验室建设指南，由主管部门组织申报。

第十二条 申请新建重点实验室须为已运行和对外开放两年以上的部门或地方重点实验室，并满足下列条件：

1. 符合重点实验室建设指南，从事基础研究或应用基础研究。

2. 研究实力强，在本领域有代表性，有能力承担国家重大科研任务。

3. 具有结构合理的高水平科研队伍。

4. 具备良好的科研实验条件，人员与用房集中。

第十三条 主管部门组织具备条件的单位填写《国家重点实验室建设申请报告》，审核后报科技部。

第十四条 科技部组织专家评审后，择优立项。主管部门组织相应依托单位公开招聘重点实验室主任和制定重点实验室建设计划，审核后报科技部。科技部组织可行性论证，通过后予以批准建设。

第十五条 重点实验室建设期限一般不超过两年。主管部门和依托单位提供建设期间所需的相关条件保障。

第十六条 重点实验室建设计划完成后，由依托单位提交验收申请，经主管部门审核后报科技部，科技部组织专家验收。

第四章 运 行

第十七条 重点实验室实行依托单位领导下的主任负责制。

第十八条 重点实验室主任由依托单位面向国内外公开招聘、择优推荐，主管部门聘任，报科技部备案。重点实验室主任应是本领域高水平的学术带头人，具有较强的组织管理能力，一般不超过六十岁。

第十九条 重点实验室主任任期五年，连任不超过两届。每年在重点实验室工作时间一般不少于八个月，特殊情况要报主管部门批准。

第二十条 学术委员会是重点实验室的学术指导机构，职责是审议重点实验室的目标、研究方向、重大学术活动、年度工作计划和总结。

学术委员会会议每年至少召开一次，每次实到人数不少于三分之二。

第二十一条 学术委员会主任由依托单位推荐，主管部门聘任，一般应由非依托单位人员担任;委员由依托单位聘任。

第二十二条 学术委员会由国内外优秀专家组成,人数不超过十三人,其中依托单位人员不超过三分之一。一位专家不得同时担任三个以上重点实验室的学术委员会委员。

委员任期五年,每次换届应更换三分之一以上,两次不出席学术委员会会议的应予以更换。

第二十三条 重点实验室由固定人员和流动人员组成。固定人员包括研究人员、技术人员和管理人员,流动人员包括访问学者、博士后研究人员。

重点实验室人员实行聘任制。骨干固定人员由重点实验室主任聘任;其余固定人员和流动人员由骨干固定人员聘任,重点实验室主任核准。

第二十四条 重点实验室按研究方向和研究内容设置研究单元,保持人员结构和规模合理,并适当流动。

重点实验室应当注重学术梯队和优秀中青年队伍建设,稳定高水平技术队伍,加强研究生培养。

第二十五条 重点实验室应围绕主要任务和研究方向设立自主研究课题,组织团队开展持续深入的系统性研究;少部分课题可由固定人员或团队自由申请,开展探索性的自主选题研究。要注重支持青年科技人员,鼓励实验技术方法的创新研究,并可支持新引进固定人员的科研启动。

第二十六条 自主研究课题期限一般为1～3年。重点实验室对自主研究课题的执行情况要进行定期检查,并及时验收。课题的检查和验收坚持“鼓励创新、稳定支持、定性评价、宽容失败”的原则。

第二十七条 重点实验室应加大开放力度,建设成为本领域国家公共研究平台;并积极开展国际科技合作和交流,参与重大国际科技合作计划。

重点实验室应建立访问学者制度,并通过开放课题等方式,吸引国内外高水平研究人员来实验室开展合作研究。

第二十八条 重点实验室应统筹制定科研仪器设备的工作方案,有计划地实施科研仪器设备的更新改造、自主研制。

重点实验室应保障科研仪器的高效运转和开放共享,并按照有关规定和要求实施数据共享。

第二十九条 重点实验室应当重视科学道德和学风建设,营造宽松民主、潜心研究的科研环境,开展经常性、多种形式的学术交流活动。

第三十条 重点实验室应当重视和加强运行管理,建立健全内部规章制度。要加强室务公开,重大事项决策要公开透明。严格遵守国家有关保密规定。

第三十一条 重点实验室应当加强知识产权保护。在重点实验室完成的专著、论文、软件、数据库等研究成果均应标注重点实验室名称,专利申请、技术成果转让、申报奖励等按国家有关规定办理。

第三十二条 重点实验室应当结合自身特点,推动科技成果的转化,加强与产业界的联系与合作。

第三十三条 重点实验室应当重视科学普及,向社会公众特别是学生开放,每年不少于十天。

第三十四条 重点实验室需要更名、变更研究方向或进行结构调整、重组的,须由依托单位提出书面报告,经学术委员会论证,主管部门审核后报科技部批复。

第五章 考核与评估

第三十五条 重点实验室应当在规定时间报告年度工作计划和总结,经依托单位和主管部门审核后,报科技部。

第三十六条 依托单位应当对实验室进行年度考核,考核结果报主管部门和科技部备案。年度考核的主要目的是了解实验室发展状况和存在的问题。

第三十七条 根据年度考核情况,科技部会同主管部门和依托单位,每年对部分重点实验室进行现场检查,发现、研究和解决重点实验室存在的问题。现场检查的内容主要包括:听取实验室主任工作报告、考察实验室、召开座谈会等。

第三十八条 科技部对重点实验室进行定期评估。五年为一个评估周期,每年评估一至两个领域的重点实验室。具体评估工作委托评估机构实施。

第三十九条 评估主要对重点实验室五年的整体运行状况进行综合评价,指标包括:研究水平与贡献、队伍建设与人才培养、开放交流与运行管理等。

第四十条 科技部根据重点实验室定期评估成绩,结合年度考核情况,确定重点实验室评估结果;未通过评估的不再列入重点实验室序列。

第六章 附 则

第四十一条 重点实验室统一命名为"××国家重点实验室(依托单位)",英文名称为"State Key Laboratory of ××(依托单位)"。如:硅材料国家重点实验室(浙江大学),State Key Laboratory of Silicon Materials (Zhejiang University)。

第四十二条 国家重点实验室专项经费管理办法另行发布。

第四十三条 主管部门依据本办法制定本部门重点实验室管理细则。

第四十四条 本办法自发布之日起施行。原《国家重点实验室建设与管理暂行办法》(国科发基字[2002]91 号)同时废止。

科技部　发展改革委　财政部关于印发《国家科技重大专项项目(课题)验收暂行管理办法》的通知

国科发专[2011]314号

各重大专项领导小组、牵头组织单位及各有关单位：

为加强国家科技重大专项项目(课题)验收管理，保证验收工作的科学性、公正性和规范性，推动重大专项的组织实施，科技部、发展改革委、财政部三部门共同研究制定了《国家科技重大专项项目(课题)验收暂行管理办法》，现印发给你们，请遵照执行。

附件：国家科技重大专项项目(课题)验收暂行管理办法

科技部　发展改革委　财政部

二〇一一年七月二十三日

附件:

国家科技重大专项项目(课题)验收暂行管理办法

第一章　总　则

为加强国家科技重大专项(简称重大专项)项目(课题)验收管理,保证验收工作的科学性、公正性和规范性,根据《国家科技重大专项管理暂行规定》、《民口科技重大专项资金管理暂行办法》、《国家科技重大专项知识产权管理暂行规定》,以及国家科技管理相关规定和国家有关财政财务管理制度等,制定本办法。

重大专项项目(课题)验收是重大专项组织管理的重要环节,旨在客观评价重大专项项目(课题)目标任务的执行和产出情况、资金使用的总体情况,促进创新成果的推广应用及产业化,提高资金使用效率,更好地推进重大专项顺利实施。

重大专项项目(课题)验收以项目(课题)任务合同书、财政部批复的项目(课题)预算、重大专项有关管理规定和国家相关财政财务制度等为主要依据。

重大专项项目(课题)验收包括任务验收和财务验收。任务验收和财务验收要统一部署、同期实施。财务验收管理办法另行制定。

重大专项验收工作坚持实事求是、客观公正、注重质量、讲求实效的原则,确保验收工作的严肃性和科学性。

本办法适用于《国家中长期科学和技术发展规划纲要(2006—2020年)》确定的民口重大专项项目(课题)验收工作。

第二章　验收的组织

科技部会同发展改革委、财政部(简称三部门)负责重大专项项目(课题)验收的工作指导和监督检查。

在重大专项领导小组领导下,重大专项牵头组织单位负责项目(课题)的验收工作,重大专项实施管理办公室具体抓好验收的组织实施。项目(课题)验收可通过组织验收专家组或委托具有相应资质的专业机构具体实施。

项目(课题)任务验收专家组应由技术专家、管理专家和知识产权专家等共同组成,原则上不少于9人,确定1名组长;财务验收专家组应由财务专家、技术专家等组成,原则上不少于7人,确定1名组长。

对于具有产业化目标的项目(课题),要有用户代表参加。

实行回避制度。被验收项目(课题)承担单位、参加单位及其合作单位的人员不能作为验收专家参加验收工作。

第三章　任务验收的方式和内容

项目(课题)任务验收主要采取实地考察、现场测试、功能演示、会议审查、查阅资料等方式进行。根据需要,可以采取一种或多种方式进行。

对于有测试要求或有推广应用、示范要求的项目(课题),应采用现场测试、实地考察等方式进行验收。项目(课题)验收专家组可委托第三方机构进行测试。

对于成果已经得到应用的项目(课题),要根据用户报告或在充分听取用户意见的基础上,形成验收意见。

对于同一类型、具有上下游关系或具有很强相关性的项目(课题),要以"项目群"或"课题群"的方式同步组织验收。

对于具有应用目标和产业化目标的项目(课题),要按照"下家考核上家、系统考核部件、应用考核技术、市场考核产品"等成果评价方式进行评价。

项目(课题)任务验收的主要内容包括:项目(课题)合同计划任务的完成情况,合同规定的目标和考核指标的完成情况(包括知识产权任务目标完成、保护及应用情况等);项目(课题)对重大专项总体目标发挥作用情况;成果水平及其应用情况,直接经济效益和社会效益情况,人才培养与团队建设情况;组织管理和机制创新情况等。

第四章　任务验收的程序

凡经批准列入重大专项管理的项目(课题),在计划目标、任务完成后,均应进行验收。项目(课题)验收工作应在任务合同到期后六个月内完成。

不能按期完成目标任务的项目(课题),需提出延期申请,说明延期的理由和延期时间,经重大专项牵头组织单位报领导小组批准同意,并报三部门备案。原则上,延期时间不超过1年。

重大专项实施管理办公室要根据任务完成情况和总体工作安排情况,做好项目(课题)验收工作的整体时间安排和有关要求,制订验收工作计划,报三部门备案。

对于同步验收的项目(课题),重大专项实施管理办公室要做好相关项目(课题)承担单位和验收专家组的组织协调和时间安排,确保验收工作的有序开展。

项目(课题)责任单位应在任务合同书规定完成日期后的60日内,向重大专项实施管理办公室提交项目(课题)验收申请书(格式参见附件1),同时需提交以下验收文件资料。

(一)项目(课题)自评价报告(格式参见附件2)。主要包括项目(课题)概况、实施情况、成果应用及其经济社会效益、经费使用和管理情况、组织管理情况、存在问题及建议等。填写主要研究人员表,项目(课题)财务收支执行情况表,主要成果一览表,成果信息表,建设的生产线、中试线、平台基地、示范点(工程)一览表。提供产品(成果)的测试报告或检测报告、用户使用报告等相关证明材料。

(二)项目(课题)财务收支执行情况报告、项目(课题)结余资金情况说明。

(三)项目(课题)合同书、预算书和其他有关批复文件。

项目(课题)验收文件资料须加盖项目(课题)责任单位公章。项目(课题)责任单位对提供的验收文件资料和相关数据的真实性、准确性、完整性负责。

对于多个单位联合承担的项目(课题),参与单位应在责任单位的统一组织下,配合做好相关验收资料的准备工作。

重大专项实施管理办公室在收到验收申请书、相关文件资料后,要及时进行形式审查,并向项目(课题)责任单位做出是否同意验收的回复。

对于通过形式审查的验收申请,重大专项实施管理办公室结合验收工作计划,与项目(课题)责任单位商定具体验收的日程安排,发出组织验收的通知,同时抄送三部门。

对于未通过形式审查的验收申请,重大专项实施管理办公室应及时通知项目(课题)责任单位限时补充或修改验收材料。

任务验收专家在审阅资料、观看演示、现场测试(含委托第三方机构进行的测试)、实地考察、听取汇报的基础上,认真审查和质询,填写《重大专项项目(课题)任务验收评议表》(格式参见附件 3),讨论形成项目(课题)的任务验收意见。

重大专项实施管理办公室根据项目(课题)任务验收和财务验收意见,形成验收结论,填写《重大专项项目(课题)验收结论书》(格式参见附件 4),报重大专项牵头组织单位和领导小组。由重大专项实施管理办公室负责向项目(课题)责任单位下达《重大专项项目(课题)验收结论书》。

三部门可通过抽查、复查等方式,对项目(课题)验收工作的程序、内容、质量和结论进行监督检查。

涉密项目(课题)的验收工作,应严格按照《中华人民共和国保守国家秘密法》、《科学技术保密规定》和《实施科技重大专项的保密规定》等相关法规执行。

第五章 验收结论和后续工作

项目(课题)任务验收意见分为通过验收和不通过验收两种。存在下列情况之一,按不通过验收处理。

(一)未达到合同约定的主要技术经济指标;

(二)提供的验收文件、资料、数据不真实;

(三)擅自修改项目(课题)任务合同书的考核目标、内容、技术路线等。

项目(课题)综合验收结论分为通过验收和不通过验收两种。任务验收与财务验收二者的意见均为通过验收的,项目(课题)综合验收结论为通过验收;二者之一的意见为不通过验收的,项目(课题)综合验收结论为不通过验收。

项目(课题)通过验收后,各项目(课题)责任单位应当在一个月内办理财务结账手续。项目(课题)资金如有结余的,应当按照相关财政财务制度处理。

未通过验收的项目(课题),应在接到验收结论书后的六个月之内完成整改工作,再次提出验收申请。

重大专项实施管理办公室应及时做好项目(课题)验收的文件资料整理和归档工作,并将书面材料和电子材料汇总报科技部,纳入重大专项管理信息系统管理。

重大专项项目(课题)验收结束后,重大专项实施管理办公室要及时形成《重大专项项目

(课题)验收总结报告》,经重大专项牵头组织单位和领导小组审定后,连同各项目(课题)验收结论书报三部门。

第六章 相关责任

到期无故不申请验收、再次验收不通过的项目(课题),重大专项实施管理办公室将不再受理其项目(课题)负责人的重大专项项目(课题)申请,并在5年内不再受理责任单位申报该重大专项的项目(课题)。

对在项目(课题)验收过程中发现的弄虚作假及渎职,截留、挪用、挤占重大专项资金等行为,一经查实,将中止或取消其项目(课题)负责人和责任单位继续承担重大专项项目(课题)的资格,并按照有关规定追究相关责任人和单位的责任;涉嫌犯罪的,移交司法机关依法追究刑事责任。

在重大专项验收过程中,验收专家组成员和相关机构有弄虚作假、徇私舞弊或玩忽职守等行为的,将取消其参与重大专项各项任务和工作的资格。如有违反国家法律法规行为的,按有关法律法规处理。

参加重大专项项目(课题)验收的有关人员未经允许擅自披露、使用或者向他人提供被验收项目(课题)成果的,一经查实,将终止或取消其参与重大专项各项任务和工作的资格;给国家、有关单位和个人造成损失的,将依照有关规定和法律追究责任。涉及国家秘密的,按有关法律法规处理。

第七章 附 则

各重大专项依据本办法,结合本重大专项的特点,制定相应的项目(课题)验收管理实施细则,报三部门备案。

重大专项项目(课题)验收工作所需经费严格按照《民口科技重大专项资金管理暂行办法》和《民口科技重大专项管理工作经费管理暂行办法》执行。

本办法由三部门负责解释,自发布之日起实行。

附件:1.《国家科技重大专项项目(课题)验收申请书》(略)

2.《国家科技重大专项项目(课题)自评价报告》(略)

3.《国家科技重大专项项目(课题)任务验收评议表》(略)

4.《国家科技重大专项项目(课题)验收结论书》(略)

科技部　财政部关于印发《科技富民强县专项行动计划实施方案（试行）》的通知

国科发计字[2005]264号

各省、自治区、直辖市、计划单列市、新疆生产建设兵团科技厅（委、局）、财政厅（局）：

为深入落实全国县市科技工作会议精神，进一步贯彻"三个代表"重要思想和科学发展观，把科教兴国战略落实到基层，以科技为支撑，推动县域经济持续发展，促进农民增收致富和缓解县乡财政困难，科技部、财政部在深入调研和分析当前县域经济社会发展对科技需求的基础上，决定实施科技富民强县专项行动计划，并共同研究制定了《科技富民强县专项行动计划实施方案（试行）》（以下简称《方案》）。

现将《方案》印发给你们，请各省（市、区）根据《方案》提出的基本思路和总体要求，结合本地区的实际特点，抓紧制定本地区科技富民强县实施方案，精心组织和部署，制定相应措施，切实做好本地区的专项实施工作。科技富民强县专项行动计划具体管理办法将另行制定印发。

附件：科技富民强县专项行动计划实施方案（试行）

科学技术部　财政部

二〇〇五年七月四日

附件：

科技富民强县专项行动计划实施方案(试行)

为贯彻落实全国县(市)科技工作会议精神，依靠科技进步促进农民增收致富，推动县域经济社会发展，科技部、财政部启动“科技富民强县专项行动计划”(以下简称“专项行动”)。为推动专项行动的实施，特制定本方案。

一、主要目标

专项行动的总体目标是：把“科教兴国”战略切实落实到基层，依靠科技进步，培育、壮大一批具有较强区域带动性的特色支柱产业，有效带动农民致富和财政增收，促进建立富民强县的长效机制，实现民“富”、县“强”；加快县(市)科技进步，强化县(市)科技公共服务能力，为县域经济社会的全面、协调、可持续发展提供有力的科技支撑。

国家重点在中西部地区和东部欠发达地区，每年启动一批试点县(市)，实施一批重点科技项目，集成推广500项左右的先进适用技术。通过3～5年的努力，支持300个左右国家级试点县(市)实施专项行动，以项目为载体，发挥示范引导作用，从整体上带动1000个左右县(市)依靠科技富民强县。

通过实施专项行动，试点县(市)应实现以下目标：

(一)提高县(市)转化推广科技成果能力，为县域经济的快速发展提供先进适用的技术成果。

(二)建立健全科技服务体系，提高科技公共服务能力，为基层提供有效的科技服务。

(三)提高农民依靠科技增收致富的能力，提高专项行动重点科技项目辐射区农民人均纯收入的水平。

(四)培育科技型的特色支柱产业，增强龙头企业科技实力和带动农民增收致富能力，壮大县域经济。

二、指导原则

(一)分级管理，地方为主。中央、省(区、市)、地(市)、县(市)分级管理，以省为主，县(市)具体负责组织实施。

(二)统一部署，分步实施。根据各地区域特色和地方科技工作基础，进行整体设计，统一部署，按照进度安排，选择不同类型的、具有示范带动作用的县(市)及重点科技项目，成熟一批，实施一批。

(三)集成资源，突出重点。针对实施专项行动的需求，有效集成中央和地方相关科技、人才、资金等资源，突出重点，供需对接，相互协调，集中力量，共同支持。

(四)因地制宜，有效切入。充分利用适应市场需求、符合当地特色、形式多样的运行模式，调动科研院所、大专院校、专业经济合作组织、龙头企业、农户等各方面积极性,找准专项行动切入点,选准项目,推动农业产业化经营和中小企业集群发展,扩大农民就业空间和增收致富渠道。

(五)财政引导,奖补结合。以财政投入为引导,构建多元化投入机制。调动社会各方参与实施专项行动的积极性,拓宽专项行动的资金来源渠道。

三、重点任务

(一)引进、推广、转化与应用先进适用技术成果。根据当地和重点科技项目的科技需求,有针对性地引进大专院校和科研院所的先进适用技术成果,在示范的基础上,向周围企业和农民辐射推广,使技术成果为农民增收和企业发展发挥有效的作用。

(二)培育和壮大县域特色支柱产业。立足本地资源特色和优势,以重点科技项目为载体,培育和发展县域特色支柱产业,推动中小企业集群发展,创造县域新的经济增长点。

(三)组织开展科技培训。围绕专项行动开展面向广大农民的实用技术培训和面向企业劳动者的技术培训,提高从业人员科技素质和技能,培养一批农村致富带头人和专业技术人员。

(四)加强科技信息网络建设和基层科技服务能力。用3年左右的时间,建立面向农村和中小企业的科技信息服务网络体系,集成中央、地方的科技信息资源,完善国家科技信息库,连通省(区、市)、地(市)、县(市)科技信息网络,建立县(市)科技信息服务站,为基层提供方便、快捷、实用的科技信息服务,并带动公共服务平台建设和相关科技服务能力的提高(该项任务将由国家自上而下另行统一组织实施)。

四、遴选要求

国家专项行动试点县(市)的选择须依据重点科技项目的可行性、县(市)和省(区、市)实施科技富民强县的工作基础、环境等方面综合评价,试点县(市)申报内容必须已列入省(区、市)经济和科技发展规划。具体要求如下:

(一)重点科技项目的遴选条件

1. 与县域特色支柱产业和农民增收需求紧密结合,对其他县(市)有一定的示范带动作用。

2. 着眼于延长产业链,带动一定范围的农民增收致富,壮大县域经济,缓解县乡财政困难。

3. 市场前景好,能够调动和吸纳社会投入,并具有符合市场经济要求的项目运行机制。

4. 依托的技术先进成熟,并具有技术转移应用的人才保障和行之有效的成果推广和科技服务体系保障。

5. 承担单位应具备必需的工作基础和能力,能按要求完成任务。

(二)省、地、县的基本要求和条件

1. 制定了符合本地经济和科技发展规划的专项行动方案和相应的政策措施。

2. 科技工作有较好基础,在促进县(市)科技进步、科技成果向县(市)基层扩散转移方面积累了一定的经验。

3. 对科技投入努力程度较高,选准申报的试点县(市)和重点科技项目,对实施专项行动有资金保障。

4. 有组织实施重大科技项目的能力;专项行动实施方案切实可行;组织管理和运行机制科学规范;党政主要领导直接负责专项行动。

五、组织管理

(一)省级科技部门、财政部门要在本省(区、市)经济和科技发展规划指导下制定专项行动规划,组织试点县(市)及重点科技项目的申报、遴选和实施,协调科研单位与试点县(市)对接,落实省级相关政策和科技资源集成,对科技项目实施进行管理、监督和考核。省级政府应将专项行动作为各省(区、市)科技和经济工作的重要组成部分,并纳入省(区、市)科技规划。

(二)地(市)科技部门、财政部门按照专项行动的有关要求,协调落实相关配套措施,对专项行动实施进行指导和监督。

(三)试点县(市)是专项行动具体实施的落脚点。县(市)主要领导对专项行动实施负直接责任;试点县(市)科技部门、财政部门具体负责相关任务的落实,协调县(市)相关资源和有关部门共同推进专项行动的实施。

科技部、财政部从宏观层面做好专项行动的总体设计,制定具体的管理办法。集成中央相关科技资源,支持专项行动的实施。对专项行动的组织实施及经费使用进行动态跟踪、监督、考核和验收。中央财政将视省(区、市)专项行动的组织实施及投入情况,给予经费补助。

六、保障措施

(一)加强领导。各级政府和相关部门要高度重视,加强领导,认真组织,明确分工,建立、健全责任机制,制定相应的管理办法和考核制度,加强过程管理和监督,切实提高资源的使用效益。各地要成立由主要领导挂帅、相关部门参加的"科技富民强县工作协调领导小组",下设办公室,办公室设在科技部门,保证专项行动的顺利实施。

(二)保障经费。省(区、市)、地(市)政府要加大对专项行动的投入,有专门的经费保障专项行动的实施;县(市)要结合财力情况,集成相关资源,统筹安排;中央财政设立专项经费,采取奖补结合的方式,支持专项行动的实施。各级政府要鼓励和引导社会力量加大对专项行动实施和县域经济发展的科技投入,建立多元化的投入渠道。

(三)创新机制。各级政府和相关部门应根据本地情况,大力创新工作机制,积极引入农业科技专家大院、科技特派员、农村专业协会等成功经验和模式。同时,动员社会各方力量参与,特别是引导国家高新区、高等院校、科研院所和高新技术企业对试点县(市)开展多种方式的科技合作和对口帮扶。

(四)营造环境。地方各级政府和相关部门要根据本地区特点,制定具体的落实措施和办法,加强专项行动的宣传,推广先进工作经验和模式,加强人才队伍建设,促进专项行动的实施。对实施效果显著的县(市)进行表彰,营造全社会共同推进科技富民强县工作的良好氛围,有效地推动县域科技进步和经济社会的协调发展。

农业部　财政部关于印发《现代农业产业技术体系建设实施方案(试行)》的通知

农科教发[2007]12号

各省(自治区、直辖市)农业(畜牧、水产)厅(委、局、办)、财政厅(局),新疆生产建设兵团科委,有关部门:

为了全面贯彻落实党的“十七大”精神,加快现代农业产业体系建设步伐,提升国家、区域创新能力和农业科技自主创新能力,为现代农业和社会主义新农村建设提供强有力的科技支撑,在实施优势农产品区域布局规划的基础上,农业部和财政部共同研究制定了《现代农业产业技术体系建设实施方案(试行)》。现印发给你们,请遵照执行。

附件:现代农业产业技术体系建设实施方案(试行)

农业部　财政部

二〇〇七年十二月十一日

附件:

现代农业产业技术体系建设实施方案(试行)

科技进步是突破资源和市场对我国农业双重约束的根本出路。为了提升国家和区域创新能力,增强农业科技自主创新能力,保障国家粮食安全、食品安全,实现农民增收和农业可持续发展,根据现代农业和社会主义新农村建设的总体要求,在充分调研和实施优势农产品区域布局规划的基础上,制订现代农业产业技术体系建设实施方案(试行)。

一、目标和原则

现代农业产业技术体系建设的基本目标是,按照优势农产品区域布局规划,依托具有创新优势的现有中央和地方科研力量和科技资源,围绕产业发展需求,以农产品为单元,以产业为主线,建设从产地到餐桌、从生产到消费、从研发到市场各个环节紧密衔接、环环相扣、服务国家目标的现代农业产业技术体系,提升农业科技创新能力,增强我国农业竞争力。

现代农业产业技术体系建设坚持以下原则:

(一)合理划分责任,强化协同配合

以农产品为单元,以产业为主线,按照全国一盘棋的思路,中央主要负责体系建设的统一规划、区域布局和管理协调,指导和帮助地方落实产业发展任务,支持地方间建立区域农业产业优势互补、利益共享的合作机制,组织全国优势力量开展共性与关键技术研发、集成和示范等,收集和提供产业相关信息;地方要充分利用中央和地方各类科技资源,落实统一规划和区域布局下的相关任务,做好涉及本地的机构、设施、人员等相关条件保障工作;地方与地方之间要加强沟通和协作,本着优势互补、利益共享、分工明确的原则,共同推进本区域内的产业发展。

(二)遵循产业规律,推动协调发展

以产业需求为导向,按照产业发展的内在规律,合理配置遗传育种、栽培与养殖、病虫害防治、营养、产后处理与加工、设施设备和产业经济等各个环节的科技资源和研发力量,为产业发展提供全面系统的技术支撑;合理配置种植、畜牧、水产等产业间和区域间的科技资源和研发力量,促进各产业的协调发展,形成条块结合,稳定、持续和高效的现代农业产业技术体系。

(三)强化制度设计,建立内在机制

现代农业产业技术体系要从各个产业发展的整体性出发,在内容设计、任务分解、协作方式和组织管理等方面做好系统化、制度化设计,确保决策、执行和监督三个层面权责明晰、相互制约、相互协作;通过基地、人才、项目相结合,产学研相结合,政府与市场相结合,建立规范化、标准化的管理和运行机制。

(四)稳定经费渠道,提高资金效益

按照产业发展和技术进步规律的要求,在明确中央和地方以及依托单位投入责任的基础上,建立相对稳定的经费支持渠道。加强与国家科技计划(专项)、产业基地建设、地方政府和依托单位资金等的有机衔接,避免重复交叉,提高资金使用效益。

二、任务、结构和职责

现代农业产业技术体系的基本任务是:围绕产业发展需求,集聚优质资源,进行共性技术和关键技术研究、集成、试验和示范;收集、分析农产品的产业及其技术发展动态与信息,系统开展产业技术发展规划和产业经济政策研究,为政府决策提供咨询,向社会提供信息服务;开展技术示范和技术服务。

现代农业产业技术体系由产业技术研发中心和综合试验站二个层级构成。

针对每一个农产品,设置一个国家产业技术研发中心和一个首席科学家岗位。每一个国家产业技术研发中心由若干功能研究室组成,每个功能研究室设一个研究室主任岗位和若干个研究岗位。其主要职能是:从事产业技术发展需要的基础性工作;开展关键和共性技术攻关与集成,解决国家和区域的产业技术发展的重要问题;开展产业技术人员培训;收集、监测和分析产业发展动态与信息;开展产业政策的研究与咨询;组织相关学术活动;监管功能研究室和综合试验站的运行。

根据每一个农产品的区域生态特征、市场特色等因素,在主产区设立若干综合试验站,每个综合试验站设一个试验站站长岗位。其主要职能是:开展产业综合集成技术的试验、示范;培训技术推广人员和科技示范户,开展技术服务;调查、收集生产实际问题与技术需求信息,监测分析疫情、灾情等动态变化并协助处理相关问题。

三、管理体制

在不打破现有管理体制的前提下,根据决策咨询、执行和监督三个层面权责明晰的原则,由农业部负责成立现代农业产业技术体系管理咨询委员会、执行专家组和监督评估委员会。各组成部分人员不相互兼任。

管理咨询委员会负责审议现代农业产业技术体系发展规划和分年度计划,统筹不同产业、不同区域的协调发展,综合评估现代农业产业技术体系发展状况及其贡献。管理咨询委员会由相关政府部门、产业界、农民专业合作组织代表及有关专家组成。管理咨询委员会下设办公室,负责日常工作,建立管理平台,动态监管各体系运行管理情况。

各产业技术体系执行专家组负责实施现代农业产业技术体系发展规划和分年度计划中的相关任务,组织开展相关科技活动,指导、协调和监督各功能研究室和综合试验站的业务活动。执行专家组由各产业技术研发中心首席科学家和功能研究室主任共同组成。

分产品(领域)分别成立监督评估委员会。负责对各产业技术研发中心(含功能研究室)、综合试验站进行监督和评估,以及对体系中有关人员职责履行情况进行评估。监督评估委员会由行业管理部门、主产区政府主管部门、相关学术团体、推广机构、行业协会、产业界、农民专业合作组织代表以及财务和管理专家组成。

四、运行机制

现代农业产业技术体系建设每五年为一个实施周期，实行“开放、流动、协作、竞争”的运行机制。

(一)任务确定

每五年周期开始的前一年，由各产业技术研发中心和首席科学家组织本体系内的人员，全面调查征集本产业技术用户包括中央和主产区政府部门、推广部门、行业协会、学术团体、进出口商会、龙头企业、农民专业合作组织提出的需要解决的技术问题，经执行专家组讨论梳理后，提出本产业技术体系未来五年研发和试验示范任务规划与分年度计划，报经管理咨询委员会审议后，由农业部审批后下达。

(二)执行

产业技术研发中心和首席科学家根据农业部、财政部审批下达的五年研发和试验示范任务规划和分年度计划，制订本体系五年研究和试验示范任务分解方案，经执行专家组讨论通过后，将任务分解落实到本体系内的每个功能研究室和每个研究岗位、综合试验站和站长岗位。由产业技术研发中心和首席科学家与功能研究室及其建设依托单位和研究室主任、综合试验站及其建设依托单位和站长分别签订任务委托协议，产业技术研发中心及其建设依托单位和首席科学家与农业部签订任务书。

产业技术研发中心和功能研究室、综合试验站根据任务委托协议和任务书开展相关研究与试验示范工作，并通过共同的目标和任务建立长期的业务关系。

执行过程中，产业技术研发中心针对产业发展中的重要问题，向相关部门(单位)提出支持立项建议，促使相关基础研究成果与体系内的研究相互衔接。综合试验站收集、分析和整理本区域生产实际问题、技术需求信息和疫情、灾情等动态信息，及时反馈到产业技术研发中心，产业技术研发中心经会诊并提出明确意见和建议后上报中央有关部门。

(三)考核

建立现代农业产业技术体系内部绩效考评制度。每年度，由首席科学家根据任务委托协议内容指标，组织对功能研究室和研究室主任及各研究岗位专家、综合试验站和站长进行考核，将考核结果报管理咨询委员会。

监督评估委员会根据任务书内容指标，对产业技术研发中心和首席科学家进行年度考核，并将考核结果报管理咨询委员会。根据考核结果，对未完成任务书任务指标的，提出整改要求。

每五年进行一次综合考核，考核结果分为合格、不合格两种。综合考核不合格的，调整产业技术研发中心和首席科学家、功能研究室和研究室主任及各研究岗位专家、综合试验站和站长的相关资格。

五、遴选方式

(一)产业技术研发中心及功能研究室

产业技术研发中心依托现有中央和地方的研究、教育机构择优产生，不作为法人单位。依托单位必须具备较好的研究基础条件、综合能力较强的创新团队,有较高的管理水平,依托单位及其主管部门(单位)或所在地政府有较高的积极性。产业技术研发中心和首席科学家由农业部提出候选名单,征求相关部门(单位)或地方政府主管部门以及同领域专家意见后,由农业部确定。

首席科学家根据《优势农产品区域布局规划》和各研究领域优势特点、技术需求、以往承担农业科研任务等情况,在现有国家级和省部级农业科研基地如国家重点实验室、部省级重点实验室、国家农作物改良中心分中心、国家工程技术研究中心、国家工程中心、国家引智基地等建设依托单位中选择推荐功能研究室候选名单报管理咨询委员会办公室,由相关学术团体组织评议后,报农业部公示批准。功能研究室依托单位隶属地方的,还应征求相关地方政府主管部门意见。

功能研究室主任由首席科学家提名,征求功能研究室依托单位意见并报农业部公示后批准。功能研究室的岗位设置及人员聘用,由功能研究室主任提名、执行专家组研究确定并征求所在单位意见后报农业部公示批准。同一功能研究室的岗位由不同单位的人员组成,首席科学家可以兼任其中一个科学家岗位。

(二)综合试验站

执行专家组根据《优势农产品区域布局规划》,考虑生态特性、产品特色、优势区域代表性、综合试验示范工作需求、以往承担农业科研项目任务等情况,推荐拟设立综合试验站的候选名单,同时提出每个综合试验站站长的建议名单报管理咨询委员会办公室,由相关地方政府主管部门从中确定拟设立的综合试验站及站长名单,报农业部公示后批准。

在地方的中央级科研教学机构进入综合试验站候选名单的,需征求主管部门(单位)意见并报农业部公示后批准。

六、知识产权和成果管理

现代农业产业技术体系形成的知识产权归国家所有,国家授予建设依托单位。建设依托单位可依法协商决定实施、许可他人实施、转让等。同时,在特定情况下,国家根据需要保留无偿使用、开发、使之有效利用和获取收益的权利。

现代农业产业技术体系收集整理的国内外技术发展动态信息、技术经济信息、知识产权信息、生产贸易信息等向社会、企业和个人免费提供,实现开放共享。

七、保障措施

现代农业产业技术体系建设是在现有体制下,探索建立以科技支撑产业发展长效机制的新路子,是提升区域创新能力、建设创新型国家的重要举措,需要国务院相关部门和地方政府相关部门相互协作,在资金、人员、设施条件等方面给予切实保障。

(一)资金来源与保障

现代农业产业技术体系建设资金主要由基本建设支出、仪器设备购置费、基本研发费、人员经费等构成,由中央和地方、依托单位共同承担。

为了保证现代农业产业技术体系顺利运行,存量经费维持原渠道不变,中央财政设立专项资金用于体系建设的基本研发费和仪器设备购置费补助。基本建设支出、体系内人员经费等由依托单位按现有渠道解决。

(二)人员保障

依托单位主要负责体系中聘用人员的工资福利、党政关系、人事管理和后勤保障,保证人员的科研时间,提供必要的研究辅助人员,为人员开展业务活动提供便利条件。

依托单位主管部门(单位)或地方政府主管部门应负责相关配套政策的保障和支持。

体系内全部岗位和人员实行五年聘任制,在被聘期间,仍可视其所在单位的岗位和职责,承担相关工作任务,享受相关福利待遇。如未续聘,其工作岗位及人事关系等仍由所在单位按相关制度管理。

所有聘任人员均需保证优先完成在现代农业产业技术体系中所承担的科研、试验示范和培训任务,需要承担其他科研任务的,首席科学家需报管理咨询委员会批准,其他人员需经首席科学家同意后上报管理咨询委员会批准。聘任人员应自觉接受体系内相关制度的管理,享受体系内相关政策,保证将现代农业产业技术体系产生的技术成果优先交给体系及相关试验示范与推广应用部门使用,不得在企业兼职。

(三)科研设施

现代农业产业技术体系均依托现有农业科研基地和科研基础设施、设备等条件建设。

依托单位应保证产业技术研发中心和功能研究室的办公条件和实验室条件建设、仪器设备使用和试验示范用地(或设施);保证综合试验站的办公条件建设、试验示范用地(或设施)建设;保证现代农业产业技术体系各执行层级在业务上的垂直管理和独立开展科研活动。

(四)制度建设

现代农业产业技术体系应逐步完善人力资源管理制度、绩效考评制度、知识产权和成果管理制度、公共服务制度建设。

通过人力资源管理制度建设,建立体系内人力资源管理的目标体系,优化体系内相关人力资源的聘用、保持、发展、评价与调整等工作。通过绩效考评制度建设,建立更加合理的体系建设与运行绩效评价体系和奖惩机制。通过知识产权和成果管理制度建设,建立知识产权保护、成果共享、利益分担的机制。通过公共服务制度建设,实现信息和技术开放共享,做好体系建设的动态监控管理。

(五)做好试点

现代农业产业技术体系建设本着积极稳妥的原则,先选择部分大宗农产品作为试点,探索经验,再根据试点进展情况,逐步扩大,分批建设。

中国科协　财政部关于组织实施“基层科普行动计划”的通知

科协发普字[2012]12号

各省(自治区、直辖市)科协、财政厅(局),新疆生产建设兵团科协、财务局:

为贯彻党的十七大和十七届三中、四中、五中、六中全会精神,落实《全民科学素质行动计划纲要(2006—2010—2020年)》,充分调动全社会深入基层、贴近实际、贴近生活、贴近群众开展科普工作的积极性和创造性,引领激发广大群众学科学、用科学的积极性和创造性,中国科协、财政部决定联合实施“基层科普行动计划”,该计划由“科普惠农兴村计划”和“社区科普益民计划”两个子计划构成。为保证计划的顺利实施,特制定《“基层科普行动计划”实施方案(试行)》(附件1)(以下简称《方案》),现印发给你们,请结合本地区实际情况,尽快组织实施。

根据《方案》有关要求,现将2012年“基层科普行动计划”有关事项通知如下:

一、评选名额

2012年,“科普惠农兴村计划”将在全国评比表彰1000个农村专业技术协会,386个农村科普示范基地,406名农村科普带头人,5个少数民族科普工作队;“社区科普益民计划”将在全国评比表彰500个科普示范社区。

中央财政安排专项资金对受表彰的单位和个人按照“以奖代补和奖补结合”的原则给予奖励支持。其中,农村专业技术协会和农村科普示范基地的奖补资金标准为20万元,农村科普带头人的奖补资金标准为5万元,少数民族科普工作队的奖补资金标准为50万元;科普示范社区的奖补资金标准为20万元。

二、有关要求

(一)各地要严格按照《方案》规定的程序做好组织实施工作,加强监管,坚决杜绝推荐程序和推荐条件不符合规定、申报材料弄虚作假等不正当行为。推荐过程中要充分发挥示范引导作用,重点关注在基层科学教育、传播和普及方面做出突出贡献的单位和个人;重点关注在农业产前、产中、产后开展综合农技服务的农村专业技术协会;重点关注以建立科普惠农服务站、技术协作网等形式发挥科普惠农长效机制的农技协和科普示范基地;重点关注积极面向社区居民开展科普工作且成效显著的科普示范社区。

(二)各地要加大宣传力度,把评比筛选过程与普及科技知识、弘扬科学精神、传播科学思想、倡导科学方法有机结合起来,及时发现、广泛培育典型,为深入持久实施"基层科普行动计划"打好基础。

(三)各地要结合本地情况尽快制定实施方案细则,明确责任部门和联系人,于2012年5月25日前报至中国科协和财政部。

(四)各地于2012年5月25日前将推荐申报材料报至中国科协。推荐申报材料以省(自治区、直辖市、兵团)科协、财政(务)厅(局)联合签发的正式函的形式报送,材料内容及报送方式如下:

(1)推荐工作简要总结说明。

(2)推荐名单。对所推荐的单位和个人应根据专家评审委员会、科协和财政部门综合确定的分数,按照从高到低的顺序分类排列。

(3)各申报单位、个人的推荐表和相关资料。其中,"科普惠农兴村计划"推荐单位和带头人的推荐表及有关证明材料(包括获得县级以上科普工作奖励的证明,农村专业技术协会的社团登记证明、年检证明和当地统计局出具的该县农民近三年的年均纯收入证明等),通过"科普惠农兴村计划网上申报评审管理系统"进行报送,登陆网址为 http://kphn.cast.org.cn("科普惠农兴村计划"专题网)。"社区科普益民计划"推荐单位的推荐表和有关证明材料(包括社区近三年科普工作受表彰证明、品牌科普活动简介、近三年科普工作总结、未来三年社区科普工作计划等,推荐表样见附件4、5),通过"社区科普益民计划网上申报平台"进行报送,登陆网址为 http://www.kpym.org.cn("社区科普益民计划"专题网)。

(4)所有推荐材料的纸质原件留省(自治区、直辖市、兵团)科协存档,中国科协和财政部组织抽查。纸质材料和电子材料应完全一致。

联系方式:

中国科协科普部基层处:吕　波

电话(传真):010-68578249　　电子邮箱:lvbo@cast.org.cn

通信地址:北京市复兴路3号　　邮编:100863

财政部教科文司科学处:宋　超

电话:010-68551316

附件:1."基层科普行动计划"实施方案(试行)

2. 2012年度"科普惠农兴村计划"推荐名额分配表(略)

3. 2012年度"社区科普益民计划"推荐名额分配表(略)

4."社区科普益民计划"申报表(略)

5."社区科普益民计划"用款计划(2012年)(略)

中国科学技术协会　财政部

二〇一二年四月十九日

附件1:

"基层科普行动计划"实施方案(试行)

为贯彻党的十七大和十七届三中、四中、五中、六中全会精神,落实《全民科学素质行动计划纲要(2006—2010—2020年)》,充分调动全社会深入基层、贴近实际、贴近生活、贴近群众开展科普工作的积极性和主动性,引领激发广大群众学科学、用科学的积极性和创造性,中国科协、财政部决定联合实施"基层科普行动计划"(以下简称"计划"),该计划由"科普惠农兴村计划"和"社区科普益民计划"两个子计划构成。为保证"计划"的顺利实施,制定本方案。

一、指导思想、目标任务和实施原则

(一)指导思想

以邓小平理论和"三个代表"重要思想为指导,全面贯彻和落实科学发展观,通过"计划"的实施,把科技要素引入农村和城镇社区,不断促进基层科普活动的广泛开展,提高基层科普服务能力,促进城乡公共服务体系建设,提高基层群众的科学文化素质,助力社会主义文化大发展大繁荣,为社会主义和谐社会建设做出贡献。

(二)目标任务

1. 科普惠农兴村计划

(1)在总结多年来基层科普工作,特别是实施"科普惠农兴村计划"经验的基础上,通过抓重点、抓亮点、抓示范,在全国每年评比、筛选、表彰一批科普工作成绩突出、效果显著、群众认可、有较强区域示范作用的、辐射性强的农村专业技术协会、农村科普示范基地、农村科普带头人和少数民族科普工作队。

(2)在推荐、评比过程中通过农民喜闻乐见的方式开展广泛宣传,以点带面、榜样示范,增强农民学科技、用科技的兴趣和意识,把学习科技知识变成广大农民的自觉行动;提高广大农民的科学意识和依靠科技脱贫致富、发展生产、保护环境、改善生活质量的能力;引导广大农民建立科学、文明、健康的生产和生活方式。

(3)建立动员全社会力量开展农村科普工作的长效机制,开拓创新农村科普工作,提高科普公共服务能力,逐步建立完善适应农村特点、满足农民科技需求的科普工作新体系。

2. 社区科普益民计划

(1)在广泛开展社区科普工作的基础上,"十二五"期间,每年评选、奖励一批科普工作成绩突出、效果显著、居民认可、具有示范引领作用的全国科普示范社区。

(2)发挥全国科普示范社区的示范引领和辐射带动作用,推动社区科普工作开展,带动社区科普基础设施建设,引导社区科普活动广泛开展,加快社区科普队伍建设,提高社区科普工作能力,探索建立引导社会科普资源向社区聚集的长效机制。

(3)以科普示范社区创建为抓手,着力提升居民科学文化素质,增加公众参与科普活动的机会,让科学技术的发展成果惠及广大社区居民,推动社区文化建设,教育和引领居民自觉抵制封建迷信和愚昧落后习俗,在社区形成爱科学、学科学、用科学的良好文化氛围,为社会主义和谐社会建设夯实思想文化基础。

(三)实施原则

1. 面向社会,统一标准。评选范围面向社会各界,符合推荐范围和条件的单位和个人均可申报,统一评审标准。

2. 立足科普,注重公益。评选对象立足于科普工作一线,注重社会公益,不以营利为主要目的。

3. 差额评选,择优支持。各省推荐名额与最终确定获奖名单实行差额评选制,从各省推荐名单中择优支持。

4. 奖补结合,追踪问效。中央财政安排专项资金,通过以奖代补和奖补结合方式对评选出的先进集体和个人开展科普活动进行补助和奖励,为他们更好地发挥示范带动作用创造更好的条件。对中央财政专项资金的使用及其结果实行监督考核和追踪问效。奖补资金主要用于改善科普条件、完善科普功能和开展科普活动等支出。

二、推荐范围和条件

(一)科普惠农兴村计划

1. 农村专业技术协会

推荐范围:经社团管理部门依法登记、在农村科普工作方面做出突出贡献的县级以下(含县级)农村专业技术协会。

推荐条件:

(1)组织机构健全、产权明晰、遵纪守法、管理规范。

(2)获得县级以上(含县级)各部门农村科普工作奖励。

(3)会员农户在100户以上,拥有一项或多项适用技术,在科学普及、技术推广、协会管理方面具有较强的示范带动作用。

(4)成立3年以上,具有较强的持续发展能力,会员年均纯收入高于本县农民年均纯收入20%以上。

(5)致力于农村科普事业,普及科技知识、弘扬科学精神、传播科学思想、倡导科学方法;崇尚科学文明,反对愚昧迷信;在提高农民科学素质和专业技能,建设社会主义新农村方面成效显著,得到当地群众的广泛认可和好评。

2. 农村科普示范基地

推荐范围:建立在农村、直接面向农民和农村青少年,以讲座、展览、培训、示范、咨询、服务等方式普及科技知识、弘扬科学精神、传播科学思想、倡导科学方法,致力于提高农民科学素质,促进社会主义新农村建设,做出突出贡献的场所。

推荐条件:

(1)有明确的科普工作规划和任务目标。

(2)获得县级以上(含县级)农村科普工作奖励。

(3)具有开展科普活动的固定场所和科普设备,定期更新科普内容。

(4)常年开展面向农民和农村青少年的科普讲座、展览、培训、咨询等科普活动。每年开展活动的时间100天以上、受益群众1000人次以上,或推广的实用技术形成产业化优势,在提高农民科学素质和专业技能,建设社会主义新农村方面成效显著,得到当地群众的广泛认可和好评。

3. 农村科普带头人

推荐范围:长期在农村面向广大农民开展科普工作,做出突出贡献的农民专业技术人才和农村科普志愿者。

推荐条件:

(1)努力实践"三个代表"重要思想,坚持宣传和落实科学发展观,模范实践社会主义荣辱观。

(2)获得县级以上(含县级)农村科普工作奖励。

(3)具有奉献精神,热心农村科普事业,普及科技知识、弘扬科学精神、传播科学思想、倡导科学方法;崇尚科学文明、反对愚昧迷信。

(4)在农村开展科普工作连续3年以上。在组织开展农村科普工作和依靠科技带领农民致富,提高农民科学素质和专业技能,促进社会主义新农村建设方面成绩显著,能够发挥模范带头作用,得到当地农民群众的广泛赞誉。

4. 少数民族科普工作队

推荐范围:在少数民族地区成立的,面向少数民族群众开展科普宣传,做出突出贡献的少数民族科普工作队。

推荐条件:

(1)认真贯彻"三个代表"重要思想,坚持科学发展观,模范执行党和国家的各项方针、政策和法律、法规,维护和促进少数民族地区团结与稳定。

(2)获得县级以上(含县级)农村科普工作奖励。

(3)经政府有关部门批准成立,成立时间在2年以上。

(4)具备必要的科普宣传设备,具有较好工作基础。

(5)常年面向少数民族群众开展科普讲座、展览、培训、咨询等科普活动。每年到少数民族地区开展科普活动的时间不少于100天,在提高少数民族群众的科学素质,促进社会主义新农村建设方面成效显著,得到当地群众的广泛认可和好评。

5. 有下列情况之一的单位和个人,不得申报和推荐:

(1)有违法违纪行为的。

(2)有损害群众利益行为的。

(3)有其他造成不良影响行为的。

(二)社区科普益民计划

推荐范围:积极面向社区居民开展科普工作、已被命名为省级科普示范社区的社区。

推荐条件:

(1)社区科普工作领导小组、科普协会等组织健全,有专兼职干部负责科普活动的策划、组织和实施。

(2)社区科普基础设施设备完善,利用效果好。具备科普宣传设施和相对固定的科普活动场所;科普宣传内容更换频度适当,不少于每季度一次。

(3)社区科普经费有保障,能够主动争取社会资源用于社区科普,多渠道筹措科普活动经费。

(4)社区科普活动贴近居民生活,内容丰富,形式多样,受益面广,时效性强。拥有本社区居民参与性强、参与率高、广泛认同的品牌科普活动,每年在社区开展活动不低于4次。

(5)社区居民热心科普事业,主动承担科普志愿者任务,发挥自身专业特长服务本社区居民;广大居民积极参与社区科普活动,居民对社区科普认同度高。

(6)社区科普效果显著,形成爱科学、学科学、用科学的良好文化氛围,近3年内无造成恶劣影响的愚昧迷信活动。

三、组织实施

(一)每年3月底前,由中国科协、财政部综合各省社区、农村科普工作等情况,确定各省农村专业技术协会、农村科普示范基地、农村科普带头人、少数民族科普工作队和科普示范社区的推荐名额,并下达到各省(区、市)。其中农村专业技术协会、农村科普示范基地、农村科普带头人和科普示范社区的推荐名额按评选名额的120%进行分配;少数民族科普工作队由建有少数民族科普工作队的省(区、市)各推荐1个。农村专业技术协会、农村科普示范基地、农村科普带头人和少数民族科普工作队的申报不得交叉重复,申报单位和个人同时符合多个推荐范围和条件的,只能按其中一项进行申报。

(二)省级科协和省级财政部门根据中国科协、财政部下达的推荐名额和本方案规定的推荐范围和条件,结合本省社区、农村科普工作的实际情况,制定具体的实施细则,下发到各市、县,并通过本省的主要媒体广泛宣传,向政府机构、社会组织、社区和广大农民、社区居民公开发布推荐条件和申报程序。认真组织做好本省的推荐工作。

地(市)科协和地(市)财政部门要积极配合省级科协和财政部门做好推荐工作。

(三)县级科协和县级财政部门根据本方案和本省的实施方案,通过当地媒体开展宣传工作,广泛动员当地社会各界积极参与;组织指导符合条件的单位和个人进行申报;组织相关部门和专家对申报材料进行审核,确定推荐单位和个人名单;县级科协和财政部门应将推荐名单在有关社区和乡村进行公示,时间不少于5天,广泛征求意见;公示期满无异议的,由县级科协和财政部门将正式推荐名单和相关材料上报省级科协和财政部门。

(四)省级科协和省级财政部门汇总各县推荐名单和相关材料,成立评审委员会进行审核,在中国科协和财政部下达的推荐名额内,提出推荐单位和个人名单;推荐单位和个人名单须在本省媒体进行公示,时间不少于5天;公示期满无异议的,由省级科协和财政部门于5月底前,将正式推荐名单和相关材料上报中国科协和财政部。

(五)中国科协和财政部汇总省级科协报送的申报材料,成立评审委员会进行评审。评审结果在媒体进行公示,时间不少于5天,公示期满无异议的,6月底前由中国科协和财政部批准并下达各省级科协和财政部门。对受到表彰的农村专业技术协会、农村科普示范基地和少数民族科普工作队授予“全国科普惠农兴村先进单位”称号,受到表彰的农村科普带头人授予“全国科普惠农兴村带头人”称号,受到表彰的社区授予“全国科普示范社区”称号,并均由中央财政资金给予奖励和补助。

(六)各级科协和财政部门要积极宣传获奖对象的先进事迹,要加强对奖补资金的管理和监督,要加大对获奖对象开展科普工作的指导力度,帮助其在提高城乡居民科学素质,助力社会主义文化大发展大繁荣、推进社会主义和谐社会建设中发挥更大作用。要认真做好工作总结和经验交流。省级科协和财政部门应于12月底前将年度工作总结报中国科协和财政部。

四、保障措施

(一)统一认识,加强领导。实施“基层科普行动计划”是贯彻党的十七届六中全会精神,落实《全民科学素质行动计划纲要》,提高城乡基层群众科学素质,促进依靠科技转变经济发展方式、助力社会和谐发展的重要举措。各级科协和财政部门要高度重视,统一思想,在党委、政府的领导下,加强对计划实施工作的组织领导,纳入相应的工作计划,会同有关部门和人民团体共同组织实施,发挥各自优势,密切配合,形成合力,保证计划顺利实施。

(二)广泛宣传,正确引导。受表彰的“全国科普示范社区”、“全国科普惠农兴村带头人”、“全国科普惠农兴村先进单位”是广大基层社区、科普组织和科普工作者的杰出代表。要把评比筛选过程与普及科技知识、弘扬科学精神、传播科学思想、倡导科学方法有机地结合起来,通过广泛宣传他们的先进事迹,进一步激发广大基层科普组织、科普工作者和全社会开展科普工作的积极性、创造性,引导激发基层群众学科学、讲科学、用科学的积极性、创造性,引导全社会共同关注科普工作。

(三)客观公正,加强监督。评比推荐是实施“计划”的关键环节。各地要保证评比的公平、公正、公开,对推荐对象进行认真筛选,优中选优。要建立信息公开和社会监督机制,广泛接受社会各方面的监督。对申报评比过程中发现谎报业绩、编造事迹、弄虚作假的,将取消或核减该省当年的推荐名额。获奖单位和个人有弄虚作假等行为的,经查证属实,撤销其荣誉称号并收回已发放的资金,同时取消或核减该省下一年度的推荐名额。

(四)注重实效,动态管理。中国科协和财政部对获奖单位和个人实行动态管理。获奖单位和个人,不能继续发挥示范带动作用或有损害群众利益行为的,将取消其荣誉称号。相关主管部门要制定组织和指导受表彰奖励的单位和个人开展科普活动的计划,明确目标任务、工作措施和相应职责,加大政策和经费的支持力度,使其在科普工作中取得更大成效。

三、财政管理类

财政部关于印发《财政支出绩效评价管理暂行办法》的通知

财预[2011]285 号

党中央有关部门，国务院各部委、各直属机构，总后勤部，武警各部队，全国人大常委会办公厅，全国政协办公厅，高法院，高检院，有关人民团体，各省、自治区、直辖市、计划单列市财政厅（局），新疆生产建设兵团财务局，有关中央管理企业：

为积极推进预算绩效管理工作，规范财政支出绩效评价行为，建立科学、合理的绩效评价管理体系，提高财政资金使用效益，我们重新修订了《财政支出绩效评价管理暂行办法》，现予印发，请遵照执行。

附件：财政支出绩效评价管理暂行办法

财政部

二〇一一年四月二日

附件：

财政支出绩效评价管理暂行办法

第一章 总 则

第一条 为加强财政支出管理，强化支出责任，建立科学、合理的财政支出绩效评价管理体系，提高财政资金使用效益，根据《中华人民共和国预算法》等国家有关规定，制定本办法。

第二条 财政支出绩效评价（以下简称绩效评价）是指财政部门和预算部门（单位）根据设定的绩效目标，运用科学、合理的绩效评价指标、评价标准和评价方法，对财政支出的经济性、效率性和效益性进行客观、公正的评价。

第三条 各级财政部门和各预算部门（单位）是绩效评价的主体。

预算部门（单位）（以下简称预算部门）是指与财政部门有预算缴拨款关系的国家机关、政党组织、事业单位、社会团体和其他独立核算的法人组织。

第四条 财政性资金安排支出的绩效评价及相关管理活动适用本办法。

第五条 绩效评价应当遵循以下基本原则：

（一）科学规范原则。绩效评价应当严格执行规定的程序，按照科学可行的要求，采用定量与定性分析相结合的方法；

（二）公正公开原则。绩效评价应当符合真实、客观、公正的要求，依法公开并接受监督；

（三）分级分类原则。绩效评价由各级财政部门、各预算部门根据评价对象的特点分类组织实施；

（四）绩效相关原则。绩效评价应当针对具体支出及其产出绩效进行，评价结果应当清晰反映支出和产出绩效之间的紧密对应关系。

第六条 绩效评价的主要依据：

（一）国家相关法律、法规和规章制度；

（二）各级政府制定的国民经济与社会发展规划和方针政策；

（三）预算管理制度、资金及财务管理办法、财务会计资料；

（四）预算部门职能职责、中长期发展规划及年度工作计划；

（五）相关行业政策、行业标准及专业技术规范；

（六）申请预算时提出的绩效目标及其他相关材料，财政部门预算批复，财政部门和预算部门年度预算执行情况，年度决算报告；

（七）人大审查结果报告、审计报告及决定、财政监督检查报告；

（八）其他相关资料。

第二章 绩效评价的对象和内容

第七条 绩效评价的对象包括纳入政府预算管理的资金和纳入部门预算管理的资金。按照预算级次，可分为本级部门预算管理的资金和上级政府对下级政府的转移支付资金。

第八条 部门预算支出绩效评价包括基本支出绩效评价、项目支出绩效评价和部门整体支出绩效评价。

绩效评价应当以项目支出为重点，重点评价一定金额以上、与本部门职能密切相关、具有明显社会影响和经济影响的项目。有条件的地方可以对部门整体支出进行评价。

第九条 上级政府对下级政府的转移支付包括一般性转移支付和专项转移支付。一般性转移支付原则上应当重点对贯彻中央重大政策出台的转移支付项目进行绩效评价；专项转移支付原则上应当以对社会、经济发展和民生有重大影响的支出为重点进行绩效评价。

第十条 绩效评价的基本内容：

（一）绩效目标的设定情况；

（二）资金投入和使用情况；

（三）为实现绩效目标制定的制度、采取的措施等；

（四）绩效目标的实现程度及效果；

（五）绩效评价的其他内容。

第十一条 绩效评价一般以预算年度为周期，对跨年度的重大（重点）项目可根据项目或支出完成情况实施阶段性评价。

第三章 绩效目标

第十二条 绩效目标是绩效评价的对象计划在一定期限内达到的产出和效果，由预算部门在申报预算时填报。预算部门年初申报预算时，应当按照本办法规定的要求将绩效目标编入年度预算；执行中申请调整预算的，应当随调整预算一并上报绩效目标。

第十三条 绩效目标应当包括以下主要内容：

（一）预期产出，包括提供的公共产品和服务的数量；

（二）预期效果，包括经济效益、社会效益、环境效益和可持续影响等；

（三）服务对象或项目受益人满意程度；

（四）达到预期产出所需要的成本资源；

（五）衡量预期产出、预期效果和服务对象满意程度的绩效指标；

（六）其他。

第十四条 绩效目标应当符合以下要求：

（一）指向明确。绩效目标要符合国民经济和社会发展规划、部门职能及事业发展规划，并与相应的财政支出范围、方向、效果紧密相关。

（二）具体细化。绩效目标应当从数量、质量、成本和时效等方面进行细化，尽量进行定量表述，不能以量化形式表述的，可以采用定性的分级分档形式表述。

（三）合理可行。制定绩效目标时要经过调查研究和科学论证，目标要符合客观实际。

第十五条 财政部门应当对预算部门申报的绩效目标进行审核,符合相关要求的可进入下一步预算编审流程;不符合相关要求的,财政部门可以要求其调整、修改。

第十六条 绩效目标一经确定一般不予调整。确需调整的,应当根据绩效目标管理的要求和审核流程,按照规定程序重新报批。

第十七条 绩效目标确定后,随同年初预算或追加预算一并批复,作为预算部门执行和项目绩效评价的依据。

第四章 绩效评价指标、评价标准和方法

第十八条 绩效评价指标是指衡量绩效目标实现程度的考核工具。绩效评价指标的确定应当遵循以下原则:

(一)相关性原则。应当与绩效目标有直接的联系,能够恰当反映目标的实现程度;

(二)重要性原则。应当优先使用最具评价对象代表性、最能反映评价要求的核心指标;

(三)可比性原则。对同类评价对象要设定共性的绩效评价指标,以便于评价结果可以相互比较;

(四)系统性原则。应当将定量指标与定性指标相结合,系统反映财政支出所产生的社会效益、经济效益、环境效益和可持续影响等;

(五)经济性原则。应当通俗易懂、简便易行,数据的获得应当考虑现实条件和可操作性,符合成本效益原则。

第十九条 绩效评价指标分为共性指标和个性指标。

(一)共性指标是适用于所有评价对象的指标。主要包括预算编制和执行情况、财务管理状况、资产配置、使用、处置及其收益管理情况以及社会效益、经济效益等;

(二)个性指标是针对预算部门或项目特点设定的,适用于不同预算部门或项目的业绩评价指标;

共性指标由财政部门统一制定,个性指标由财政部门会同预算部门制定。

第二十条 绩效评价标准是指衡量财政支出绩效目标完成程度的尺度。绩效评价标准具体包括:

(一)计划标准。是指以预先制定的目标、计划、预算、定额等数据作为评价的标准;

(二)行业标准。是指参照国家公布的行业指标数据制定的评价标准;

(三)历史标准。是指参照同类指标的历史数据制定的评价标准;

(四)其他经财政部门确认的标准。

第二十一条 绩效评价方法主要采用成本效益分析法、比较法、因素分析法、最低成本法、公众评判法等。

(一)成本效益分析法。是指将一定时期内的支出与效益进行对比分析,以评价绩效目标实现程度;

(二)比较法。是指通过对绩效目标与实施效果、历史与当期情况、不同部门和地区同类支出的比较,综合分析绩效目标实现程度;

(三)因素分析法。是指通过综合分析影响绩效目标实现、实施效果的内外因素,评价绩效

目标实现程度；

（四）最低成本法。是指对效益确定却不易计量的多个同类对象的实施成本进行比较，评价绩效目标实现程度；

（五）公众评判法。是指通过专家评估、公众问卷及抽样调查等对财政支出效果进行评判，评价绩效目标实现程度；

（六）其他评价方法。

第二十二条 绩效评价方法的选用应当坚持简便有效的原则。

根据评价对象的具体情况，可采用一种或多种方法进行绩效评价。

第五章 绩效评价的组织管理和工作程序

第二十三条 财政部门负责拟定绩效评价规章制度和相应的技术规范，组织、指导本级预算部门、下级财政部门的绩效评价工作；根据需要对本级预算部门、下级财政部门支出实施绩效评价或再评价；提出改进预算支出管理意见并督促落实。

第二十四条 预算部门负责制定本部门绩效评价规章制度；具体组织实施本部门绩效评价工作；向同级财政部门报送绩效报告和绩效评价报告；落实财政部门整改意见；根据绩效评价结果改进预算支出管理。

第二十五条 根据需要，绩效评价工作可委托专家、中介机构等第三方实施。财政部门应当对第三方组织参与绩效评价的工作进行规范，并指导其开展工作。

第二十六条 绩效评价工作一般按照以下程序进行：

（一）确定绩效评价对象；

（二）下达绩效评价通知；

（三）确定绩效评价工作人员；

（四）制订绩效评价工作方案；

（五）收集绩效评价相关资料；

（六）对资料进行审查核实；

（七）综合分析并形成评价结论；

（八）撰写与提交评价报告；

（九）建立绩效评价档案。

预算部门年度绩效评价对象由预算部门结合本单位工作实际提出并报同级财政部门审核确定；也可由财政部门根据经济社会发展需求和年度工作重点等相关原则确定。

第二十七条 财政部门实施再评价，参照上述工作程序执行。

第六章 绩效报告和绩效评价报告

第二十八条 财政资金具体使用单位应当按照本办法的规定提交绩效报告，绩效报告应当包括以下主要内容：

（一）基本概况，包括预算部门职能、事业发展规划、预决算情况、项目立项依据等；

（二）绩效目标及其设立依据和调整情况；

(三)管理措施及组织实施情况;

(四)总结分析绩效目标完成情况;

(五)说明未完成绩效目标及其原因;

(六)下一步改进工作的意见及建议。

第二十九条　财政部门和预算部门开展绩效评价并撰写绩效评价报告,绩效评价报告应当包括以下主要内容:

(一)基本概况;

(二)绩效评价的组织实施情况;

(三)绩效评价指标体系、评价标准和评价方法;

(四)绩效目标的实现程度;

(五)存在问题及原因分析;

(六)评价结论及建议;

(七)其他需要说明的问题。

第三十条　绩效报告和绩效评价报告应当依据充分、真实完整、数据准确、分析透彻、逻辑清晰、客观公正。

预算部门应当对绩效评价报告涉及基础资料的真实性、合法性、完整性负责。

财政部门应当对预算部门提交的绩效评价报告进行复核,提出审核意见。

第三十一条　绩效报告和绩效评价报告的具体格式由财政部门统一制定。

第七章　绩效评价结果及其应用

第三十二条　绩效评价结果应当采取评分与评级相结合的形式,具体分值和等级可根据不同评价内容设定。

第三十三条　财政部门和预算部门应当及时整理、归纳、分析、反馈绩效评价结果,并将其作为改进预算管理和安排以后年度预算的重要依据。

对绩效评价结果较好的,财政部门和预算部门可予以表扬或继续支持。

对绩效评价发现问题、达不到绩效目标或评价结果较差的,财政部门和预算部门可予以通报批评,并责令其限期整改。不进行整改或整改不到位的,应当根据情况调整项目或相应调减项目预算,直至取消该项财政支出。

第三十四条　绩效评价结果应当按照政府信息公开有关规定在一定范围内公开。

第三十五条　在财政支出绩效评价工作中发现的财政违法行为,依照《财政违法行为处罚处分条例》(国务院令第427号)等国家有关规定追究责任。

第八章　附　则

第三十六条　各地区、各预算部门可结合实际制定具体的管理办法和实施细则。

第三十七条　本办法自发布之日起施行。《中央部门预算支出绩效考评管理办法(试行)》(财预[2005]86号)、《财政支出绩效评价管理暂行办法》(财预[2009]76号)同时废止。《财政部关于进一步推进中央部门预算项目支出绩效评价试点工作的通知》(财预[2009]390号)及其他有关规定与本办法不一致的，以本办法为准。

附：1. 财政支出绩效目标申报表（略）

2. 财政支出绩效评价指标框架（参考）（略）

3. 财政支出绩效报告（参考提纲）（略）

4. 财政支出绩效评价报告（参考提纲）（略）

5. 财政支出绩效评价工作流程图（略）

中华人民共和国财政部令

第 68 号

根据《国务院关于〈事业单位财务规则〉的批复》(国函[1996]81 号)的规定,财政部对《事业单位财务规则》(财政部令第 8 号)进行了修订,修订后的《事业单位财务规则》已经部务会议审议通过,现予公布,自 2012 年 4 月 1 日起施行。

二〇一二年二月七日

事业单位财务规则

第一章 总 则

第一条 为了进一步规范事业单位的财务行为，加强事业单位财务管理和监督，提高资金使用效益，保障事业单位健康发展，制定本规则。

第二条 本规则适用于各级各类事业单位(以下简称事业单位)的财务活动。

第三条 事业单位财务管理的基本原则是：执行国家有关法律、法规和财务规章制度；坚持勤俭办事业的方针；正确处理事业发展需要和资金供给的关系，社会效益和经济效益的关系，国家、单位和个人三者利益的关系。

第四条 事业单位财务管理的主要任务是：合理编制单位预算，严格预算执行，完整、准确编制单位决算，真实反映单位财务状况；依法组织收入，努力节约支出；建立健全财务制度，加强经济核算，实施绩效评价，提高资金使用效益；加强资产管理，合理配置和有效利用资产，防止资产流失；加强对单位经济活动的财务控制和监督，防范财务风险。

第五条 事业单位的财务活动在单位负责人的领导下，由单位财务部门统一管理。

第二章 单位预算管理

第六条 事业单位预算是指事业单位根据事业发展目标和计划编制的年度财务收支计划。

事业单位预算由收入预算和支出预算组成。

第七条 国家对事业单位实行核定收支、定额或者定项补助、超支不补、结转和结余按规定使用的预算管理办法。

定额或者定项补助根据国家有关政策和财力可能，结合事业特点、事业发展目标和计划、事业单位收支及资产状况等确定。定额或者定项补助可以为零。

非财政补助收入大于支出较多的事业单位，可以实行收入上缴办法。具体办法由财政部门会同有关主管部门制定。

第八条 事业单位参考以前年度预算执行情况，根据预算年度的收入增减因素和措施，以及以前年度结转和结余情况，测算编制收入预算；根据事业发展需要与财力可能，测算编制支出预算。

事业单位预算应当自求收支平衡，不得编制赤字预算。

第九条 事业单位根据年度事业发展目标和计划以及预算编制的规定，提出预算建议数，经主管部门审核汇总报财政部门(一级预算单位直接报财政部门，下同)。事业单位根据财政部门下达的预算控制数编制预算，由主管部门审核汇总报财政部门，经法定程序审核批复后执行。

第十条　事业单位应当严格执行批准的预算。预算执行中，国家对财政补助收入和财政专户管理资金的预算一般不予调整。上级下达的事业计划有较大调整，或者根据国家有关政策增加或者减少支出，对预算执行影响较大时，事业单位应当报主管部门审核后报财政部门调整预算；财政补助收入和财政专户管理资金以外部分的预算需要调增或者调减的，由单位自行调整并报主管部门和财政部门备案。

收入预算调整后，相应调增或者调减支出预算。

第十一条　事业单位决算是指事业单位根据预算执行结果编制的年度报告。

第十二条　事业单位应当按照规定编制年度决算，由主管部门审核汇总后报财政部门审批。

第十三条　事业单位应当加强决算审核和分析，保证决算数据的真实、准确，规范决算管理工作。

第三章　收入管理

第十四条　收入是指事业单位为开展业务及其他活动依法取得的非偿还性资金。

第十五条　事业单位收入包括：

(一)财政补助收入，即事业单位从同级财政部门取得的各类财政拨款；

(二)事业收入，即事业单位开展专业业务活动及其辅助活动取得的收入。其中：按照国家有关规定应当上缴国库或者财政专户的资金，不计入事业收入；从财政专户核拨给事业单位的资金和经核准不上缴国库或者财政专户的资金，计入事业收入；

(三)上级补助收入，即事业单位从主管部门和上级单位取得的非财政补助收入；

(四)附属单位上缴收入，即事业单位附属独立核算单位按照有关规定上缴的收入；

(五)经营收入，即事业单位在专业业务活动及其辅助活动之外开展非独立核算经营活动取得的收入；

(六)其他收入，即本条上述规定范围以外的各项收入，包括投资收益、利息收入、捐赠收入等。

第十六条　事业单位应当将各项收入全部纳入单位预算，统一核算，统一管理。

第十七条　事业单位对按照规定上缴国库或者财政专户的资金，应当按照国库集中收缴的有关规定及时足额上缴，不得隐瞒、滞留、截留、挪用和坐支。

第四章　支出管理

第十八条　支出是指事业单位开展业务及其他活动发生的资金耗费和损失。

第十九条　事业单位支出包括：

(一)事业支出，即事业单位开展专业业务活动及其辅助活动发生的基本支出和项目支出。基本支出是指事业单位为了保障其正常运转、完成日常工作任务而发生的人员支出和公用支出。项目支出是指事业单位为了完成特定工作任务和事业发展目标，在基本支出之外所发生的支出；

（二）经营支出，即事业单位在专业业务活动及其辅助活动之外开展非独立核算经营活动发生的支出；

（三）对附属单位补助支出，即事业单位用财政补助收入之外的收入对附属单位补助发生的支出；

（四）上缴上级支出，即事业单位按照财政部门和主管部门的规定上缴上级单位的支出；

（五）其他支出，即本条上述规定范围以外的各项支出，包括利息支出、捐赠支出等。

第二十条 事业单位应当将各项支出全部纳入单位预算，建立健全支出管理制度。

第二十一条 事业单位的支出应当严格执行国家有关财务规章制度规定的开支范围及开支标准；国家有关财务规章制度没有统一规定的，由事业单位规定，报主管部门和财政部门备案。事业单位的规定违反法律制度和国家政策的，主管部门和财政部门应当责令改正。

第二十二条 事业单位在开展非独立核算经营活动中，应当正确归集实际发生的各项费用数；不能归集的，应当按照规定的比例合理分摊。

经营支出应当与经营收入配比。

第二十三条 事业单位从财政部门和主管部门取得的有指定项目和用途的专项资金，应当专款专用、单独核算，并按照规定向财政部门或者主管部门报送专项资金使用情况；项目完成后，应当报送专项资金支出决算和使用效果的书面报告，接受财政部门或者主管部门的检查、验收。

第二十四条 事业单位应当加强经济核算，可以根据开展业务活动及其他活动的实际需要，实行内部成本核算办法。

第二十五条 事业单位应当严格执行国库集中支付制度和政府采购制度等有关规定。

第二十六条 事业单位应当加强支出的绩效管理，提高资金使用的有效性。

第二十七条 事业单位应当依法加强各类票据管理，确保票据来源合法、内容真实、使用正确，不得使用虚假票据。

第五章　结转和结余管理

第二十八条 结转和结余是指事业单位年度收入与支出相抵后的余额。

结转资金是指当年预算已执行但未完成，或者因故未执行，下一年度需要按照原用途继续使用的资金。结余资金是指当年预算工作目标已完成，或者因故终止，当年剩余的资金。

经营收支结转和结余应当单独反映。

第二十九条 财政拨款结转和结余的管理，应当按照同级财政部门的规定执行。

第三十条 非财政拨款结转按照规定结转下一年度继续使用。非财政拨款结余可以按照国家有关规定提取职工福利基金，剩余部分作为事业基金用于弥补以后年度单位收支差额；国家另有规定的，从其规定。

第三十一条 事业单位应当加强事业基金的管理，遵循收支平衡的原则，统筹安排、合理使用，支出不得超出基金规模。

第六章　专用基金管理

第三十二条　专用基金是指事业单位按照规定提取或者设置的有专门用途的资金。

专用基金管理应当遵循先提后用、收支平衡、专款专用的原则,支出不得超出基金规模。

第三十三条　专用基金包括:

(一)修购基金,即按照事业收入和经营收入的一定比例提取,并按照规定在相应的购置和修缮科目中列支(各列50%),以及按照其他规定转入,用于事业单位固定资产维修和购置的资金。事业收入和经营收入较少的事业单位可以不提取修购基金,实行固定资产折旧的事业单位不提取修购基金;

(二)职工福利基金,即按照非财政拨款结余的一定比例提取以及按照其他规定提取转入,用于单位职工的集体福利设施、集体福利待遇等的资金;

(三)其他基金,即按照其他有关规定提取或者设置的专用资金。

第三十四条　各项基金的提取比例和管理办法,国家有统一规定的,按照统一规定执行;没有统一规定的,由主管部门会同同级财政部门确定。

第七章　资产管理

第三十五条　资产是指事业单位占有或者使用的能以货币计量的经济资源,包括各种财产、债权和其他权利。

第三十六条　事业单位的资产包括流动资产、固定资产、在建工程、无形资产和对外投资等。

第三十七条　事业单位应当建立健全单位资产管理制度,加强和规范资产配置、使用和处置管理,维护资产安全完整,保障事业健康发展。

第三十八条　事业单位应当按照科学规范、从严控制、保障事业发展需要的原则合理配置资产。

第三十九条　流动资产是指可以在一年以内变现或者耗用的资产,包括现金、各种存款、零余额账户用款额度、应收及预付款项、存货等。

前款所称存货是指事业单位在开展业务活动及其他活动中为耗用而储存的资产,包括材料、燃料、包装物和低值易耗品等。

事业单位应当建立健全现金及各种存款的内部管理制度,对存货进行定期或者不定期的清查盘点,保证账实相符。对存货盘盈、盘亏应当及时处理。

第四十条　固定资产是指使用期限超过一年,单位价值在1000元以上(其中:专用设备单位价值在1500元以上),并在使用过程中基本保持原有物质形态的资产。单位价值虽未达到规定标准,但是耐用时间在一年以上的大批同类物资,作为固定资产管理。

固定资产一般分为六类:房屋及构筑物;专用设备;通用设备;文物和陈列品;图书、档案;家具、用具、装具及动植物。行业事业单位的固定资产明细目录由国务院主管部门制定,报国务院财政部门备案。

第四十一条　事业单位应当对固定资产进行定期或者不定期的清查盘点。年度终了前应当进行一次全面清查盘点，保证账实相符。

第四十二条 在建工程是指已经发生必要支出，但尚未达到交付使用状态的建设工程。

在建工程达到交付使用状态时，应当按照规定办理工程竣工财务决算和资产交付使用。

第四十三条 无形资产是指不具有实物形态而能为使用者提供某种权利的资产，包括专利权、商标权、著作权、土地使用权、非专利技术、商誉以及其他财产权利。

事业单位转让无形资产，应当按照有关规定进行资产评估，取得的收入按照国家有关规定处理。事业单位取得无形资产发生的支出，应当计入事业支出。

第四十四条 对外投资是指事业单位依法利用货币资金、实物、无形资产等方式向其他单位的投资。

事业单位应当严格控制对外投资。在保证单位正常运转和事业发展的前提下，按照国家有关规定可以对外投资的，应当履行相关审批程序。事业单位不得使用财政拨款及其结余进行对外投资，不得从事股票、期货、基金、企业债券等投资，国家另有规定的除外。

事业单位以非货币性资产对外投资的，应当按照国家有关规定进行资产评估，合理确定资产价值。

第四十五条 事业单位资产处置应当遵循公开、公平、公正和竞争、择优的原则，严格履行相关审批程序。

事业单位出租、出借资产，应当按照国家有关规定经主管部门审核同意后报同级财政部门审批。

第四十六条 事业单位应当提高资产使用效率，按照国家有关规定实行资产共享、共用。

第八章 负债管理

第四十七条 负债是指事业单位所承担的能以货币计量，需要以资产或者劳务偿还的债务。

第四十八条 事业单位的负债包括借入款项、应付款项、暂存款项、应缴款项等。

应缴款项包括事业单位收取的应当上缴国库或者财政专户的资金、应缴税费，以及其他按照国家有关规定应当上缴的款项。

第四十九条 事业单位应当对不同性质的负债分类管理，及时清理并按照规定办理结算，保证各项负债在规定期限内归还。

第五十条 事业单位应当建立健全财务风险控制机制，规范和加强借入款项管理，严格执行审批程序，不得违反规定举借债务和提供担保。

第九章 事业单位清算

第五十一条 事业单位发生划转、撤销、合并、分立时，应当进行清算。

第五十二条 事业单位清算，应当在主管部门和财政部门的监督指导下，对单位的财产、债权、债务等进行全面清理，编制财产目录和债权、债务清单，提出财产作价依据和债权、债务处理办法，做好资产的移交、接收、划转和管理工作，并妥善处理各项遗留问题。

第五十三条 事业单位清算结束后，经主管部门审核并报财政部门批准，其资产分别按照下列办法处理：

(一)因隶属关系改变，成建制划转的事业单位，全部资产无偿移交，并相应划转经费指标；

(二)转为企业管理的事业单位，全部资产扣除负债后，转作国家资本金。需要进行资产评估的，按照国家有关规定执行；

(三)撤销的事业单位，全部资产由主管部门和财政部门核准处理；

(四)合并的事业单位，全部资产移交接收单位或者新组建单位，合并后多余的资产由主管部门和财政部门核准处理；

(五)分立的事业单位，资产按照有关规定移交分立后的事业单位，并相应划转经费指标。

第十章　财务报告和财务分析

第五十四条　财务报告是反映事业单位一定时期财务状况和事业成果的总结性书面文件。

事业单位应当定期向主管部门和财政部门以及其他有关的报表使用者提供财务报告。

第五十五条　事业单位报送的年度财务报告包括资产负债表、收入支出表、财政拨款收入支出表、固定资产投资决算报表等主表，有关附表以及财务情况说明书等。

第五十六条　财务情况说明书，主要说明事业单位收入及其支出、结转、结余及其分配、资产负债变动、对外投资、资产出租出借、资产处置、固定资产投资、绩效考评的情况，对本期或者下期财务状况发生重大影响的事项，以及需要说明的其他事项。

第五十七条　财务分析的内容包括预算编制与执行、资产使用、收入支出状况等。

财务分析的指标包括预算收入和支出完成率、人员支出与公用支出分别占事业支出的比率、人均基本支出、资产负债率等。主管部门和事业单位可以根据本单位的业务特点增加财务分析指标。

第十一章　财务监督

第五十八条　事业单位财务监督主要包括对预算管理、收入管理、支出管理、结转和结余管理、专用基金管理、资产管理、负债管理等的监督。

第五十九条　事业单位财务监督应当实行事前监督、事中监督、事后监督相结合，日常监督与专项监督相结合。

第六十条　事业单位应当建立健全内部控制制度、经济责任制度、财务信息披露制度等监督制度，依法公开财务信息。

第六十一条　事业单位应当依法接受主管部门和财政、审计部门的监督。

第十二章　附　则

第六十二条　事业单位基本建设投资的财务管理，应当执行本规则，但国家基本建设投资财务管理制度另有规定的，从其规定。

第六十三条　参照公务员法管理的事业单位财务制度的适用，由国务院财政部门另行规定。

第六十四条 接受国家经常性资助的社会力量举办的公益服务性组织和社会团体，依照本规则执行；其他社会力量举办的公益服务性组织和社会团体，可以参照本规则执行。

第六十五条 下列事业单位或者事业单位特定项目，执行企业财务制度，不执行本规则：

（一）纳入企业财务管理体系的事业单位和事业单位附属独立核算的生产经营单位；

（二）事业单位经营的接受外单位要求投资回报的项目；

（三）经主管部门和财政部门批准的具备条件的其他事业单位。

第六十六条 行业特点突出，需要制定行业事业单位财务管理制度的，由国务院财政部门会同有关主管部门根据本规则制定。

部分行业根据成本核算和绩效管理的需要，可以在行业事业单位财务管理制度中引入权责发生制。

第六十七条 省、自治区、直辖市人民政府财政部门可以根据本规则结合本地区实际情况制定事业单位具体财务管理办法。

第六十八条 本规则自2012年4月1日起施行。

附件：事业单位财务分析指标

事业单位财务分析指标

1. 预算收入和支出完成率，衡量事业单位收入和支出总预算及分项预算完成的程度。计算公式为：

预算收入完成率＝年终执行数÷（年初预算数±年中预算调整数）×100％

年终执行数不含上年结转和结余收入数

预算支出完成率＝年终执行数÷（年初预算数±年中预算调整数）×100％

年终执行数不含上年结转和结余支出数

2. 人员支出、公用支出占事业支出的比率，衡量事业单位事业支出结构。计算公式为：

人员支出比率＝人员支出÷事业支出×100％

公用支出比率＝公用支出÷事业支出×100％

3. 人均基本支出，衡量事业单位按照实际在编人数平均的基本支出水平。计算公式为：

人均基本支出＝（基本支出－离退休人员支出）÷实际在编人数

4. 资产负债率，衡量事业单位利用债权人提供资金开展业务活动的能力，以及反映债权人提供资金的安全保障程度。计算公式为：

资产负债率＝负债总额÷资产总额×100％

财政部 科技部关于印发《科学事业单位财务制度》的通知

财教[2012]502号

党中央有关部门，国务院各部委，各直属机构，各省、自治区、直辖市、计划单列市财政厅(局)、科技厅(科委)，新疆生产建设兵团财务局、科技局：

为进一步规范科学事业单位的财务行为，加强财务管理和监督，提高资金使用效益，促进科技事业健康发展，根据《事业单位财务规则》(财政部令第68号)和国家有关法律制度，财政部和科技部对《科学事业单位财务制度》进行了修订。现予印发，请遵照执行。

附件：科学事业单位财务制度

财政部　科技部

二〇一二年十二月二十八日

附件：

科学事业单位财务制度

第一章 总 则

第一条 为了进一步规范科学事业单位的财务行为，加强财务管理和监督，提高资金使用效益，促进科技事业健康发展，根据《事业单位财务规则》和国家有关法律制度，结合科学事业单位特点，制定本制度。

第二条 本制度适用于各级各类科学事业单位的财务活动。

第三条 科学事业单位财务管理的基本原则是：执行国家有关法律、法规和财务规章制度；坚持勤俭办事业的方针；正确处理事业发展需要与资金供给的关系，社会效益与经济效益的关系，国家、单位和个人三者利益的关系。

第四条 科学事业单位财务管理的主要任务是：合理编制单位预算，严格预算执行，完整、准确编制单位决算，真实反映单位财务状况；依法组织收入，努力节约支出，规范科研项目资金管理；建立健全财务制度，加强经济核算，实施绩效评价，提高资金使用效益；加强资产管理，合理配置和有效利用资产，防止资产流失；加强对单位经济活动的财务控制和监督，防范财务风险。

第五条 科学事业单位的财务活动在单位负责人的领导下，由单位财务部门统一管理。

第二章 单位预算管理

第六条 科学事业单位预算是单位根据事业发展目标和计划编制的年度财务收支计划。

第七条 国家对科学事业单位实行核定收支、定额或者定项补助、超支不补、结转和结余按规定使用的预算管理办法。

定额或者定项补助根据国家有关政策和财力可能，科技事业发展目标和计划、科学事业单位特点、财务收支及资产状况等确定。定额或者定项补助可以为零。

第八条 非财政补助收入大于支出较多的科学事业单位，可以实行收入上缴办法。具体办法由财政部门会同财务主管部门制定。

第九条 科学事业单位预算由收入预算和支出预算组成。

收入预算包括财政补助收入、事业收入、上级补助收入、附属单位上缴收入、经营收入和其他收入的预算。支出预算包括事业支出、上缴上级支出、对附属单位补助支出、经营支出和其他支出的预算。

第十条 科学事业单位应当在单位负责人主持下，由财务部门会同其他有关业务部门，参考以前年度预算执行情况，根据预算年度收入增减因素和措施，以及以前年度结转和结余情况，测算编制收入预算；根据事业发展需要与财力可能，测算编制支出预算。

科学事业单位预算编制应当坚持以收定支、收支平衡、统筹兼顾、保证重点的原则，不得编制赤字预算。

第十一条　科学事业单位应当根据事业发展目标和计划以及预算编制的规定，提出预算建议数，经财务主管部门审核汇总报财政部门(一级预算单位直接报财政部门，下同)。单位根据财政部门下达的预算控制数编制单位预算，由财务主管部门审核汇总报财政部门，经法定程序审核批复后执行。

第十二条　科学事业单位应当严格执行批复的预算。预算执行中，国家对财政补助收入和财政专户管理资金的预算一般不予调整。当上级下达的事业发展计划有较大调整，或者根据国家有关政策增加或者减少支出，对预算执行影响较大时，单位应当报财务主管部门审核后报财政部门调整预算；财政补助收入和财政专户管理资金以外部分的预算需要调增或者调减的，由单位自行调整并报财务主管部门和财政部门备案。

单位收入预算调整后，相应调增或者调减支出预算。

第十三条　科学事业单位应当将批复的预算及时分解、落实，明确单位内部预算执行责任，加强预算执行管理，提高预算执行效率。

第十四条　科学事业单位决算是指单位根据预算执行结果编制的年度财务报告。

第十五条　科学事业单位应当按照规定编制年度决算，由财务主管部门审核汇总后报财政部门审批。

第十六条　科学事业单位应当加强决算审核和分析，保证决算数据的真实、准确，规范决算管理工作。

第十七条　科学事业单位是单位承担的科研项目预算管理的责任主体，应当建立健全科研项目预算管理制度。

第十八条　科研项目预算应当由科研项目负责人协助单位财务部门，按照政策相符性、目标相关性和经济合理性的原则，根据研究开发任务的实际需要科学、合理、真实地编制。科研项目预算应当按照有关规定公开。

科研项目预算执行过程中需要调增或者调减的，应当按照有关规定办理。

第三章　收入管理

第十九条　收入是指科学事业单位为开展业务及其他活动依法取得的非偿还性资金。包括：

(一)财政补助收入，即科学事业单位从同级财政部门取得的各类财政拨款。

(二)事业收入，即科学事业单位开展专业业务活动及其辅助活动取得的收入。其中：按照国家有关规定应当上缴国库或者财政专户的资金，不计入事业收入；从财政专户核拨给科学事业单位的资金和经核准不上缴国库或者财政专户的资金，计入事业收入。

(三)上级补助收入，即科学事业单位从财务主管部门和上级单位取得的非财政补助收入。

(四)附属单位上缴收入，即科学事业单位附属独立核算的单位按照有关规定上缴的收入。

(五)经营收入，即科学事业单位在专业业务活动及其辅助活动之外开展非独立核算的经营活动取得的收入。

(六)其他收入,即本条上述规定范围以外的各项收入,包括投资收益、利息收入、捐赠收入等。

第二十条 科学事业单位的事业收入包括:

(一)科研收入,即科学事业单位承担科研项目取得的收入。

(二)技术收入,即科学事业单位对外提供技术咨询、技术服务等取得的收入。

(三)学术活动收入,即科学事业单位开展学术交流、学术期刊出版等活动取得的收入。

(四)科普活动收入,即科学事业单位开展科学知识宣传、讲座和科技展览等活动取得的收入。

(五)试制产品收入,即科学事业单位从事中间试验产品的试制取得的收入。

(六)教学活动收入,即科学事业单位开展教学及其辅助活动取得的收入。

以上各项收入不包括按照部门预算隶属关系从同级财政部门取得的财政拨款。

第二十一条 科学事业单位收入管理的要求主要包括:

(一)单位组织收入应当遵守国家政策规定,各项收入的来源应当合法。

(二)单位应当将各项收入全部纳入单位预算,统一核算,统一管理。

(三)单位应当执行国家规定的收费范围和标准。调整收费范围和标准,应当按照规定程序报经有关部门批准。

(四)单位应当按照规定使用财政、税务等部门统一印制的票据。

第二十二条 科学事业单位对按照规定上缴国库或者财政专户的资金,应当按照国库集中收缴的有关规定及时足额上缴,不得隐瞒、滞留、截留、挪用和坐支。

科学事业单位严禁设立小金库,严禁账外设账,严禁公款私存。

第四章 支出管理

第二十三条 支出是指科学事业单位开展业务及其他活动发生的资金耗费和损失。包括:

(一)事业支出,即科学事业单位开展专业业务活动及其辅助活动发生的基本支出和项目支出。

基本支出是指科学事业单位为了保障其正常运转、完成日常工作任务而发生的人员支出和公用支出。项目支出是指科学事业单位为了完成特定工作任务和事业发展目标,在基本支出之外所发生的支出。

(二)上缴上级支出,即科学事业单位按照财政部门和财务主管部门的规定上缴上级单位的支出。

(三)对附属单位补助支出,即科学事业单位用财政补助收入之外的收入对附属单位补助发生的支出。

(四)经营支出,即科学事业单位在专业业务活动及其辅助活动之外开展非独立核算经营活动发生的支出。

(五)其他支出,即本条上述规定范围以外的各项支出,包括利息支出、捐赠支出等。

第二十四条 科学事业单位应当将各项支出全部纳入单位预算,建立健全支出管理制度。

第二十五条 科学事业单位在开展非独立核算经营活动中,应当正确归集实际发生的各项费用;不能归集的,应当按照规定的比例合理分摊。

经营支出应当与经营收入配比。

第二十六条 科学事业单位应当严格执行国家有关财务规章制度规定的开支范围及开支标准;国家有关财务规章制度没有统一规定的,由单位规定,报财务主管部门和财政部门备案。单位的规定违反法律制度和国家政策的,财务主管部门和财政部门应当责令改正。

第二十七条 科学事业单位从财政部门、财务主管部门和其他相关部门取得的有指定项目和用途的专项资金,应当专款专用、单独核算,并按照规定向财政部门、财务主管部门和其他相关部门报送专项资金使用情况;项目完成后,应当报送专项资金支出决算和使用效果的书面报告,接受财政部门、财务主管部门和其他相关部门的检查、验收。

对于不同来源的科研项目资金,应当按照国家有关规定或者合同要求进行管理,不得截留、挤占、挪用和违反规定转拨资金,不得虚列支出,不得以任何形式谋取私利。

第二十八条 科学事业单位应当严格执行国库集中支付制度和政府采购制度等有关规定。

第二十九条 科学事业单位应当加强支出的绩效管理,提高资金使用的有效性。

第三十条 科学事业单位应当依法加强各类票据管理,确保票据来源合法、内容真实、使用正确,不得使用虚假票据。

第五章 结转和结余管理

第三十一条 结转和结余是科学事业单位年度收入与支出相抵后的余额。

结转资金是指当年预算已执行但未完成,或者因故未执行,下一年度需要按照原用途继续使用的资金。结余资金是指当年预算工作目标已完成,或者因故终止,当年剩余的资金。

第三十二条 财政拨款结转和结余的管理,应当按照同级财政部门的规定执行。

第三十三条 非财政拨款结转按照规定结转下一年度继续使用。非财政拨款结余可以按照国家有关规定提取职工福利基金,剩余部分作为事业基金,用于弥补单位以后年度收支差额;国家另有规定的,从其规定。

经营收支结转和结余应当单独反映。经营收支结余先按照国家有关规定弥补以前年度经营收支发生的亏损,提取科技成果转化基金,其余部分并入单位的结余中进行分配。

第三十四条 科学事业单位应当加强事业基金的管理,遵循收支平衡的原则,统筹安排、合理使用,支出不得超出基金规模。

第三十五条 科研项目完成或者因故终止时,应当及时进行验收或者结算,并办理财务结账手续。

科研项目资金的结转和结余管理,按照国家有关规定或者合同的要求执行。

第六章 专用基金管理

第三十六条 专用基金是指科学事业单位按照规定提取或者设置的有专门用途的资金。

第三十七条 专用基金包括:

（一）职工福利基金，即按照非财政拨款结余的一定比例提取以及按照其他规定提取转入，用于单位职工的集体福利设施、集体福利待遇等的资金。

（二）科技成果转化基金，即单位从事业收入中提取，在事业支出的相关科目中列支，以及在经营收支结余中提取转入，用于科技成果转化的资金。事业收入和经营收支结余较少的单位可以不提取科技成果转化基金。

（三）其他基金，即按照其他有关规定提取或者设置的专用资金。

第三十八条 各项基金的提取比例和管理办法，国家有统一规定的，按照统一规定执行；没有统一规定的，由财务主管部门会同同级财政部门确定。

第三十九条 专用基金管理应当遵循先提后用、收支平衡、专款专用的原则，支出不得超出基金规模。

第七章 资产管理

第四十条 资产是指科学事业单位占有或者使用的能以货币计量的经济资源，包括各种财产、债权和其他权利。

第四十一条 科学事业单位的资产包括流动资产、固定资产、在建工程、无形资产和对外投资等。

第四十二条 科学事业单位应当建立健全单位资产管理制度，加强和规范资产配置、使用和处置管理，维护资产安全完整，保障事业健康发展。

第四十三条 科学事业单位应当按照科学规范、从严控制、保障事业发展需要的原则合理配置资产。

第四十四条 流动资产是指可以在一年以内变现或者耗用的资产，包括现金、各种存款、零余额账户用款额度、应收及预付款项、存货等。

前款所称存货是指科学事业单位在开展业务活动及其他活动中为耗用而储存的资产，包括各类材料、燃料、包装物和低值易耗品等。

单位应当加强流动资产的管理，建立健全现金及各种存款的内部管理制度；对应收及预付款项及时清理；对存货进行定期或者不定期清查盘点，保证账实相符。对存货盘盈、盘亏应当及时处理。

第四十五条 固定资产是指使用期限超过一年，单位价值在1000元以上（其中：专用设备单位价值在1500元以上），并在使用过程中基本保持原有物质形态的资产。单位价值虽未达到规定标准，但是耐用时间在一年以上的大批同类物资，作为固定资产管理。

固定资产一般分为六类：房屋及构筑物；专用设备；通用设备；文物和陈列品；图书、档案；家具、用具、装具及动植物。

第四十六条 科学事业单位应当对固定资产采用平均年限法或者工作量法计提折旧。文物、陈列品、图书、档案和动植物不计提折旧。固定资产折旧不计入单位支出。

第四十七条 科学事业单位应当指定专门机构或者专人对固定资产进行管理，年度终了前应当进行全面清查盘点，做到账账、账卡、账实相符，对于固定资产的盘盈、盘亏应当按照规定及时进行处理。

第四十八条 在建工程是指已发生必要支出,但尚未达到交付使用状态的建设工程。

在建工程达到交付使用状态时,应当按照规定办理工程竣工财务决算和资产交付使用。

第四十九条 无形资产是指不具有实物形态而能为使用者提供某种权利的资产,包括专利权、商标权、著作权、土地使用权、非专利技术以及其他财产权利。

第五十条 科学事业单位应当加强无形资产的管理。单位对于无形资产应当按照国家有关规定合理计价,及时入账。单位转让无形资产,应当按照规定进行资产评估,取得的收入按照国家有关规定处理。单位取得无形资产发生的支出,计入事业支出。

第五十一条 科学事业单位应当对无形资产在其使用期限内采用平均年限法进行摊销。对于使用期限不确定的无形资产,摊销办法执行国家有关规定。无形资产摊销不计入单位支出。

第五十二条 对外投资是指科学事业单位依法利用货币资金、实物、无形资产等方式向其他单位的投资。

科学事业单位应当严格控制对外投资。在保证单位正常运转和事业发展的前提下,按照国家有关规定可以对外投资的,应当履行相关审批程序。

科学事业单位不得使用财政拨款及其结余进行对外投资,不得从事股票、期货、基金、企业债券等投资,国家另有规定的除外。

科学事业单位以非货币性资产对外投资的,应当按照国家有关规定进行资产评估,合理确定资产价值。

第五十三条 科学事业单位出租、出借资产,应当按照国家有关规定经财务主管部门审核同意后报同级财政部门审批。

第五十四条 科学事业单位资产处置应当遵循公开、公平、公正和竞争、择优的原则,严格履行相关审批程序。

第五十五条 科学事业单位应当按照国家有关规定,建立健全科学仪器、设备等资产的共享使用制度,提高资产使用效率。

第八章 负债管理

第五十六条 负债是科学事业单位所承担的能以货币计量,需要以资产或者劳务偿还的债务。包括:

(一)借入款项,即科学事业单位开展各项活动向银行等金融机构借入的款项。

(二)合同预收款项,即科学事业单位与国家有关部门及其他单位签订研究和试制合同以及其他经济合同后,按照合同规定预收的款项。包括政府专项合同款项、委托合同款项及其他合同款项等。

(三)应付款项,即科学事业单位按照规定和要求,应付而暂时未付的各种款项。

(四)暂存款项,即科学事业单位从其他单位或者个人收到的、代为保管或者暂时尚未确定性质的款项。

(五)应缴款项,即科学事业单位按照规定应当上缴国库或者财政专户的资金、应缴税费以及其他按照国家有关规定应当上缴的款项。

第五十七条 科学事业单位应当对不同性质和不同期限的负债进行分类管理。对借入款项应当按时清偿;对合同预收款项在合同完成或者阶段性完成后及时结转为收入;对应付款项,应当按时清付;对各项应缴税费,应当依据国家法律制度计缴。

第五十八条 科学事业单位应当建立健全财务风险控制机制,规范和加强借入款项管理,严格执行审批程序,不得违反规定举借债务和提供担保。

第九章 内部成本费用管理

第五十九条 成本费用是指科学事业单位为完成专业业务活动及其他活动而发生的资产耗费和损失,包括科研项目成本、非科研项目成本和期间费用。

第六十条 具备条件的科学事业单位应当按照财务主管部门和财政部门的要求或者根据业务发展需要,以科研项目为基本核算对象实施内部成本费用管理。

第六十一条 实施内部成本费用管理的科学事业单位,应当在支出管理的基础上,将效益仅与本会计年度相关的支出计入当期成本费用;将效益与两个或者两个以上会计年度相关的支出,按照有关规定以固定资产折旧、无形资产摊销等形式分期计入成本费用。

第六十二条 科研项目成本是指科学事业单位为完成科研项目而发生的资产耗费和损失,包括直接成本和间接成本。

(一)直接成本,即在实施科研项目过程中发生的,可以直接计入核算对象的各项费用,包括直接材料、直接人工及其他直接费用。

(二)间接成本,即在实施科研项目过程中发生的,不能直接计入核算对象,需要按照一定原则和标准分配计入的各项费用。

第六十三条 下列支出不应当计入科研项目成本:

(一)为购置和建造固定资产、无形资产和其他资产的资本性支出;

(二)上缴上级的支出和对附属单位的补助支出;

(三)对外投资的支出;

(四)各种罚款、赞助和捐赠支出;

(五)国家规定不得列入科研项目成本的其他支出。

第六十四条 非科研项目成本,是指科学事业单位为完成非科研项目活动而发生的资产耗费和损失。

第六十五条 期间费用,是指科学事业单位管理部门为组织管理科研项目、非科研项目以及其他活动而发生的资产耗费和损失。

第六十六条 实施内部成本费用管理的科学事业单位,应当合理区分科研项目成本、非科研项目成本和期间费用,真实、完整反映科研项目成本。单位应当按照有关要求,将科研项目成本及相关期间费用等信息报送财务主管部门或者科研项目主管部门。

第六十七条 实施内部成本费用管理的科学事业单位,应当建立成本费用与相关支出的核对机制,以及成本费用分析报告制度。

单位应当将科研项目成本信息在单位内公开。

第十章　财务清算

第六十八条　科学事业单位发生划转、撤销、合并、分立时,应当进行清算。

第六十九条　科学事业单位财务清算期间,应当在财务主管部门和财政部门的监督指导下成立财务清算机构。财务清算机构应当制定清算方案,对单位的财产、债权、债务等进行全面清理,编制财产目录和债权债务清单,提出财产作价依据和债权债务处理意见,做好资产的移交、接收、划转和管理工作。

第七十条　财务清算意见报经财务主管部门审核并报财政部门批准后,由财务清算机构妥善处理单位各项遗留问题。

第七十一条　科学事业单位清算结束后,经财务主管部门审核并报财政部门批准,其资产分别按照下列办法处理:

(一)因隶属关系改变,成建制划转的单位,全部资产无偿移交,并相应划转经费指标。

(二)转为企业管理的单位,全部资产扣除负债后,转作国家资本金。需要进行资产评估的,应当按照国家有关规定执行。

(三)撤销的单位,全部资产由财务主管部门和财政部门核准处理。

(四)合并的单位,全部资产移交接收单位或者新组建单位,合并后多余的资产由财务主管部门和财政部门核准处理。

(五)分立的单位,资产按照有关规定移交分立后的单位,并相应划转经费指标。

第十一章　财务报告和财务分析

第七十二条　财务报告是科学事业单位一定时期财务状况和事业成果的总结性书面文件。财务报告集中、总括反映单位预算的执行、调整以及执行财务制度和财经纪律等情况,是国家制定相关政策的重要依据。

科学事业单位应当按照规定,定期向财务主管部门和财政部门以及其他有关的报表使用者提供财务报告。

第七十三条　科学事业单位的年度财务报告包括资产负债表、收入支出表、财政拨款收入支出表、固定资产投资决算报表等主表,有关附表以及财务情况说明书等。

财务情况说明书主要说明单位收入及其支出、结转、结余及其分配情况,资产负债变动、对外投资、资产出租出借、资产处置、固定资产投资、绩效评价的情况,对本期或者下期财务状况发生重大影响的事项,以及需要说明的其他事项。

单位应当定期按照财政部门和财务主管部门规定的统一格式和要求编制财务报告。

第七十四条　科学事业单位财务分析的内容包括预算编制与执行、资产使用、收入支出状况等。

财务分析的指标包括:预算收入和支出完成率、人员支出与公用支出分别占事业支出的比率、人均基本支出、资产负债率等。财务主管部门和单位可以根据本单位的业务特点和需要增加财务分析指标。

第十二章　财务监督

第七十五条　科学事业单位财务监督的主要内容包括：

（一）预算编制、财务报告的科学性、真实性、完整性和预算执行的有效性、均衡性；

（二）各项收入、支出的合法性、合规性；

（三）科研项目资金的管理、使用情况和内部成本费用核算的合规性；

（四）结转和结余资金、专用基金分配使用的合规性；

（五）资产管理的规范性和有效性；

（六）负债的合规性和风险性。

第七十六条　科学事业单位财务监督应当实行事前监督、事中监督、事后监督相结合，日常监督与专项监督相结合。

第七十七条　科学事业单位应当建立健全内部控制制度、经济责任制度、财务信息披露制度等监督制度，依法公开财务信息。

第七十八条　科学事业单位应当依法接受财务主管部门和财政、审计部门的监督。

第十三章　附　则

第七十九条　科学事业单位基本建设投资的财务管理，应当执行本制度，但国家基本建设投资财务管理制度另有规定的，从其规定。

第八十条　参照公务员法管理的科学事业单位财务制度的适用，按照国务院财政部门的有关规定执行。

第八十一条　中国科学技术协会及地方科学技术协会所属的事业单位执行本制度。

接受国家经常性资助的社会力量举办的从事科学研究及相关活动的公益服务性组织和社会团体，依照本制度执行；其他社会力量举办的从事科学研究及相关活动的公益服务性组织和社会团体，可以参照本制度执行。

第八十二条　下列科学事业单位执行企业财务制度，不执行本制度：

（一）纳入企业财务管理体系的科学事业单位和科学事业单位附属独立核算的生产经营单位；

（二）经财务主管部门和财政部门批准的具备条件的其他科学事业单位。

第八十三条　军工科研单位财务制度另行制定，不执行本制度。

第八十四条　科学事业单位应当按照《事业单位财务规则》和本制度的规定，根据本单位的实际情况，制定内部财务管理办法，并报财务主管部门备案。

第八十五条　本制度自2013年1月1日起施行，以前规定凡与本制度规定不一致的，以本制度为准。

附:科学事业单位财务分析指标

科学事业单位财务分析指标

1. 预算收入和支出完成率,衡量科学事业单位收入和支出总预算及分项预算完成的程度。计算公式为:

预算收入完成率=年终执行数÷(年初预算数±年中预算调整数)×100%

年终执行数不含上年结转和结余收入数

预算支出完成率=年终执行数÷(年初预算数±年中预算调整数)×100%

年终执行数不含上年结转和结余支出数

2. 人员支出、公用支出占事业支出的比率,衡量科学事业单位事业支出结构。计算公式为:

人员支出比率=人员支出÷事业支出×100%

公用支出比率=公用支出÷事业支出×100%

3. 人均基本支出,衡量科学事业单位按照实际在编人数平均的基本支出水平。计算公式为:

人均基本支出=(基本支出-离退休人员支出)÷实际在编人数

4. 资产负债率,衡量科学事业单位利用债权人提供资金开展业务活动的能力,以及反映债权人提供资金的安全保障程度。

计算公式为:资产负债率=负债总额÷资产总额×100%

中华人民共和国财政部令

第 36 号

《事业单位国有资产管理暂行办法》已经部务会议审议通过，现予公布，自2006 年 7 月 1 日起施行。

部长　金人庆

二〇〇六年五月三十日

事业单位国有资产管理暂行办法

第一章 总 则

第一条 为了规范和加强事业单位国有资产管理,维护国有资产的安全完整,合理配置和有效利用国有资产,保障和促进各项事业发展,建立适应社会主义市场经济和公共财政要求的事业单位国有资产管理体制,根据国务院有关规定,制定本办法。

第二条 本办法适用于各级各类事业单位的国有资产管理活动。

第三条 本办法所称的事业单位国有资产,是指事业单位占有、使用的,依法确认为国家所有,能以货币计量的各种经济资源的总称,即事业单位的国有(公共)财产。

事业单位国有资产包括国家拨给事业单位的资产,事业单位按照国家规定运用国有资产组织收入形成的资产,以及接受捐赠和其他经法律确认为国家所有的资产,其表现形式为流动资产、固定资产、无形资产和对外投资等。

第四条 事业单位国有资产管理活动,应当坚持资产管理与预算管理相结合的原则,推行实物费用定额制度,促进事业资产整合与共享共用,实现资产管理和预算管理的紧密统一;应当坚持所有权和使用权相分离的原则;应当坚持资产管理与财务管理、实物管理与价值管理相结合的原则。

第五条 事业单位国有资产实行国家统一所有,政府分级监管,单位占有、使用的管理体制。

第二章 管理机构及其职责

第六条 各级财政部门是政府负责事业单位国有资产管理的职能部门,对事业单位的国有资产实施综合管理。其主要职责是:

(一)根据国家有关国有资产管理的规定,制定事业单位国有资产管理的规章制度,并组织实施和监督检查;

(二)研究制定本级事业单位实物资产配置标准和相关的费用标准,组织本级事业单位国有资产的产权登记、产权界定、产权纠纷调处、资产评估监管、资产清查和统计报告等基础管理工作;

(三)按规定权限审批本级事业单位有关资产购置、处置和利用国有资产对外投资、出租、出借和担保等事项,组织事业单位长期闲置、低效运转和超标准配置资产的调剂工作,建立事业单位国有资产整合、共享、共用机制;

(四)推进本级有条件的事业单位实现国有资产的市场化、社会化,加强事业单位转企改制工作中国有资产的监督管理;

（五）负责本级事业单位国有资产收益的监督管理；

（六）建立和完善事业单位国有资产管理信息系统，对事业单位国有资产实行动态管理；

（七）研究建立事业单位国有资产安全性、完整性和使用有效性的评价方法、评价标准和评价机制，对事业单位国有资产实行绩效管理；

（八）监督、指导本级事业单位及其主管部门、下级财政部门的国有资产管理工作。

第七条 事业单位的主管部门（以下简称主管部门）负责对本部门所属事业单位的国有资产实施监督管理。其主要职责是：

（一）根据本级和上级财政部门有关国有资产管理的规定，制定本部门事业单位国有资产管理的实施办法，并组织实施和监督检查；

（二）组织本部门事业单位国有资产的清查、登记、统计汇总及日常监督检查工作；

（三）审核本部门所属事业单位利用国有资产对外投资、出租、出借和担保等事项，按规定权限审核或者审批有关资产购置、处置事项；

（四）负责本部门所属事业单位长期闲置、低效运转和超标准配置资产的调剂工作，优化事业单位国有资产配置，推动事业单位国有资产共享、共用；

（五）督促本部门所属事业单位按规定缴纳国有资产收益；

（六）组织实施对本部门所属事业单位国有资产管理和使用情况的评价考核；

（七）接受同级财政部门的监督、指导并向其报告有关事业单位国有资产管理工作。

第八条 事业单位负责对本单位占有、使用的国有资产实施具体管理。其主要职责是：

（一）根据事业单位国有资产管理的有关规定，制定本单位国有资产管理的具体办法并组织实施；

（二）负责本单位资产购置、验收入库、维护保管等日常管理，负责本单位资产的账卡管理、清查登记、统计报告及日常监督检查工作；

（三）办理本单位国有资产配置、处置和对外投资、出租、出借和担保等事项的报批手续；

（四）负责本单位用于对外投资、出租、出借和担保的资产的保值增值，按照规定及时、足额缴纳国有资产收益；

（五）负责本单位存量资产的有效利用，参与大型仪器、设备等资产的共享、共用和公共研究平台建设工作；

（六）接受主管部门和同级财政部门的监督、指导并向其报告有关国有资产管理工作。

第九条 各级财政部门、主管部门和事业单位应当按照本办法的规定，明确管理机构和人员，做好事业单位国有资产管理工作。

第十条 财政部门根据工作需要，可以将国有资产管理的部分工作交由有关单位完成。

第三章 资产配置及使用

第十一条 事业单位国有资产配置是指财政部门、主管部门、事业单位等根据事业单位履行职能的需要，按照国家有关法律、法规和规章制度规定的程序，通过购置或者调剂等方式为事业单位配备资产的行为。

第十二条 事业单位国有资产配置应当符合以下条件：

(一)现有资产无法满足事业单位履行职能的需要;

(二)难以与其他单位共享、共用相关资产;

(三)难以通过市场购买产品或者服务的方式代替资产配置,或者采取市场购买方式的成本过高。

第十三条 事业单位国有资产配置应当符合规定的配置标准;没有规定配置标准的,应当从严控制,合理配置。

第十四条 对于事业单位长期闲置、低效运转或者超标准配置的资产,原则上由主管部门进行调剂,并报同级财政部门备案;跨部门、跨地区的资产调剂应当报同级或者共同上一级的财政部门批准。法律、行政法规另有规定的,依照其规定。

第十五条 事业单位向财政部门申请用财政性资金购置规定限额以上资产的(包括事业单位申请用财政性资金举办大型会议、活动需要进行的购置),除国家另有规定外,按照下列程序报批:

(一)年度部门预算编制前,事业单位资产管理部门会同财务部门审核资产存量,提出下一年度拟购置资产的品目、数量,测算经费额度,报主管部门审核;

(二)主管部门根据事业单位资产存量状况和有关资产配置标准,审核、汇总事业单位资产购置计划,报同级财政部门审批;

(三)同级财政部门根据主管部门的审核意见,对资产购置计划进行审批;

(四)经同级财政部门批准的资产购置计划,事业单位应当列入年度部门预算,并在上报年度部门预算时附送批复文件等相关材料,作为财政部门批复部门预算的依据。

第十六条 事业单位向主管部门或者其他部门申请项目经费的,有关部门在下达经费前,应当将所涉及的规定限额以上的资产购置事项报同级财政部门批准。

第十七条 事业单位用其他资金购置规定限额以上资产的,报主管部门审批;主管部门应当将审批结果定期报同级财政部门备案。

第十八条 事业单位购置纳入政府采购范围的资产,应当按照国家有关政府采购的规定执行。

第十九条 事业单位国有资产的使用包括单位自用和对外投资、出租、出借、担保等方式。

第二十条 事业单位应当建立健全资产购置、验收、保管、使用等内部管理制度。

事业单位应当对实物资产进行定期清查,做到账账、账卡、账实相符,加强对本单位专利权、商标权、著作权、土地使用权、非专利技术、商誉等无形资产的管理,防止无形资产流失。

第二十一条 事业单位利用国有资产对外投资、出租、出借和担保等应当进行必要的可行性论证,并提出申请,经主管部门审核同意后,报同级财政部门审批。法律、行政法规另有规定的,依照其规定。

事业单位应当对本单位用于对外投资、出租和出借的资产实行专项管理,并在单位财务会计报告中对相关信息进行充分披露。

第二十二条 财政部门和主管部门应当加强对事业单位利用国有资产对外投资、出租、出借和担保等行为的风险控制。

第二十三条 事业单位对外投资收益以及利用国有资产出租、出借和担保等取得的收入应当纳入单位预算，统一核算，统一管理。国家另有规定的除外。

第四章　资产处置

第二十四条　事业单位国有资产处置，是指事业单位对其占有、使用的国有资产进行产权转让或者注销产权的行为。处置方式包括出售、出让、转让、对外捐赠、报废、报损以及货币性资产损失核销等。

第二十五条　事业单位处置国有资产，应当严格履行审批手续，未经批准不得自行处置。

第二十六条　事业单位占有、使用的房屋建筑物、土地和车辆的处置，货币性资产损失的核销，以及单位价值或者批量价值在规定限额以上的资产的处置，经主管部门审核后报同级财政部门审批；规定限额以下的资产的处置报主管部门审批，主管部门将审批结果定期报同级财政部门备案。法律、行政法规另有规定的，依照其规定。

第二十七条　财政部门或者主管部门对事业单位国有资产处置事项的批复是财政部门重新安排事业单位有关资产配置预算项目的参考依据，是事业单位调整相关会计账目的凭证。

第二十八条　事业单位国有资产处置应当遵循公开、公正、公平的原则。

事业单位出售、出让、转让、变卖资产数量较多或者价值较高的，应当通过拍卖等市场竞价方式公开处置。

第二十九条　事业单位国有资产处置收入属于国家所有，应当按照政府非税收入管理的规定，实行“收支两条线”管理。

第五章　产权登记与产权纠纷处理

第三十条　事业单位国有资产产权登记(以下简称产权登记)是国家对事业单位占有、使用的国有资产进行登记，依法确认国家对国有资产的所有权和事业单位对国有资产的占有、使用权的行为。

第三十一条　事业单位应当向同级财政部门或者经同级财政部门授权的主管部门(以下简称授权部门)申报、办理产权登记，并由财政部门或者授权部门核发《事业单位国有资产产权登记证》(以下简称《产权登记证》)。

第三十二条　《产权登记证》是国家对事业单位国有资产享有所有权，单位享有占有、使用权的法律凭证，由财政部统一印制。

事业单位办理法人年检、改制、资产处置和利用国有资产对外投资、出租、出借、担保等事项时，应当出具《产权登记证》。

第三十三条　事业单位国有资产产权登记的内容主要包括：

(一)单位名称、住所、负责人及成立时间；

(二)单位性质、主管部门；

(三)单位资产总额、国有资产总额、主要实物资产额及其使用状况、对外投资情况；

(四)其他需要登记的事项。

第三十四条　事业单位应当按照以下规定进行国有资产产权登记：

(一)新设立的事业单位，办理占有产权登记；

(二)发生分立、合并、部分改制，以及隶属关系、单位名称、住所和单位负责人等产权登记内容发生变化的事业单位，办理变更产权登记；

(三)因依法撤销或者整体改制等原因被清算、注销的事业单位，办理注销产权登记。

第三十五条 各级财政部门应当在资产动态管理信息系统和变更产权登记的基础上，对事业单位国有资产产权登记实行定期检查。

第三十六条 事业单位与其他国有单位之间发生国有资产产权纠纷的，由当事人协商解决。协商不能解决的，可以向同级或者共同上一级财政部门申请调解或者裁定，必要时报有管辖权的人民政府处理。

第三十七条 事业单位与非国有单位或者个人之间发生产权纠纷的，事业单位应当提出拟处理意见，经主管部门审核并报同级财政部门批准后，与对方当事人协商解决。协商不能解决的，依照司法程序处理。

第六章 资产评估与资产清查

第三十八条 事业单位有下列情形之一的，应当对相关国有资产进行评估：

(一)整体或者部分改制为企业；

(二)以非货币性资产对外投资；

(三)合并、分立、清算；

(四)资产拍卖、转让、置换；

(五)整体或者部分资产租赁给非国有单位；

(六)确定涉讼资产价值；

(七)法律、行政法规规定的其他需要进行评估的事项。

第三十九条 事业单位有下列情形之一的，可以不进行资产评估：

(一)经批准事业单位整体或者部分资产无偿划转；

(二)行政、事业单位下属的事业单位之间的合并、资产划转、置换和转让；

(三)发生其他不影响国有资产权益的特殊产权变动行为，报经同级财政部门确认可以不进行资产评估的。

第四十条 事业单位国有资产评估工作应当委托具有资产评估资质的评估机构进行。事业单位应当如实向资产评估机构提供有关情况和资料，并对所提供的情况和资料的客观性、真实性和合法性负责。

事业单位不得以任何形式干预资产评估机构独立执业。

第四十一条 事业单位国有资产评估项目实行核准制和备案制。核准和备案工作按照国家有关国有资产评估项目核准和备案管理的规定执行。

第四十二条 事业单位有下列情形之一的，应当进行资产清查：

(一)根据国家专项工作要求或者本级政府实际工作需要，被纳入统一组织的资产清查范围的；

(二)进行重大改革或者整体、部分改制为企业的；

(三)遭受重大自然灾害等不可抗力造成资产严重损失的；

（四）会计信息严重失真或者国有资产出现重大流失的；

（五）会计政策发生重大更改，涉及资产核算方法发生重要变化的；

（六）同级财政部门认为应当进行资产清查的其他情形。

第四十三条 事业单位进行资产清查，应当向主管部门提出申请，并按照规定程序报同级财政部门批准立项后组织实施，但根据国家专项工作要求或者本级政府工作需要进行的资产清查除外。

第四十四条 事业单位资产清查工作的内容主要包括基本情况清理、账务清理、财产清查、损益认定、资产核实和完善制度等。资产清查的具体办法由财政部另行制定。

第七章 资产信息管理与报告

第四十五条 事业单位应当按照国有资产管理信息化的要求，及时将资产变动信息录入管理信息系统，对本单位资产实行动态管理，并在此基础上做好国有资产统计和信息报告工作。

第四十六条 事业单位国有资产信息报告是事业单位财务会计报告的重要组成部分。事业单位应当按照财政部门规定的事业单位财务会计报告的格式、内容及要求，对其占有、使用的国有资产状况定期做出报告。

第四十七条 事业单位国有资产占有、使用状况，是主管部门、财政部门编制和安排事业单位预算的重要参考依据。各级财政部门、主管部门应当充分利用资产管理信息系统和资产信息报告，全面、动态地掌握事业单位国有资产占有、使用状况，建立和完善资产与预算有效结合的激励和约束机制。

第八章 监督检查与法律责任

第四十八条 财政部门、主管部门、事业单位及其工作人员，应当依法维护事业单位国有资产的安全完整，提高国有资产使用效益。

第四十九条 财政部门、主管部门和事业单位应当建立健全科学合理的事业单位国有资产监督管理责任制，将资产监督、管理的责任落实到具体部门、单位和个人。

第五十条 事业单位国有资产监督应当坚持单位内部监督与财政监督、审计监督、社会监督相结合，事前监督与事中监督、事后监督相结合，日常监督与专项检查相结合。

第五十一条 事业单位及其工作人员违反本办法，有下列行为之一的，依据《财政违法行为处罚处分条例》的规定进行处罚、处理、处分：

（一）以虚报、冒领等手段骗取财政资金的；

（二）擅自占有、使用和处置国有资产的；

（三）擅自提供担保的；

（四）未按规定缴纳国有资产收益的。

第五十二条 财政部门、主管部门及其工作人员在上缴、管理国有资产收益，或者下拨财政资金时，违反本办法规定的，依据《财政违法行为处罚处分条例》的规定进行处罚、处理、处分。

第五十三条 主管部门在配置事业单位国有资产或者审核、批准国有资产使用、处置事项的工作中违反本办法规定的,财政部门可以责令其限期改正,逾期不改的予以警告。

第五十四条 违反本办法有关事业单位国有资产管理规定的其他行为,依据国家有关法律、法规及规章制度进行处理。

第九章 附 则

第五十五条 社会团体和民办非企业单位中占有、使用国有资产的,参照本办法执行。参照公务员制度管理的事业单位和社会团体,依照国家关于行政单位国有资产管理的有关规定执行。

第五十六条 实行企业化管理并执行企业财务会计制度的事业单位,以及事业单位创办的具有法人资格的企业,由财政部门按照企业国有资产监督管理的有关规定实施监督管理。

第五十七条 地方财政部门制定的本地区和本级事业单位的国有资产管理规章制度,应当报上一级财政部门备案。

中央级事业单位的国有资产管理实施办法,由财政部会同有关部门根据本办法制定。

第五十八条 境外事业单位国有资产管理办法由财政部另行制定。中国人民解放军、武装警察部队以及经国家批准的特定事业单位的国有资产管理办法,由解放军总后勤部、武装警察部队和有关主管部门会同财政部另行制定。

行业特点突出,需要制定行业事业单位国有资产管理办法的,由财政部会同有关主管部门根据本办法制定。

第五十九条 本办法中有关资产配置、处置事项的"规定限额"由省级以上财政部门另行确定。

第六十条 本办法自 2006 年 7 月 1 日起施行。此前颁布的有关事业单位国有资产管理的规定与本办法相抵触的,按照本办法执行。

财政部关于印发《中央级事业单位国有资产管理暂行办法》的通知

财教[2008]13号

党中央有关部门、国务院各部委、各直属机构，全国人大常委会办公厅，全国政协办公厅，高法院，高检院，有关人民团体，有关中央管理企业，新疆生产建设兵团财务局：

为进一步加强中央级事业单位的国有资产管理，根据《事业单位国有资产管理暂行办法》(财政部令第36号)和国家有关规定，我们制定了《中央级事业单位国有资产管理暂行办法》。现印发给你们，请遵照执行。

附件：中央级事业单位国有资产管理暂行办法

财政部

二〇〇八年三月十二日

中央级事业单位国有资产管理暂行办法

第一章 总 则

第一条 为加强中央级事业单位国有资产管理,合理配置和有效利用国有资产,保障和促进各项事业发展,根据《事业单位国有资产管理暂行办法》(财政部令第36号),制定本办法。

第二条 本办法适用于执行事业单位财务和会计制度的中央级各类事业单位。

第三条 本办法所称的中央级事业单位国有资产,是指中央级事业单位占有、使用的,依法确认为国家所有,能以货币计量的各种经济资源的总称。

中央级事业单位国有资产包括:国家拨给中央级事业单位的资产,中央级事业单位按照国家政策规定运用国有资产组织收入形成的资产,以及接受捐赠和其他经法律确认为国家所有的资产,其表现形式为流动资产、固定资产、无形资产和对外投资等。

第四条 中央级事业单位国有资产管理活动,应当坚持资产管理与预算管理相结合的原则,推行实物费用定额制度,促进事业资产整合与共享共用,实现资产管理和预算管理的紧密统一;应当坚持所有权和使用权相分离的原则;应当坚持资产管理与财务管理、实物管理与价值管理相结合的原则。

第五条 中央级事业单位国有资产实行国家统一所有,财政部、中央级事业单位主管部门(以下简称主管部门)监管,单位占有、使用的管理体制。

第二章 管理机构及其职责

第六条 财政部是负责中央级事业单位国有资产管理的职能部门,对中央级事业单位国有资产实施综合管理。其主要职责是:

(一)贯彻执行国家有关国有资产管理的法律、行政法规和政策;

(二)根据国家有关国有资产管理的规定,制定中央级事业单位国有资产管理的规章制度,并组织实施和监督检查;

(三)研究制定中央级事业单位实物资产配置标准和相关的费用标准,负责中央级事业单位国有资产的产权登记、产权界定、产权纠纷调处、资产评估监管、资产清查、统计报告等基础管理工作;

(四)按照规定权限审批中央级事业单位有关资产购置、处置和利用国有资产对外投资、出租、出借等事项,组织中央级事业单位长期闲置、低效运转和超标准配置资产的跨部门调剂工作,建立中央级事业单位国有资产整合、共享和共用机制;

(五)结合事业单位分类改革,推进有条件的中央级事业单位实现国有资产管理的市场化、社会化,加强中央级事业单位转企改制工作中国有资产的监督管理;

(六)负责中央级事业单位国有资产收益的监督管理;财政部驻各地财政监察专员办事处(以下简称专员办)负责当地中央级事业单位国有资产处置收入的监缴等工作;

(七)建立中央级事业单位国有资产管理信息系统,对中央级事业单位国有资产实行动态监管;

(八)研究建立中央级事业单位国有资产安全性、完整性和使用有效性的评价方法、评价标准和评价机制,对中央级事业单位国有资产的配置、使用和处置等实行绩效管理,盘活存量,调控增量,提高资产使用效益;

(九)监督、指导中央级事业单位及其主管部门的国有资产管理工作。

第七条 主管部门负责对本部门所属事业单位的国有资产实施监督管理。其主要职责是:

(一)贯彻执行国家有关国有资产管理的法律、行政法规和政策;

(二)根据财政部有关国有资产管理的规定,制定本部门所属事业单位国有资产管理的实施办法,并组织实施和监督检查;

(三)组织本部门所属事业单位国有资产的清查、登记、统计汇总及日常监督检查工作;

(四)按规定权限审核或者审批所属事业单位有关资产配置、处置事项以及利用国有资产对外投资、出租、出借等事项,负责本部门所属事业单位长期闲置、低效运转和超标准配置资产的调剂工作,优化事业单位国有资产配置,推动事业单位国有资产共享、共用;

(五)督促本部门所属事业单位按规定缴纳国有资产收益;

(六)按照财政部有关规定,组织实施本部门所属事业单位国有资产管理的绩效考评;

(七)接受财政部的监督、指导,并报告有关事业单位国有资产管理工作。

第八条 中央级事业单位负责对本单位占有、使用的国有资产实施具体管理。其主要职责是:

(一)贯彻执行国家有关国有资产管理的法律、行政法规和政策;

(二)根据财政部、主管部门有关国有资产管理的规定,制定本单位国有资产管理的具体办法并组织实施;

(三)负责本单位资产购置、验收入库、维护保管等日常管理,负责本单位资产的账卡管理、清查登记、统计报告及日常监督检查工作;

(四)办理本单位国有资产配置、处置和对外投资、出租、出借等事项的报批手续;根据主管部门授权,审批本单位有关国有资产配置、处置和对外投资、出租、出借等事项;

(五)负责本单位用于对外投资、出租、出借等资产的保值增值,按照规定及时、足额缴纳国有资产收益;

(六)负责本单位存量资产的有效利用,参与大型仪器、设备等资产的共享、共用和公共研究平台建设工作;

(七)接受主管部门和财政部的监督、指导,并报告有关国有资产管理工作。

第九条 财政部、主管部门和中央级事业单位应当按照本办法的规定,明确相关管理机构和工作人员,做好中央级事业单位国有资产管理工作。

第三章 资产配置及使用

第十条 中央级事业单位国有资产配置是指财政部、主管部门、中央级事业单位等根据中央级事业单位履行职能的需要,按照国家有关法律、行政法规和规章制度规定的程序,通过购置或者调剂等方式为中央级事业单位配备资产的行为。

第十一条 中央级事业单位国有资产配置应当符合以下条件:

(一)现有资产无法满足中央级事业单位履行职能的需要;

(二)难以与其他单位共享、共用相关资产;

(三)难以通过市场购买服务方式实现,或者采取市场购买方式成本过高。

第十二条 中央级事业单位国有资产配置应当符合规定的配置标准;没有规定配置标准的,应当从严控制,合理配置。

第十三条 对于中央级事业单位长期闲置、低效运转或者超标准配置的资产,原则上由主管部门进行调剂,并报财政部备案;跨部门的资产调剂须报财政部批准。法律、行政法规另有规定的,依照其规定。

第十四条 中央级事业单位向财政部申请用财政性资金购置规定限额以上资产的,除国家另有规定外,按照下列程序报批:

(一)中央级事业单位的资产管理部门应会同财务部门根据资产的存量情况、使用及其绩效情况,提出拟新购置资产的品目、数量和所需经费的资产购置计划,经单位领导批准后报主管部门审核;

(二)主管部门根据所属事业单位资产存量状况、人员编制和有关资产配置标准等,对其资产购置计划进行审核后,报财政部审批;

(三)经财政部批准的资产购置计划,按照部门预算管理的相关要求列入主管部门年度部门预算。

第十五条 中央级事业单位用非财政性资金购置规定限额以上资产的,报主管部门审批;主管部门应当于批复之日起15个工作日内将批复文件报财政部备案。

第十六条 中央级事业单位购置纳入政府采购范围的资产,应当按照政府采购管理的有关规定实施政府采购。

第十七条 中央级事业单位国有资产的使用包括单位自用和对外投资、出租、出借等方式。

第十八条 中央级事业单位应当建立健全资产购置、验收、保管、使用等内部管理制度。

中央级事业单位应当对实物资产进行定期清查,做到账账、账卡、账实相符,加强对本单位专利权、商标权、著作权、土地使用权、非专利技术等无形资产的管理,防止无形资产流失。

第十九条 中央级事业单位对外投资、出租、出借等,应当符合国家有关法律、行政法规的规定,遵循投资回报、风险控制和跟踪管理等原则,并进行可行性论证,实现国有资产的保值增值。

第二十条 中央级事业单位申报国有资产对外投资、出租、出借等事项,应当附可行性论证报告和拟签订的协议(合同)等相关材料,按以下方式履行审批手续:单项价值在800万元以下的，由财政部授权主管部门进行审批，主管部门应当于批复之日起15个工作日内将审批文件（一式三份）报财政部备案；800万元以上（含800万元）的，经主管部门审核后报财政部审批。

第二十一条 中央级事业单位应当对本单位对外投资、出租、出借的资产实行专项管理，同时在单位财务会计报告中对相关信息进行披露。

第二十二条 中央级事业单位对外投资收益以及利用国有资产出租、出借等取得的收入应当纳入单位预算，统一核算，统一管理。

第四章 资产处置

第二十三条 中央级事业单位国有资产处置，是指中央级事业单位对其占有、使用的国有资产进行产权转让或者注销产权的行为。处置方式包括出售、出让、转让、对外捐赠、报废、报损以及货币性资产损失核销等。

第二十四条 中央级事业单位国有资产处置应遵循公开、公正、公平的原则，严格履行审批手续，未经批准不得擅自处置。

第二十五条 中央级事业单位处置国有资产时，应根据财政部规定附相关材料，按以下方式履行审批手续：单位价值或批量价值在800万元以下的，由财政部授权主管部门进行审批，主管部门应当于批复之日起15个工作日内将批复文件（三份）报财政部备案；800万元以上（含）的，经主管部门审核后报财政部审批。

第二十六条 财政部、主管部门对中央级事业单位国有资产处置事项的批复，以及中央级事业单位按规定处置资产报主管部门备案的文件，是财政部安排中央级事业单位有关资产配置预算项目的参考依据，中央级事业单位应当依据其办理产权变动和进行账务处理。

第二十七条 中央级事业单位出售、出让、转让资产数量较多或者价值较高的，应当通过拍卖等市场竞价方式公开处置。

第二十八条 中央级事业单位国有资产处置收入属于国家所有，应当按照政府非税收入管理和财政国库收缴管理的规定上缴中央财政，实行"收支两条线"管理。

第二十九条 财政部批复资产处置的相关文件，应当抄送中央级事业单位所在地专员办。

第五章 产权登记与产权纠纷处理

第三十条 中央级事业单位国有资产产权登记是国家对中央级事业单位占有、使用的国有资产进行登记，依法确认国有资产所有权和中央级事业单位对国有资产占有、使用权的行为。

第三十一条 中央级事业单位国有资产产权登记主要包括：

（一）单位名称、住所、法定负责人及成立时间；

（二）单位性质、主管部门；

（三）单位资产总额、国有资产总额、主要实物资产金额及其使用状况、对外投资情况；

（四）其他需要登记的事项。

第三十二条 财政部根据国有资产管理工作的需要，开展中央级事业单位国有资产产权登记工作。

第三十三条　产权纠纷是指由于国有资产所有权、经营权、使用权等产权归属不清而发生的争议。

第三十四条　中央级事业单位与其他国有单位和国有企业之间发生国有资产产权纠纷的，由当事人双方协商解决，协商不能解决的，可以向主管部门申请调解；主管部门调解不成的，由主管部门报财政部调解或者依法裁定，必要时报国务院裁定。

第三十五条　中央级事业单位与非国有单位和非国有企业或者个人之间发生产权纠纷的，中央级事业单位应当提出拟处理意见，经主管部门审核并报财政部同意后，与对方当事人协商解决，协商不能解决的，依照司法程序处理。

第六章　资产评估与资产清查

第三十六条　中央级事业单位有下列情形之一的，应当对相关国有资产进行评估：

(一)整体或者部分改制为企业；

(二)以非货币性资产对外投资；

(三)合并、分立、清算；

(四)资产拍卖、转让、置换；

(五)整体或者部分资产租赁给非国有单位；

(六)确定涉讼资产价值；

(七)法律、行政法规规定的其他需要进行评估的事项。

第三十七条　中央级事业单位有下列情形之一的，可以不进行资产评估：

(一)中央级事业单位整体或者部分资产无偿划转；

(二)中央级行政、事业单位下属的事业单位之间的合并、资产划转、置换和转让；

(三)其他不影响国有资产权益的特殊产权变动行为，报经财政部确认可以不进行资产评估的。

第三十八条　中央级事业单位国有资产评估工作应当依据《国有资产评估管理办法》(国务院令第 91 号)委托具有资产评估资格证书的评估机构进行。中央级事业单位应当如实向资产评估机构提供有关情况和资料，并对所提供的情况和资料的客观性、真实性和合法性负责。

中央级事业单位不得以任何形式干预资产评估机构独立执业。

第三十九条　中央级事业单位国有资产评估项目实行核准制和备案制。核准和备案工作按照国家有关国有资产评估项目核准和备案管理的规定执行。

第四十条　中央级事业单位进行资产清查，应当提出申请，经主管部门审核同意后实施，主管部门应将相关材料报财政部备案。根据国家要求进行的资产清查除外。资产清查工作按照财政部《行政事业单位资产清查暂行办法》(财办[2006]52 号)、《行政事业单位资产核实暂行办法》(财办[2007]19 号)有关规定执行。

第七章　资产信息管理与报告

第四十一条　中央级事业单位应当按照国有资产管理信息化的要求，及时将资产变动信息录入管理信息系统，对本单位资产实行动态管理，并在此基础上做好国有资产统计和信息报告工作。

第四十二条 中央级事业单位国有资产信息报告是中央级事业单位财务会计报告的重要组成部分。中央级事业单位应当按照财政部规定的年度部门决算报表的格式、内容及要求，对其占有、使用的国有资产状况做出报告。

第四十三条 财政部、主管部门应当充分利用资产管理信息系统和资产信息报告，全面、动态地掌握中央级事业单位国有资产的占有、使用和处置状况，并作为编制和安排中央级事业单位预算的重要参考依据。

第八章 监督检查

第四十四条 财政部、主管部门、中央级事业单位应当各司其职，建立健全科学合理的中央级事业单位国有资产监督管理责任制，将资产监督、管理的责任落实到具体部门、单位和个人，依法维护中央级事业单位国有资产的安全完整，提高国有资产使用效益。

专员办就地对中央级事业单位资产管理情况进行监督检查。

第四十五条 中央级事业单位国有资产监督应当坚持单位内部监督与财政监督、审计监督、社会监督相结合，事前监督与事中监督、事后监督相结合，日常监督与专项检查相结合。

第四十六条 主管部门及其事业单位违反本办法规定的，财政部依据《财政违法行为处罚处分条例》的规定进行处罚、处分、处理，并视情节轻重暂停或取消其年度资产购置计划的申报资格。

第九章 附 则

第四十七条 参照《中华人民共和国公务员法》管理、执行事业单位财务和会计制度的中央级事业单位和社会团体的国有资产管理，依照本办法执行；执行《民间非营利组织会计制度》的中央级社会团体及民办非企业单位中占有、使用国有资产的，参照本办法执行。

第四十八条 实行企业化管理并执行企业财务和会计制度的中央级事业单位，以及中央级事业单位所办的全资企业和控股企业，按照企业财务及国有资产管理的有关规定实施监督管理。

第四十九条 经国家批准特定中央级事业单位的国有资产管理办法，由有关主管部门会同财政部另行制定。

第五十条 主管部门可以根据本办法和部门实际情况，制定本部门所属事业单位的国有资产管理实施办法，报财政部备案。

中央级事业单位应当根据本办法和主管部门的有关要求，制定本单位的（包括驻外机构）资产管理办法，报主管部门备案。

第五十一条 对涉及国家安全的中央级事业单位国有资产的配置、使用、处置等管理活动，要按照国家有关保密制度的规定，做好保密工作，防止失密和泄密。

第五十二条 中央级事业单位资产配置、资产使用、资产处置、产权登记、产权纠纷处理等具体管理办法，由财政部根据本办法制定。

第五十三条 本办法自 2008 年 3 月 15 日起施行。此前颁布的有关中央级事业单位国有资产管理的规定与本办法相抵触的，按照本办法执行。

财政部关于印发《中央级事业单位国有资产使用管理暂行办法》的通知

财教[2009]192 号

党中央有关部门，国务院各部委、各直属机构，全国人大常委会办公厅，全国政协办公厅，高法院，高检院，有关人民团体，有关中央企业，新疆生产建设兵团财务局：

为进一步加强中央级事业单位的国有资产管理，根据《事业单位财务规则》(财政部令第 8 号)、《事业单位国有资产管理暂行办法》(财政部令第 36 号)、《中央级事业单位国有资产管理暂行办法》(财教[2008]13 号)的有关规定，我们制定了《中央级事业单位国有资产使用管理暂行办法》。现印发给你们，请遵照执行。

财政部

二〇〇九年八月二十八日

中央级事业单位国有资产使用管理暂行办法

第一章　总　则

第一条　为了规范和加强中央级事业单位国有资产使用管理，提高资产使用效益，防止国有资产流失，根据《事业单位财务规则》、《事业单位国有资产管理暂行办法》、《中央级事业单位国有资产管理暂行办法》，制定本办法。

第二条　本办法适用于执行事业单位财务和会计制度的中央级各类事业单位。

第三条　中央级事业单位国有资产使用应遵循权属清晰、安全完整、风险控制、注重绩效的原则。

第四条　中央级事业单位国有资产使用包括单位自用、对外投资和出租、出借等，国有资产使用应首先保证事业发展的需要。

第五条　财政部、中央级事业单位主管部门(以下简称主管部门)按照规定权限对中央级事业单位国有资产对外投资和出租、出借等事项进行审批(审核)或备案。中央级事业单位负责本单位国有资产使用的具体管理。

第六条　财政部、主管部门对中央级事业单位国有资产使用事项的批复，以及中央级事业单位报主管部门备案的文件，是中央级事业单位办理产权登记和账务处理的重要依据。账务处理按照国家事业单位财务和会计制度的有关规定执行。

第七条　中央级事业单位应对本单位对外投资和出租、出借资产实行专项管理，并在单位财务会计报告中对相关信息进行披露。

第八条　中央级事业单位国有资产使用应按照国有资产信息化管理的要求，及时将资产变动信息录入管理信息系统，对本单位国有资产实行动态管理。

第九条　中央级事业单位拟对外投资和出租、出借的国有资产的权属应当清晰。权属关系不明确或者存在权属纠纷的资产不得进行对外投资和出租、出借。

第二章　资产自用

第十条　中央级事业单位资产自用管理应本着实物量和价值量并重的原则，对实物资产进行定期清查，完善资产管理账表及有关资料，做到账账、账卡、账实相符，并对资产丢失、毁损等情况实行责任追究制度。

第十一条　中央级事业单位要建立健全自用资产的验收、领用、使用、保管和维护等内部管理流程，并加强审计监督和绩效考评。

第十二条　中央级事业单位国有资产管理部门对单位购置、接受捐赠、无偿划拨等方式获得的资产应及时办理验收入库手续，严把数量、质量关，验收合格后送达具体使用部门；自建资产应及时办理竣工验收、竣工财务决算编报以及按要求办理资产移交和产权登记。中央级事业单位财务管理部门应根据资产的相关凭证或文件及时进行账务处理。

第十三条 中央级事业单位应建立资产领用交回制度。资产领用应经主管领导批准。资产出库时保管人员应及时办理出库手续。办公用资产应落实到人，使用人员离职时，所用资产应按规定交回。

第十四条 中央级事业单位应认真做好自用资产使用管理，经常检查并改善资产使用状况，减少资产的非正常损耗，做到高效节约、物尽其用，充分发挥国有资产使用效益，防止国有资产使用过程中的损失和浪费。

第十五条 财政部、主管部门应积极引导和鼓励中央级事业单位实行国有资产共享共用，建立资产共享共用与资产绩效、资产配置、单位预算挂钩的联动机制。中央级事业单位应积极推进本单位国有资产的共享共用工作，提高国有资产使用效益。

第十六条 中央级事业单位应加强对无形资产的管理和保护，并结合国家知识产权战略的实施，促进科技成果转化。

第十七条 中央级事业单位应建立资产统计报告制度，定期向单位领导报送资产统计报告，及时反映本单位资产使用以及变动情况。

第三章 对外投资

第十八条 中央级事业单位利用国有资产对外投资，单项或批量价值(账面原值，下同)在800万元人民币以上(含800万元)的，经主管部门审核后报财政部审批；单项或批量价值在800万元以下的，由主管部门按照有关规定进行审批，并于批复之日起15个工作日内将审批文件(一式三份)报财政部备案。

第十九条 中央级事业单位应在科学论证、公开决策的基础上提出对外投资申请，附相关材料，报主管部门审核或者审批。主管部门应对中央级事业单位申报材料的完整性、决策过程的合规性、拟投资项目资金来源的合理性等进行审查，并报财政部审批或者备案。

中央级事业单位对外投资效益情况是主管部门审核新增对外投资事项的参考依据。主管部门要严格控制资产负债率过高的中央级事业单位的对外投资行为。

第二十条 中央级事业单位申请利用国有资产对外投资，应提供如下材料，并对材料的真实性、有效性、准确性负责：

(一)中央级事业单位对外投资事项的书面申请；

(二)拟对外投资资产的价值凭证及权属证明，如购货发票或收据、工程决算副本、国有土地使用权证、房屋所有权证、股权证等凭据的复印件(加盖单位公章)；

(三)中央级事业单位进行对外投资的可行性分析报告；

(四)中央级事业单位拟同意利用国有资产对外投资的会议决议或会议纪要复印件；

(五)中央级事业单位法人证书复印件、拟合作方法人证书复印件或企业营业执照复印件、个人身份证复印件等；

(六)拟创办经济实体的章程和工商行政管理部门下发的企业名称预先核准通知书；

(七)中央级事业单位与拟合作方签订的合作意向书、协议草案或合同草案；

(八)中央级事业单位上年度财务报表;

(九)经中介机构审计的拟合作方上年财务报表;

(十)其他材料。

第二十一条 中央级事业单位转让(减持)对外投资形成的股权,按照《中央级事业单位国有资产处置管理暂行办法》的有关规定办理。

第二十二条 中央级事业单位经批准利用国有资产进行对外投资的,应聘请具有相应资质的中介机构,对拟投资资产进行资产评估。资产评估事项按规定履行备案或核准手续。

第二十三条 中央级事业单位不得从事以下对外投资事项:

(一)买卖期货、股票,国家另有规定的除外;

(二)购买各种企业债券、各类投资基金和其他任何形式的金融衍生品或进行任何形式的金融风险投资,国家另有规定的除外;

(三)利用国外贷款的事业单位,在国外债务尚未清偿前利用该贷款形成的资产对外投资;

(四)其他违反法律、行政法规规定的。

第二十四条 中央级事业单位应在保证单位正常运转和事业发展的前提下,严格控制货币性资金对外投资。不得利用财政拨款和财政拨款结余对外投资。

第二十五条 中央级事业单位应加强无形资产对外投资的管理,防止国有资产流失。

第二十六条 中央级事业单位利用国有资产进行境外投资的,应遵循国家境外投资项目核准和外汇管理等相关规定,履行报批手续。

第二十七条 中央级事业单位应加强对外投资形成的股权的管理,依法履行出资人的职能。

第二十八条 中央级事业单位利用国有资产对外投资取得的收益,应按照预算管理及事业单位财务和会计制度的有关规定纳入单位预算,统一核算,统一管理。

第二十九条 财政部、主管部门应加强对中央级事业单位国有资产对外投资的考核。中央级事业单位应建立和完善国有资产内控机制和保值增值机制,确保国有资产的安全完整,实现国有资产的保值增值。

第四章 出租、出借

第三十条 中央级事业单位国有资产出租、出借,资产单项或批量价值在800万元人民币以上(含800万元)的,经主管部门审核后报财政部审批;资产单项或批量价值在800万元以下的,由主管部门按照有关规定进行审批,并于15个工作日内将审批结果(一式三份)报财政部备案。

第三十一条 中央级事业单位国有资产出租、出借,应在严格论证的基础上提出申请,附相关材料,报主管部门审核或者审批。主管部门应对中央级事业单位申报材料的完整性、决策过程的合规性进行审查,按规定报财政部审批或者备案。

第三十二条 中央级事业单位申请出租、出借国有资产,应提供如下材料,并对材料的真实性、有效性、准确性负责:

(一)中央级事业单位拟出租、出借事项的书面申请;

(二)拟出租、出借资产的价值凭证及权属证明,如购货发票或收据、工程决算副本、国有土地使用权证、房屋所有权证、股权证等凭据的复印件(加盖单位公章);

(三)中央级事业单位进行出租、出借的可行性分析报告;

(四)中央级事业单位同意利用国有资产出租、出借的内部决议或会议纪要复印件;

(五)中央级事业单位法人证书复印件、拟出租出借方的事业单位法人证书复印件或企业营业执照复印件、个人身份证复印件等;

(六)其他材料。

第三十三条 中央级事业单位国有资产有下列情形之一的,不得出租、出借:

(一)已被依法查封、冻结的;

(二)未取得其他共有人同意的;

(三)产权有争议的;

(四)其他违反法律、行政法规规定的。

第三十四条 中央级事业单位国有资产出租,原则上应采取公开招租的形式确定出租的价格,必要时可采取评审或者资产评估的办法确定出租的价格。中央级事业单位利用国有资产出租、出借的,期限一般不得超过五年。

第三十五条 中央级事业单位国有资产出租、出借取得的收入,应按照预算管理及事业单位财务和会计制度的有关规定纳入单位预算,统一核算、统一管理。

第五章 监督管理

第三十六条 财政部、主管部门应加强对中央级事业单位国有资产使用行为及其收入的日常监督和专项检查。

财政部驻各地财政监察专员办事处(以下简称专员办)对所在地的中央级事业单位国有资产使用情况进行监督检查。

第三十七条 财政部批复的中央级事业单位国有资产对外投资和出租、出借文件,应抄送相关的专员办;中央级事业单位收到主管部门对其国有资产对外投资和出租、出借的批复文件后,应将复印件报当地专员办备案。

第三十八条 主管部门、中央级事业单位在国有资产使用过程中不得有下列行为:

(一)未按规定权限申报,擅自对规定限额以上的国有资产进行对外投资和出租、出借;

(二)对不符合规定的对外投资和出租、出借事项予以审批;

(三)串通作弊,暗箱操作,违规利用国有资产对外投资和出租、出借;

(四)其他违反国家有关规定造成单位资产损失的行为。

第三十九条 主管部门、中央级事业单位违反本办法规定的,依照《财政违法行为处罚处分条例》等国家有关规定追究法律责任。

第四十条 中央级事业单位应依照《中华人民共和国企业国有资产法》、《中华人民共和国公司法》、《企业财务通则》和《企业国有产权转让管理暂行办法》等企业国有资产监管的有关规定,加强对所投资全资企业和控股企业的监督管理。

第四十一条 中央级事业单位应于每个会计年度终了后,按照财政部规定的部门决算报表格式、内容和要求，对其国有资产使用情况做出报告，报主管部门的同时抄送当地专员办备案，由主管部门汇总后报财政部。

第六章 附 则

第四十二条 参照《中华人民共和国公务员法》管理并执行事业单位财务和会计制度的中央级事业单位国有资产使用管理，按照本办法执行。

执行《民间非营利组织会计制度》的中央级社会团体及民办非企业单位国有资产使用管理，参照本办法执行。

实行企业化管理并执行企业财务和会计制度的中央级事业单位，其国有资产使用按照企业国有资产监督管理的有关规定实施监督管理。

第四十三条 主管部门应依据本办法，结合本部门实际制定本部门所属事业单位（包括驻外机构）国有资产使用的具体实施办法，报财政部备案。主管部门可以根据实际工作需要，授予所属事业单位一定限额的国有资产使用权限并报财政部备案。

第四十四条 对涉及国家安全的中央级事业单位国有资产使用管理活动，应按照国家有关保密制度的规定，做好保密工作，防止失密和泄密。

第四十五条 本办法自 2009 年 9 月 1 日起施行。此前颁布的有关规定与本办法不一致的，以本办法为准。

财政部关于《中央级事业单位国有资产使用管理暂行办法》的补充通知

财教[2009]495号

党中央有关部门，国务院各部委、各直属机构，全国人大常委会办公厅，全国政协办公厅，高法院，高检院，有关人民团体，有关中央企业，新疆生产建设兵团财务局：

《中央级事业单位国有资产使用管理暂行办法》（财教[2009]192号，以下简称《办法》）于今年9月1日起实施。针对实施过程中出现的新问题，现就有关事项补充通知如下：

一、《办法》实施前后应审批事项的处理问题

《办法》出台前，中央级事业单位未经批准实施对外投资、出租出借等事项的，不再追溯。中央级事业单位应将对外投资、出租出借等事项发生的时间、期限、资金来源、资产状况、所签合同、单位领导办公会议纪要、未报批理由、收益情况等，报主管部门审核认定。主管部门应加强管理，认真审核，并将审核认定情况以部发文形式正式报财政部备查，涉及法律纠纷的事项应将法律纠纷解决后报备。

《办法》出台后未按规定报批的，主管部门一律不予受理，并督促中央级事业单位限期改正，同时相应取消该单位下一年度资产使用事项的申批资格。

二、资产短期出租、出借事项的审批程序问题

六个月以内（含六个月）的资产出租、出借事项，财政部授权主管部门审批。主管部门应于批复之日起15个工作日内将审批文件（一式三份）报财政部备案。中央级事业单位收到主管部门的批复文件后，应将复印件报所在地的财政监察专员办事处备案。

主管部门应进一步加强对所属事业单位国有资产使用事项的管理，结合本部门实际制定加强所属事业单位国有资产使用管理的有关规定，督促所属事业单位严格按照《办法》的有关规定，履行国有资产使用等事项的报批程序。

财政部

二〇〇九年十二月二十九日

财政部关于印发《中央级事业单位国有资产处置管理暂行办法》的通知

财教[2008]495号

党中央有关部门，国务院各部委、各直属机构，全国人大常委会办公厅，全国政协办公厅，高法院，高检院，有关人民团体，有关中央管理企业，新疆生产建设兵团财务局：

为进一步加强中央级事业单位的国有资产管理，根据《事业单位国有资产管理暂行办法》(财政部令第36号)、《中央级事业单位国有资产管理暂行办法》(财教[2008]13号)的有关规定，我们制定了《中央级事业单位国有资产处置管理暂行办法》。现印发给你们，请遵照执行。

附件：中央级事业单位国有资产处置管理暂行办法

财政部

二〇〇八年十二月十六日

附件:

中央级事业单位国有资产处置管理暂行办法

第一章 总则

第一条 为规范中央级事业单位国有资产处置行为,维护国有资产的安全和完整,保障国家所有者权益,根据《事业单位国有资产管理暂行办法》(财政部令第36号)和《中央级事业单位国有资产管理暂行办法》(财教[2008]13号),制定本办法。

第二条 本办法适用于执行事业单位财务和会计制度的中央级各类事业单位。

第三条 本办法所称的中央级事业单位国有资产处置,是指中央级事业单位对其占有、使用的国有资产,进行产权转让或注销产权的行为。

第四条 中央级事业单位国有资产处置应遵循公开、公正、公平和竞争、择优的原则,严格履行审批手续,未经批准不得擅自处置。

第五条 财政部、中央级事业单位主管部门(以下简称主管部门)按照规定权限对中央级事业单位国有资产处置事项进行审批(审核)或备案。

第六条 财政部、主管部门对中央级事业单位国有资产处置事项的批复,以及中央级事业单位按规定处置国有资产报主管部门备案的文件,是财政部安排中央级事业单位有关资产配置预算项目的参考依据,中央级事业单位应当依据其办理产权变动和进行账务处理。账务处理按照现行事业单位财务和会计制度的有关规定执行。

第七条 中央级事业单位拟处置的国有资产权属应当清晰。权属关系不明确或者存在权属纠纷的资产,须待权属界定明确后予以处置;被设置为担保物的国有资产处置,应当符合《中华人民共和国担保法》、《中华人民共和国物权法》等法律的有关规定。

第二章 处置范围和基本程序

第八条 中央级事业单位国有资产处置的范围包括:闲置资产,报废、淘汰资产,产权或使用权转移的资产,盘亏、呆账及非正常损失的资产,以及依照国家有关规定需要处置的其他资产。按资产性质分为流动资产、固定资产、无形资产、对外投资等。

处置方式包括无偿调拨(划转)、对外捐赠、出售、出让、转让、置换、报废报损、货币性资产损失核销等。

第九条 中央级事业单位国有资产处置按以下权限予以审批:

(一)中央级事业单位一次性处置单位价值或批量价值(账面原值,下同)在800万元人民币(以下简称规定限额)以上(含800万元)的国有资产,经主管部门审核后报财政部审批;

(二)中央级事业单位一次性处置单位价值或批量价值在规定限额以下的国有资产,由财政部授权主管部门进行审批。主管部门应当于批复之日起15个工作日内,将批复文件(一式三份)报财政部备案。

第十条 财政部批复的中央级事业单位国有资产处置文件,应当抄送财政部驻当地财政监察专员办事处(以下简称专员办);中央级事业单位收到主管部门国有资产处置的批复文件后,将复印件报当地专员办备案。

第十一条 中央级事业单位处置规定限额以上的国有资产,应当按以下程序办理:

(一)单位申报。中央级事业单位处置国有资产,须填写《中央级事业单位国有资产处置申请表》,并附相关材料,以正式文件向主管部门申报;

(二)主管部门审核。主管部门对中央级事业单位的申报处置材料进行合规性、真实性等审核后,报财政部审批;

(三)财政部审批。财政部对主管部门报送的国有资产处置事项进行审核批复。数量较大的国有资产处置,财政部可委托专员办对国有资产处置有关情况进行实地核查;

(四)评估备案与核准。中央级事业单位根据财政部的批复,委托具有资产评估资质的评估机构对国有资产进行评估,评估结果报财政部或主管部门备案。评估结果按照国家有关规定须经核准的,报财政部核准;

(五)公开处置。中央级事业单位对申报处置的国有资产进行公开处置。

中央级事业单位处置规定限额以下的国有资产,按照单位申报—主管部门审批—评估备案与核准—公开处置的程序,由主管部门审批后,报财政部备案。

第三章 无偿调拨(划转)和捐赠

第十二条 无偿调拨(划转)是指在不改变国有资产性质的前提下,以无偿转让的方式变更国有资产占有、使用权的行为。

第十三条 无偿调拨(划转)的资产包括:

(一)长期闲置不用、低效运转、超标准配置的资产;

(二)因单位撤销、合并、分立而移交的资产;

(三)隶属关系改变,上划、下划的资产;

(四)其他需调拨(划转)的资产。

第十四条 无偿调拨(划转)应当按以下程序办理:

(一)同一部门所属事业单位之间、事业单位与行政单位之间以及事业单位对企业的国有资产无偿调拨(划转),按规定限额审批;

(二)跨部门国有资产的无偿调拨(划转)。划出方和接收方协调一致(附意向性协议),分别报主管部门审核同意后,由划出方主管部门报财政部审批,并附接收方主管部门同意无偿调拨(划转)的有关文件;

(三)跨级次国有资产的无偿调拨(划转)。中央级事业单位国有资产无偿调拨(划转)给地方的,应附省级主管部门和财政部门同意接收的相关文件,由中央级事业单位主管部门报财政部审批;地方单位国有资产无偿调拨(划转)给中央级事业单位的,经地方单位同级财政部门审批后,办理国有资产无偿调拨(划转)手续。中央级事业单位应将接收资产的有关情况报主管部门备案。主管部门应在15个工作日内报财政部备案。

第十五条 中央级事业单位申请国有资产无偿调拨(划转),应提交以下材料:

(一)无偿调拨(划转)申请文件;

(二)《中央级事业单位国有资产处置申请表》;

(三)资产价值凭证及产权证明,如购货发票或收据、工程决算副本、国有土地使用权证、房屋所有权证、股权证等凭据的复印件(加盖单位公章);

(四)因单位撤销、合并、分立而移交资产的,需提供撤销、合并、分立的批文;

(五)拟无偿调拨(划转)国有资产的名称、数量、规格、单价等清单;

(六)其他相关材料。

第十六条 对外捐赠是指中央级事业单位依照《中华人民共和国公益事业捐赠法》,自愿无偿将其有权处分的合法财产赠与给合法的受赠人的行为,包括实物资产捐赠、无形资产捐赠和货币性资产捐赠等。

第十七条 中央级事业单位国有资产对外捐赠,应提交以下材料:

(一)对外捐赠申请文件;

(二)《中央级事业单位国有资产处置申请表》;

(三)捐赠报告,包括:捐赠事由、途径、方式、责任人、资产构成及其数额、交接程序等;

(四)捐赠单位出具的捐赠事项对本单位财务状况和业务活动影响的分析报告,使用货币资金对外捐赠的,应提供货币资金的来源说明等;

(五)主管部门、中央级事业单位决定捐赠事项的有关文件;

(六)能够证明捐赠资产价值的有效凭证,如购货发票或收据、工程决算副本、记账凭证、固定资产卡片及产权证明等凭据的复印件(加盖单位公章);

(七)其他相关材料。

第十八条 实际发生的对外捐赠,应当依据受赠方出具的同级财政部门或主管部门统一印(监)制的捐赠收据或者捐赠资产交接清单确认;对无法索取同级财政部门或主管部门统一印(监)制的捐赠收据的,应当依据受赠方所在地城镇街道、乡镇等基层政府组织出具的证明确认。

第十九条 中央级事业单位接受捐赠的国有资产,应及时办理入账手续,并报主管部门备案。主管部门应在15个工作日内报财政部备案。

第四章 出售、出让、转让和置换

第二十条 出售、出让、转让是指变更中央级事业单位国有资产所有权或占有、使用权并取得相应收益的行为。

第二十一条 中央级事业单位国有资产出售、出让、转让,应当通过产权交易机构、证券交易系统、协议方式以及国家法律、行政法规规定的其他方式进行。中央级事业单位国有资产出售、出让、转让应当严格控制产权交易机构和证券交易系统之外的直接协议方式。

第二十二条 中央级事业单位国有资产出售、出让、转让,以按规定权限由财政部、主管部门备案或核准的资产评估报告所确认的评估价值作为市场竞价的参考依据,意向交易价格低于评估结果90%的,应当按规定权限报财政部或主管部门重新确认后交易。

第二十三条 中央级事业单位申请出售、出让、转让国有资产，应提交以下材料：

（一）出售、出让、转让申请文件；

（二）《中央级事业单位国有资产处置申请表》；

（三）资产价值凭证及产权证明，如购货发票或收据、工程决算副本、国有土地使用权证、房屋所有权证、股权证等凭据的复印件（加盖单位公章）；

（四）出售、出让、转让方案，包括资产的基本情况，处置的原因、方式等；

（五）出售、出让、转让合同草案，属于股权转让的，还应提交股权转让可行性报告；

（六）其他相关材料。

第二十四条 置换是指中央级事业单位与其他单位以非货币性资产为主进行的交换。这种交换不涉及或只涉及少量的货币性资产（即补价）。

第二十五条 中央级事业单位申请国有资产置换，应提交以下材料：

（一）置换申请文件；

（二）《中央级事业单位国有资产处置申请表》；

（三）资产价值凭证及产权证明，如购货发票或收据、工程决算副本、国有土地使用权证、房屋所有权证、股权证等凭据的复印件（加盖单位公章）；

（四）对方单位拟用于置换资产的基本情况说明、是否已被设置为担保物等；

（五）双方草签的置换协议；

（六）对方单位的法人证书或营业执照的复印件（加盖单位公章）；

（七）中央级事业单位近期的财务报告；

（八）其他相关材料。

第五章 报废报损和核销

第二十六条 报废是指按有关规定或经有关部门、专家鉴定，对已不能继续使用的资产，进行产权注销的资产处置行为。

第二十七条 报损是指由于发生呆账损失、非正常损失等原因，按有关规定对资产损失进行产权注销的资产处置行为。

第二十八条 中央级事业单位申请国有资产报废、报损，应提交以下材料：

（一）报废、报损申请文件；

（二）《中央级事业单位国有资产处置申请表》；

（三）能够证明盘亏、毁损以及非正常损失资产价值的有效凭证。如购货发票或收据、工程决算副本、记账凭证、固定资产卡片、盘点表及产权证明等凭据的复印件（加盖单位公章）；

（四）报废、报损价值清单；

（五）非正常损失责任事故的鉴定文件及对责任者的处理文件；

（六）因房屋拆除等原因需办理资产核销手续的，提交相关职能部门的房屋拆除批复文件、建设项目拆建立项文件、双方签定的房屋拆迁补偿协议；

（七）其他相关材料。

第二十九条 中央级事业单位国有资产对外投资、担保（抵押）发生损失申请损失处置的，应提交以下材料：

(一)对外投资、担保(抵押)损失处置申请文件；

(二)《中央级事业单位国有资产处置申请表》；

(三)被投资单位的清算审计报告及注销文件；

(四)债权或股权凭证、形成呆坏账的情况说明和具有法定依据的证明材料；

(五)申请仲裁或提起诉讼的，提交相关法律文书；

(六)其他相关材料。

第三十条 货币性资产损失核销是指单位按现行财务与会计制度，对确认形成损失的货币性资产(现金、银行存款、应收账款、应收票据等)进行核销的行为。

第三十一条 中央级事业单位申请货币性资产损失核销，应提交以下材料：

(一)货币性资产损失核销申请文件；

(二)《中央级事业单位国有资产处置申请表》；

(三)债务人已被依法宣告破产、撤销、关闭，用债务人清算财产清偿后仍不能弥补损失的，提供宣告破产的民事裁定书以及财产清算报告、注销工商登记或吊销营业执照的证明、政府有关部门决定关闭的文件；

(四)债务人死亡或者依法被宣告失踪、死亡的，提供其财产或遗产不足清偿的法律文件；

(五)涉及诉讼的，提供判决裁定申报单位败诉的人民法院生效判决书或裁定书，或虽胜诉但因无法执行被裁定终止执行的法律文件。

第六章 处置收入和支出管理

第三十二条 处置收入是指在出售、出让、转让、置换、报废报损等处置国有资产过程中获得的收入，包括出售实物资产和无形资产的收入、置换差价收入、报废报损残值变价收入、保险理赔收入、转让土地使用权收益等。

第三十三条 中央级事业单位国有资产处置收入，在扣除相关税金、评估费、拍卖佣金等费用后，按照政府非税收入管理和财政国库收缴管理的规定上缴中央国库，实行“收支两条线”管理。

土地使用权转让收益，按照《财政部关于将中央单位土地收益纳入预算管理的通知》(财综[2006]63号)规定，上缴中央国库，实行“收支两条线”管理。

出售实物资产和无形资产收入、置换差价收入、报废报损残值变价收入、保险理赔收入等上缴中央国库，实行“收支两条线”管理。

科技成果转化(转让)收入，按照《国务院办公厅转发科技部等部门关于促进科技成果转化若干规定的通知》(国办发[1999]29号)的有关规定，在扣除奖励资金后上缴中央国库。

国家另有规定的，从其规定。

第三十四条 中央级事业单位利用国有资产对外投资形成的股权(权益)的出售、出让、转让收入，按以下规定办理：

(一)利用现金对外投资形成的股权(权益)的出售、出让、转让，属于中央级事业单位收回对外投资，股权(权益)出售、出让、转让收入纳入单位预算，统一核算，统一管理；

（二）利用实物资产、无形资产对外投资形成的股权（权益）的出售、出让、转让收入，按以下情形分别处理：

1. 收入形式为现金的，扣除投资收益，以及税金、评估费等相关费用后，上缴中央国库，实行“收支两条线”管理；投资收益纳入单位预算，统一核算，统一管理。

2. 收入形式为资产和现金的，现金部分扣除投资收益，以及税金、评估费等相关费用后，上缴中央国库，实行“收支两条线”管理；

（三）利用现金、实物资产、无形资产混合对外投资形成的股权（权益）的出售、出让、转让收入，按照本条第（一）、（二）项的有关规定分别管理。

第三十五条 中央级事业单位应上缴的国有资产处置收入和应上缴的利用国有资产对外投资形成的股权（权益）的出售（出让、转让）收入，根据实际情况，按以下方式上缴：

（一）已开设中央财政汇缴专户的预算单位，按照财政部非税收入收缴制度有关规定，在取得处置收入后2个工作日内，全额缴入中央财政汇缴专户。

（二）未开设中央财政汇缴专户的预算单位，应按下列不同情况上缴国有资产处置收入：

1. 一级预算单位。由财政部为其开设中央财政汇缴专户，一级预算单位在取得处置收入后2个工作日内，全额缴入其中央财政汇缴专户。

2. 二级预算单位。其主管一级预算单位为行政事业单位的，二级预算单位如无下属预算单位，由财政部为其主管一级预算单位开设中央财政汇缴专户，二级预算单位在取得处置收入后2个工作日内，全额直接缴入一级预算单位的中央财政汇缴专户；二级预算单位如有下属预算单位，由财政部为二级预算单位开设中央财政汇缴专户，二级预算单位在取得处置收入后2个工作日内，全额直接缴入其中央财政汇缴专户。其主管部门为企业集团的，由财政部为二级预算单位开设中央财政汇缴专户，二级预算单位在取得处置收入后2个工作日内，全额直接缴入其中央财政汇缴专户。

3. 三级及三级以下预算单位。由财政部为其主管二级预算单位开设中央财政汇缴专户，三级及三级以下预算单位在取得处置收入后2个工作日内，全额直接缴入其主管二级预算单位的中央财政汇缴专户。

第三十六条 中央级事业单位上缴的国有资产处置收入，纳入预算管理。事业单位因事业发展产生的资产配置需求，在编制部门预算时由财政部根据有关资产配置标准及中央财力情况统筹安排。

第七章 监督检查和法律责任

第三十七条 财政部对主管部门在授权范围内审批的中央级事业单位国有资产处置情况进行监督，可定期或不定期对中央级事业单位国有资产处置情况开展专项检查。

专员办对所在地的中央级事业单位国有资产处置情况进行监督检查。

第三十八条 主管部门应建立国有资产处置事后检查制度，定期或不定期对所属事业单位资产处置情况进行监督检查。

第三十九条 主管部门和中央级事业单位在国有资产处置过程中不得有下列行为：

（一）未按规定程序申报，擅自越权对规定限额以上的国有资产进行处置；

(二)对不符合规定的申报处置材料予以审批;

(三)串通作弊、暗箱操作,压价处置国有资产;

(四)截留资产处置收入;

(五)其他造成单位资产损失的行为。

第四十条 财政部、主管部门、中央级事业单位和个人违反本办法规定的,应根据《财政违法行为处罚处分条例》(国务院令第427号)等国家有关规定追究法律责任。

第八章 附 则

第四十一条 执行《民间非营利组织会计制度》的中央级社会团体及民办非企业单位涉及国有资产处置的,参照本办法执行。

第四十二条 主管部门可根据本办法的规定,结合本部门实际情况,制定本部门所属事业单位国有资产处置管理办法。主管部门可以根据实际工作需要,授权所属事业单位一定限额的国有资产处置权限,报财政部备案。

第四十三条 对涉及国家安全和秘密的中央级事业单位国有资产处置,应当按照国家有关保密制度的规定,做好保密工作,防止失密和泄密。

第四十四条 事业单位所办全资企业及控股企业的国有资产处置,按照《企业财务通则》(财政部令第41号)、《企业国有资本与财务管理暂行办法》(财企[2001]325号)、《企业国有产权转让管理暂行办法》(国资委 财政部令第3号)等有关规定,由财政部实施监督管理。

第四十五条 本办法自2009年1月1日起施行。此前颁布的有关规定与本办法不一致的,以本办法为准。

财政部关于在中关村国家自主创新示范区进行中央级事业单位科技成果处置权改革试点的通知

财教[2011]18号

党中央有关部门，国务院各部委、各直属机构，全国人大常委会办公厅，全国政协办公厅，高法院，高检院，有关人民团体，有关中央管理企业，新疆生产建设兵团：

为了积极支持中关村国家自主创新示范区建设，进一步激发区内中央级事业单位及其研发人员的积极性和创造性，财政部决定在中关村国家自主创新示范区进行中央级事业单位科技成果处置权改革试点，现将有关事项通知如下：

一、中央级事业单位科技成果处置是指，中央级事业单位对其拥有的科技成果进行产权转让或注销产权的行为，包括无偿划转、对外捐赠、出售、转让等。

二、中央级事业单位科技成果处置权限：一次性处置单位价值或批量价值在800万元以下的，由所在单位按照有关规定自主进行处置，并于一个月内将处置结果报财政部备案；一次性处置单位价值或批量价值在800万元以上（含）的，仍按现行规定执行，即由所在单位经主管部门审核同意后报财政部审批。

三、本通知在中关村国家自主创新示范区内中央级事业单位中试行。已经发布的相关文件与本通知不一致的，依照本通知执行。试行时间为本通知发布之日起至2013年12月31日。

财政部

二〇一一年二月二十二日

财政部关于在中关村国家自主创新示范区开展中央级事业单位科技成果收益权管理改革试点的意见

财教[2011]127 号

党中央有关部门，国务院各部委、各直属机构，全国人大常委会办公厅，全国政协办公厅，高法院，高检院，有关人民团体，有关中央管理企业，新疆生产建设兵团：

为积极支持中关村国家自主创新示范区建设，进一步激发区内中央级事业单位及其研发人员的积极性和创造性，按照国务院关于在中关村国家自主创新示范区开展科技成果收益权管理改革试点的要求，财政部决定在中关村国家自主创新示范区开展中央级事业单位科技成果收益权管理改革试点工作，现提出如下意见。

一、本意见所指中央级事业单位科技成果收益包括：

（一）《财政部关于在中关村国家自主创新示范区进行中央级事业单位科技成果处置权改革试点的通知》（财教[2011]18 号）规定的中央级事业单位科技成果处置行为产生的收益。

（二）中央级事业单位按照《中央级事业单位国有资产处置管理暂行办法》（财教[2008]495 号）有关规定，对利用其拥有的科技成果对外投资形成的股权（权益）进行初次处置产生的收益，不包括二次或多次转让股权（权益）产生的收益。

以上收益是指按照财教[2008]495 号有关规定应上缴中央国库的处置收入。

二、科技成果收益分段按比例留归单位，纳入单位预算统筹用于科研及相关技术转移工作，其余部分上缴中央国库。按照科技成果价值在800万元以下、800万～5000万元、5000万元以上三种情况，分别规定如下：

科技成果价值	收益分成额度		留归单位比例(%)	上缴中央财政比例(%)
800万元以下	全部收益		100	0
800万～5000万元（含800万元）	第一段	收益×(800万/科技成果价值)	100	0
	第二段	收益×(1－800万/科技成果价值)	90	10
5000万元以上（含5000万元）	第一段	收益×800万/科技成果价值	100	0
	第二段	收益×(5000万－800万)/科技成果价值	90	10
	第三段	收益×(1－5000万/科技成果价值)	0	100

注：科技成果价值的界定按照《中央级事业单位国有资产处置管理暂行办法》(财教[2008]495号)有关规定执行。

三、中央级事业单位按照财教[2011]18号规定报批有关处置事项时，其收益如属于按照财教[2008]495号第三十三条有关规定扣除奖励资金后的收益，需同时报送有关奖励方案。

四、主管部门应加强对中央级事业单位科技成果收益的管理，应上缴中央财政的部分要督促单位及时上缴，留归单位的部分要加强管理和监督检查，确保资金安全、规范、有效使用。

五、对于特殊的处置事项，国家保留对其收益上收的权利。

六、本意见适用于中关村国家自主创新示范区内的中央级事业单位，自意见发布之日起至2013年12月31日发生的相关处置事项。已经发布的相关文件与本意见不一致的，依照本意见执行。

财政部

二〇一一年五月四日

财政部关于进一步规范和加强中央级事业单位国有资产管理有关问题的通知

财教[2010]200号

党中央有关部门，国务院各部委、各直属机构，全国人大常委会办公厅，全国政协办公厅，高法院，高检院，有关人民团体，有关中央管理企业，新疆生产建设兵团财务局：

事业单位国有资产是政府履行公共服务职能的重要物质基础，切实加强事业单位国有资产管理，对于进一步健全财政职能和深化收入分配制度改革，提高政府执政能力具有重要意义。自财政部颁布实施《事业单位国有资产管理暂行办法》（财政部令第36号）和《中央级事业单位国有资产管理暂行办法》（财教[2008]13号）等规章制度以来，在各方共同努力下，形成了"国家统一所有，政府分级监管，单位占有使用"的管理体制，以及与此相适应的"财政部门—主管部门—事业单位"的事业资产管理运行机制。各中央部门及其所属事业单位按照上述规定，结合自身实际，建立健全了内部监管体制，规范了国有资产配置、使用和处置管理。总体上看，中央级事业单位国有资产管理工作有序、稳步推进，取得了较好成效。但是也有少数部门和单位违反事业单位国有资产管理制度，不按规定履行管理职能和资产配置、使用、处置、评估等审批程序，给相关工作造成了一定的影响，必须引起高度重视。为了进一步贯彻落实财政部令第36号规定，切实规范和加强中央级事业单位国有资产管理，现就有关事宜通知如下：

一、加强事业单位国有资产管理制度建设

各部门应当根据财政部令第36号、《中央级事业单位国有资产管理暂行办法》（财教[2008]13号）、《中央级事业单位国有资产使用管理暂行办法》（财教[2009]192号）和《中央级事业单位国有资产处置管理暂行办法》（财教[2008]495号）等规定，结合自身实际，尽快制定本部门所属事业单位的国有资产管理办法，报经财政部同意后印发实施。

二、切实做好新增资产配置预算工作

各部门应当按照《财政部关于编制2011年中央部门预算的通知》（财预[2010]271号）的有关要求，认真做好2011年所属事业单位新增资产配置预算编报工作，所有使用财政性资金及其他资金购置车辆、单价200万元及以上的大型设备的支出（包括基本支出和项目支出），都必须编制新增资产配置预算。因不可预见因素确需在年度预算执行中使用财政性资金及其他

资金购置车辆和单价200万元及以上大型设备的，事业单位应报主管部门审核后，由主管部门报财政部核批。没有履行相关程序的，一律不得购置。按照规定需要实行政府采购的，应当按照政府采购的有关规定执行。

三、进一步规范事业单位国有资产使用管理

各部门应当按照《中央级事业单位国有资产使用管理暂行办法》(财教[2009]192号)的规定，加强对所属事业单位国有资产使用的管理。对于所属事业单位利用国有资产对外投资或出租、出借事项，单项或批量价值在800万元以上(含800万元)的，各部门需认真审核后报财政部审批；单项或批量价值在800万元以下的，各部门按规定审批后，应当在15个工作日内将批复文件(一式四份)报财政部备案。

各部门应当按照《财政部关于〈中央级事业单位国有资产使用管理暂行办法〉的补充通知》(财教[2009]495号)要求，对2009年9月1日前本部门所属事业单位未经批准实施对外投资、出租出借等事项，在认真审核相关材料的基础上，于2010年8月31日前将审核认定情况以部发文形式正式报财政部备查，涉及法律纠纷的事项应待纠纷解决后报备。

四、规范事业资产处置行为，加强处置收入管理

各部门应当按照《中央级事业单位国有资产处置管理暂行办法》(财教[2008]495号)的规定，加强对所属事业单位国有资产处置事项的管理。对于事业单位单位价值或批量价值在800万元以上(含800万元)的国有资产处置事项，各部门审核后报财政部审批；单位价值或批量价值在800万元以下的处置事项，各部门按照有关规定审批后，应当在15个工作日内将批复文件(一式四份)报财政部备案。

事业单位国有资产处置应遵循公开、公正、公平和竞争、择优的原则，自主选择有资质的产权交易机构、证券交易系统进行公开处置。按照《中华人民共和国反不正当竞争法》和《国有资产评估管理办法》(国务院令第91号)有关规定，各部门不得指定事业单位国有资产处置交易机构。

事业单位国有资产处置收入是政府非税收入的重要组成部分。按照《国务院办公厅转发财政部〈关于深化收支两条线改革进一步加强财政管理的意见〉的通知》(国办发[2001]93号)精神和《财政国库管理制度改革方案》(财库[2001]24号)、《财政部关于加强政府非税收入管理的通知》(财综[2004]53号)、《中央级事业单位国有资产处置管理暂行办法》(财教[2009]495号)等规定，事业单位国有资产处置收入，在扣除相关税费后，必须按照政府非税收入管理和财政国库收缴管理的规定上缴国库，实行“收支两条线”管理。各部门应当按照《财政部关于编制2011年中央部门预算的通知》(财预[2010]271号)的要求，组织所属事业单位认真填报“中央行政事业单位资产处置收入和行政单位资产出租出借收入预算(录入)表”和“中央行政事业单位资产处置收入和行政单位资产出租出借收入安排支出预算(录入)表”，财政部将根据有关资产配置标准及财力情况统筹安排。

五、加强事业单位所属企业国有资产管理

各部门及其所属事业单位应当按照《中华人民共和国企业国有资产法》、《企业财务通则》(财政部令第 41 号)等规定的要求,切实加强对事业单位所办全资或控股企业的监督管理。事业单位要按照“事企分开”的原则,逐步与所办企业建立以资本为纽带的产权关系,加强和规范对所办企业的监管,保证国有资产的保值增值。所办企业的改制上市、产权转让、资产重组等重大事项,由各部门审核后报财政部批准实施,并到财政部办理国有资产产权占有、变动和注销登记等手续。

六、进一步规范资产评估行为

各部门及其所属事业单位应当按照《国有资产评估管理办法》(国务院令第 91 号)、《国有资产评估管理若干问题的规定》(财政部令第 14 号)和财政部《国有资产评估项目备案管理办法》(财企[2001]802 号)的有关规定,认真做好事业单位资产评估备案的管理工作。各部门和事业单位均可依法委托具有资产评估资质的评估机构开展资产评估工作,并按照“谁委托、谁付费”的原则支付相关费用。任何部门不得滥用行政权力,限定其他部门和单位委托其指定的评估机构开展资产评估工作,也不得干预资产评估机构独立执业。

请各部门及其所属事业单位严格执行《事业单位国有资产管理暂行办法》(财政部令第 36 号)、《中央级事业单位国有资产管理暂行办法》(财教[2008]13 号)等办法和本通知要求,切实做好中央级事业单位国有资产的管理工作。财政部将适时对各部门及其所属事业单位的国有资产管理情况进行监督检查,违反相关规定的,财政部依据《财政违法行为处罚处分条例》(国务院令第 427 号)有关规定严肃处理。

财政部

二〇一〇年七月十三日

财政部关于印发《行政事业单位资金往来结算票据使用管理暂行办法》的通知

财综[2010]1号

党中央有关部门，国务院各部委、各直属机构，全国人大常委会办公厅，全国政协办公厅，高法院，高检院，有关人民团体，各省、自治区、直辖市、计划单列市财政厅（局），新疆生产建设兵团财务局：

为进一步健全和完善财政票据管理制度，规范行政事业单位资金往来结算票据使用管理，加强行政事业单位财务管理监督，防治乱收费、乱罚款和各种摊派行为，根据国家有关财务会计和财政票据管理的法律制度规定，我们制定了《行政事业单位资金往来结算票据使用管理暂行办法》，现印发给你们，请遵照执行。

附件：行政事业单位资金往来结算票据使用管理暂行办法

财政部

二〇一〇年一月五日

附件：

行政事业单位资金往来结算票据使用管理暂行办法

第一章 总 则

第一条 为规范行政事业单位资金往来结算票据使用和管理，加强行政事业单位财务监督，防治乱收费、乱集资和各种摊派行为，维护财政经济秩序，根据国家有关财务会计和财政票据管理的法律制度规定，制定本办法。

第二条 本办法所称的行政事业单位资金往来结算票据(以下简称资金往来结算票据)，是指国家机关、事业单位、社会团体、经法律法规授权的具有管理公共事务职能的其他组织机构(以下简称行政事业单位)发生暂收、代收和单位内部资金往来结算等经济活动时开具的凭证。

第三条 资金往来结算票据是会计核算的原始凭证，是财政、税务、审计、监察等部门进行监督检查的依据。

第四条 资金往来结算票据的印制、领购、核发、使用、保管、核销、稽查等活动，适用本办法。

第五条 各级财政部门是资金往来结算票据的主管部门，按照职能分工和管理权限负责资金往来结算票据的印制、核发、保管、核销、稽查等工作。

第二章 资金往来结算票据的内容和适用范围

第六条 资金往来结算票据基本内容包括票据名称、票据编码、票据监制章、付款单位、开票日期、收款项目、数量、金额、收款单位、收款人以及联次。

资金往来结算票据一般应设置为三联，包括存根联、收据联和记账联，各联次以不同颜色加以区分。

第七条 下列行为，可以使用资金往来结算票据：

(一)行政事业单位暂收款项。由行政事业单位暂时收取，在经济活动结束后需退还原付款单位或个人，不构成本单位收入的款项，如押金、定金、保证金及其他暂时收取的各种款项等。

(二)行政事业单位代收款项。由行政事业单位代为收取，在经济活动结束后需付给其他收款单位或个人，不构成本单位收入的款项，如代收教材费、体检费、水电费、供暖费、电话费等。

(三)单位内部各部门之间、单位与个人之间发生的其他资金往来且不构成本单位收入的款项。

(四)财政部门认定的不作为行政事业单位收入的其他资金往来行为。

第八条 下列行为,不得使用资金往来结算票据:

(一)行政事业单位按照自愿有偿的原则提供下列服务,其收费属于经营服务性收费,应当依法使用税务发票,不得使用资金往来结算票据。

1. 信息咨询、技术咨询、技术开发、技术成果转让和技术服务收费;

2. 法律法规和国务院部门规章规定强制进行的培训业务以外,由有关单位和个人自愿参加培训、会议的收费;

3. 组织短期出国培训,为来华工作的外国人员提供境内服务等收取的国际交流服务费;

4. 组织展览、展销会收取的展位费等服务费;

5. 创办刊物、出版书籍并向订购单位和个人收取的费用;

6. 开展演出活动,提供录音录像服务收取的费用;

7. 复印费、打字费、资料费;

8. 其他经营服务性收费行为。

(二)行政事业性收费、政府性基金、国有资源有偿使用收入、国有资产有偿使用收入、国有资本经营收益、彩票公益金、罚没收入、以政府名义接受的捐赠收入、主管部门集中收入等政府非税收入,应当按照规定使用行政事业性收费票据、政府性基金票据、罚没票据、非税收入一般缴款书等相应的财政票据,不得使用资金往来结算票据。

(三)行政事业单位受政府非税收入执收单位的委托,代行收取政府非税收入,应当按照有关委托手续,使用委托单位领购的有关政府非税收入票据代收相应的政府非税收入,不得使用资金往来结算票据。

(四)社会团体收取会费收入,使用社会团体会费专用收据;公立医疗机构从事医疗服务取得收入,使用医疗票据;公益性单位接收捐赠收入,使用捐赠票据,均不得使用资金往来结算票据。

(五)行政事业单位取得的拨入经费、财政补助收入、上级补助收入等形成本单位收入,不得使用资金往来结算票据。

(六)财政部门认定的其他行为。

第三章 资金往来结算票据的印制、领购和核发

第九条 资金往来结算票据分别由财政部或省级财政部门统一印制,并套印全国统一式样的财政票据监制章。

第十条 资金往来结算票据原则上由独立核算、会计制度健全的行政事业单位向同级财政票据监管机构领购。

第十一条 资金往来结算票据实行凭证领购、分次限量、核旧购新的领购制度。

第十二条 行政事业单位首次申领资金往来结算票据时,应提供《财政票据领购证》和领购申请,在领购申请中需详细列明领购资金往来结算票据的使用范围和项目。

财政票据监管机构依照本办法,对行政事业单位提供的资金往来结算票据使用范围和项目进行审核,对符合资金往来结算票据适用范围的,予以核准;不符合资金往来结算票据适用范围的,不予核准,并向领购单位说明原因。

行政事业单位未取得《财政票据领购证》的,应按照规定程序先办理《财政票据领购证》。

第十三条 行政事业单位再次领购资金往来结算票据时,应当出示《财政票据领购证》,并提交前次领购资金往来结算票据的使用情况及存根,经同级财政票据监管机构审验无误并核销后,方可继续领购。

第十四条 行政事业单位领购资金往来结算票据实行限量发放,每次领购数量一般不超过本单位 6 个月的需要量。

第十五条 行政事业单位在领购资金往来结算票据时,应按照省级(含)以上价格主管部门会同同级财政部门规定的收费标准,向财政票据监管机构支付财政票据工本费。

第四章 资金往来结算票据的使用与保管

第十六条 行政事业单位必须严格按照财政票据监管机构核准的使用范围开具资金往来结算票据,不得超范围使用资金往来结算票据。

行政事业单位不按规定使用资金往来结算票据的,付款单位和个人有权拒付款项,财务部门不得入账。

第十七条 行政事业单位应当按票据号段顺序使用资金往来结算票据,填写资金往来结算票据时做到字迹清楚,内容完整、真实,印章齐全,各联次内容和金额一致。填写错误的,应当另行填写。因填写错误等原因作废的票据,应当加盖作废戳记或者注明“作废”字样,并完整保存全部联次,不得私自销毁。

第十八条 资金往来结算票据的领用单位不得转让、出借、代开、买卖、销毁、涂改资金往来结算票据,不得将资金往来结算票据与其他财政票据、税务发票互相串用。

第十九条 行政事业单位应当建立资金往来结算票据管理制度,设置管理台账,由专人负责资金往来结算票据的领购、使用登记与保管,并按规定向同级财政票据管理机构报送资金往来结算票据的领购、使用、结存情况。

第二十条 行政事业单位领购资金往来结算票据时,应当检查是否有缺页、号码错误、毁损等情况,一经发现应当及时交回财政票据监管机构处理。

第二十一条 行政事业单位遗失资金往来结算票据的,应及时在县级以上新闻媒体上声明作废,并将遗失原因等有关情况,以书面形式报送原核发资金往来结算票据的财政票据监管机构备案。

第二十二条 行政事业单位应当妥善保管已开具的资金往来结算票据存根,票据存根保存期限一般为 5 年。

第二十三条 对保存期满需要销毁的资金往来结算票据存根和未使用的需要作废销毁的资金往来结算票据,由行政事业单位负责登记造册,报经同级财政票据监管机构核准后,由同级财政票据监管机构组织销毁。

第二十四条 撤销、改组、合并的行政事业单位,在办理《财政票据领购证》的变更或注销手续时,应对行政事业单位已使用的资金往来结算票据存根及尚未使用的资金往来结算票据登记造册,并交送同级财政票据监管机构统一销毁。

第二十五条 各省、自治区、直辖市财政部门印制的资金往来结算票据,一般应当在本行政区域内核发使用，不得跨行政区域核发使用，但本地区派驻其他省、自治区、直辖市的行政事业单位除外。

第五章 监督检查

第二十六条 各级财政部门应当根据实际情况和管理需要，对资金往来结算票据的领购、使用、保管等情况进行年度稽查，也可以定期或者不定期的专项检查。

第二十七条 行政事业单位应当自觉接受财政部门的监督检查，如实反映情况，提供有关资料，不得隐瞒情况、弄虚作假或者拒绝、阻碍监督检查。

第二十八条 违反本办法规定领购、使用、管理资金往来结算票据的，财政部门应当责令行政事业单位限期整改，整改期间暂停核发该单位的资金往来结算票据。同时，按照《财政违法行为处罚处分条例》(国务院令第 427 号)等规定进行处理、处罚，涉嫌犯罪的依法移送司法机关追究刑事责任。

第二十九条 各级财政部门对资金往来结算票据使用管理情况进行监督检查时，应当按照规定的程序和要求进行，不得滥用职权、徇私舞弊，不得向被查行政事业单位收取任何费用。

第六章 附 则

第三十条 各省、自治区、直辖市财政部门可根据本办法，结合本地区实际情况，制定具体实施办法，报财政部备案。

第三十一条 本办法自 2010 年 7 月 1 日起施行。

财政部关于印发《关于行政事业单位资金往来结算票据使用管理有关问题的补充通知》的通知

财综[2010]111 号

党中央有关部门，国务院各部委、各直属机构，全国人大常委会办公厅，全国政协办公厅，高法院，高检院，有关人民团体，各省、自治区、直辖市、计划单列市财政厅(局)，新疆生产建设兵团财务局：

《财政部关于印发〈行政事业单位资金往来结算票据管理使用暂行办法〉的通知》(财综[2010]1 号)发布后，有关中央部门和地方财政部门来电来函，询问行政事业单位取得的拨入经费、财政补助收入、上级补助收入等资金，应使用什么票据等问题。经研究，现将有关事宜补充通知如下：

一、行政事业单位取得财政部门拨付的资金，可凭银行结算凭证入账。其中，已实施国库集中支付改革的行政事业单位，按照《财政部关于印发〈财政国库管理制度试点会计核算暂行办法〉的通知》(财库[2001]54 号)规定，可凭《财政直接支付入账通知书》或《财政授权支付额度到账通知书》及相关银行结算凭证入账。

二、行政事业单位取得上级主管部门拨付的资金，形成本单位收入，不再向下级单位转拨的，可凭银行结算凭证入账；转拨下级单位的，属于暂收代收性质，可使用行政事业单位资金往来结算票据。

三、行政事业单位取得具有横向资金分配权部门(包括投资主管部门、科技主管部门、国家自然科学基金管理委员会、国家出版基金管理委员会等)拨付的基本建设投资、科研课题经费等，形成本单位收入的，可凭银行结算凭证入账；转拨下级单位或其他相关指定合作单位的，属于暂收代收性质，可使用行政事业单位资金往来结算票据。

四、没有财务隶属关系的行政单位之间发生的往来资金，应凭银行结算凭证入账。

五、没有财务隶属关系事业单位等之间发生的往来资金，如科研院所之间、高校之间、科研院所与高校之间发生的科研课题经费等，涉及应税的资金，应使用税务发票；不涉及应税的资金，应凭银行结算凭证入账。

财政部

二〇一〇年十一月二十八日

财政部关于印发《中央国家机关和事业单位差旅费管理办法》的通知

财行[2006]313号

国务院各部委、各直属机构：

经国务院批准，现将《中央国家机关和事业单位差旅费管理办法》（以下简称《办法》）印发给你们，请结合实际情况，认真贯彻执行。现将有关具体事项通知如下：

一、本《办法》在公务人员出差等方面进行了重大改革，这是落实党中央提出的改革完善公务活动接待制度的重要举措，各单位要高度重视。

二、本《办法》从2007年1月1日起实施后，各地区定点饭店的确定，以及定点饭店的相关信息汇总、发布等工作需要一段时间完成。在此期间，出差人员住宿主要以各地区、各单位的内部宾馆、招待所为主。内部宾馆、招待所接待条件不具备的，一般应住宿在社会上三星级及三星级以下的宾馆、饭店。出差人员暂时按照副部长级人员每人每天600元、司局级人员每人每天300元，处级以下人员每人每天150元标准以下凭据报销。

各地区饭店定点工作完成后，将另行通知。

三、请各单位将收集到的各方面反映及时反馈我部。

附件：中央国家机关和事业单位差旅费管理办法

财政部

二〇〇六年十一月十三日

附件：

中央国家机关和事业单位差旅费管理办法

第一章 总 则

第一条 为了保证出差人员工作与生活的需要，规范差旅费管理，完善公务活动接待制度，制定本办法。

第二条 本办法适用于中央国家机关和事业单位，包括中央驻北京市以外地区的国家机关和事业单位。

第三条 差旅费开支范围包括城市间交通费、住宿费、伙食补助费和公杂费。

第四条 城市间交通费和住宿费在规定标准内凭据报销，伙食补助费和公杂费实行定额包干。

第五条 各单位要建立健全出差审批管理制度，严格控制出差人数和天数。严肃财经纪律，加强廉政建设，不得向下级单位或其他单位转嫁差旅费。

第二章 城市间交通费

第六条 出差人员要按照规定等级乘坐交通工具，凭据报销城市间交通费。未按规定等级乘坐交通工具的，超支部分自理。

（一）出差人员乘坐交通工具的等级见下表。（表略）

（二）出差人员乘坐飞机要从严控制，出差路途较远或出差任务紧急的，经单位司局以上领导批准方可乘坐飞机。单位级别在司局级以下的，需经本单位领导批准方可乘坐飞机。

（三）副部长以及相当职务的人员出差，因工作需要，随行一人可以乘坐火车软席或轮船一等舱、飞机头等舱。

第七条 乘坐火车，从当日晚 8 时至次日晨 7 时乘车 6 小时以上的，或连续乘车超过 12 小时的，可购同席卧铺票。符合规定而未购买卧铺票的，按实际乘坐的硬座票价的 80％给予补助。可以乘坐软卧而改乘硬卧的，不再给予补助。

第八条 乘坐飞机，往返机场的专线客车费用、民航机场管理建设费和航空旅客人身意外伤害保险费（限每人每次一份），凭据报销。

第三章 住宿费

第九条 财政部根据各地的经济发展水平和物价水平，分别确定各级别人员的住宿费开支标准上限。

第十条 中央国家机关工作人员出差实行定点住宿。住宿标准：副部长级人员住套间，司局级人员住标准间，处级以下人员两人住一个标准间。

出差人员必须到定点饭店住宿,住宿费按照定点饭店的收费标准凭据报销。因特殊情况未到定点饭店住宿的,在出差地住宿费开支标准上限以内凭据报销。

出差到没有定点饭店的地方,住宿费在所在地、市、州住宿费开支标准上限以内凭据报销。

定点饭店通过招标、协商方式确定,名单另行公布。

第十一条 中央事业单位工作人员出差暂不实行定点住宿,其住宿费在出差地住宿费开支标准上限以内凭据报销。

第十二条 出差人员无住宿费发票,一律不予报销住宿费。

第四章 伙食补助费

第十三条 出差人员的伙食补助费按出差自然(日历)天数实行定额包干,每人每天50元。

第十四条 出差人员由接待单位统一安排伙食的,不实行包干办法。出差人员应向接待单位交纳伙食费,回所在单位如实申报,每人每天在50元以内凭接待单位收据据实报销。接待单位收取的伙食费用于抵顶招待费开支。

第五章 公杂费

第十五条 出差人员的公杂费按出差自然(日历)天数实行定额包干,每人每天30元,用于补助市内交通、通讯等支出。

第十六条 出差人员由所在单位、接待单位或其他单位免费提供交通工具的,应如实申报,公杂费减半发放。

第六章 参加会议等的差旅费

第十七条 工作人员外出参加会议,会议统一安排食宿的,会议期间的住宿费、伙食补助费和公杂费由会议主办单位按会议费规定统一开支,在途期间的住宿费、伙食补助费和公杂费回所在单位按照差旅费规定报销。小型调查研究会等不统一安排食宿的,会议期间和在途期间的住宿费、伙食补助费和公杂费均回所在单位按照差旅费规定报销。

第十八条 到基层单位实(见)习、工作锻炼、支援工作以及各种工作队等人员,在途期间的住宿费、伙食补助费和公杂费按照差旅费开支规定执行;在基层单位工作期间,每人每天发放伙食补助费15元,不报销住宿费和公杂费。

第七章 调动、搬迁的差旅费

第十九条 工作人员因调动工作所发生的城市间交通费、住宿费、伙食补助费和公杂费,按出差的有关规定执行。

工作人员调动工作,一般不得乘坐飞机。

工作人员因调动工作所发生的行李、家具等托运费,在每人每公里1元以内凭据报销,超过部分自理。

以上发生的各项费用,由调入单位报销。

第二十条 与工作人员同住的家属(父母、配偶、未满16周岁的子女和必须赡养的家属),如果随同调动,其城市间交通费、住宿费、伙食补助费和公杂费,以及行李、家具托运费等,由调入单位按被调动人员的标准报销。已满16周岁的子女随同被调动人员调动所发生的各项费用,按一般工作人员标准报销。

被调动人员的同住家属,应与被调动人员同行。暂时不能同行的,经调入单位同意,可暂留原地。其以后迁移时的旅费,以及被调动人员的非同住家属,经批准迁到被调动人员的工作单位所在地的旅费,均由被调动人员的调入单位报销。

第二十一条 职工搬迁家属的路费。按有关规定,并经组织批准,将原未随同本人居住的配偶(非就业人员)及其同住亲属迁至工作单位所在地的,由工作人员所在单位按第二十条规定报销旅费。

第二十二条 由部队转业到地方工作的干部,其差旅费按照解放军总后勤部的有关规定,由所在部队按合理路线、规定标准计算发给,到达调入单位后结算,多退少补,作为增加或减少单位的差旅费处理。

第八章 附 则

第二十三条 工作人员出差或调动工作期间,事先经单位领导批准就近回家省亲办事的,其绕道交通费,扣除出差直线单程交通费,多开支的部分由个人自理。绕道和在家期间不予报销住宿费、伙食补助费和公杂费。

第二十四条 工作人员出差期间,因游览或非工作需要的参观而开支的费用,均由个人自理。出差人员不准接受违反规定用公款支付的请客、送礼、游览。各接待单位要根据各类出差人员住宿费限额标准和伙食补助费包干标准适当安排,不得以任何名义免收或少收食宿费。对弄虚作假,虚报冒领,违反规定的,应按照有关规定严肃处理。

第二十五条 国务院机关事务管理局可根据本办法制定补充办法,并报财政部备案。各单位可根据本办法,结合本单位实际情况制定具体规定。实行垂直管理体制的部门可根据本办法,结合本部门实际情况制定具体规定,报财政部备案。

第二十六条 中国共产党、各民主党派、各人民团体直属机关,参照本办法执行;中国人民解放军和中国人民武装警察部队的差旅费管理办法,由总后勤部参照本办法另行规定。

第二十七条 本办法自2007年1月1日起实行。财政部《关于印发〈中央国家机关、事业单位工作人员差旅费开支的规定〉的通知》(财文字[1996]2号)同时废止。

第二十八条 本办法由财政部负责解释。

国务院机关事务管理局　财政部关于印发《中央国家机关会议费管理办法》的通知

国管财[2006]426号

国务院各部委、各直属机构：

为了进一步加强中央国家机关会议费管理，经国务院批准，现将修订的《中央国家机关会议费管理办法》印发给你们，请认真贯彻执行。

国务院机关事务管理局

中华人民共和国财政部

二〇〇六年十一月十三日

中央国家机关会议费管理办法

第一条 为贯彻中共中央、国务院关于厉行节约制止奢侈浪费行为和精简会议的有关精神，加强中央国家机关会议费管理，进一步控制和精简会议，节约会议费开支，制定本办法。

第二条 各单位应建立健全会议审批制度，严格控制会议数量、会期、规模，注重会议质量，提高会议效率。应当充分采用电视电话、网络视频方式召开会议。

第三条 中央国家机关召开的会议实行分类管理、分级审批的办法。

第四条 会议分类

一类会议是国务院批准的、以国务院名义召开的，要求省、自治区、直辖市、计划单列市负责同志参加的会议；

二类会议是国务院各部委、各直属机构召开的，要求省、自治区、直辖市、计划单列市有关厅(局)或本系统在各地机构的负责同志参加的会议；

三类会议是国务院各部委、各直属机构及其所属内设机构召开的，要求省、自治区、直辖市、计划单列市有关厅(局)或本系统在各地机构有关人员参加的会议。

第五条 会议审批程序

一类会议。经批准后，会议接待、总务、经费预算及费用结算工作由国务院机关事务管理局负责。

二类会议。各单位应于每年的 11 月底前将下一年度计划召开的二类会议的报批文件(会议的名称、主要内容、时间、地点、代表及工作人员数、所需经费等)送财政部审核会签后，按程序报批。各单位原则上每年只能召开一个二类会议，需要召开多个的，应阐述理由。

三类会议。国务院各部委、各直属机构应根据工作需要和会议费预算指标，从严审批。

第六条 会议天数

二类会议会期一般不得超过 3 天，三类会议会期一般不得超过 2 天。

第七条 会议人数

二类会议与会人员一般不得超过 200 人，工作人员控制在代表人数的 20%以内。

三类会议与会人员不得超过 150 人，工作人员控制在代表人数的 15%以内。

第八条 会议地点

各单位召开会议应尽量使用单位内部的宾馆、招待所、会议室和车辆，内部宾馆、招待所不具备承接条件的，应到定点饭店召开，不得租用高级宾馆、饭店召开会议，也不得到党中央、国务院严禁召开会议的风景名胜区等地方召开会议。定点饭店名单及收费标准另行公布。

第九条 会议费开支渠道

会议费用由组织召开会议单位承担，各单位不得以任何方式转嫁或摊派会议费用。任何单位和个人有权拒绝参加要求与会人员食宿费用自理的各种会议。

第十条 会议费开支范围

会议费开支包括会议房租费(含会议室租金)、伙食补助费、交通费、办公用品费、文件印刷费、医药费等。

会议主办单位不得组织会议代表游览及与会议无关的参观,也不得宴请与会人员、发放纪念品及与会议无关的物品。

第十一条 会议费开支标准

会议费开支实行综合定额控制,各项费用之间可以调剂使用,在综合定额控制内据实报销。会议费综合定额标准如下:

单位:元/人天

会议类别	房租费	伙食补助费	其他费用合计	合计	备注
一类会议	250	80	70	400	含会议室租金
二类会议	170	80	50	300	含会议室租金
三类会议	150	80	30	260	含会议室租金

在定点饭店召开会议的,房租费、伙食补助费按定点饭店的收费标准执行。

会议召开地代表原则上不安排住宿;工作人员除必须住会的以外,不安排住宿。

其他费用包括交通、文件印刷、夜餐、办公用品、备用药品等。

第十二条 会议费报销

会议主办单位应在会议结束后及时到本单位财务部门报账,财务部门要认真把关,严格按规定审核会议费开支,超标准或扩大范围开支的不予报销。

第十三条 本办法自 2007 年 1 月 1 日起实行。《财政部、国务院机关事务管理局关于印发〈中央国家机关会议费管理办法〉的通知》([1993]国管财字第 049 号)同时废止。

国务院机关事务管理局　财政部关于调整中央国家机关会议费开支标准的通知

国管财[2008]331号

国务院各部委、各直属机构：

为进一步贯彻落实中共中央办公厅、国务院办公厅《党政机关国内公务接待管理规定》（中办发[2006]33号），规范和加强中央国家机关会议费管理，杜绝中央单位向下属单位或地方有关单位转嫁会议费负担的行为，根据近两年中央单位会议费开支实际情况，综合考虑市场物价变动等因素，经研究决定，自2009年1月1日起调整《中央国家机关会议费管理办法》（国管财[2006]426号）规定的会议费综合定额标准。现就有关事项通知如下：

一、会议费综合定额标准调整为：一类会议每人每天600元，二类会议每人每天500元，三类会议每人每天400元。上述会议费综合定额标准为会议费开支上限控制标准。

二、各单位要贯彻落实《关于国务院办公厅精简会议文件、改进会风文风的意见》（内部情况通报第631期）的有关精神，按照切实精简会议，改进会风，勤俭办会的要求，严格控制会议规格、规模、数量和会议时间，降低会议成本，减少会议费支出。要充分利用现代科技手段，尽量召开电视电话会议或网络视频会议。

三、由于标准调整而增加的会议费支出，由各单位根据国务院有关精简会议的要求，通过减少会议、压缩会议规模等方式解决，不再增加部门预算。各单位不得向下属单位或地方有关单位转嫁会议费负担。

国务院机关事务管理局　财政部

二〇〇八年十一月十二日

四、其他类

中共中央　国务院关于深化科技体制改革加快国家创新体系建设的意见

中发[2012]6号

为加快推进创新型国家建设，全面落实《国家中长期科学和技术发展规划纲要(2006—2020年)》(以下简称科技规划纲要)，充分发挥科技对经济社会发展的支撑引领作用，现就深化科技体制改革、加快国家创新体系建设提出如下意见。

一、充分认识深化科技体制改革、加快国家创新体系建设的重要性和紧迫性

科学技术是第一生产力，是经济社会发展的重要动力源泉。党和国家历来高度重视科技工作。改革开放30多年来，我国科技事业快速发展，取得历史性成就。特别是党的十六大以来，中央做出增强自主创新能力、建设创新型国家的重大战略决策，制定实施科技规划纲要，科技投入持续快速增长，激励创新的政策法律不断完善，国家创新体系建设积极推进，取得一批重大科技创新成果，形成一支高素质科技人才队伍，我国整体科技实力和科技竞争力明显提升，在促进经济社会发展和保障国家安全中发挥了重要支撑引领作用。

当前，我国正处在全面建设小康社会的关键时期和深化改革开放、加快转变经济发展方式的攻坚时期。国际金融危机深层次影响仍在持续，科技在经济社会发展中的作用日益凸显，国际科技竞争与合作不断加强，新科技革命和全球产业变革步伐加快，我国科技发展既面临重要战略机遇，也面临严峻挑战。面对新形势新要求，我国自主创新能力还不够强，科技体制机制与经济社会发展和国际竞争的要求不相适应，突出表现为：企业技术创新主体地位没有真正确立，产学研结合不够紧密，科技与经济结合问题没有从根本上解决，原创性科技成果较少，关键技术自给率较低；一些科技资源配置过度行政化，分散重复封闭低效等问题突出，科技项目及经费管理不尽合理，研发和成果转移转化效率不高；科技评价导向不够合理，科研诚信和创新文化建设薄弱，科技人员的积极性创造性还没有得到充分发挥。这些问题已成为制约科技创新的重要因素，影响我国综合实力和国际竞争力的提升。因此，抓住机遇大幅提升自主创新能力，激发全社会创造活力，真正实现创新驱动发展，迫切需要进一步深化科技体制改革，加快国家创新体系建设。

二、深化科技体制改革、加快国家创新体系建设的指导思想、主要原则和主要目标

(一)指导思想。高举中国特色社会主义伟大旗帜,以邓小平理论和“三个代表”重要思想为指导,深入贯彻落实科学发展观,大力实施科教兴国战略和人才强国战略,坚持自主创新、重点跨越、支撑发展、引领未来的指导方针,全面落实科技规划纲要,以提高自主创新能力为核心,以促进科技与经济社会发展紧密结合为重点,进一步深化科技体制改革,着力解决制约科技创新的突出问题,充分发挥科技在转变经济发展方式和调整经济结构中的支撑引领作用,加快建设中国特色国家创新体系,为2020年进入创新型国家行列、全面建成小康社会和新中国成立100周年时成为世界科技强国奠定坚实基础。

(二)主要原则。一是坚持创新驱动、服务发展。把科技服务于经济社会发展放在首位,大力提高自主创新能力,发挥科技支撑引领作用,加快实现创新驱动发展。二是坚持企业主体、协同创新。突出企业技术创新主体作用,强化产学研用紧密结合,促进科技资源开放共享,各类创新主体协同合作,提升国家创新体系整体效能。三是坚持政府支持、市场导向。统筹发挥政府在战略规划、政策法规、标准规范和监督指导等方面的作用与市场在资源配置中的基础性作用,营造良好环境,激发创新活力。注重发挥新型举国体制在实施国家科技重大专项中的作用。四是坚持统筹协调、遵循规律。统筹落实国家中长期科技、教育、人才规划纲要,发挥中央和地方两方面积极性,强化地方在区域创新中的主导地位,按照经济社会和科技发展的内在要求,整体谋划、有序推进科技体制改革。五是坚持改革开放、合作共赢。改革完善科技体制机制,充分利用国际国内科技资源,提高科技发展的科学化水平和国际化程度。

(三)主要目标。到2020年,基本建成适应社会主义市场经济体制、符合科技发展规律的中国特色国家创新体系;原始创新能力明显提高,集成创新、引进消化吸收再创新能力大幅增强,关键领域科学研究实现原创性重大突破,战略性高技术领域技术研发实现跨越式发展,若干领域创新成果进入世界前列;创新环境更加优化,创新效益大幅提高,创新人才竞相涌现,全民科学素质普遍提高,科技支撑引领经济社会发展的能力大幅提升,进入创新型国家行列。

“十二五”时期的主要目标:一是确立企业在技术创新中的主体地位,企业研发投入明显提高,创新能力普遍增强,全社会研发经费占国内生产总值2.2%,大中型工业企业平均研发投入占主营业务收入比例提高到1.5%,行业领军企业逐步实现研发投入占主营业务收入的比例与国际同类先进企业相当,形成更多具有自主知识产权的核心技术,充分发挥大型企业的技术创新骨干作用,培育若干综合竞争力居世界前列的创新型企业和科技型中小企业创新集群。二是推进科研院所和高等学校科研体制机制改革,建立适应不同类型科研活动特点的管理制度和运行机制,提升创新能力和服务水平,在满足经济社会发展需求以及基础研究和前沿技术研发上取得重要突破。加快建设若干一流科研机构,创新能力和研究成果进入世界同类科研机构前列;加快建设一批高水平研究型大学,一批优势学科达到世界一流水平。三是完善国家创新体系,促进技术创新、知识创新、国防科技创新、区域创新、科技中介服务体系协调发展,强化相互支撑和联动,提高整体效能,科技进步贡献率达到55%左右。四是改革科技管理体制,推进科技项目和经费管理改革、科技评价和奖励制度改革,形成激励创新的正确导向,打破行

业壁垒和部门分割，实现创新资源合理配置和高效利用。五是完善人才发展机制，激发科技人员积极性创造性，加快高素质创新人才队伍建设，每万名就业人员的研发人力投入达到43人年；提高全民科学素质，我国公民具备基本科学素质的比例超过5%。六是进一步优化创新环境，加强科学道德和创新文化建设，完善保障和推进科技创新的政策措施，扩大科技开放合作。

三、强化企业技术创新主体地位，促进科技与经济紧密结合

（四）建立企业主导产业技术研发创新的体制机制。加快建立企业为主体、市场为导向、产学研用紧密结合的技术创新体系。充分发挥企业在技术创新决策、研发投入、科研组织和成果转化中的主体作用，吸纳企业参与国家科技项目的决策，产业目标明确的国家重大科技项目由有条件的企业牵头组织实施。引导和支持企业加强技术研发能力建设，“十二五”时期国家重点建设的工程技术类研究中心和实验室，优先在具备条件的行业骨干企业布局。科研院所和高等学校要更多地为企业技术创新提供支持和服务，促进技术、人才等创新要素向企业研发机构流动。支持行业骨干企业与科研院所、高等学校联合组建技术研发平台和产业技术创新战略联盟，合作开展核心关键技术研发和相关基础研究，联合培养人才，共享科研成果。鼓励科研院所和高等学校的科技人员创办科技型企业，促进研发成果转化。

进一步强化和完善政策措施，引导鼓励企业成为技术创新主体。落实企业研发费用税前加计扣除政策，适用范围包括战略性新兴产业、传统产业技术改造和现代服务业等领域的研发活动；改进企业研发费用计核方法，合理扩大研发费用加计扣除范围，加大企业研发设备加速折旧等政策的落实力度，激励企业加大研发投入。完善高新技术企业认定办法，落实相关优惠政策。建立健全国有企业技术创新的经营业绩考核制度，落实和完善国有企业研发投入的考核措施，加强对不同行业研发投入和产出的分类考核。加大国有资本经营预算对自主创新的支持力度，支持中央企业围绕国家重点研发任务开展技术创新和成果产业化。营造公平竞争的市场环境，大力支持民营企业创新活动。加大对中小企业、微型企业技术创新的财政和金融支持，落实好相关税收优惠政策。扩大科技型中小企业创新基金规模，通过贷款贴息、研发资助等方式支持中小企业技术创新活动。建立政府引导资金和社会资本共同支持初创科技型企业发展的风险投资机制，实施科技型中小企业创业投资引导基金及新兴产业创业投资计划，引导创业投资机构投资科技型中小企业。完善支持中小企业技术创新和向中小企业技术转移的公共服务平台，健全服务功能和服务标准。支持企业职工的技术创新活动。

（五）提高科研院所和高等学校服务经济社会发展的能力。加快科研院所和高等学校科研体制改革和机制创新。按照科研机构分类改革的要求，明确定位，优化布局，稳定规模，提升能力，走内涵式发展道路。公益类科研机构要坚持社会公益服务的方向，探索管办分离，建立适应农业、卫生、气象、海洋、环保、水利、国土资源和公共安全等领域特点的科技创新支撑机制。基础研究类科研机构要瞄准科学前沿问题和国家长远战略需求，完善有利于激发创新活力、提升原始创新能力的运行机制。对从事基础研究、前沿技术研究和社会公益研究的科研机构和学科专业，完善财政投入为主、引导社会参与的持续稳定支持机制。技术开发类科研机构要坚持企业化转制方向，完善现代企业制度，建立市场导向的技术创新机制。

充分发挥国家科研机构的骨干和引领作用。建立健全现代科研院所制度，制定科研院所

章程，完善治理结构，进一步落实法人自主权，探索实行由主要利益相关方代表构成的理事会制度。实行固定岗位与流动岗位相结合的用人制度，建立开放、竞争、流动的用人机制。推进实施绩效工资。对科研机构实行周期性评估，根据评估结果调整和确定支持方向和投入力度。引导和鼓励民办科研机构发展，在承担国家科技任务、人才引进等方面加大支持力度，符合条件的民办科研机构享受税收优惠等相关政策。

充分发挥高等学校的基础和生力军作用。落实和扩大高等学校办学自主权。根据经济社会发展需要和学科专业优势，明确各类高等学校定位，突出办学特色，建立以服务需求和提升创新能力为导向的科技评价和科技服务体系。高等学校对学科专业实行动态调整，大力推动与产业需求相结合的人才培养，促进交叉学科发展，全面提高人才培养质量。发挥高等学校学科人才优势，在基础研究和前沿技术领域取得原创性突破。建立与产业、区域经济紧密结合的成果转化机制，鼓励支持高等学校教师转化和推广科研成果。以学科建设和协同创新为重点，提升高等学校创新能力。大力推进科技与教育相结合的改革，促进科研与教学互动、科研与人才培养紧密结合，培育跨学科、跨领域的科研教学团队，增强学生创新精神和创业能力，提升高等学校毕业生就业率。

（六）完善科技支撑战略性新兴产业发展和传统产业升级的机制。建立科技有效支撑产业发展的机制，围绕战略性新兴产业需求部署创新链，突破技术瓶颈，掌握核心关键技术，推动节能环保、新一代信息技术、生物、高端装备制造、新能源、新材料、新能源汽车等产业快速发展，增强市场竞争力，到2015年战略性新兴产业增加值占国内生产总值的比重力争达到8%左右，到2020年力争达到15%左右。以数字化、网络化、智能化为重点，推进工业化和信息化深度融合。充分发挥市场机制对产业发展方向和技术路线选择的基础性作用，通过制定规划、技术标准、市场规范和产业技术政策等进行引导。加大对企业主导的新兴产业链扶持力度，支持创新型骨干企业整合创新资源。加强技术集成、工艺创新和商业模式创新，大力拓展国内外市场。优化布局，防止盲目重复建设，引导战略性新兴产业健康发展。在事关国家安全和重大战略需求领域，进一步凝炼重点，明确制约产业发展的关键技术，充分发挥国家重点工程、科技重大专项、科技计划、产业化项目和应用示范工程的引领和带动作用，实现电子信息、能源环保、生物医药、先进制造等领域的核心技术重大突破，促进产业加快发展。加大对中试环节的支持力度，促进从研究开发到产业化的有机衔接。

加强技术创新，推动技术改造，促进传统产业优化升级。围绕品种质量、节能降耗、生态环境、安全生产等重点，完善新技术新工艺新产品的应用推广机制，提升传统产业创新发展能力。针对行业和技术领域特点，整合资源构建共性技术研发基地，在重点产业领域建设技术创新平台。建立健全知识转移和技术扩散机制，加快科技成果转化应用。

（七）完善科技促进农业发展、民生改善和社会管理创新的机制。高度重视农业科技发展，发挥政府在农业科技投入中的主导作用，加大对农业科技的支持力度。打破部门、区域、学科界限，推进农科教、产学研紧密结合，有效整合农业相关科技资源。面向产业需求，围绕粮食安全、种业发展、主要农产品供给、生物安全、农林生态保护等重点方向，构建适应高产、优质、高效、生态、安全农业发展要求的技术体系。大力推进农村科技创业，鼓励创办农业科技企业和技术合作组织。强化基层公益性农技推广服务，引导科研教育机构积极开展农技服务，培育和支持新型农业社会化服务组织，进一步完善公益性服务、社会化服务有机结合的农业技术服务体系。

注重发展关系民生的科学技术，加快推进涉及人口健康、食品药品安全、防灾减灾、生态环境和应对气候变化等领域的科技创新，满足保障和改善民生的重大科技需求。加大投入，健全机制，促进公益性民生科技研发和应用推广；加快培育市场主体，完善支持政策，促进民生科技产业发展，使科技创新成果惠及广大人民群众。加强文化科技创新，推进科技与文化融合，提高科技对文化事业和文化产业发展的支撑能力。

加快建设社会管理领域的科技支撑体系。充分运用信息技术等先进手段，建设网络化、广覆盖的公共服务平台。着力推进政府相关部门信息共享、互联互通。建立健全以自主知识产权为核心的互联网信息安全关键技术保障机制，促进信息网络健康发展。

四、加强统筹部署和协同创新，提高创新体系整体效能

（八）推动创新体系协调发展。统筹技术创新、知识创新、国防科技创新、区域创新和科技中介服务体系建设，建立基础研究、应用研究、成果转化和产业化紧密结合、协调发展机制。支持和鼓励各创新主体根据自身特色和优势，探索多种形式的协同创新模式。完善学科布局，推动学科交叉融合和均衡发展，统筹目标导向和自由探索的科学研究，超前部署对国家长远发展具有带动作用的战略先导研究、重要基础研究和交叉前沿研究。加强技术创新基地建设，发挥骨干企业和转制院所作用，提高产业关键技术研发攻关水平，促进技术成果工程化、产业化。完善军民科技融合机制，建设军民两用技术创新基地和转移平台，扩大民口科研机构和科技型企业对国防科技研发的承接范围。培育、支持和引导科技中介服务机构向服务专业化、功能社会化、组织网络化、运行规范化方向发展，壮大专业研发设计服务企业，培育知识产权服务市场，推进检验检测机构市场化服务，完善技术交易市场体系，加快发展科技服务业。充分发挥科技社团在推动全社会创新活动中的作用。建立全国创新调查制度，加强国家创新体系建设监测评估。

（九）完善区域创新发展机制。充分发挥地方在区域创新中的主导作用，加快建设各具特色的区域创新体系。结合区域经济社会发展的特色和优势，科学规划、合理布局，完善激励引导政策，加大投入支持力度，优化区域内创新资源配置。加强区域科技创新公共服务能力建设，进一步完善科技企业孵化器、大学科技园等创新创业载体的运行服务机制，强化创业辅导功能。加强区域间科技合作，推动创新要素向区域特色产业聚集，培育一批具有国际竞争力的产业集群。加强统筹协调，分类指导，完善相关政策，鼓励创新资源密集的区域率先实现创新驱动发展，支持具有特色创新资源的区域加快提高创新能力。以中央财政资金为引导，带动地方财政和社会投入，支持区域公共科技服务平台建设。总结完善并逐步推广中关村等国家自主创新示范区试点经验和相关政策。分类指导国家自主创新示范区、国家高新技术产业开发区、国家高技术产业基地等创新中心完善机制，加强创新能力建设，发挥好集聚辐射带动作用。

（十）强化科技资源开放共享。建立科研院所、高等学校和企业开放科研设施的合理运行机制。整合各类科技资源，推进大型科学仪器设备、科技文献、科学数据等科技基础条件平台建设，加快建立健全开放共享的运行服务管理模式和支持方式，制定相应的评价标准和监督奖

惩办法。完善国家财政资金购置科研仪器设备的查重机制和联合评议机制,防止重复购置和闲置浪费。对财政资金资助的科技项目和科研基础设施,加快建立统一的管理数据库和统一的科技报告制度,并依法向社会开放。

五、改革科技管理体制,促进管理科学化和资源高效利用

(十一)加强科技宏观统筹。完善统筹协调的科技宏观决策体系,建立健全国家科技重大决策机制,完善中央与地方之间、科技相关部门之间、科技部门与其他部门之间的沟通协调机制,进一步明确国家各类科技计划、专项、基金的定位和支持重点,防止重复部署。加快转变政府管理职能,加强战略规划、政策法规、标准规范和监督指导等方面职责,提高公共科技服务能力,充分发挥各类创新主体的作用。完善国家科技决策咨询制度,重大科技决策要广泛听取意见,将科技咨询纳入国家重大问题的决策程序。探索社会主义市场经济条件下的举国体制,完善重大战略性科技任务的组织方式,充分发挥我国社会主义制度集中力量办大事的优势,充分发挥市场在资源配置中的基础性作用,保障国家科技重大专项等顺利实施。

(十二)推进科技项目管理改革。建立健全科技项目决策、执行、评价相对分开、互相监督的运行机制。完善科技项目管理组织流程,按照经济社会发展需求确定应用型重大科技任务,拓宽科技项目需求征集渠道,建立科学合理的项目形成机制和储备制度。建立健全科技项目公平竞争和信息公开公示制度,探索完善网络申报和视频评审办法,保证科技项目管理的公开公平公正。完善国家科技项目管理的法人责任制,加强实施督导、过程管理和项目验收,建立健全对科技项目和科研基础设施建设的第三方评估机制。完善科技项目评审评价机制,避免频繁考核,保证科研人员的科研时间。完善相关管理制度,避免科技项目和经费过度集中于少数科研人员。

(十三)完善科技经费管理制度。健全竞争性经费和稳定支持经费相协调的投入机制,优化基础研究、应用研究、试验发展和成果转化的经费投入结构。完善科研课题间接成本补偿机制。建立健全符合科研规律的科技项目经费管理机制和审计方式,增加项目承担单位预算调整权限,提高经费使用自主权。建立健全科研经费监督管理机制,完善科技相关部门预算和科研经费信息公开公示制度,通过实施国库集中支付、公务卡等办法,严格科技财务制度,强化对科技经费使用过程的监管,依法查处违法违规行为。加强对各类科技计划、专项、基金、工程等经费管理使用的综合绩效评价,健全科技项目管理问责机制,依法公开问责情况,提高资金使用效益。

(十四)深化科技评价和奖励制度改革。根据不同类型科技活动特点,注重科技创新质量和实际贡献,制定导向明确、激励约束并重的评价标准和方法。基础研究以同行评价为主,特别要加强国际同行评价,着重评价成果的科学价值;应用研究由用户和专家等相关第三方评价,着重评价目标完成情况、成果转化情况以及技术成果的突破性和带动性;产业化开发由市场和用户评价,着重评价对产业发展的实质贡献。建立评价专家责任制度和信息公开制度。开展科技项目标准化评价和重大成果产出导向的科技评价试点,完善国家科技重大专项监督评估制度。加强对科技项目决策、实施、成果转化的后评估。发挥科技社团在科技评价中的作用。

改革完善国家科技奖励制度,建立公开提名、科学评议、实践检验、公信度高的科技奖励机

制。提高奖励质量，减少数量，适当延长报奖成果的应用年限。重点奖励重大科技贡献和杰出科技人才，强化对青年科技人才的奖励导向。根据不同奖项的特点完善评审标准和办法，增加评审过程透明度。探索科技奖励的同行提名制。支持和规范社会力量设奖。

六、完善人才发展机制，激发科技人员积极性创造性

（十五）统筹各类创新人才发展和完善人才激励制度。深入实施重大人才工程和政策，培养造就世界水平的科学家、科技领军人才、卓越工程师和高水平创新团队。改进和完善院士制度。大力引进海外优秀人才特别是顶尖人才，支持归国留学人员创新创业。加强科研生产一线高层次专业技术人才和高技能人才培养。支持创新人才到西部地区特别是边疆民族地区工作。支持35岁以下的优秀青年科技人才主持科研项目。鼓励大学生自主创新创业。鼓励在创新实践中脱颖而出的人才成长和创业。重视工程实用人才、紧缺技能人才和农村实用人才培养。

建立以科研能力和创新成果等为导向的科技人才评价标准，改变片面将论文数量、项目和经费数量、专利数量等与科研人员评价和晋升直接挂钩的做法。加快建设人才公共服务体系，健全科技人才流动机制，鼓励科研院所、高等学校和企业创新人才双向交流。探索实施科研关键岗位和重大科研项目负责人公开招聘制度。规范和完善专业技术职务聘任和岗位聘用制度，扩大用人单位自主权。探索有利于创新人才发挥作用的多种分配方式，完善科技人员收入分配政策，健全与岗位职责、工作业绩、实际贡献紧密联系和鼓励创新创造的分配激励机制。

（十六）加强科学道德和创新文化建设。建立健全科研活动行为准则和规范，加强科研诚信和科学伦理教育，将其纳入国民教育体系和科技人员职业培训体系，与理想信念、职业道德和法制教育相结合，强化科技人员的诚信意识和社会责任。发挥科研机构和学术团体的自律功能，引导科技人员加强自我约束、自我管理。加强科研诚信和科学伦理的社会监督，扩大公众对科研活动的知情权和监督权。加强国家科研诚信制度建设，加快相关立法进程，建立科技项目诚信档案，完善监督机制，加大对学术不端行为的惩处力度，切实净化学术风气。

引导科技工作者自觉践行社会主义核心价值体系，大力弘扬求真务实、勇于创新、团结协作、无私奉献、报效祖国的精神，保障学术自由，营造宽松包容、奋发向上的学术氛围。大力宣传优秀科技工作者和团队的先进事迹。加强科学普及，发展创新文化，进一步形成尊重劳动、尊重知识、尊重人才、尊重创造的良好风尚。

七、营造良好环境，为科技创新提供有力保障

（十七）完善相关法律法规和政策措施。落实科技规划纲要配套政策，发挥政府在科技投入中的引导作用，进一步落实和完善促进全社会研发经费逐步增长的相关政策措施，加快形成多元化、多层次、多渠道的科技投入体系，实现2020年全社会研发经费占国内生产总值2.5％以上的目标。

完善和落实促进科技成果转化应用的政策措施，实施技术转让所得税优惠政策，用好国家科技成果转化引导基金，加大对新技术新工艺新产品应用推广的支持力度，研究采取以奖代补、贷款贴息、创业投资引导等多种形式，完善和落实促进新技术新产品应用的需求引导政策，支持企业承接和采用新技术、开展新技术新工艺新产品的工程化研究应用。完善落实科技人

员成果转化的股权、期权激励和奖励等收益分配政策。

促进科技和金融结合,创新金融服务科技的方式和途径。综合运用买方信贷、卖方信贷、融资租赁等金融工具,引导银行等金融机构加大对科技型中小企业的信贷支持。推广知识产权和股权质押贷款。加大多层次资本市场对科技型企业的支持力度,扩大非上市股份公司代办股份转让系统试点。培育和发展创业投资,完善创业投资退出渠道,支持地方规范设立创业投资引导基金,引导民间资本参与自主创新。积极开发适合科技创新的保险产品,加快培育和完善科技保险市场。

加强知识产权的创造、运用、保护和管理,"十二五"期末实现每万人发明专利拥有量达到3.3件的目标。建立国家重大关键技术领域专利态势分析和预警机制。完善知识产权保护措施,健全知识产权维权援助机制。完善科技成果转化为技术标准的政策措施,加强技术标准的研究制定。

认真落实科学技术进步法及相关法律法规,推动促进科技成果转化法修订工作,加大对科技创新活动和科技创新成果的法律保护力度,依法惩治侵犯知识产权和科技成果的违法犯罪行为,为科技创新营造良好的法治环境。

(十八)加强科技开放合作。积极开展全方位、多层次、高水平的科技国际合作,加强内地与港澳台地区的科技交流合作。加大引进国际科技资源的力度,围绕国家战略需求参与国际大科学计划和大科学工程。鼓励我国科学家发起和组织国际科技合作计划,主动提出或参与国际标准制定。加强技术引进和合作,鼓励企业开展参股并购、联合研发、专利交叉许可等方面的国际合作,支持企业和科研机构到海外建立研发机构。加大国家科技计划开放合作力度,支持国际学术机构、跨国公司等来华设立研发机构,搭建国内外大学、科研机构联合研究平台,吸引全球优秀科技人才来华创新创业。加强民间科技交流合作。

八、加强组织领导,稳步推进实施

(十九)加强领导,精心组织。各级党委和政府要把深化科技体制改革、加快国家创新体系建设工作摆上重要议事日程,把科技体制改革作为经济体制改革的重要内容,同部署、同落实、同考核。发挥专家咨询作用,充分调动广大科技工作者和全社会积极参与,共同做好深化科技体制改革工作。

(二十)明确责任,落实任务。在国家科技教育领导小组的领导下,建立健全工作协调机制,分解任务,明确责任,狠抓落实。各有关方面要增强大局意识、责任意识,加强协调配合,抓好各项任务实施。加强分类指导和评价考核,定期督促检查。各有关部门和单位要按照任务分工和要求,结合实际制定具体改革方案和措施,按程序报批。有关职能部门要尽快制定完善相关配套政策,加强政策落实情况评估。

(二十一)统筹安排,稳步推进。注重科技体制改革与其他方面改革的衔接配合,处理好改革发展稳定关系,把握好改革节奏和进度,认真研究和妥善解决改革中遇到的新情况新问题,对一些重大改革措施要做好试点工作,积极稳妥地推进改革。加强宣传和舆论引导,大力宣传科技发展的重大成就,宣传深化科技体制改革的重要意义、工作进展和先进经验,及时回应社会关切,引导社会舆论,形成支持改革的良好氛围。

国务院关于印发《国家中长期科学和技术发展规划纲要(2006—2020年)》的通知

国发[2005]44号

各省、自治区、直辖市人民政府,国务院各部委、各直属机构:

现将《国家中长期科学和技术发展规划纲要(2006—2020年)》印发给你们,请结合本地区、本部门实际,认真贯彻执行。

国务院

二○○五年十二月二十六日

国家中长期科学和技术发展规划纲要
(2006—2020年)

目　录

4. 农业

(17)种质资源发掘、保存和创新与新品种定向培育

(18)畜禽水产健康养殖与疫病防控

(19)农产品精深加工与现代储运

(20)农林生物质综合开发利用

(21)农林生态安全与现代林业

(22)环保型肥料、农药创制和生态农业

(23)多功能农业装备与设施

(24)农业精准作业与信息化

(25)现代奶业

5. 制造业

(26)基础件和通用部件

(27)数字化和智能化设计制造

(28)流程工业的绿色化、自动化及装备

(29)可循环钢铁流程工艺与装备

(30)大型海洋工程技术与装备

(31)基础原材料

(32)新一代信息功能材料及器件

(33)军工配套关键材料及工程化

6. 交通运输业

(34)交通运输基础设施建设与养护技术及装备

(35)高速轨道交通系统

(36)低能耗与新能源汽车

(37)高效运输技术与装备

(38)智能交通管理系统

(39)交通运输安全与应急保障

7. 信息产业及现代服务业

(40)现代服务业信息支撑技术及大型应用软件

(41)下一代网络关键技术与服务

(42)高效能可信计算机

(43)传感器网络及智能信息处理

(44)数字媒体内容平台

(45)高清晰度大屏幕平板显示

(46)面向核心应用的信息安全

8. 人口与健康

(47)安全避孕节育与出生缺陷防治

(48)心脑血管病、肿瘤等重大非传染疾病防治

(49)城乡社区常见多发病防治

(50)中医药传承与创新发展

(51)先进医疗设备与生物医用材料

9. 城镇化与城市发展

(52)城镇区域规划与动态监测

(53)城市功能提升与空间节约利用

(54)建筑节能与绿色建筑

(55)城市生态居住环境质量保障

(56)城市信息平台

10. 公共安全

(57)国家公共安全应急信息平台

(58)重大生产事故预警与救援

(59)食品安全与出入境检验检疫

(60)突发公共事件防范与快速处置

(61)生物安全保障

(62)重大自然灾害监测与防御

11. 国防

四、重大专项

五、前沿技术

1. 生物技术

(1)靶标发现技术

(2)动植物品种与药物分子设计技术

(3)基因操作和蛋白质工程技术

(4)基于干细胞的人体组织工程技术

(5)新一代工业生物技术

2. 信息技术

(6)智能感知技术

(7)自组织网络技术

(8)虚拟现实技术

3. 新材料技术

(9)智能材料与结构技术

(10)高温超导技术

(11)高效能源材料技术

4. 先进制造技术

(12)极端制造技术

(13)智能服务机器人

(14)重大产品和重大设施寿命预测技术

5. 先进能源技术

(15)氢能及燃料电池技术

(16)分布式供能技术

(17)快中子堆技术

(18)磁约束核聚变

6. 海洋技术

(19)海洋环境立体监测技术

(20)大洋海底多参数快速探测技术

(21)天然气水合物开发技术

(22)深海作业技术

7. 激光技术

8. 空天技术

六、基础研究

1. 学科发展

(1)基础学科

(2)交叉学科和新兴学科

2. 科学前沿问题

(1)生命过程的定量研究和系统整合

(2)凝聚态物质与新效应

(3)物质深层次结构和宇宙大尺度物理学规律

(4)核心数学及其在交叉领域的应用

(5)地球系统过程与资源、环境和灾害效应

(6)新物质创造与转化的化学过程

(7)脑科学与认知科学

(8)科学实验与观测方法、技术和设备的创新

3. 面向国家重大战略需求的基础研究

(1)人类健康与疾病的生物学基础

(2)农业生物遗传改良和农业可持续发展中的科学问题

(3)人类活动对地球系统的影响机制

(4)全球变化与区域响应

(5)复杂系统、灾变形成及其预测控制

(6)能源可持续发展中的关键科学问题

(7)材料设计与制备的新原理与新方法

(8)极端环境条件下制造的科学基础

(9)航空航天重大力学问题

(10)支撑信息技术发展的科学基础

党的十六大从全面建设小康社会、加快推进社会主义现代化建设的全局出发,要求制定国家科学和技术长远发展规划,国务院据此制定本纲要。

一、序言

新中国成立特别是改革开放以来,我国社会主义现代化建设取得了举世瞩目的伟大成就。

同时，必须清醒地看到，我国正处于并将长期处于社会主义初级阶段。全面建设小康社会，既面临难得的历史机遇，又面临一系列严峻的挑战。经济增长过度依赖能源资源消耗，环境污染严重；经济结构不合理，农业基础薄弱，高技术产业和现代服务业发展滞后；自主创新能力较弱，企业核心竞争力不强，经济效益有待提高。在扩大劳动就业、理顺分配关系、提供健康保障和确保国家安全等方面，有诸多困难和问题亟待解决。从国际上看，我国也将长期面临发达国家在经济、科技等方面占有优势的巨大压力。为了抓住机遇、迎接挑战，我们需要进行多方面的努力，包括统筹全局发展，深化体制改革，健全民主法制，加强社会管理等。与此同时，我们比以往任何时候都更加需要紧紧依靠科技进步和创新，带动生产力质的飞跃，推动经济社会的全面、协调、可持续发展。

科学技术是第一生产力，是先进生产力的集中体现和主要标志。进入21世纪，新科技革命迅猛发展，正孕育着新的重大突破，将深刻地改变经济和社会的面貌。信息科学和技术发展方兴未艾，依然是经济持续增长的主导力量；生命科学和生物技术迅猛发展，将为改善和提高人类生活质量发挥关键作用；能源科学和技术重新升温，为解决世界性的能源与环境问题开辟新的途径；纳米科学和技术新突破接踵而至，将带来深刻的技术革命。基础研究的重大突破，为技术和经济发展展现了新的前景。科学技术应用转化的速度不断加快，造就新的追赶和跨越机会。因此，我们要站在时代的前列，以世界眼光，迎接新科技革命带来的机遇和挑战。纵观全球，许多国家都把强化科技创新作为国家战略，把科技投资作为战略性投资，大幅度增加科技投入，并超前部署和发展前沿技术及战略产业，实施重大科技计划，着力增强国家创新能力和国际竞争力。面对国际新形势，我们必须增强责任感和紧迫感，更加自觉、更加坚定地把科技进步作为经济社会发展的首要推动力量，把提高自主创新能力作为调整经济结构、转变增长方式、提高国家竞争力的中心环节，把建设创新型国家作为面向未来的重大战略选择。

新中国成立50多年来，经过几代人艰苦卓绝的持续奋斗，我国科技事业取得了令人鼓舞的巨大成就。以“两弹一星”、载人航天、杂交水稻、陆相成油理论与应用、高性能计算机等为标志的一大批重大科技成就，极大地增强了我国的综合国力，提高了我国的国际地位，振奋了我们的民族精神。同时，还必须认识到，同发达国家相比，我国科学技术总体水平还有较大差距，主要表现为：关键技术自给率低，发明专利数量少；在一些地区特别是中西部农村，技术水平仍比较落后；科学研究质量不够高，优秀拔尖人才比较匮乏；同时，科技投入不足，体制机制还存在不少弊端。目前，我国虽然是一个经济大国，但还不是一个经济强国，一个根本原因就在于创新能力薄弱。

进入21世纪，我国作为一个发展中大国，加快科学技术发展、缩小与发达国家的差距，还需要较长时期的艰苦努力，同时也有着诸多有利条件。一是我国经济持续快速增长和社会进步，对科技发展提出巨大需求，也为科技发展奠定了坚实基础。二是我国已经建立起比较完备的学科体系，拥有丰富的人才资源，部分重要领域的研究开发能力已跻身世界先进行列，具备科学技术大发展的基础和能力。三是坚持对外开放，日趋活跃的国际科技交流与合作，使我们能分享新科技革命成果。四是坚持社会主义制度，能够把集中力量办大事的政治优势和发挥市场机制有效配置资源的基础性作用结合起来，为科技事业的繁荣发展提供重要的制度保证。五是中华民族拥有五千年的文明史，中华文化博大精深、兼容并蓄，更有利于形成独特的创新文化。只要我们增强民族自信心,贯彻落实科学发展观,深入实施科教兴国战略和人才强国战略,奋起直追、迎头赶上,经过15年乃至更长时间坚韧不拔的艰苦奋斗,就一定能够创造出无愧于时代的辉煌科技成就。

二、指导方针、发展目标和总体部署

1. 指导方针

本世纪头20年,是我国经济社会发展的重要战略机遇期,也是科学技术发展的重要战略机遇期。要以邓小平理论、"三个代表"重要思想为指导,贯彻落实科学发展观,全面实施科教兴国战略和人才强国战略,立足国情,以人为本,深化改革,扩大开放,推动我国科技事业的蓬勃发展,为实现全面建设小康社会目标、构建社会主义和谐社会提供强有力的科技支撑。

今后15年,科技工作的指导方针是:自主创新,重点跨越,支撑发展,引领未来。自主创新,就是从增强国家创新能力出发,加强原始创新、集成创新和引进消化吸收再创新。重点跨越,就是坚持有所为、有所不为,选择具有一定基础和优势、关系国计民生和国家安全的关键领域,集中力量、重点突破,实现跨越式发展。支撑发展,就是从现实的紧迫需求出发,着力突破重大关键、共性技术,支撑经济社会的持续协调发展。引领未来,就是着眼长远,超前部署前沿技术和基础研究,创造新的市场需求,培育新兴产业,引领未来经济社会的发展。这一方针是我国半个多世纪科技发展实践经验的概括总结,是面向未来、实现中华民族伟大复兴的重要抉择。

要把提高自主创新能力摆在全部科技工作的突出位置。党和政府历来重视和倡导自主创新。在对外开放条件下推进社会主义现代化建设,必须认真学习和充分借鉴人类一切优秀文明成果。改革开放20多年来,我国引进了大量技术和装备,对提高产业技术水平、促进经济发展起到了重要作用。但是,必须清醒地看到,只引进而不注重技术的消化吸收和再创新,势必削弱自主研究开发的能力,拉大与世界先进水平的差距。事实告诉我们,在关系国民经济命脉和国家安全的关键领域,真正的核心技术是买不来的。我国要在激烈的国际竞争中掌握主动权,就必须提高自主创新能力,在若干重要领域掌握一批核心技术,拥有一批自主知识产权,造就一批具有国际竞争力的企业。总之,必须把提高自主创新能力作为国家战略,贯彻到现代化建设的各个方面,贯彻到各个产业、行业和地区,大幅度提高国家竞争力。

科技人才是提高自主创新能力的关键所在。要把创造良好环境和条件,培养和凝聚各类科技人才特别是优秀拔尖人才,充分调动广大科技人员的积极性和创造性,作为科技工作的首要任务,努力开创人才辈出、人尽其才、才尽其用的良好局面,努力建设一支与经济社会发展和国防建设相适应的规模宏大、结构合理的高素质科技人才队伍,为我国科学技术发展提供充分的人才支撑和智力保证。

2. 发展目标

到2020年,我国科学技术发展的总体目标是:自主创新能力显著增强,科技促进经济社会发展和保障国家安全的能力显著增强,为全面建设小康社会提供强有力的支撑;基础科学和前沿技术研究综合实力显著增强,取得一批在世界具有重大影响的科学技术成果,进入创新型国家行列,为在本世纪中叶成为世界科技强国奠定基础。

经过15年的努力，在我国科学技术的若干重要方面实现以下目标：一是掌握一批事关国家竞争力的装备制造业和信息产业核心技术，制造业和信息产业技术水平进入世界先进行列。二是农业科技整体实力进入世界前列，促进农业综合生产能力的提高，有效保障国家食物安全。三是能源开发、节能技术和清洁能源技术取得突破，促进能源结构优化，主要工业产品单位能耗指标达到或接近世界先进水平。四是在重点行业和重点城市建立循环经济的技术发展模式，为建设资源节约型和环境友好型社会提供科技支持。五是重大疾病防治水平显著提高，艾滋病、肝炎等重大疾病得到遏制，新药创制和关键医疗器械研制取得突破，具备产业发展的技术能力。六是国防科技基本满足现代武器装备自主研制和信息化建设的需要，为维护国家安全提供保障。七是涌现出一批具有世界水平的科学家和研究团队，在科学发展的主流方向上取得一批具有重大影响的创新成果，信息、生物、材料和航天等领域的前沿技术达到世界先进水平。八是建成若干世界一流的科研院所和大学以及具有国际竞争力的企业研究开发机构，形成比较完善的中国特色国家创新体系。

到2020年，全社会研究开发投入占国内生产总值的比重提高到2.5%以上，力争科技进步贡献率达到60%以上，对外技术依存度降低到30%以下，本国人发明专利年度授权量和国际科学论文被引用数均进入世界前5位。

3. 总体部署

未来15年，我国科学技术发展的总体部署：一是立足于我国国情和需求，确定若干重点领域，突破一批重大关键技术，全面提升科技支撑能力。本纲要确定11个国民经济和社会发展的重点领域，并从中选择任务明确、有可能在近期获得技术突破的68项优先主题进行重点安排。二是瞄准国家目标，实施若干重大专项，实现跨越式发展，填补空白。本纲要共安排16个重大专项。三是应对未来挑战，超前部署前沿技术和基础研究，提高持续创新能力，引领经济社会发展。本纲要重点安排8个技术领域的27项前沿技术，18个基础科学问题，并提出实施4个重大科学研究计划。四是深化体制改革，完善政策措施，增加科技投入，加强人才队伍建设，推进国家创新体系建设，为我国进入创新型国家行列提供可靠保障。

根据全面建设小康社会的紧迫需求、世界科技发展趋势和我国国力，必须把握科技发展的战略重点。一是把发展能源、水资源和环境保护技术放在优先位置，下决心解决制约经济社会发展的重大瓶颈问题。二是抓住未来若干年内信息技术更新换代和新材料技术迅猛发展的难得机遇，把获取装备制造业和信息产业核心技术的自主知识产权，作为提高我国产业竞争力的突破口。三是把生物技术作为未来高技术产业迎头赶上的重点，加强生物技术在农业、工业、人口与健康等领域的应用。四是加快发展空天和海洋技术。五是加强基础科学和前沿技术研究，特别是交叉学科的研究。

三、重点领域及其优先主题

我国科学和技术的发展，要在统筹安排、整体推进的基础上，对重点领域及其优先主题进行规划和布局，为解决经济社会发展中的紧迫问题提供全面有力支撑。

重点领域，是指在国民经济、社会发展和国防安全中重点发展、亟待科技提供支撑的产业和行业。优先主题，是指在重点领域中急需发展、任务明确、技术基础较好、近期能够突破的技术群。确定优先主题的原则:一是有利于突破瓶颈制约,提高经济持续发展能力。二是有利于掌握关键技术和共性技术,提高产业的核心竞争力。三是有利于解决重大公益性科技问题,提高公共服务能力。四是有利于发展军民两用技术,提高国家安全保障能力。

1. 能源

能源在国民经济中具有特别重要的战略地位。我国目前能源供需矛盾尖锐,结构不合理;能源利用效率低;一次能源消费以煤为主,化石能的大量消费造成严重的环境污染。今后15年,满足持续快速增长的能源需求和能源的清洁高效利用,对能源科技发展提出重大挑战。

发展思路:①坚持节能优先,降低能耗。攻克主要耗能领域的节能关键技术,积极发展建筑节能技术,大力提高一次能源利用效率和终端用能效率。②推进能源结构多元化,增加能源供应。在提高油气开发利用及水电技术水平的同时,大力发展核能技术,形成核电系统技术自主开发能力。风能、太阳能、生物质能等可再生能源技术取得突破并实现规模化应用。③促进煤炭的清洁高效利用,降低环境污染。大力发展煤炭清洁、高效、安全开发和利用技术,并力争达到国际先进水平。④加强对能源装备引进技术的消化、吸收和再创新。攻克先进煤电、核电等重大装备制造核心技术。⑤提高能源区域优化配置的技术能力。重点开发安全可靠的先进电力输配技术,实现大容量、远距离、高效率的电力输配。

优先主题:

(1)工业节能

重点研究开发冶金、化工等流程工业和交通运输业等主要高耗能领域的节能技术与装备,机电产品节能技术,高效节能、长寿命的半导体照明产品,能源梯级综合利用技术。

(2)煤的清洁高效开发利用、液化及多联产

重点研究开发煤炭高效开采技术及配套装备,重型燃气轮机,整体煤气化联合循环(IGCC),高参数超超临界机组,超临界大型循环流化床等高效发电技术与装备,大力开发煤液化以及煤气化、煤化工等转化技术,以煤气化为基础的多联产系统技术,燃煤污染物综合控制和利用的技术与装备等。

(3)复杂地质油气资源勘探开发利用

重点开发复杂环境与岩性地层类油气资源勘探技术,大规模低品位油气资源高效开发技术,大幅度提高老油田采收率的技术,深层油气资源勘探开采技术。

(4)可再生能源低成本规模化开发利用

重点研究开发大型风力发电设备,沿海与陆地风电场和西部风能资源密集区建设技术与装备,高性价比太阳光伏电池及利用技术,太阳能热发电技术,太阳能建筑一体化技术,生物质能和地热能等开发利用技术。

(5)超大规模输配电和电网安全保障

重点研究开发大容量远距离直流输电技术和特高压交流输电技术与装备,间歇式电源并网及输配技术,电能质量监测与控制技术,大规模互联电网的安全保障技术,西电东输工程中的重大关键技术,电网调度自动化技术,高效配电和供电管理信息技术和系统。

2. 水和矿产资源

水和矿产等资源是经济和社会可持续发展的重要物质基础。我国水和矿产等资源严重紧

缺；资源综合利用率低，矿山资源综合利用率、农业灌溉水利用率远低于世界先进水平；资源勘探地质条件复杂，难度不断加大。急需大力加强资源勘探、开发利用技术研究，提高资源利用率。

发展思路：①坚持资源节约优先。重点研究农业高效节水和城市水循环利用技术，发展跨流域调水、雨洪利用和海水淡化等水资源开发技术。②突破复杂地质条件限制，扩大现有资源储量。重点研究地质成矿规律，发展矿山深边部评价与高效勘探技术、青藏高原等复杂条件矿产快速勘查技术，努力发现一批大型后备资源基地，增加资源供给量；开发矿产资源高效开采和综合利用技术，提高水和矿产资源综合利用率。③积极开发利用非传统资源。攻克煤层气和海洋矿产等新型资源开发利用关键技术，提高新型资源利用技术的研究开发能力。④加强资源勘探开发装备的创新。积极开发高精度勘探与钻井设备、大型矿山机械、海洋开发平台等技术，使资源勘探开发重大装备达到国际先进水平。

优先主题：

(6)水资源优化配置与综合开发利用

重点研究开发大气水、地表水、土壤水和地下水的转化机制和优化配置技术，污水、雨洪资源化利用技术，人工增雨技术，长江、黄河等重大江河综合治理及南水北调等跨流域重大水利工程治理开发的关键技术等。

(7)综合节水

重点研究开发工业用水循环利用技术和节水型生产工艺；开发灌溉节水、旱作节水与生物节水综合配套技术，重点突破精量灌溉技术、智能化农业用水管理技术及设备；加强生活节水技术及器具开发。

(8)海水淡化

重点研究开发海水预处理技术，核能耦合和电水联产热法、膜法低成本淡化技术及关键材料，浓盐水综合利用技术等；开发可规模化应用的海水淡化热能设备、海水淡化装备和多联体耦合关键设备。

(9)资源勘探增储

重点研究矿产资源成矿规律和预测技术，发展航空地球物理勘查技术，开发三维高分辨率地震、高精度地磁以及地球化学等快速、综合和大深度勘探技术。

(10)矿产资源高效开发利用

重点研究深层和复杂矿体采矿技术及无废开采综合技术，开发高效自动化选冶新工艺和大型装备，发展低品位与复杂难处理资源高效利用技术、矿产资源综合利用技术。

(11)海洋资源高效开发利用

重点研究开发浅海隐蔽油气藏勘探技术和稠油油田提高采收率综合技术，开发海洋生物资源保护和高效利用技术，发展海水直接利用技术和海水化学资源综合利用技术。

(12)综合资源区划

重点研究水土资源与农业生产、生态与环境保护的综合优化配置技术，开展针对我国水土资源区域空间分布匹配的多变量、大区域资源配置优化分析技术，建立不同区域水土资源优化发展的技术预测决策模型。

3. 环境

改善生态与环境是事关经济社会可持续发展和人民生活质量提高的重大问题。我国环境污染严重;生态系统退化加剧;污染物无害化处理能力低;全球环境问题已成为国际社会关注的焦点,亟待提高我国参与全球环境变化合作能力。在要求整体环境状况有所好转的前提下实现经济的持续快速增长,对环境科技创新提出重大战略需求。

发展思路:①引导和支撑循环经济发展。大力开发重污染行业清洁生产集成技术,强化废弃物减量化、资源化利用与安全处置,加强发展循环经济的共性技术研究。②实施区域环境综合治理。开展流域水环境和区域大气环境污染的综合治理、典型生态功能退化区综合整治的技术集成与示范,开发饮用水安全保障技术以及生态和环境监测与预警技术,大幅度提高改善环境质量的科技支撑能力。③促进环保产业发展。重点研究适合我国国情的重大环保装备及仪器设备,加大国产环保产品市场占有率,提高环保装备技术水平。④积极参与国际环境合作。加强全球环境公约履约对策与气候变化科学不确定性及其影响研究,开发全球环境变化监测和温室气体减排技术,提升应对环境变化及履约能力。

优先主题:

(13)综合治污与废弃物循环利用

重点开发区域环境质量监测预警技术,突破城市群大气污染控制等关键技术,开发非常规污染物控制技术,废弃物等资源化利用技术,重污染行业清洁生产集成技术,建立发展循环经济的技术示范模式。

(14)生态脆弱区域生态系统功能的恢复重建

重点开发岩溶地区、青藏高原、长江黄河中上游、黄土高原、荒漠及荒漠化地区、农牧交错带和矿产开采区等典型生态脆弱区生态系统的动态监测技术,草原退化与鼠害防治技术,退化生态系统恢复与重建技术,三峡工程、青藏铁路等重大工程沿线和复杂矿区生态保护及恢复技术,建立不同类型生态系统功能恢复和持续改善的技术支持模式,构建生态系统功能综合评估及技术评价体系。

(15)海洋生态与环境保护

重点开发海洋生态与环境监测技术和设备,加强海洋生态与环境保护技术研究,发展近海海域生态与环境保护、修复及海上突发事件应急处理技术,开发高精度海洋动态环境数值预报技术。

(16)全球环境变化监测与对策

重点研究开发大尺度环境变化准确监测技术,主要行业二氧化碳、甲烷等温室气体的排放控制与处置利用技术,生物固碳技术及固碳工程技术,以及开展气候变化、生物多样性保护、臭氧层保护、持久性有机污染物控制等对策研究。

4. 农业

农业是国民经济的基础。我国自然资源的硬约束不断增强,人均耕地、水资源量明显低于世界平均水平;粮食、棉花等主要农产品的需求呈刚性增长,农业增产、农民增收和农产品竞争力增强的压力将长期存在;农业结构不合理、产业化发展水平及农产品附加值低;生态与环境状况依然严峻,严重制约农业的可持续发展;食物安全、生态安全问题突出。我国的基本国情及面临的严峻挑战，决定了必须把科技进步作为解决“三农”问题的一项根本措施，大力提高农业科技水平，加大先进适用技术推广力度，突破资源约束，持续提高农业综合生产能力，加快建设现代农业的步伐。

发展思路：①以高新技术带动常规农业技术升级，持续提高农业综合生产能力。重点开展生物技术应用研究，加强农业技术集成和配套，突破主要农作物育种和高效生产、畜牧水产育种及健康养殖和疫病控制关键技术，发展农业多种经营和复合经营，在确保持续增加产量的同时，提高农产品质量。②延长农业产业链，带动农业产业化水平和农业综合效益的全面提高。重点发展农产品精深加工、产后减损和绿色供应链产业化关键技术，开发农产品加工先进技术装备及安全监测技术，发展以健康食品为主导的农产品加工业和现代流通业，拓展农民增收空间。③综合开发农林生态技术，保障农林生态安全。重点开发环保型肥料、农药创制技术及精准作业技术装备，发展农林剩余物资源化利用技术，以及农业环境综合整治技术，促进农业新兴产业发展，提高农林生态环境质量。④积极发展工厂化农业，提高农业劳动生产率。重点研究农业环境调控、超高产高效栽培等设施农业技术，开发现代多功能复式农业机械，加快农业信息技术集成应用。

优先主题：

(17)种质资源发掘、保存和创新与新品种定向培育

重点研究开发主要农作物、林草、畜禽与水产优良种质资源发掘与构建技术，种质资源分子评价技术，动植物分子育种技术和定向杂交育种技术，规模化制种、繁育技术和种子综合加工技术。

(18)畜禽水产健康养殖与疫病防控

重点研究开发安全优质高效饲料和规模化健康养殖技术及设施，创制高效特异性疫苗、高效安全型兽药及器械，开发动物疫病及动物源性人畜共患病的流行病学预警监测、检疫诊断、免疫防治、区域净化与根除技术，突破近海滩涂、浅海水域养殖和淡水养殖技术，发展远洋渔业和海上贮藏加工技术与设备。

(19)农产品精深加工与现代储运

重点研究开发主要农产品和农林特产资源精深及清洁生态型加工技术与设备，粮油产后减损及绿色储运技术与设施，鲜活农产品保鲜与物流配送及相应的冷链运输系统技术。

(20)农林生物质综合开发利用

重点研究开发高效、低成本、大规模农林生物质的培育、收集与转化关键技术，沼气、固化与液化燃料等生物质能以及生物基新材料和化工产品等生产关键技术，农村垃圾和污水资源化利用技术，开发具有自主知识产权的沼气电站设备、生物基新材料装备等。

(21)农林生态安全与现代林业

重点研究开发农林生态系统构建技术，林草生态系统综合调控技术，森林与草原火灾、农林病虫害特别是外来生物入侵等生态灾害及气象灾害的监测与防治技术，生态型林产经济可持续经营技术，人工草地高效建植技术和优质草生产技术，开发环保型竹木基复合材料技术。

(22)环保型肥料、农药创制和生态农业

重点研究开发环保型肥料、农药创制关键技术，专用复(混)型缓释、控释肥料及施肥技术

与相关设备,综合、高效、持久、安全的有害生物综合防治技术,建立有害生物检测预警及防范外来有害生物入侵体系;发展以提高土壤肥力,减少土壤污染、水土流失和退化草场功能恢复为主的生态农业技术。

(23)多功能农业装备与设施

重点研究开发适合我国农业特点的多功能作业关键装备,经济型农林动力机械,定位变量作业智能机械和健康养殖设施技术与装备,保护性耕作机械和技术,温室设施及配套技术装备。

(24)农业精准作业与信息化

重点研究开发动植物生长和生态环境信息数字化采集技术,实时土壤水肥光热探测技术,精准作业和管理技术系统,农村远程数字化、可视化信息服务技术及设备,农林生态系统监测技术及虚拟农业技术。

(25)现代奶业

重点研究开发优质种公牛培育与奶牛胚胎产业化快繁技术,奶牛专用饲料、牧草种植与高效利用、疾病防治及规模化饲养管理技术,开发奶制品深加工技术与设备。

5. 制造业

制造业是国民经济的主要支柱。我国是世界制造大国,但还不是制造强国;制造技术基础薄弱,创新能力不强;产品以低端为主;制造过程资源、能源消耗大,污染严重。

发展思路:①提高装备设计、制造和集成能力。以促进企业技术创新为突破口,通过技术攻关,基本实现高档数控机床、工作母机、重大成套技术装备、关键材料与关键零部件的自主设计制造。②积极发展绿色制造。加快相关技术在材料与产品开发设计、加工制造、销售服务及回收利用等产品全生命周期中的应用,形成高效、节能、环保和可循环的新型制造工艺。制造业资源消耗、环境负荷水平进入国际先进行列。③用高新技术改造和提升制造业。大力推进制造业信息化,积极发展基础原材料,大幅度提高产品档次、技术含量和附加值,全面提升制造业整体技术水平。

优先主题:

(26)基础件和通用部件

重点研究开发重大装备所需的关键基础件和通用部件的设计、制造和批量生产的关键技术,开发大型及特殊零部件成形及加工技术、通用部件设计制造技术和高精度检测仪器。

(27)数字化和智能化设计制造

重点研究数字化设计制造集成技术,建立若干行业的产品数字化和智能化设计制造平台。开发面向产品全生命周期的、网络环境下的数字化、智能化创新设计方法及技术,计算机辅助工程分析与工艺设计技术,设计、制造和管理的集成技术。

(28)流程工业的绿色化、自动化及装备

重点研究开发绿色流程制造技术,高效清洁并充分利用资源的工艺、流程和设备,相应的工艺流程放大技术,基于生态工业概念的系统集成和自动化技术,流程工业需要的传感器、智能化检测控制技术、装备和调控系统。开发大型裂解炉技术、大型蒸汽裂解乙烯生产成套技术及装备,大型化肥生产节能工艺流程与装备。

(29)可循环钢铁流程工艺与装备

重点研究开发以熔融还原和资源优化利用为基础,集产品制造、能源转换和社会废弃物再资源化三大功能于一体的新一代可循环钢铁流程,作为循环经济的典型示范。开发二次资源循环利用技术,冶金过程煤气发电和低热值蒸汽梯级利用技术,高效率、低成本洁净钢生产技术,非粘连煤炼焦技术,大型板材连铸机、连轧机组的集成设计、制造和系统耦合技术等。

(30)大型海洋工程技术与装备

(31)基础原材料

重点研究开发满足国民经济基础产业发展需求的高性能复合材料及大型、超大型复合结构部件的制备技术,高性能工程塑料,轻质高强金属和无机非金属结构材料,高纯材料,稀土材料,石油化工、精细化工及催化、分离材料,轻纺材料及应用技术,具有环保和健康功能的绿色材料。

(32)新一代信息功能材料及器件

(33)军工配套关键材料及工程化

6. 交通运输业

交通运输是国民经济的命脉。当前,我国主要运输装备及核心技术水平与世界先进水平存在较大差距;运输供给能力不足;综合交通体系建设滞后,各种交通方式缺乏综合协调;交通能源消耗与环境污染问题严峻。全面建设小康社会对交通运输提出更高要求,交通科技面临重大战略需求。

发展思路:①提高飞机、汽车、船舶、轨道交通装备等的自主创新能力。②以提供顺畅、便捷的人性化交通运输服务为核心,加强统筹规划,发展交通系统信息化和智能化技术,安全高速的交通运输技术,提高运网能力和运输效率,实现交通信息共享和各种交通方式的有效衔接,提升交通运营管理的技术水平,发展综合交通运输。③促进交通运输向节能、环保和更加安全的方向发展,交通运输安全保障、资源节约与环境保护等方面的关键技术取得重大突破并得到广泛应用。④围绕国家重大交通基础设施建设,突破建设和养护关键技术,提高建设质量,降低全寿命成本。

(34)交通运输基础设施建设与养护技术及装备

重点研究开发轨道交通、跨海湾通道、离岸深水港、大型航空港、大型桥梁和隧道、综合立体交通枢纽、深海油气管线等高难度交通运输基础设施建设和养护关键技术及装备。

(35)高速轨道交通系统

重点研究开发高速轨道交通控制和调速系统、车辆制造、线路建设和系统集成等关键技术,形成系统成套技术。开展工程化运行试验,掌握运行控制、线路建设和系统集成技术。

(36)低能耗与新能源汽车

重点研究开发混合动力汽车、替代燃料汽车和燃料电池汽车整车设计、集成和制造技术,动力系统集成与控制技术,汽车计算平台技术,高效低排放内燃机、燃料电池发动机、动力蓄电池、驱动电机等关键部件技术,新能源汽车实验测试及基础设施技术等。

(37)高效运输技术与装备

重点研究开发重载列车、大马力机车、特种重型车辆、城市轨道交通、大型高技术船舶、大型远洋渔业船舶以及海洋科考船等,低空多用途通用航空飞行器、高黏原油及多相流管道输送系统等新型运载工具。

(38)智能交通管理系统

重点开发综合交通运输信息平台和信息资源共享技术,现代物流技术,城市交通管理系统、汽车智能技术和新一代空中交通管理系统。

(39)交通运输安全与应急保障

重点开发交通事故预防预警、应急处理技术,开发运输工具主动与被动安全技术,交通运输事故再现技术,交通应急反应系统和快速搜救等技术。

7. 信息产业及现代服务业

发展信息产业和现代服务业是推进新型工业化的关键。国民经济与社会信息化和现代服务业的迅猛发展,对信息技术发展提出了更高的要求。

发展思路:①突破制约信息产业发展的核心技术,掌握集成电路及关键元器件、大型软件、高性能计算、宽带无线移动通信、下一代网络等核心技术,提高自主开发能力和整体技术水平。②加强信息技术产品的集成创新,提高设计制造水平,重点解决信息技术产品的可扩展性、易用性和低成本问题,培育新技术和新业务,提高信息产业竞争力。③以应用需求为导向,重视和加强集成创新,开发支撑和带动现代服务业发展的技术和关键产品,促进传统产业的改造和技术升级。④以发展高可信网络为重点,开发网络信息安全技术及相关产品,建立信息安全技术保障体系,具备防范各种信息安全突发事件的技术能力。

优先主题:

(40)现代服务业信息支撑技术及大型应用软件

重点研究开发金融、物流、网络教育、传媒、医疗、旅游、电子政务和电子商务等现代服务业领域发展所需的高可信网络软件平台及大型应用支撑软件、中间件、嵌入式软件、网格计算平台与基础设施,软件系统集成等关键技术,提供整体解决方案。

(41)下一代网络关键技术与服务

重点开发高性能的核心网络设备与传输设备、接入设备,以及在可扩展、安全、移动、服务质量、运营管理等方面的关键技术,建立可信的网络管理体系,开发智能终端和家庭网络等设备和系统,支持多媒体、网络计算等宽带、安全、泛在的多种新业务与应用。

(42)高效能可信计算机

重点开发具有先进概念的计算方法和理论,发展以新概念为基础的、具有每秒千万亿次以上浮点运算能力和高效可信的超级计算机系统、新一代服务器系统,开发新体系结构、海量存储、系统容错等关键技术。

(43)传感器网络及智能信息处理

重点开发多种新型传感器及先进条码自动识别、射频标签、基于多种传感信息的智能化信息处理技术,发展低成本的传感器网络和实时信息处理系统,提供更方便、功能更强大的信息服务平台和环境。

(44)数字媒体内容平台

重点开发面向文化娱乐消费市场和广播电视事业,以视、音频信息服务为主体的数字媒体内容处理关键技术，开发易于交互和交换、具有版权保护功能和便于管理的现代传媒信息综合内容平台。

(45)高清晰度大屏幕平板显示

重点发展高清晰度大屏幕显示产品，开发有机发光显示、场致发射显示、激光显示等各种平板和投影显示技术，建立平板显示材料与器件产业链。

(46)面向核心应用的信息安全

重点研究开发国家基础信息网络和重要信息系统中的安全保障技术，开发复杂大系统下的网络生存、主动实时防护、安全存储、网络病毒防范、恶意攻击防范、网络信任体系与新的密码技术等。

8. 人口与健康

稳定低生育水平，提高出生人口素质，有效防治重大疾病，是建设和谐社会的必然要求。控制人口数量，提高人口质量和全民健康水平，迫切需要科技提供强有力支撑。

发展思路：①控制人口出生数量，提高出生人口质量。重点发展生育监测、生殖健康等关键技术，开发系列生殖医药、器械和保健产品，为人口数量控制在15亿以内、出生缺陷率低于3%提供有效科技保障。②疾病防治重心前移，坚持预防为主、促进健康和防治疾病结合。研究预防和早期诊断关键技术，显著提高重大疾病诊断和防治能力。③加强中医药继承和创新，推进中医药现代化和国际化。以中医药理论传承和发展为基础，通过技术创新与多学科融合，丰富和发展中医药理论，构建适合中医药特点的技术方法和标准规范体系，提高临床疗效，促进中医药产业的健康发展。④研制重大新药和先进医疗设备。攻克新药、大型医疗器械、医用材料和释药系统创制关键技术，加快建立并完善国家医药创制技术平台，推进重大新药和医疗器械的自主创新。

优先主题：

(47)安全避孕节育与出生缺陷防治

重点开发安全、有效避孕节育新技术和产品以及兼顾预防性传播疾病的节育新技术，高效无创出生缺陷早期筛查、检测及诊断技术，遗传疾病生物治疗技术等。

(48)心脑血管病、肿瘤等重大非传染疾病防治

重点研究开发心脑血管病、肿瘤等重大疾病早期预警和诊断、疾病危险因素早期干预等关键技术，研究规范化、个性化和综合治疗关键技术与方案。

(49)城乡社区常见多发病防治

重点研究开发常见病和多发病的监控、预防、诊疗和康复技术，小型诊疗和移动式医疗服务装备，远程诊疗和技术服务系统。

(50)中医药传承与创新发展

重点开展中医基础理论创新及中医经验传承与挖掘，研究中医药诊疗、评价技术与标准，发展现代中药研究开发和生产制造技术，有效保护和合理利用中药资源，加强中医药知识产权保护研究和国际合作平台建设。

(51)先进医疗设备与生物医用材料

重点开发新型治疗和常规诊疗设备，数字化医疗技术、个体化医疗工程技术及设备，研究

纳米生物药物释放系统和组织工程等技术,开发人体组织器官替代等新型生物医用材料。

9. 城镇化与城市发展

我国已进入快速城镇化时期。实现城镇化和城市协调发展,对科技提出迫切需求。

发展思路:①以城镇区域科学规划为重点,促进城乡合理布局和科学发展。发展现代城镇区域规划关键技术及动态监控技术,实现城镇发展规划与区域经济规划的有机结合、与区域资源环境承载能力的相互协调。②以节能和节水为先导,发展资源节约型城市。突破城市综合节能和新能源合理开发利用技术,开发资源节约型、高耐久性绿色建材,提高城市资源和能源利用效率。③加强信息技术应用,提高城市综合管理水平。开发城市数字一体化管理技术,建立城市高效、多功能、一体化综合管理技术体系。④发展城市生态人居环境和绿色建筑。发展城市污水、垃圾等废弃物无害化处理和资源化利用技术,开发城市居住区和室内环境改善技术,显著提高城市人居环境质量。

优先主题:

(52)城镇区域规划与动态监测

重点研究开发各类区域城镇空间布局规划和系统设计技术,城镇区域基础设施和公共服务设施规划设计、一体化配置与共享技术,城镇区域规划与人口、资源、环境、经济发展互动模拟预测和动态监测等技术。

(53)城市功能提升与空间节约利用

重点研究开发城市综合交通、城市公交优先智能管理、市政基础设施、防灾减灾等综合功能提升技术,城市"热岛"效应形成机制与人工调控技术,土地勘测和资源节约利用技术,城市发展和空间形态变化模拟预测技术,城市地下空间开发利用技术等。

(54)建筑节能与绿色建筑

重点研究开发绿色建筑设计技术,建筑节能技术与设备,可再生能源装置与建筑一体化应用技术,精致建造和绿色建筑施工技术与装备,节能建材与绿色建材,建筑节能技术标准。

(55)城市生态居住环境质量保障

重点研究开发室内污染物监测与净化技术,发展城市环境生态调控技术,城市垃圾资源化利用技术,城市水循环利用技术与设备,城市与城镇群污染防控技术,居住区最小排放集成技术,生态居住区智能化管理技术。

(56)城市信息平台

重点研究开发城市网络化基础信息共享技术,城市基础数据获取与更新技术,城市多元数据整合与挖掘技术,城市多维建模与模拟技术,城市动态监测与应用关键技术,城市网络信息共享标准规范,城市应急和联动服务关键技术。

10. 公共安全

公共安全是国家安全和社会稳定的基石。我国公共安全面临严峻挑战,对科技提出重大战略需求。

发展思路:①加强对突发公共事件快速反应和应急处置的技术支持。以信息、智能化技术应用为先导,发展国家公共安全多功能、一体化应急保障技术,形成科学预测、有效防控与高效应急的公共安全技术体系。②提高早期发现与防范能力。重点研究煤矿等生产事故、突发社会安全事件和自然灾害、核安全及生物安全等的监测、预警、预防技术。③增强应急救护综合能力。重点研究煤矿灾害、重大火灾、突发性重大自然灾害、危险化学品泄漏、群体性中毒等应急救援技术。④加快公共安全装备现代化。开发保障生产安全、食品安全、生物安全及社会安全等公共安全重大装备和系列防护产品，促进相关产业快速发展。

优先主题：

(57)国家公共安全应急信息平台

重点研究全方位无障碍危险源探测监测、精确定位和信息获取技术，多尺度动态信息分析处理和优化决策技术，国家一体化公共安全应急决策指挥平台集成技术等，构建国家公共安全早期监测、快速预警与高效处置一体化应急决策指挥平台。

(58)重大生产事故预警与救援

重点研究开发矿井瓦斯、突水、动力性灾害预警与防控技术，开发燃烧、爆炸、毒物泄漏等重大工业事故防控与救援技术及相关设备。

(59)食品安全与出入境检验检疫

重点研究食品安全和出入境检验检疫风险评估、污染物溯源、安全标准制定、有效监测检测等关键技术，开发食物污染防控智能化技术和高通量检验检疫安全监控技术。

(60)突发公共事件防范与快速处置

重点研究开发个体生物特征识别、物证溯源、快速筛查与证实技术以及模拟预测技术，远程定位跟踪、实时监控、隔物辨识与快速处置技术及装备，高层和地下建筑消防技术与设备，爆炸物、毒品等违禁品与核生化恐怖源的远程探测技术与装备，以及现场处置防护技术与装备。

(61)生物安全保障

重点研究快速、灵敏、特异监测与探测技术，化学毒剂在体内代谢产物检测技术，新型高效消毒剂和快速消毒技术，滤毒防护技术，危险传播媒介鉴别与防治技术，生物入侵防控技术，用于应对突发生物事件的疫苗及免疫佐剂、抗毒素与药物等。

(62)重大自然灾害监测与防御

重点研究开发地震、台风、暴雨、洪水、地质灾害等监测、预警和应急处置关键技术，森林火灾、溃坝、决堤险情等重大灾害的监测预警技术以及重大自然灾害综合风险分析评估技术。

11. 国防

四、重大专项

历史上，我国以“两弹一星”、载人航天、杂交水稻等为代表的若干重大项目的实施，对整体提升综合国力起到了至关重要的作用。美国、欧洲、日本、韩国等都把围绕国家目标组织实施重大专项计划作为提高国家竞争力的重要措施。

本纲要在重点领域中确定一批优先主题的同时，围绕国家目标，进一步突出重点，筛选出若干重大战略产品、关键共性技术或重大工程作为重大专项，充分发挥社会主义制度集中力量办大事的优势和市场机制的作用，力争取得突破，努力实现以科技发展的局部跃升带动生产力的跨越发展，并填补国家战略空白。确定重大专项的基本原则：一是紧密结合经济社会发展的重大需求，培育能形成具有核心自主知识产权、对企业自主创新能力的提高具有重大推动作用的战略性产业;二是突出对产业竞争力整体提升具有全局性影响、带动性强的关键共性技术;三是解决制约经济社会发展的重大瓶颈问题;四是体现军民结合、寓军于民,对保障国家安全和增强综合国力具有重大战略意义;五是切合我国国情,国力能够承受。根据上述原则,围绕发展高新技术产业、促进传统产业升级、解决国民经济发展瓶颈问题、提高人民健康水平和保障国家安全等方面,确定了一批重大专项。重大专项的实施,根据国家发展需要和实施条件的成熟程度,逐项论证启动。同时,根据国家战略需求和发展形势的变化,对重大专项进行动态调整,分步实施。对于以战略产品为目标的重大专项,要充分发挥企业在研究开发和投入中的主体作用,以重大装备的研究开发作为企业技术创新的切入点,更有效地利用市场机制配置科技资源,国家的引导性投入主要用于关键核心技术的攻关。

重大专项是为了实现国家目标,通过核心技术突破和资源集成,在一定时限内完成的重大战略产品、关键共性技术和重大工程,是我国科技发展的重中之重。《规划纲要》确定了核心电子器件、高端通用芯片及基础软件,极大规模集成电路制造技术及成套工艺,新一代宽带无线移动通信,高档数控机床与基础制造技术,大型油气田及煤层气开发,大型先进压水堆及高温气冷堆核电站,水体污染控制与治理,转基因生物新品种培育,重大新药创制,艾滋病和病毒性肝炎等重大传染病防治,大型飞机,高分辨率对地观测系统,载人航天与探月工程等 16 个重大专项,涉及信息、生物等战略产业领域,能源资源环境和人民健康等重大紧迫问题,以及军民两用技术和国防技术。

五、前沿技术

前沿技术是指高技术领域中具有前瞻性、先导性和探索性的重大技术,是未来高技术更新换代和新兴产业发展的重要基础,是国家高技术创新能力的综合体现。选择前沿技术的主要原则:一是代表世界高技术前沿的发展方向。二是对国家未来新兴产业的形成和发展具有引领作用。三是有利于产业技术的更新换代,实现跨越发展。四是具备较好的人才队伍和研究开发基础。根据以上原则,要超前部署一批前沿技术,发挥科技引领未来发展的先导作用,提高我国高技术的研究开发能力和产业的国际竞争力。

1. 生物技术

生物技术和生命科学将成为 21 世纪引发新科技革命的重要推动力量,基因组学和蛋白质组学研究正在引领生物技术向系统化研究方向发展。基因组序列测定与基因结构分析已转向功能基因组研究以及功能基因的发现和应用;药物及动植物品种的分子定向设计与构建已成为种质和药物研究的重要方向;生物芯片、干细胞和组织工程等前沿技术研究与应用,孕育着诊断、治疗及再生医学的重大突破。必须在功能基因组、蛋白质组、干细胞与治疗性克隆、组织工程、生物催化与转化技术等方面取得关键性突破。

前沿技术:

(1)靶标发现技术

靶标的发现对发展创新药物、生物诊断和生物治疗技术具有重要意义。重点研究生理和病理过程中关键基因功能及其调控网络的规模化识别,突破疾病相关基因的功能识别、表达调控及靶标筛查和确证技术,“从基因到药物”的新药创制技术。

(2)动植物品种与药物分子设计技术

动植物品种与药物分子设计是基于生物大分子三维结构的分子对接、分子模拟以及分子设计技术。重点研究蛋白质与细胞动态过程生物信息分析、整合、模拟技术,动植物品种与药物虚拟设计技术,动植物品种生长与药物代谢工程模拟技术,计算机辅助组合化合物库设计、合成和筛选技术。

(3)基因操作和蛋白质工程技术

基因操作技术是基因资源利用的关键技术。蛋白质工程是高效利用基因产物的重要途径。重点研究基因的高效表达及其调控技术、染色体结构与定位整合技术、编码蛋白基因的人工设计与改造技术、蛋白质肽链的修饰及改构技术、蛋白质结构解析技术、蛋白质规模化分离纯化技术。

(4)基于干细胞的人体组织工程技术

干细胞技术可在体外培养干细胞,定向诱导分化为各种组织细胞供临床所需,也可在体外构建出人体器官,用于替代与修复性治疗。重点研究治疗性克隆技术,干细胞体外建系和定向诱导技术,人体结构组织体外构建与规模化生产技术,人体多细胞复杂结构组织构建与缺损修复技术和生物制造技术。

(5)新一代工业生物技术

生物催化和生物转化是新一代工业生物技术的主体。重点研究功能菌株大规模筛选技术,生物催化剂定向改造技术,规模化工业生产的生物催化技术系统,清洁转化介质创制技术及工业化成套转化技术。

2. 信息技术

信息技术将继续向高性能、低成本、普适计算和智能化等主要方向发展,寻求新的计算与处理方式和物理实现是未来信息技术领域面临的重大挑战。纳米科技、生物技术与认知科学等多学科的交叉融合,将促进基于生物特征的、以图像和自然语言理解为基础的"以人为中心"的信息技术发展,推动多领域的创新。重点研究低成本的自组织网络,个性化的智能机器人和人机交互系统、高柔性免受攻击的数据网络和先进的信息安全系统。

前沿技术:

(6)智能感知技术

重点研究基于生物特征、以自然语言和动态图像的理解为基础的"以人为中心"的智能信息处理和控制技术,中文信息处理;研究生物特征识别、智能交通等相关领域的系统技术。

(7)自组织网络技术

重点研究自组织移动网、自组织计算网、自组织存储网、自组织传感器网等技术,低成本的实时信息处理系统、多传感信息融合技术、个性化人机交互界面技术,以及高柔性免受攻击的数据网络和先进的信息安全系统;研究自组织智能系统和个人智能系统。

(8)虚拟现实技术

重点研究电子学、心理学、控制学、计算机图形学、数据库设计、实时分布系统和多媒体技术等多学科融合的技术,研究医学、娱乐、艺术与教育、军事及工业制造管理等多个相关领域的虚拟现实技术和系统。

3. 新材料技术

新材料技术将向材料的结构功能复合化、功能材料智能化、材料与器件集成化、制备和使用过程绿色化发展。突破现代材料设计、评价、表征与先进制备加工技术,在纳米科学研究的基础上发展纳米材料与器件,开发超导材料、智能材料、能源材料等特种功能材料,开发超级结构材料、新一代光电信息材料等新材料。

前沿技术:

(9)智能材料与结构技术

智能材料与智能结构是集传感、控制、驱动(执行)等功能于一体的机敏或智能结构系统。重点研究智能材料制备加工技术,智能结构的设计与制备技术,关键设备装置的监控与失效控制技术等。

(10)高温超导技术

重点研究新型高温超导材料及制备技术,超导电缆、超导电机、高效超导电力器件;研究超导生物医学器件、高温超导滤波器、高温超导无损检测装置和扫描磁显微镜等灵敏探测器件。

(11)高效能源材料技术

重点研究太阳能电池相关材料及其关键技术、燃料电池关键材料技术、高容量储氢材料技术、高效二次电池材料及关键技术、超级电容器关键材料及制备技术,发展高效能量转换与储能材料体系。

4. 先进制造技术

先进制造技术将向信息化、极限化和绿色化的方向发展,成为未来制造业赖以生存的基础和可持续发展的关键。重点突破极端制造、系统集成和协同技术、智能制造与应用技术、成套装备与系统的设计验证技术、基于高可靠性的大型复杂系统和装备的系统设计技术。

前沿技术:

(12)极端制造技术

极端制造是指在极端条件或环境下,制造极端尺度(特大或特小尺度)或极高功能的器件和功能系统。重点研究微纳机电系统、微纳制造、超精密制造、巨系统制造和强场制造相关的设计、制造工艺和检测技术。

(13)智能服务机器人

智能服务机器人是在非结构环境下为人类提供必要服务的多种高技术集成的智能化装备。以服务机器人和危险作业机器人应用需求为重点,研究设计方法、制造工艺、智能控制和应用系统集成等共性基础技术。

(14)重大产品和重大设施寿命预测技术

重大产品和重大设施寿命预测技术是提高运行可靠性、安全性、可维护性的关键技术。研究零部件材料的成分设计及成形加工的预测控制和优化技术,基于知识的成形制造过程建模与仿真技术,制造过程在线检测与评估技术,零部件寿命预测技术,重大产品、复杂系统和重大设施的可靠性、安全性和寿命预测技术。

5. 先进能源技术

未来能源技术发展的主要方向是经济、高效、清洁利用和新型能源开发。第四代核能系统、先进核燃料循环以及聚变能等技术的开发越来越受到关注;氢作为可从多种途径获取的理想能源载体,将为能源的清洁利用带来新的变革;具有清洁、灵活特征的燃料电池动力和分布式供能系统,将为终端能源利用提供新的重要形式。重点研究规模化的氢能利用和分布式供能系统,先进核能及核燃料循环技术,开发高效、清洁和二氧化碳近零排放的化石能源开发利用技术,低成本、高效率的可再生能源新技术。

前沿技术:

(15)氢能及燃料电池技术

重点研究高效低成本的化石能源和可再生能源制氢技术,经济高效氢储存和输配技术,燃料电池基础关键部件制备和电堆集成技术,燃料电池发电及车用动力系统集成技术,形成氢能和燃料电池技术规范与标准。

(16)分布式供能技术

分布式供能系统是为终端用户提供灵活、节能型的综合能源服务的重要途径。重点突破基于化石能源的微小型燃气轮机及新型热力循环等终端的能源转换技术、储能技术、热电冷系统综合技术,形成基于可再生能源和化石能源互补、微小型燃气轮机与燃料电池混合的分布式终端能源供给系统。

(17)快中子堆技术

快中子堆是由快中子引起原子核裂变链式反应,并可实现核燃料增殖的核反应堆,能够使铀资源得到充分利用,还能处理热堆核电站生产的长寿命放射性废弃物。研究并掌握快堆设计及核心技术,相关核燃料和结构材料技术,突破钠循环等关键技术,建成65MW实验快堆,实现临界及并网发电。

(18)磁约束核聚变

以参加国际热核聚变实验反应堆的建设和研究为契机,重点研究大型超导磁体技术、微波加热和驱动技术、中性束注入加热技术、包层技术、氚的大规模实时分离提纯技术、偏滤器技术、数值模拟、等离子体控制和诊断技术、示范堆所需关键材料技术,以及深化高温等离子体物理研究和某些以能源为目标的非托克马克途径的探索研究。

6. 海洋技术

重视发展多功能、多参数和作业长期化的海洋综合开发技术,以提高深海作业的综合技术能力。重点研究开发天然气水合物勘探开发技术、大洋金属矿产资源海底集输技术、现场高效提取技术和大型海洋工程技术。

前沿技术:

(19)海洋环境立体监测技术

海洋环境立体监测技术是在空中、岸站、水面、水中对海洋环境要素进行同步监测的技术。重点研究海洋遥感技术、声学探测技术、浮标技术、岸基远程雷达技术,发展海洋信息处理与应用技术。

(20)大洋海底多参数快速探测技术

大洋海底多参数快速探测技术是对海底地球物理、地球化学、生物化学等特征的多参量进行同步探测并实现实时信息传输的技术。重点研究异常环境条件下的传感器技术,传感器自动标定技术,海底信息传输技术等。

(21)天然气水合物开发技术

天然气水合物是蕴藏于海洋深水底和地下的碳氢化合物。重点研究天然气水合物的勘探理论与开发技术,天然气水合物地球物理与地球化学勘探和评价技术,突破天然气水合物钻井技术和安全开采技术。

(22)深海作业技术

深海作业技术是支撑深海海底工程作业和矿产开采的水下技术。重点研究大深度水下运载技术,生命维持系统技术,高比能量动力装置技术,高保真采样和信息远程传输技术,深海作业装备制造技术和深海空间站技术。

7. 激光技术

8. 空天技术

六、基础研究

基础研究以深刻认识自然现象、揭示自然规律,获取新知识、新原理、新方法和培养高素质创新人才等为基本使命,是高新技术发展的重要源泉,是培育创新人才的摇篮,是建设先进文化的基础,是未来科学和技术发展的内在动力。发展基础研究要坚持服务国家目标与鼓励自由探索相结合,遵循科学发展的规律,重视科学家的探索精神,突出科学的长远价值,稳定支持,超前部署,并根据科学发展的新动向,进行动态调整。本纲要从学科发展、科学前沿问题、面向国家重大战略需求的基础研究、重大科学研究计划四个方面进行部署。

1. 学科发展

根据基础研究厚积薄发、探索性强、进展往往难以预测的特点,对基础学科进行全面布局,突出学科交叉、融合与渗透,培育新的学科生长点。通过长期、深厚的学术研究积累,促进原始创新能力的提升,促进多学科协调发展。

(1)基础学科

重视基本理论和学科建设,全面协调地发展数学、物理学、化学、天文学、地球科学、生物学等基础学科。

(2)交叉学科和新兴学科

基础学科之间、基础学科与应用学科、科学与技术、自然科学与人文社会科学的交叉与融合,往往导致重大科学发现和新兴学科的产生,是科学研究中最活跃的部分之一,要给予高度关注和重点部署。

2. 科学前沿问题

微观与宇观的统一,还原论与整体论的结合,多学科的相互交叉,数学等基础科学向各领域的渗透,先进技术和手段的运用,是当代科学发展前沿的主要特征,孕育着科学上的重大突破,使人类对客观世界的认识不断地超越和深化。遴选科学前沿问题的原则为:对基础科学发展具有带动作用,具有良好基础,能充分体现我国优势与特色,有利于大幅度提升我国基础科学的国际地位。

(1)生命过程的定量研究和系统整合

主要研究方向:基因语言及调控,功能基因组学,模式生物学,表观遗传学及非编码核糖核酸,生命体结构功能及其调控网络,生命体重构,生物信息学,计算生物学,系统生物学,极端环境中的生命特征,生命起源和演化,系统发育与进化生物学等。

(2)凝聚态物质与新效应

主要研究方向:强关联体系、软凝聚态物质,新量子特性凝聚态物质与新效应,自相似协同生长、巨开放系统和复杂系统问题,玻色—爱因斯坦凝聚,超流超导机制,极端条件下凝聚态物质的结构相变、电子结构和多种原激发过程等。

(3)物质深层次结构和宇宙大尺度物理学规律

主要研究方向:微观和宇观尺度以及高能、高密、超高压、超强磁场等极端状态下的物质结构与物理规律,探索统一所有物理规律的理论,粒子物理学前沿基本问题,暗物质和暗能量的本质,宇宙的起源和演化,黑洞及各种天体和结构的形成及演化,太阳活动对地球环境和灾害的影响及其预报等。

(4)核心数学及其在交叉领域的应用

主要研究方向:核心数学中的重大问题,数学与其他学科相互交叉及在科学研究和实际应用中产生的新的数学问题,如离散问题、随机问题、量子问题以及大量非线性问题中的数学理论和方法等。

(5)地球系统过程与资源、环境和灾害效应

主要研究方向:地球系统各圈层(大气圈、水圈、生物圈、地壳、地幔、地核)的相互作用,地球深部钻探,地球系统中的物理、化学、生物过程及其资源、环境与灾害效应,海陆相成藏理论,地基、海基、空基、天基地球观测与探测系统及地球模拟系统,地球系统科学理论等。

(6)新物质创造与转化的化学过程

主要研究方向:新的特定结构功能分子、凝聚态和聚集态分子功能体系的设计、可控合成、制备和转化,环境友好的新化学体系的建立,不同时空尺度物质形成与转化过程以及在生命过程和生态环境等复杂体系中的化学本质、性能与结构的关系和转化规律等。

(7)脑科学与认知科学

主要研究方向:脑功能的细胞和分子机理,脑重大疾病的发生发展机理,脑发育、可塑性与人类智力的关系,学习记忆和思维等脑高级认知功能的过程及其神经基础,脑信息表达与脑式信息处理系统,人脑与计算机对话等。

(8)科学实验与观测方法、技术和设备的创新

主要研究方向:具有动态、适时、无损、灵敏、高分辨等特征的生命科学检测、成像、分析与操纵方法,物质组成、功能和结构信息获取新分析及表征技术,地球科学与空间科学研究中新观测手段和信息获取新方法等。

3. 面向国家重大战略需求的基础研究

以知识为基础的社会对科学发展提出了强烈需求,综合国力的竞争已前移到基础研究,而且愈加激烈。我国作为快速发展中的国家,更要强调基础研究服务于国家目标,通过基础研究解决未来发展中的关键、瓶颈问题。遴选研究方向的原则为:对国家经济社会发展和国家安全

具有战略性、全局性和长远性意义;虽暂时还薄弱,但对发展具有关键性作用;能有力带动基础科学和技术科学的结合,引领未来高新技术发展。

(1)人类健康与疾病的生物学基础

重点研究重大疾病发生发展过程及其干预的分子与细胞基础,神经、免疫、内分泌系统在健康与重大疾病发生发展中的作用,病原体传播、变异规律和致病机制,药物在分子、细胞与整体调节水平上的作用机理,环境对生理过程的干扰,中医药学理论体系等。

(2)农业生物遗传改良和农业可持续发展中的科学问题

重点研究重要农业生物基因和功能基因组及相关"组"学,生物多样性与新品种培育的遗传学基础,植物抗逆性及水分养分和光能高效利用机理,农业生物与生态环境的相互作用,农业生物安全与主要病虫害控制原理等。

(3)人类活动对地球系统的影响机制

重点研究资源勘探与开发过程的灾害风险预测,重点流域大规模人类活动的生态影响、适应性和区域生态安全,重要生态系统能量物质循环规律与调控,生物多样性保育模式,土地利用与土地覆被变化,流域、区域需水规律与生态平衡,环境污染形成机理与控制原理,海洋资源可持续利用与海洋生态环境保护等。

(4)全球变化与区域响应

重点研究全球气候变化对中国的影响,大尺度水文循环对全球变化的响应以及全球变化对区域水资源的影响,人类活动与季风系统的相互作用,海-陆-气相互作用与亚洲季风系统变异及其预测,中国近海-陆地生态系统碳循环过程,青藏高原和极地对全球变化的响应及其气候和环境效应,气候系统模式的建立及其模拟和预测,温室效应的机理,气溶胶形成、演变机制及对气候变化的影响及控制等。

(5)复杂系统、灾变形成及其预测控制

重点研究工程、自然和社会经济复杂系统中微观机理与宏观现象之间的关系,复杂系统中结构形成的机理和演变规律、结构与系统行为的关系,复杂系统运动规律,系统突变及其调控等,研究复杂系统不同尺度行为间的相关性,发展复杂系统的理论与方法等。

(6)能源可持续发展中的关键科学问题

重点研究化石能源高效洁净利用与转化的物理化学基础,高性能热功转换及高效节能储能中的关键科学问题,可再生能源规模化利用原理和新途径,电网安全稳定和经济运行理论,大规模核能基本技术和氢能技术的科学基础等。

(7)材料设计与制备的新原理与新方法

重点研究基础材料改性优化的理化基础、相变和组织控制机制、复合强韧化原理,新材料的物理化学性质,人工结构化和小尺度化、多功能集成化等物理新机制、新效应和新材料设计,材料制备新原理、新工艺以及结构、性能表征新原理,材料服役与环境的相互作用、性能演变、失效机制及寿命预测原理等。

(8)极端环境条件下制造的科学基础

重点研究深层次物质与能量交互作用规律,高密度能量和物质的微尺度输运,微结构形态的精确表达与计量,制造体成形、成性与系统集成的尺度效应和界面科学,复杂制造系统平稳运动的确定性与制造体的唯一性规律等。

(9)航空航天重大力学问题

重点研究高超声速推进系统及超高速碰撞力学问题，多维动力系统及复杂运动控制理论，可压缩湍流理论，高温气体热力学，磁流体及等离子体动力学，微流体与微系统动力学，新材料结构力学等。

(10)支撑信息技术发展的科学基础

重点研究新算法与软件基础理论，虚拟计算环境的机理，海量信息处理及知识挖掘的理论与方法，人机交互理论，网络安全与可信可控的信息安全理论等。

4. 重大科学研究计划

根据世界科学发展趋势和我国重大战略需求，选择能引领未来发展，对科学和技术发展有很强带动作用，可促进我国持续创新能力迅速提高，同时具有优秀创新团队的研究方向，重点部署四项重大科学研究计划。这些方向的突破，可显著提升我国的国际竞争力，大力促进可持续发展，实现重点跨越。

(1)蛋白质研究

蛋白质是最主要的生命活动载体和功能执行者。对蛋白质复杂多样的结构功能、相互作用和动态变化的深入研究，将在分子、细胞和生物体等多个层次上全面揭示生命现象的本质，是后基因组时代的主要任务。同时，蛋白质科学研究成果将催生一系列新的生物技术，带动医药、农业和绿色产业的发展，引领未来生物经济。因此，蛋白质科学是目前发达国家激烈争夺的生命科学制高点。

重点研究重要生物体系的转录组学、蛋白质组学、代谢组学、结构生物学、蛋白质生物学功能及其相互作用、蛋白质相关的计算生物学与系统生物学，蛋白质研究的方法学，相关应用基础研究等。

(2)量子调控研究

以微电子为基础的信息技术将达到物理极限，对信息科技发展提出了严峻的挑战，人类必须寻求新出路，而以量子效应为基础的新的信息手段初露端倪，并正在成为发达国家激烈竞争的焦点。量子调控就是探索新的量子现象，发展量子信息学、关联电子学、量子通信、受限小量子体系及人工带隙系统，构建未来信息技术理论基础，具有明显的前瞻性，有可能在20～30年后对人类社会经济发展产生难以估量的影响。

重点研究量子通信的载体和调控原理及方法，量子计算，电荷-自旋-相位-轨道等关联规律以及新的量子调控方法，受限小量子体系的新量子效应，人工带隙材料的宏观量子效应，量子调控表征和测量的新原理和新技术基础等。

(3)纳米研究

物质在纳米尺度下表现出的奇异现象和规律将改变相关理论的现有框架，使人们对物质世界的认识进入到崭新的阶段，孕育着新的技术革命，给材料、信息、绿色制造、生物和医学等领域带来极大的发展空间。纳米科技已成为许多国家提升核心竞争力的战略选择，也是我国有望实现跨越式发展的领域之一。

重点研究纳米材料的可控制备、自组装和功能化，纳米材料的结构、优异特性及其调控机制,纳加工与集成原理,概念性和原理性纳器件,纳电子学,纳米生物学和纳米医学,分子聚集体和生物分子的光、电、磁学性质及信息传递,单分子行为与操纵,分子机器的设计组装与调控,纳米尺度表征与度量学,纳米材料和纳米技术在能源、环境、信息、医药等领域的应用。

(4)发育与生殖研究

动物克隆、干细胞等一系列举世瞩目的成就为生命科学与医学的未来发展带来了重大的机遇。然而这些成果大多还不能直接造福于人类,主要原因是对生殖与发育过程及其机理缺乏系统深入的认识。我国人口增长量大,出生缺陷多,移植器官严重短缺,老龄化高峰即将到来,迫切需要生殖与发育科学理论的突破和技术创新。

重点研究干细胞增殖、分化和调控,生殖细胞发生、成熟与受精,胚胎发育的调控机制,体细胞去分化和动物克隆机理,人体生殖功能的衰退与退行性病变的机制,辅助生殖与干细胞技术的安全和伦理等。

七、科技体制改革与国家创新体系建设

改革开放以来,我国科技体制改革紧紧围绕促进科技与经济结合,以加强科技创新、促进科技成果转化和产业化为目标,以调整结构、转换机制为重点,采取了一系列重大改革措施,取得了重要突破和实质性进展。同时,必须清楚地看到,我国现行科技体制与社会主义市场经济体制以及经济、科技大发展的要求,还存在着诸多不相适应之处。一是企业尚未真正成为技术创新的主体,自主创新能力不强。二是各方面科技力量自成体系、分散重复,整体运行效率不高,社会公益领域科技创新能力尤其薄弱。三是科技宏观管理各自为政,科技资源配置方式、评价制度等不能适应科技发展新形势和政府职能转变的要求。四是激励优秀人才、鼓励创新创业的机制还不完善。这些问题严重制约了国家整体创新能力的提高。

深化科技体制改革的指导思想是:以服务国家目标和调动广大科技人员的积极性和创造性为出发点,以促进全社会科技资源高效配置和综合集成为重点,以建立企业为主体、产学研结合的技术创新体系为突破口,全面推进中国特色国家创新体系建设,大幅度提高国家自主创新能力。

当前和今后一个时期,科技体制改革的重点任务是:

1. 支持鼓励企业成为技术创新主体

市场竞争是技术创新的重要动力,技术创新是企业提高竞争力的根本途径。随着改革开放的深入,我国企业在技术创新中发挥着越来越重要的作用。要进一步创造条件、优化环境、深化改革,切实增强企业技术创新的动力和活力。一要发挥经济、科技政策的导向作用,使企业成为研究开发投入的主体。加快完善统一、开放、竞争、有序的市场经济环境,通过财税、金融等政策,引导企业增加研究开发投入,推动企业特别是大企业建立研究开发机构。依托具有较强研究开发和技术辐射能力的转制科研机构或大企业,集成高等院校、科研院所等相关力量,组建国家工程实验室和行业工程中心。鼓励企业与高等院校、科研院所建立各类技术创新联合组织,增强技术创新能力。二要改革科技计划支持方式,支持企业承担国家研究开发任务。国家科技计划要更多地反映企业重大科技需求,更多地吸纳企业参与。在具有明确市场应用前景的领域,建立企业牵头组织、高等院校和科研院所共同参与实施的有效机制。三要完

善技术转移机制，促进企业的技术集成与应用。建立健全知识产权激励机制和知识产权交易制度。大力发展为企业服务的各类科技中介服务机构，促进企业之间、企业与高等院校和科研院所之间的知识流动和技术转移。国家重点实验室、工程(技术研究)中心要向企业扩大开放。四要加快现代企业制度建设，增强企业技术创新的内在动力。把技术创新能力作为国有企业考核的重要指标，把技术要素参与分配作为高新技术企业产权制度改革的重要内容。坚持应用开发类科研机构企业化转制的方向，深化企业化转制科研机构产权制度等方面的改革，形成完善的管理体制和合理、有效的激励机制，使之在高新技术产业化和行业技术创新中发挥骨干作用。五要营造良好创新环境，扶持中小企业的技术创新活动。中小企业特别是科技型中小企业是富有创新活力但承受创新风险能力较弱的企业群体。要为中小企业创造更为有利的政策环境，在市场准入、反不正当竞争等方面，起草和制定有利于中小企业发展的相关法律、政策；积极发展支持中小企业的科技投融资体系和创业风险投资机制；加快科技中介服务机构建设，为中小企业技术创新提供服务。

2. 深化科研机构改革，建立现代科研院所制度

从事基础研究、前沿技术研究和社会公益研究的科研机构，是我国科技创新的重要力量。建设一支稳定服务于国家目标、献身科技事业的高水平研究队伍，是发展我国科学技术事业的希望所在。经过多年的结构调整和人才分流等改革，我国已经形成了一批精干的科研机构，国家要给予稳定支持。充分发挥这些科研机构的重要作用，必须以提高创新能力为目标，以健全机制为重点，进一步深化管理体制改革，加快建设“职责明确、评价科学、开放有序、管理规范”的现代科研院所制度。一要按照国家赋予的职责定位加强科研机构建设。要切实改变目前部分科研机构职责定位不清、力量分散、创新能力不强的局面，优化资源配置，集中力量形成优势学科领域和研究基地。社会公益类科研机构要发挥行业技术优势，提高科技创新和服务能力，解决社会发展重大科技问题；基础科学、前沿技术科研机构要发挥学科优势，提高研究水平，取得理论创新和技术突破，解决重大科学技术问题。二要建立稳定支持科研机构创新活动的科技投入机制。学科和队伍建设、重大创新成果是长期持续努力的结果。对从事基础研究、前沿技术研究和社会公益研究的科研机构，国家财政给予相对稳定支持。根据科研机构的不同情况，提高人均事业经费标准，支持需要长期积累的学科建设、基础性工作和队伍建设。三要建立有利于科研机构原始创新的运行机制。自主选题研究对科研机构提高原始创新能力、培养人才队伍非常重要。加强对科研机构开展自主选题研究的支持。完善科研院所长负责制，进一步扩大科研院所在科技经费、人事制度等方面的决策自主权，提高科研机构内部创新活动的协调集成能力。四要建立科研机构整体创新能力评价制度。建立科学合理的综合评价体系，在科研成果质量、人才队伍建设、管理运行机制等方面对科研机构整体创新能力进行综合评价，促进科研机构提高管理水平和创新能力。五要建立科研机构开放合作的有效机制。实行固定人员与流动人员相结合的用人制度。全面实行聘用制和岗位管理，面向全社会公开招聘科研和管理人才。通过建立有效机制，促进科研院所与企业和大学之间多种形式的联合，促进知识流动、人才培养和科技资源共享。

大学是我国培养高层次创新人才的重要基地，是我国基础研究和高技术领域原始创新的主力军之一，是解决国民经济重大科技问题、实现技术转移、成果转化的生力军。加快建设一

批高水平大学,特别是一批世界知名的高水平研究型大学,是我国加速科技创新、建设国家创新体系的需要。我国已经形成了一批规模适当、学科综合和人才汇聚的高水平大学,要充分发挥其在科技创新方面的重要作用。积极支持大学在基础研究、前沿技术研究、社会公益研究等领域的原始创新。鼓励、推动大学与企业和科研院所进行全面合作,加大为国家、区域和行业发展服务的力度。加快大学重点学科和科技创新平台建设。培养和汇聚一批具有国际领先水平的学科带头人,建设一支学风优良、富有创新精神和国际竞争力的高校教师队伍。进一步加快大学内部管理体制的改革步伐。优化大学内部的教育结构和科技组织结构,创新运行机制和管理制度,建立科学合理的综合评价体系,建立有利于提高创新人才培养质量和创新能力,人尽其才、人才辈出的运行机制。积极探索建立具有中国特色的现代大学制度。

3. 推进科技管理体制改革

针对当前我国科技宏观管理中存在的突出问题,推进科技管理体制改革,重点是健全国家科技决策机制,努力消除体制机制性障碍,加强部门之间、地方之间、部门与地方之间、军民之间的统筹协调,切实提高整合科技资源、组织重大科技活动的能力。一要建立健全国家科技决策机制。完善国家重大科技决策议事程序,形成规范的咨询和决策机制。强化国家对科技发展的总体部署和宏观管理,加强对重大科技政策制定、重大科技计划实施和科技基础设施建设的统筹。二要建立健全国家科技宏观协调机制。确立科技政策作为国家公共政策的基础地位,按照有利于促进科技创新、增强自主创新能力的目标,形成国家科技政策与经济政策协调互动的政策体系。建立部门之间统筹配置科技资源的协调机制。加快国家科技行政管理部门职能转变,推进依法行政,提高宏观管理能力和服务水平。改进计划管理方式,充分发挥部门、地方在计划管理和项目实施管理中的作用。三要改革科技评审与评估制度。科技项目的评审要体现公正、公平、公开和鼓励创新的原则,为各类人才特别是青年人才的脱颖而出创造条件。重大项目评审要体现国家目标。完善同行专家评审机制,建立评审专家信用制度,建立国际同行专家参与评议的机制,加强对评审过程的监督,扩大评审活动的公开化程度和被评审人的知情范围。对创新性强的小项目、非共识项目以及学科交叉项目给予特别关注和支持,注重对科技人员和团队素质、能力和研究水平的评价,鼓励原始创新。建立国家重大科技计划、知识创新工程、自然科学基金资助计划等实施情况的独立评估制度。四要改革科技成果评价和奖励制度。要根据科技创新活动的不同特点,按照公开公正、科学规范、精简高效的原则,完善科研评价制度和指标体系,改变评价过多过繁的现象,避免急功近利和短期行为。面向市场的应用研究和试验开发等创新活动,以获得自主知识产权及其对产业竞争力的贡献为评价重点;公益科研活动以满足公众需求和产生的社会效益为评价重点;基础研究和前沿科学探索以科学意义和学术价值为评价重点。建立适应不同性质科技工作的人才评价体系。改革国家科技奖励制度,减少奖励数量和奖励层次,突出政府科技奖励的重点,在实行对项目奖励的同时,注重对人才的奖励。鼓励和规范社会力量设奖。

4. 全面推进中国特色国家创新体系建设

深化科技体制改革的目标是推进和完善国家创新体系建设。国家创新体系是以政府为主导、充分发挥市场配置资源的基础性作用、各类科技创新主体紧密联系和有效互动的社会系统。现阶段,中国特色国家创新体系建设重点:一是建设以企业为主体、产学研结合的技术创新体系，并将其作为全面推进国家创新体系建设的突破口。只有以企业为主体，才能坚持技术创新的市场导向，有效整合产学研的力量，切实增强国家竞争力。只有产学研结合，才能更有效配置科技资源，激发科研机构的创新活力，并使企业获得持续创新的能力。必须在大幅度提高企业自身技术创新能力的同时，建立科研院所与高等院校积极围绕企业技术创新需求服务、产学研多种形式结合的新机制。二是建设科学研究与高等教育有机结合的知识创新体系。以建立开放、流动、竞争、协作的运行机制为中心，促进科研院所之间、科研院所与高等院校之间的结合和资源集成。加强社会公益科研体系建设。发展研究型大学。努力形成一批高水平的、资源共享的基础科学和前沿技术研究基地。三是建设军民结合、寓军于民的国防科技创新体系。从宏观管理、发展战略和计划、研究开发活动、科技产业化等多个方面，促进军民科技的紧密结合，加强军民两用技术的开发，形成全国优秀科技力量服务国防科技创新、国防科技成果迅速向民用转化的良好格局。四是建设各具特色和优势的区域创新体系。充分结合区域经济和社会发展的特色和优势，统筹规划区域创新体系和创新能力建设。深化地方科技体制改革。促进中央与地方科技力量的有机结合。发挥高等院校、科研院所和国家高新技术产业开发区在区域创新体系中的重要作用，增强科技创新对区域经济社会发展的支撑力度。加强中、西部区域科技发展能力建设。切实加强县（市）等基层科技体系建设。五是建设社会化、网络化的科技中介服务体系。针对科技中介服务行业规模小、功能单一、服务能力薄弱等突出问题，大力培育和发展各类科技中介服务机构。充分发挥高等院校、科研院所和各类社团在科技中介服务中的重要作用。引导科技中介服务机构向专业化、规模化和规范化方向发展。

八、若干重要政策和措施

为确保本纲要各项任务的落实，不仅要解决体制和机制问题，还必须制定和完善更加有效的政策与措施。所有政策和措施都必须有利于增强自主创新能力，有利于激发科技人员的积极性和创造性，有利于充分利用国内外科技资源，有利于科技支撑和引领经济社会的发展。本纲要确定的科技政策和措施，是针对当前主要矛盾和突出问题而制定的，随着形势发展和本纲要实施进展情况，将不断加以丰富和完善。

1. 实施激励企业技术创新的财税政策

鼓励企业增加研究开发投入，增强技术创新能力。加快实施消费型增值税，将企业购置的设备已征税款纳入增值税抵扣范围。在进一步落实国家关于促进技术创新、加速科技成果转化以及设备更新等各项税收优惠政策的基础上，积极鼓励和支持企业开发新产品、新工艺和新技术，加大企业研究开发投入的税前扣除等激励政策的力度，实施促进高新技术企业发展的税收优惠政策。结合企业所得税和企业财务制度改革，鼓励企业建立技术研究开发专项资金制度。允许企业加速研究开发仪器设备的折旧。对购买先进科学研究仪器和设备给予必要税收扶持政策。加大对企业设立海外研究开发机构的外汇和融资支持力度，提供对外投资便利和优质服务。

全面贯彻落实《中华人民共和国中小企业促进法》，支持创办各种性质的中小企业，充分发挥中小企业技术创新的活力。鼓励和支持中小企业采取联合出资、共同委托等方式进行合作研究开发，对加快创新成果转化给予政策扶持。制定扶持中小企业技术创新的税收优惠政策。

2. 加强对引进技术的消化、吸收和再创新

完善和调整国家产业技术政策,加强对引进技术的消化、吸收和再创新。制定鼓励自主创新、限制盲目重复引进的政策。

通过调整政府投资结构和重点,设立专项资金,用于支持引进技术的消化、吸收和再创新,支持重大技术装备研制和重大产业关键共性技术的研究开发。采取积极政策措施,多渠道增加投入,支持以企业为主体、产学研联合开展引进技术的消化、吸收和再创新。

把国家重大建设工程作为提升自主创新能力的重要载体。通过国家重大建设工程的实施,消化吸收一批先进技术,攻克一批事关国家战略利益的关键技术,研制一批具有自主知识产权的重大装备和关键产品。

3. 实施促进自主创新的政府采购

制定《中华人民共和国政府采购法》实施细则,鼓励和保护自主创新。建立政府采购自主创新产品协调机制。对国内企业开发的具有自主知识产权的重要高新技术装备和产品,政府实施首购政策。对企业采购国产高新技术设备提供政策支持。通过政府采购,支持形成技术标准。

4. 实施知识产权战略和技术标准战略

保护知识产权,维护权利人利益,不仅是我国完善市场经济体制、促进自主创新的需要,也是树立国际信用、开展国际合作的需要。要进一步完善国家知识产权制度,营造尊重和保护知识产权的法治环境,促进全社会知识产权意识和国家知识产权管理水平的提高,加大知识产权保护力度,依法严厉打击侵犯知识产权的各种行为。同时,要建立对企业并购、技术交易等重大经济活动知识产权特别审查机制,避免自主知识产权流失。防止滥用知识产权而对正常的市场竞争机制造成不正当的限制,阻碍科技创新和科技成果的推广应用。将知识产权管理纳入科技管理全过程,充分利用知识产权制度提高我国科技创新水平。强化科技人员和科技管理人员的知识产权意识,推动企业、科研院所、高等院校重视和加强知识产权管理。充分发挥行业协会在保护知识产权方面的重要作用。建立健全有利于知识产权保护的从业资格制度和社会信用制度。

根据国家战略需求和产业发展要求,以形成自主知识产权为目标,产生一批对经济、社会和科技等发展具有重大意义的发明创造。组织以企业为主体的产学研联合攻关,并在专利申请、标准制定、国际贸易和合作等方面予以支持。

将形成技术标准作为国家科技计划的重要目标。政府主管部门、行业协会等要加强对重要技术标准制定的指导协调,并优先采用。推动技术法规和技术标准体系建设,促使标准制定与科研、开发、设计、制造相结合,保证标准的先进性和效能性。引导产、学、研各方面共同推进国家重要技术标准的研究、制定及优先采用。积极参与国际标准的制定,推动我国技术标准成为国际标准。加强技术性贸易措施体系建设。

5. 实施促进创新创业的金融政策

建立和完善创业风险投资机制,起草和制定促进创业风险投资健康发展的法律法规及相关政策。积极推进创业板市场建设,建立加速科技产业化的多层次资本市场体系。鼓励有条件的高科技企业在国内主板和中小企业板上市。努力为高科技中小企业在海外上市创造便利

条件。为高科技创业风险投资企业跨境资金运作创造更加宽松的金融、外汇政策环境。在国家高新技术产业开发区内,开展对未上市高新技术企业股权流通的试点工作。逐步建立技术产权交易市场。探索以政府财政资金为引导,政策性金融、商业性金融资金投入为主的方式,采取积极措施,促进更多资本进入创业风险投资市场。建立全国性的科技创业风险投资行业自律组织。鼓励金融机构对国家重大科技产业化项目、科技成果转化项目等给予优惠的信贷支持,建立健全鼓励中小企业技术创新的知识产权信用担保制度和其他信用担保制度,为中小企业融资创造良好条件。搭建多种形式的科技金融合作平台,政府引导各类金融机构和民间资金参与科技开发。鼓励金融机构改善和加强对高新技术企业,特别是对科技型中小企业的金融服务。鼓励保险公司加大产品和服务创新力度,为科技创新提供全面的风险保障。

6. 加速高新技术产业化和先进适用技术的推广

把推进高新技术产业化作为调整经济结构、转变经济增长方式的一个重点。积极发展对经济增长有突破性重大带动作用的高新技术产业。

优化高新技术产业化环境。继续加强国家高新技术产业开发区等产业化基地建设。制定有利于促进国家高新技术产业开发区发展并带动周边地区发展的政策。构建技术交流与技术交易信息平台,对国家大学科技园、科技企业孵化基地、生产力促进中心、技术转移中心等科技中介服务机构开展的技术开发与服务活动给予政策扶持。

加大对农业技术推广的支持力度。建立面向农村推广先进适用技术的新机制。把农业科技推广成就作为科技奖励的重要内容,建立农业技术推广人员的职业资格认证制度,激励科技人员以多种形式深入农业生产第一线开展技术推广活动。设立农业科技成果转化和推广专项资金,促进农村先进适用技术的推广,支持农村各类人才的技术革新和发明创造。国家对农业科技推广实行分类指导,分类支持,鼓励和支持多种模式的、社会化的农业技术推广组织的发展,建立多元化的农业技术推广体系。

支持面向行业的关键、共性技术的推广应用。制定有效的政策措施,支持产业竞争前技术的研究开发和推广应用,重点加大电子信息、生物、制造业信息化、新材料、环保、节能等关键技术的推广应用,促进传统产业的改造升级。加强技术工程化平台、产业化示范基地和中间试验基地建设。

7. 完善军民结合、寓军于民的机制

加强军民结合的统筹和协调。改革军民分离的科技管理体制,建立军民结合的新的科技管理体制。鼓励军口科研机构承担民用科技任务;国防研究开发工作向民口科研机构和企业开放;扩大军品采购向民口科研机构和企业采购的范围。改革相关管理体制和制度,保障非军工科研企事业单位平等参与军事装备科研和生产的竞争。建立军民结合、军民共用的科技基础条件平台。

建立适应国防科研和军民两用科研活动特点的新机制。统筹部署和协调军民基础研究,加强军民高技术研究开发力量的集成,建立军民有效互动的协作机制,实现军用产品与民用产品研制生产的协调,促进军民科技各环节的有机结合。

8. 扩大国际和地区科技合作与交流

增强国家自主创新能力,必须充分利用对外开放的有利条件,扩大多种形式的国际和地区科技合作与交流。

鼓励科研院所、高等院校与海外研究开发机构建立联合实验室或研究开发中心。支持在双边、多边科技合作协议框架下,实施国际合作项目。建立内地与港、澳、台的科技合作机制,加强沟通与交流。

支持我国企业"走出去"。扩大高新技术及其产品的出口,鼓励和支持企业在海外设立研究开发机构或产业化基地。

积极主动参与国际大科学工程和国际学术组织。支持我国科学家和科研机构参与或牵头组织国际和区域性大科学工程。建立培训制度,提高我国科学家参与国际学术交流的能力,支持我国科学家在重要国际学术组织中担任领导职务。鼓励跨国公司在华设立研究开发机构。提供优惠条件,在我国设立重要的国际学术组织或办事机构。

9. 提高全民族科学文化素质,营造有利于科技创新的社会环境

实施全民科学素质行动计划。以促进人的全面发展为目标,提高全民科学文化素质。在全社会大力弘扬科学精神,宣传科学思想,推广科学方法,普及科学知识。加强农村科普工作,逐步建立提高农民技术和职业技能的培训体系。组织开展多种形式和系统性的校内外科学探索和科学体验活动,加强创新教育,培养青少年创新意识和能力。加强各级干部和公务员的科技培训。

加强国家科普能力建设。合理布局并切实加强科普场馆建设,提高科普场馆运营质量。建立科研院所、大学定期向社会公众开放制度。在科技计划项目实施中加强与公众沟通交流。繁荣科普创作,打造优秀科普品牌。鼓励著名科学家及其他专家学者参与科普创作。制定重大科普作品选题规划,扶持原创性科普作品。在高校设立科技传播专业,加强对科普的基础性理论研究,培养专业化科普人才。

建立科普事业的良性运行机制。加强政府部门、社会团体、大型企业等各方面的优势集成,促进科技界、教育界和大众媒体之间的协作。鼓励经营性科普文化产业发展,放宽民间和海外资金发展科普产业的准入限制,制定优惠政策,形成科普事业的多元化投入机制。推进公益性科普事业体制与机制改革,激发活力,提高服务意识,增强可持续发展能力。

九、科技投入与科技基础条件平台

科技投入和科技基础条件平台,是科技创新的物质基础,是科技持续发展的重要前提和根本保障。今天的科技投入,就是对未来国家竞争力的投资。改革开放以来,我国科技投入不断增长,但与我国科技事业的大发展和全面建设小康社会的重大需求相比,与发达国家和新兴工业化国家相比,我国科技投入的总量和强度仍显不足,投入结构不尽合理,科技基础条件薄弱。当今发达国家和新兴工业化国家,都把增加科技投入作为提高国家竞争力的战略举措。我国必须审时度势,从增强国家自主创新能力和核心竞争力出发,大幅度增加科技投入,加强科技基础条件平台建设,为完成本纲要提出的各项重大任务提供必要的保障。

1. 建立多元化、多渠道的科技投入体系

充分发挥政府在投入中的引导作用,通过财政直接投入、税收优惠等多种财政投入方式,增强政府投入调动全社会科技资源配置的能力。国家财政投入主要用于支持市场机制不能有

效解决的基础研究、前沿技术研究、社会公益研究、重大共性关键技术研究等公共科技活动，并引导企业和全社会的科技投入。中央和地方各级政府要按照《中华人民共和国科学技术进步法》的要求，在编制年初预算和预算执行中的超收分配时，都要体现法定增长的要求，保证科技经费的增长幅度明显高于财政经常性收入的增长幅度，逐步提高国家财政性科技投入占国内生产总值的比例。要结合国家财力情况，统筹安排规划实施所需经费，切实保障重大专项的顺利实施。国家继续加强对重大科技基础设施建设的投入，在中央和地方建设投资中作为重点予以支持。在政府增加科技投入的同时，强化企业科技投入主体的地位。总之，通过多方面的努力，使我国全社会研究开发投入占国内生产总值的比例逐年提高，到2010年达到2%，到2020年达到2.5%以上。

2. 调整和优化投入结构，提高科技经费使用效益

加强对基础研究、前沿技术研究、社会公益研究以及科技基础条件和科学技术普及的支持。合理安排科研机构(基地)正常运转经费、科研项目经费、科技基础条件经费等的比例，加大对基础研究和社会公益类科研机构的稳定投入力度，将科普经费列入同级财政预算，逐步提高科普投入水平。建立和完善适应科学研究规律和科技工作特点的科技经费管理制度，按照国家预算管理的规定，提高财政资金使用的规范性、安全性和有效性。提高国家科技计划管理的公开性、透明度和公正性，逐步建立财政科技经费的预算绩效评价体系，建立健全相应的评估和监督管理机制。

3. 加强科技基础条件平台建设

科技基础条件平台是在信息、网络等技术支撑下，由研究实验基地、大型科学设施和仪器装备、科学数据与信息、自然科技资源等组成，通过有效配置和共享，服务于全社会科技创新的支撑体系。科技基础条件平台建设重点是：

国家研究实验基地。根据国家重大战略需求，在新兴前沿交叉领域和具有我国特色和优势的领域，主要依托国家科研院所和研究型大学，建设若干队伍强、水平高、学科综合交叉的国家实验室和其他科学研究实验基地。加强国家重点实验室建设，不断提高其运行和管理的整体水平。构建国家野外科学观测研究台站网络体系。

大型科学工程和设施。重视科学仪器与设备对科学研究的作用，加强科学仪器设备及检测技术的自主研究开发。建设若干大型科学工程和基础设施，包括在高性能计算、大型空气动力研究试验和极端条件下进行科学实验等方面的大科学工程或大型基础设施。推进大型科学仪器、设备、设施的共享与建设，逐步形成全国性的共享网络。

科学数据与信息平台。充分利用现代信息技术手段，建设基于科技条件资源信息化的数字科技平台，促进科学数据与文献资源的共享，构建网络科研环境，面向全社会提供服务，推动科学研究手段、方式的变革。

自然科技资源服务平台。建立完备的植物、动物种质资源，微生物菌种和人类遗传资源，以及实验材料，标本、岩矿化石等自然科技资源保护与利用体系。

国家标准、计量和检测技术体系。研究制定高精确度和高稳定性的计量基标准和标准物质体系，以及重点领域的技术标准，完善检测实验室体系、认证认可体系及技术性贸易措施体系。

4. 建立科技基础条件平台的共享机制

建立有效的共享制度和机制是科技基础条件平台建设取得成效的关键和前提。根据“整合、共享、完善、提高”的原则，借鉴国外成功经验，制定各类科技资源的标准规范，建立促进科技资源共享的政策法规体系。针对不同类型科技条件资源的特点，采用灵活多样的共享模式，打破当前条块分割、相互封闭、重复分散的格局。

十、人才队伍建设

科技创新，人才为本。人才资源已成为最重要的战略资源。要实施人才强国战略，切实加强科技人才队伍建设，为实施本纲要提供人才保障。

1. 加快培养造就一批具有世界前沿水平的高级专家

要依托重大科研和建设项目、重点学科和科研基地以及国际学术交流与合作项目，加大学科带头人的培养力度，积极推进创新团队建设。注重发现和培养一批战略科学家、科技管理专家。对核心技术领域的高级专家要实行特殊政策。进一步破除科学研究中的论资排辈和急功近利现象，抓紧培养造就一批中青年高级专家。改进和完善职称制度、院士制度、政府特殊津贴制度、博士后制度等高层次人才制度，进一步形成培养选拔高级专家的制度体系，使大批优秀拔尖人才得以脱颖而出。

2. 充分发挥教育在创新人才培养中的重要作用

加强科技创新与人才培养的有机结合，鼓励科研院所与高等院校合作培养研究型人才。支持研究生参与或承担科研项目，鼓励本科生投入科研工作，在创新实践中培养他们的探索兴趣和科学精神。高等院校要适应国家科技发展战略和市场对创新人才的需求，及时合理地设置一些交叉学科、新兴学科并调整专业结构。加强职业教育、继续教育与培训，培养适应经济社会发展需求的各类实用技术专业人才。要深化中小学教学内容和方法的改革，全面推进素质教育，提高科学文化素养。

3. 支持企业培养和吸引科技人才

国家鼓励企业聘用高层次科技人才和培养优秀科技人才，并给予政策支持。鼓励和引导科研院所和高等院校的科技人员进入市场创新创业。允许高等院校和科研院所的科技人员到企业兼职进行技术开发。引导高等院校毕业生到企业就业。鼓励企业与高等院校和科研院所共同培养技术人才。多方式、多渠道培养企业高层次工程技术人才。允许国有高新技术企业对技术骨干和管理骨干实施期权等激励政策，探索建立知识、技术、管理等要素参与分配的具体办法。支持企业吸引和招聘外籍科学家和工程师。

4. 加大吸引留学和海外高层次人才工作力度

制定和实施吸引优秀留学人才回国工作和为国服务计划，重点吸引高层次人才和紧缺人才。采取多种方式，建立符合留学人员特点的引才机制。加大对高层次留学人才回国的资助力度。大力加强留学人员创业基地建设。健全留学人才为国服务的政策措施。加大高层次创新人才公开招聘力度。实验室主任、重点科研机构学术带头人以及其他高级科研岗位，逐步实行海内外公开招聘。实行有吸引力的政策措施，吸引海外高层次优秀科技人才和团队来华工作。

5. 构建有利于创新人才成长的文化环境

倡导拼搏进取、自觉奉献的爱国精神，求真务实、勇于创新的科学精神，团结协作、淡泊名利的团队精神。提倡理性怀疑和批判，尊重个性，宽容失败，倡导学术自由和民主，鼓励敢于探索、勇于冒尖，大胆提出新的理论和学说。激发创新思维，活跃学术气氛，努力形成宽松和谐、健康向上的创新文化氛围。加强科研职业道德建设，遏制科学技术研究中的浮躁风气和学术不良风气。

实施国家中长期科学和技术发展规划纲要，涉及面广、时间跨度大、要求很高，要加强组织领导和统筹协调，采取切实有效措施，确保各项任务的落实。一是加强本纲要与“十一五”国民经济和社会发展规划的衔接。为增强纲要的可操作性，当前要将纲要的有关内容按照轻重缓急，做好与“十一五”国民经济和社会发展规划紧密结合，包括优先主题、重大专项、前沿技术、基础研究、基础条件平台建设和科技体制改革等，从中遴选出需要立即起步或在“十一五”期间急需解决的重点任务，抓紧在“十一五”国民经济和社会发展规划中做出具体安排和部署。二是制定若干配套政策。纲要确定的发展目标、重点任务及政策措施，是带有方向性和指导性的，需要制定若干切实可行、操作性强的配套政策。包括：支持企业成为技术创新主体的政策，促进对引进技术消化、吸收和再创新的政策，激励自主创新的政府采购政策，加大科技投入、提高资金使用效益的政策，深化科技体制改革、推进国家创新体系建设的政策，加速高新技术产业化的政策，加强科技人才队伍建设的政策，促进军民结合、寓军于民的政策等。上述政策要责成有关部门牵头、相关部门参加，在充分调查研究的基础上，使科技政策与产业、金融、财税等经济政策相互协调、紧密结合，并抓紧出台实施。三是建立纲要实施的动态调整机制。鉴于世界科学技术发展迅猛，国内经济社会发展不断变化，要在经济社会分析、技术预测和定期评估的基础上，建立纲要实施的动态调整机制。纲要确定的发展目标和重点任务，要根据国内外科技发展的新趋势、新突破和我国经济社会发展的新需求，进行及时的、必要的调整，有的要充实加强，有的要适当调整。四是加强对纲要实施的组织领导。要在党中央、国务院的统一领导下，充分发挥各地方、各部门、各社会团体的积极性和主动性，大力协同，共同推动纲要的组织实施。特别是国家科技管理部门、发展改革部门、财政部门等综合管理部门要紧密配合，切实负起责任，加强具体指导。各省、自治区、直辖市要结合本地实际，贯彻落实纲要。

本纲要的实施，关系全面建设小康社会目标的实现，关系社会主义现代化建设的成功，关系中华民族的伟大复兴。让我们在以胡锦涛同志为总书记的党中央领导下，以邓小平理论和“三个代表”重要思想为指导，坚定信心，奋发图强，为建设创新型国家，实现我国科学和技术发展的宏伟蓝图而奋斗！

国务院关于印发实施《国家中长期科学和技术发展规划纲要(2006—2020年)》若干配套政策的通知

国发[2006]6号

各省、自治区、直辖市人民政府,国务院各部委、各直属机构:

现将《实施〈国家中长期科学和技术发展规划纲要(2006—2020年)〉的若干配套政策》印发给你们,请结合实际,认真贯彻执行。

国务院

二〇〇六年二月七日

实施《国家中长期科学和技术发展规划纲要（2006—2020年）》的若干配套政策

为实施《国家中长期科学和技术发展规划纲要（2006—2020年）》（国发[2005]44号，以下简称《规划纲要》），营造激励自主创新的环境，推动企业成为技术创新的主体，努力建设创新型国家，特制定如下配套政策：

一、科技投入

（一）大幅度增加科技投入。建立多元化、多渠道的科技投入体系，全社会研究开发投入占国内生产总值的比例逐年提高，使科技投入水平同进入创新型国家行列的要求相适应。

（二）确保财政科技投入的稳定增长。各级政府把科技投入作为预算保障的重点，年初预算编制和预算执行中的超收分配，都要体现法定增长的要求。2006年中央财政科技投入实现大幅度增长，在此基础上，"十一五"期间财政科技投入增幅明显高于财政经常性收入增幅。

（三）切实保障重大专项的顺利实施。《规划纲要》确定的重大专项的实施，要遵循"成熟一个、启动一个"的原则，组织专家进一步进行全面深入的技术、经济等可行性论证，并根据国家发展需要和实施条件的成熟度，报经国务院批准后，统筹落实专项经费，以专项计划的形式逐项启动实施。

（四）优化财政科技投入结构。财政科技投入重点支持基础研究、社会公益研究和前沿技术研究。合理安排科研机构正常运转、政府科技计划（基金）和科研条件建设等资金。重视公益性行业科研能力建设，建立对公益性行业科研的稳定支持机制。优化政府科技计划体系，明确支持方向，重点解决国家、行业和区域经济社会发展中的重大科技问题。

（五）发挥财政资金对激励企业自主创新的引导作用。创新投入机制，整合政府资金，加大支持力度，激励企业开展技术创新和对引进先进技术的消化吸收与再创新。要引导和支持大型骨干企业开展竞争前的战略性关键技术和重大装备的研究开发，建立具有国际先进水平的技术创新平台；加强面向企业技术创新的服务体系建设。加大对科技型中小企业技术创新基金等的投入力度，鼓励中小企业自主创新。

（六）创新财政科技投入管理机制。在科研基地布局、人才队伍建设、政府科技计划设立、科研条件建设等方面，建立协调高效的管理平台，优化资源配置，使财政科技投入效益最大化。改革和强化科研经费管理，对科研课题及经费的申报、评审、立项、执行和结果的全过程，建立严格规范的监管制度。建立财政科技经费的绩效评价体系，明确设立政府科技计划和应用型科技项目的绩效目标，建立面向结果的追踪问效机制。

二、税收激励

（七）加大对企业自主创新投入的所得税前抵扣力度。允许企业按当年实际发生的技术开发费用的150%抵扣当年应纳税所得额。实际发生的技术开发费用当年抵扣不足部分,可按税法规定在5年内结转抵扣。企业提取的职工教育经费在计税工资总额2.5%以内的,可在企业所得税前扣除。研究制定促进产学研结合的税收政策。

(八)允许企业加速研究开发仪器设备折旧。企业用于研究开发的仪器和设备,单位价值在30万元以下的,可一次或分次摊入管理费,其中达到固定资产标准的应单独管理,但不提取折旧;单位价值在30万元以上的,可采取适当缩短固定资产折旧年限或加速折旧的政策。

(九)完善促进高新技术企业发展的税收政策。推进对高新技术企业实行增值税转型改革。国家高新技术产业开发区内新创办的高新技术企业经严格认定后,自获利年度起两年内免征所得税,两年后减按15%的税率征收企业所得税。继续完善鼓励高新技术产品出口的税收政策。完善高新技术企业计税工资所得税前扣除政策。

(十)支持企业加强自主创新能力建设。对符合国家规定条件的企业技术中心、国家工程(技术研究)中心等,进口规定范围内的科学研究和技术开发用品,免征进口关税和进口环节增值税;对承担国家重大科技专项、国家科技计划重点项目、国家重大技术装备研究开发项目和重大引进技术消化吸收再创新项目的企业进口国内不能生产的关键设备、原材料及零部件免征进口关税和进口环节增值税。

(十一)完善促进转制科研机构发展的税收政策。对整体或部分企业化转制科研机构免征企业所得税、科研开发自用土地、房产的城镇土地使用税、房产税的政策到期后,根据实际需要加以完善,以增强其自主创新能力。

(十二)支持创业风险投资企业的发展。对主要投资于中小高新技术企业的创业风险投资企业,实行投资收益税收减免或投资额按比例抵扣应纳税所得额等税收优惠政策。

(十三)扶持科技中介服务机构。对符合条件的科技企业孵化器、国家大学科技园自认定之日起,一定期限内免征营业税、所得税、房产税和城镇土地使用税。对其他符合条件的科技中介机构开展技术咨询和技术服务,研究制定必要的税收扶持政策。

(十四)鼓励社会资金捐赠创新活动。企事业单位、社会团体和个人,通过公益性的社会团体和国家机关向科技型中小企业技术创新基金和经国务院批准设立的其他激励企业自主创新的基金的捐赠,属于公益性捐赠,可按国家有关规定,在缴纳企业所得税和个人所得税时予以扣除。

三、金融支持

(十五)加强政策性金融对自主创新的支持。政策性金融机构对国家重大科技专项、国家重大科技产业化项目的规模化融资和科技成果转化项目、高新技术产业化项目、引进技术消化吸收项目、高新技术产品出口项目等提供贷款,给予重点支持。

国家开发银行在国务院批准的软贷款规模内,向高新技术企业发放软贷款,用于项目的参股投资。中国进出口银行设立特别融资账户,在政策允许范围内,对高新技术企业发展所需的核心技术和关键设备的进出口,提供融资支持。中国农业发展银行对农业科技成果转化和产业化实施倾斜支持政策。

(十六)引导商业金融支持自主创新。政府利用基金、贴息、担保等方式,引导各类商业金融机构支持自主创新与产业化。商业银行对国家和省级立项的高新技术项目,应根据国家投资政策及信贷政策规定,积极给予信贷支持。商业银行对有效益、有还贷能力的自主创新产品出口所需的流动资金贷款要根据信贷原则优先安排、重点支持,对资信好的自主创新产品出口企业可核定一定的授信额度,在授信额度内,根据信贷、结算管理要求,及时提供多种金融服务。

(十七)改善对中小企业科技创新的金融服务。商业银行与科技型中小企业建立稳定的银企关系,对创新活力强的予以重点扶持。加快建设企业和个人征信体系,促进各类征信机构发展,为商业银行改善对科技型中小企业的金融服务提供支持。

政府引导和激励社会资金建立中小企业信用担保机构,建立担保机构的资本金补充和多层次风险分担机制。探索创立多种担保方式,弥补中小企业担保抵押物不足的问题。政策性银行、商业银行和其他金融机构开展知识产权权利质押业务试点。

(十八)加快发展创业风险投资事业。制定《创业投资企业管理暂行办法》配套规章,完善创业风险投资法律保障体系。依法对创业风险投资企业进行备案管理,促进创业风险投资企业规范健康发展。鼓励有关部门和地方政府设立创业风险投资引导基金,引导社会资金流向创业风险投资企业,引导创业风险投资企业投资处于种子期和起步期的创业企业。在法律法规和有关监管规定许可的前提下,支持保险公司投资创业风险投资企业。允许证券公司在符合法律法规和有关监管规定的前提下开展创业风险投资业务。允许创业风险投资企业在法律法规规定的范围内通过债权融资方式增强投资能力。

完善创业风险投资外汇管理制度,规范法人制创业风险投资企业外汇管理,明确对非法人制外资创业风险投资企业的有关外汇管理问题。

(十九)建立支持自主创新的多层次资本市场。支持有条件的高新技术企业在国内主板和中小企业板上市。大力推进中小企业板制度创新,缩短公开上市辅导期,简化核准程序,加快科技型中小企业上市进程。适时推出创业板。

推进高新技术企业股份转让工作。启动中关村科技园区未上市高新技术企业进入证券公司代办系统进行股份转让试点工作。在总结试点经验的基础上,逐步允许具备条件的国家高新技术产业开发区内未上市高新技术企业进入代办系统进行股份转让。在有条件的地区,地方政府应通过财政支持等方式,扶持发展区域性产权交易市场,拓宽创业风险投资退出渠道。支持符合条件的高新技术企业发行公司债券。

(二十)支持开展对高新技术企业的保险服务。支持保险公司发展企业财产保险、产品责任保险、出口信用保险、业务中断保险等险种,为高新技术企业提供保险服务。

(二十一)完善高新技术企业的外汇管理政策。国家外汇管理局根据高新技术企业的实际需要,充分满足高新技术企业货物贸易和服务贸易用汇需求。深化境外投资外汇管理改革,支持国内企业设立海外研究开发设计机构、收并购国外研究开发机构或高新技术企业。

四、政府采购

(二十二)建立财政性资金采购自主创新产品制度。建立自主创新产品认证制度,建立认定标准和评价体系。由科技部门会同综合经济部门按照公开、公正的程序对自主创新产品进行认定，并向全社会公告。财政部会同有关部门在获得认定的自主创新产品范围内，确定政府采购自主创新产品目录(以下简称目录)，实行动态管理。

加强预算控制，优先安排自主创新项目。各级政府机关、事业单位和团体组织(以下统称采购人)用财政性资金进行采购的，必须优先购买列入目录的产品。采购人在编制年度部门预算时，应当标明自主创新产品。财政部门在预算审批过程中，在采购支出项目已确定的情况下，优先安排采购自主创新产品的预算。发挥财政、审计与监察部门的监督作用，督促采购人自觉采购自主创新产品。

国家重大建设项目以及其他使用财政性资金采购重大装备和产品的项目，有关部门应将承诺采购自主创新产品作为申报立项的条件，并明确采购自主创新产品的具体要求。在国家和地方政府投资的重点工程中，国产设备采购比例一般不得低于总价值的60%。不按要求采购自主创新产品，财政部门不予支付资金。

(二十三)改进政府采购评审方法，给予自主创新产品优先待遇。在政府采购评审方法中，须考虑自主创新因素。以价格为主的招标项目评标，在满足采购需求的条件下，优先采购自主创新产品。其中，自主创新产品价格高于一般产品的，要根据科技含量和市场竞争程度等因素，对自主创新产品给予一定幅度的价格扣除。自主创新产品企业报价不高于排序第一的一般产品企业报价一定比例的，将优先获得采购合同。以综合评标为主的招标项目，要增加自主创新评分因素并合理设置分值比重。

经认定的自主创新技术含量高、技术规格和价格难以确定的服务项目采购，可以在报经财政部门同意后，采用竞争性谈判采购方式，将合同授予具有自主创新能力的企业。

完善自主创新产品政府采购合同管理，拒绝接受或提供合同约定自主创新产品的，财政部门应责令其纠正，否则不予支付采购资金。

(二十四)建立激励自主创新的政府首购和订购制度。国内企业或科研机构生产或开发的试制品和首次投向市场的产品，且符合国民经济发展要求和先进技术发展方向，具有较大市场潜力并需要重点扶持的，经认定，政府进行首购，由采购人直接购买或政府出资购买。

政府对于需要研究开发的重大创新产品或技术，应当通过政府采购招标方式，面向全社会确定研究开发机构，签订政府订购合同，并建立相应的考核验收和研究开发成果推广机制。

(二十五)建立本国货物认定制度和购买外国产品审核制度。采购人应根据《中华人民共和国政府采购法》规定，优先购买本国产品。财政部会同有关部门制定本国货物认定标准。采购人需要的产品在中国境内无法获取或者无法以合理的商业条件获取的(在中国境外使用除外)，在采购活动开始前，需由国家权威认证机构予以确认并出具证明。采购外国产品时，坚持有利于企业自主创新或消化吸收核心技术的原则，优先购买向我转让技术的产品。

(二十六)发挥国防采购扶持自主创新的作用。国防采购应立足于国内自主创新产品和技术。自主创新产品和技术满足国防或国家安全需求的，应优先采购。政府部门对于涉及国家安全的采购项目，应首先采购国内自主创新产品，采购合同应优先授予具有自主创新能力的企业或科研机构。

五、引进消化吸收再创新

(二十七)加强对技术引进和消化吸收再创新的管理。凡由国家有关部门和地方政府核准或使用政府投资的重点工程项目中确需引进的重大技术装备,由项目业主联合制造企业制定引进消化吸收再创新方案,作为工程项目审批和核准的重要内容,报请国家有关主管部门审批(核准)后实施。

加强对引进技术工作的咨询和评估。重大技术和重大装备的引进消化吸收和再创新方案须经有关部门联合组织的专家委员会进行咨询论证,明确消化吸收和再创新的计划、目标和进度。将通过消化吸收是否形成了自主创新能力,作为对引进项目验收和评估的重要内容。

(二十八)鼓励引进国外先进技术,定期调整鼓励引进技术目录。

对国内尚不能提供、且多家企业需要引进的重大装备,国家鼓励统一招标,引导外商联合国内企业投标;在进口装备的同时,应当引进先进设计制造技术,并支持国内企业尽可能多地参与分包和实现本地制造。

(二十九)限制盲目、重复引进。定期调整禁止进口限制进口技术目录。限制进口国内已具备研究开发能力的关键技术;禁止或限制进口高消耗、高污染和已被淘汰的落后装备和技术。

(三十)对企业消化吸收再创新给予政策支持。对消化吸收再创新形成的先进装备和产品,纳入政府优先采购的范围。对订购和使用国产首台(套)重大装备的国家重点工程,国家优先予以安排。建立由项目业主、装备制造企业和保险公司风险共担、利益共享的重大装备保险机制,引导项目业主和装备制造企业对国产首台(套)重大装备投保。

(三十一)支持产学研联合开展消化吸收和再创新。对重大装备的引进,用户单位应吸收制造企业、高等学校和科研院所参与,共同跟踪国际先进技术的发展,并在消化吸收的基础上,共同开展自主创新活动。在国家科技基础设施建设中,优先支持在重点产业中由产学研合作组建的技术平台,承担重大引进技术消化吸收再创新任务。

(三十二)实施促进自主制造的装备技术政策。针对国民经济、社会重点发展领域和重点工程,由综合经济部门牵头,并由使用部门和制造部门共同参与制定国家装备技术政策,积极推进重大装备的自主制造。国家和地方重点工程建设项目采用重大装备和技术,应符合装备技术政策。

六、创造和保护知识产权

(三十三)掌握关键技术和重要产品的自主知识产权。国家科技部门、综合经济部门会同有关部门按照行业和领域特点共同编制并定期发布应掌握自主知识产权的关键技术和重要产品目录,国家科技计划和建设投资应当对列入目录的技术和产品的研制予以重点支持。对开发目录中技术和产品的企业在专利申请、标准制定、国际贸易和合作等方面予以支持,形成一批拥有自主知识产权、知名品牌和较强国际竞争力的优势企业。

国家科技部门会同知识产权管理部门建立知识产权信息服务平台,支持开展知识产权信息加工和战略分析,为自主知识产权的创造和市场开拓提供知识产权信息服务。

(三十四)积极参与制定国际标准,推动以我为主形成技术标准。国家科技计划支持重要技术标准的研究,引导产学研联合研制技术标准,促使标准与科研、开发、设计、制造相结合。政府主管部门加强对行业协会等制定重要技术标准的指导协调,支持企业、社团自主制定和参与制定国际技术标准,鼓励和推动我国技术标准成为国际标准。国家建立标准服务平台,支持加快国外先进标准向国内标准的转化,重点支持企业通过再创新推动以我为主形成技术标准。

(三十五)切实保护知识产权。建立健全知识产权保护体系,加大保护知识产权的执法力度,营造尊重和保护知识产权的法治环境。科研机构、高等学校和政府有关部门要加强从事知识产权保护和管理工作的力量。国家科技计划和各类创新基金对所支持项目在国外取得自主知识产权的相关费用,按规定经批准后给予适当补助。切实保障科技人员的知识产权权益,职务技术成果完成单位应对职务技术成果完成人和在科技成果转化中做出突出贡献人员依法给予报酬。依法保护非职务发明成果完成人的合法权益。

建立重大经济活动的知识产权特别审查机制。有关部门组织建立专门委员会,对涉及国家利益并具有重要自主知识产权的企业并购、技术出口等活动进行监督或调查,避免自主知识产权流失和危害国家安全。同时,也要注意防止滥用知识产权制约创新。

(三十六)缩短发明专利审查周期。改革发明专利审查方式,提高专利实质审查工作效率,缩短审查周期。对国家科技、经济、社会发展有重大影响的或具有国际竞争力的自主创新成果,发挥专利制度的积极作用,依法维护国家利益。

(三十七)加强技术性贸易措施体系建设。加快建立我国符合国际通行规则的技术性贸易措施体系。政府有关部门应建立和完善技术性贸易措施的通报协调机制、快速反应机制和研究评议体系。政府部门、行业协会、地方和企业联合建立包括技术预警在内的国外技术性贸易措施预警机制,密切跟踪我国产品目标出口国的技术法规、标准及合格评定程序和检验检疫要求的变化,对出口可能遭遇的技术性贸易措施进行实时监测和发布预警。

七、人才队伍

(三十八)加快培养一批高层次创新人才。实施国家高层次创新人才培养工程,在基础研究、高技术研究、社会公益研究等若干关系国家竞争力和安全的战略科技领域,着力培养造就一批创新能力强的高水平学科带头人,形成具有中国特色的优秀创新人才群体和创新团队。打破论资排辈的现象,改进和完善学术交流制度,健全同行认可机制,使中青年优秀科技人才脱颖而出。

(三十九)结合重大项目的实施加强对创新人才的培养。制定人才培养规划,实施国家重大工程和重大科技计划项目,要重视和做好相关的创新人才培养工作。在国家科技计划项目评审、验收、国家重点实验室评审、科研基地建设综合绩效评估中,把创新人才培养作为重要的考评指标。

(四十)支持企业培养和吸引创新人才。改革和完善企业分配和激励机制,支持企业吸引科技人才,允许国有高新技术企业对技术骨干和管理骨干实施期权等激励政策。在高等学校和科研机构中设立面向企业创新人才的客座研究员岗位,选聘企业高级专家担任兼职教授或研究员。制定和规范科技人才兼职办法,引导和规范高等学校或科研机构科技人才到企业兼职。支持企业为高等学校和职业院校建立学生实习、实训基地。推进企业博士后科研工作，吸引优秀博士到企业从事科技创新。企业招聘高等学校毕业生和吸引优秀人才不受户籍限制。制定相应的政策支持军工等特殊岗位的创新人才培养和使用。

明确国有企业负责人对企业自主创新的领导职责。将企业技术创新投入和创新能力建设作为国有企业负责人业绩考核的重要内容。

（四十一）支持培养农村实用科技人才。对科技人员面向农村和贫困地区开展技术创新服务予以政策支持。充分利用广播、电视、网络等远程教育资源，提高广大农民采用实用、先进农业技术的水平和职业技能。

（四十二）积极引进海外优秀人才。制定和实施吸引优秀留学人才和海外科技人才回国（来华）工作和为国服务计划，结合国家自主创新战略、重大科技专项和重点创新项目，采取团队引进、核心人才带动引进等多种方式引进海外优秀人才。海外高层次留学人才回国工作不受用人单位编制、增人指标、工资总额和出国前户籍所在地限制。外籍杰出科技人才申请来华工作许可、在华永久居留的条件可适当放宽，在其居留证件有效期内可办理多次入境有效签证。制定保障具有永久居留资格的在华外籍高层次人才合法权益的办法。妥善解决好海外优秀人才回国（来华）工作的医疗保险、配偶就业、子女上学等问题。

（四十三）改革和完善科研事业单位人事制度。改革专业技术人才管理体制，分类推进专业技术职务制度改革。深化科研事业单位人事制度改革，全面实行聘用制度和岗位管理制度。科研事业单位可以自主设立各级创新岗位，自主聘用。实行固定岗位与流动岗位相结合，人员使用与项目、课题相结合的制度。除涉密岗位外，推行关键岗位和科研项目负责人面向国内外公开招聘制度。对科研机构的新进人员可实行人事代理制度。鼓励科研单位及其工作人员参加社会保险，积极推进事业单位养老保险制度改革，完善科技人员向企业流动的社会保险关系接续办法。按照事业单位工资改革的要求，改革和规范科研单位工资分配制度，建立以岗位工资、绩效工资为主要内容的收入分配制度，禁止违反规定将国家科研项目经费用于分配。

（四十四）建立有利于激励自主创新的人才评价和奖励制度。建立符合科技人才规律的多元化考核评价体系，对科学研究、科研管理、技术支持、行政管理等各类人员实行分类管理，建立不同领域、不同类型人才的评价体系，明确评价的指标和要素。改革和完善国家科技奖励制度，建立政府奖励为导向、社会力量奖励和用人单位奖励为主体的激励自主创新的科技奖励制度，把发现、培养和凝聚科技人才特别是尖子人才作为国家科技奖励的重要内容。建立和完善科技信用制度，对承担国家科技计划项目和从事相关管理的人员、机构进行信用监督，增强道德规范，促进学风建设。

八、教育与科普

（四十五）充分发挥高等学校在自主创新中的重要作用。深化高等教育改革，调整高等教育结构，加强重点学科建设。主动适应经济社会发展对各类专门人才的需求，优化学科专业布局，促进学科交叉融合，抓紧培养紧缺人才。扎实推进高水平大学建设，提高高等学校创新能力和社会服务能力，建成若干所世界一流大学和一批高水平研究型大学。创新研究生培养机制，着力培养创新精神与实践能力。坚持产学研结合，鼓励和支持高等学校同企业、科研机构建立多渠道、多形式的紧密型合作关系，共同培养创新人才，联合开展创新活动。扩大研究生派出规模，完善选派办法，在更高层次上开展国际科技和高层次人才培养合作。

(四十六)大力发展与改革职业教育。加快技能型紧缺人才的培养和农村转移劳动力的培训。切实加强职业教育基础能力建设，扩大中等职业教育的办学规模，提高高等职业院校的办学质量，大力推行工学结合、校企合作的人才培养模式。

(四十七)全面推进素质教育。大力推进基础教育课程改革和教学改革，加强和改进德育、智育、体育和美育，使青少年主动地生动活泼地得到发展。大力倡导启发式教学，注重培养学生动手能力，从小养成独立思考、追求新知、敢于创新、敢于实践的习惯。切实加强科技教育。广泛运用现代远程教育手段，倡导新的学习方式和教学方式。积极开发并合理利用校内外各种课程资源，发挥图书馆、实验室、专用教室及各类教学设施和实践基地的作用，广泛利用校外的展览馆、科技馆等丰富的资源，加强中小学生科技活动场所建设，拓宽中小学生知识面和锻炼实践能力。

(四十八)大力发展科普事业。实施全民科学素质行动计划，形成尊重科学、崇尚创新的浓厚社会氛围。加强国家科普能力建设。建立科普事业的良性运行机制。建立科研机构、大学定期向社会公众开放制度。鼓励著名科学家和其他专家学者参与科普创作。切实加强科普场馆建设。

九、科技创新基地与平台

(四十九)加强实验基地、基础设施和条件平台建设。围绕经济社会发展和国家安全的重大战略需求，在新兴交叉前沿领域的战略空白领域建设若干学科交叉、综合集成、机制创新的国家实验室。以国家实验室、国家重点实验室、国家工程实验室、国防科技重点实验室、国家工程(技术研究)中心、企业技术中心或研究开发中心等为依托，组织实施重大自主创新项目，吸引和凝聚高水平人才，推动项目、基地、人才的有机结合。

重点建设一批科研基础设施和大型科学仪器、设备共享平台，自然科技资源共享平台，科学数据共享平台，科技文献共享平台，成果转化公共服务平台，网络科技环境平台等，全面加强对自主创新的支撑。

(五十)加大对公益类科研机构的稳定支持力度。进一步推进和完善公益类科研机构管理体制和运行机制改革。对已实行分类改革的国务院部门属公益类科研机构，经验收合格后，按照重新核定的非营利科研编制，从2006年起大幅度提高投入力度，达到与其承担国家科研和公益服务相适应的水平。

(五十一)加强企业和企业化转制科研机构自主创新基地建设。国家支持企业特别是大企业建立研究开发机构。依托具有较强研究开发和技术辐射能力的转制科研机构或大企业，集成高等学校、科研院所等相关力量，在重点领域建设一批国家工程实验室，开展面向行业的竞争前技术、前沿技术和军工配套、军民两用技术研究。

完善转制科研机构业绩考核办法，建立起促进其技术创新的业绩考核指标体系。在经营业绩考核指标(国有资本保值增值率、净资产收益率)中，合理剔除非经营性资产的影响因素。

(五十二)加强国家高新技术产业开发区建设。国家高新技术产业开发区要推进“二次创业”，深化管理体制改革，加强软环境建设，努力成为促进技术进步和增强自主创新能力的重要载体，成为带动区域经济结构调整和经济增长方式转变的强大引擎，成为高新技术企业“走出去”参与国际竞争的服务平台，成为抢占世界高技术产业制高点的前沿阵地。

（五十三）推进科技创新基地与条件平台的开放共享。扩大科技创新基地与条件平台向全社会的开放，建立和完善国家科研基地和科研基础设施向企业和社会开放共享的机制和制度。把面向企业和社会提供服务，作为考核其运行绩效的重要指标。

十、加强统筹协调

（五十四）建立和健全合理配置科技资源的统筹机制。完善财政部门与科技等部门科技资源配置的协调机制。完善统计方法，提高研究与开发统计数据质量。强化科技预算的执行监督，确保财政科技投入目标的实现。建立创新资源配置的信息交流制度，防止重复立项和资源分散、浪费。

（五十五）建立政府采购自主创新产品的协调机制。由财政部门牵头，科技、发展改革等相关部门参加组成协调机构，制定政府采购自主创新产品的具体办法，审查实施情况，协调和解决实施中遇到的困难和问题。

（五十六）建立引进技术消化吸收和再创新的协调机制。由国家综合经济部门牵头，科技、教育、财政、商务、税务、海关、质检、知识产权等相关部门参加组成协调机构，制定重大产业技术和装备引进政策，组织协调并监督重大引进技术的消化吸收再创新工作。

（五十七）促进“军民结合、寓军于民”。建立促进军民科技资源协调配置的联席会议制度。加强军民科技计划的衔接与协调。建立军用、民用自主创新信息共享平台，促进军用、民用技术研究开发需求的互通交流及创新成果的双向转移。

根据相关法律法规，起草、制定促进军民结合、寓军于民的国防科研生产和武器装备采购法等法律法规以及相关配套制度。制定军品承研、承制单位资格审查认证办法，引入基于资格审查的军品市场准入制度，扩大军品市场的准入范围，将符合条件的民口科研机构和企业纳入装备承研承制单位名录。

在满足军用要求的前提下，积极采用先进适用的民用标准用于武器装备研制，建立国家标准、军用标准和行业标准协调互补的标准体系。对承担武器装备科研生产任务的民口企事业单位给予必要的政策支持。

（五十八）要认真做好实施《规划纲要》、建设创新型国家的宣传工作。

（五十九）国务院各有关部门要依据本文件要求制定必要的实施细则。

（六十）各省、自治区、直辖市人民政府要结合本地实际，依照法定权限制定相应的具体政策措施。

科技部关于印发国家十二五科学和技术发展规划的通知

国科发计[2011]270 号

各有关单位：

“十二五”是我国全面建设小康社会的关键时期，是提高自主创新能力、建设创新型国家的攻坚阶段。为贯彻党的十七届五中全会精神和《国民经济和社会发展第十二个五年规划纲要》，深入实施中长期科技、教育、人才规划纲要，充分发挥科技进步和创新对加快转变经济发展方式的重要支撑作用，按照国务院的部署要求，科学技术部会同国家发展和改革委员会、财政部、教育部、中国科学院、中国工程院、国家自然科学基金委员会、中国科协、国家国防科技工业局等有关单位，研究制定了《国家“十二五”科学和技术发展规划》，现印发给你们，请认真贯彻落实。

附件：国家“十二五”科学和技术发展规划

科学技术部

二〇一一年七月四日

附件：

国家“十二五”科学和技术发展规划

目　录

"十二五"是我国全面建设小康社会的关键时期,是提高自主创新能力、建设创新型国家的攻坚阶段。为贯彻党的十七届五中全会精神和《国民经济和社会发展第十二个五年规划纲要》的战略部署,全面落实科教兴国战略和人才强国战略,深入实施《国家中长期科学和技术发展规划纲要(2006—2020年)》(以下简称《科技规划纲要》),充分发挥科技进步和创新对加快转变经济发展方式的重要支撑作用,制定国家"十二五"科学和技术发展规划。

一、形势与需求

"十一五"是全面贯彻落实《科技规划纲要》、科技发展取得重要成就的五年。在党中央、国务院的正确领导下,我国科技工作坚持"自主创新,重点跨越,支撑发展,引领未来"的指导方针,坚定不移地走中国特色自主创新道路,把提高自主创新能力摆在全部科技工作的突出位置,顺利完成"十一五"主要目标和任务,我国科技发展进入重要跃升期。

——科技创新能力加速提升。16个科技重大专项全面实施,取得重要阶段性成效。重点领域初显跨越发展态势,取得了载人航天、探月工程、超级计算机、超级杂交水稻、高速铁路、实验快堆、量子通讯、铁基超导、载人深潜、诱导多功能干细胞等一批标志性重大成果。科技研发活动的产出快速增长,质量明显改善。"十一五"期间,我国发明专利授权量上升到世界第3位,国内发明专利申请量年均增长25.7%,授权量年均增长31%;国际科学论文总量由世界第5位上升到第2位,被引用次数由世界第13位上升到第8位。

——科技资源总量快速增加。"十一五"期间,全社会研发投入显著增加,2010年达到6980亿元,是2005年的2.8倍。国家财政科技投入年均增长20%以上。研发人员全时当量年均增长13%,2010年达到255万人年。国家(重点)实验室共新建156个,总数达到333个。国家工程(技术)研究中心新建114个,总数达到387个。新建国家工程实验室91个。国家企业技术中心发展至575个。一批标志性的重大科技基础设施、大科学工程建设完成。科技基础条件平台建设得到加强,有力促进了科技资源整合共享。

——科技支撑引领作用日益凸显。科技创新在支撑重点产业振兴、有效应对国际金融危机中做出积极贡献,为三峡工程、青藏铁路、西电东送等重大工程以及北京奥运、上海世博等重大活动提供重要支撑,在抗震救灾、粮食安全和应对气候变化中发挥了关键作用。国家高新区成为高新技术产业发展的重要力量,2010年27家省级高新区升级为国家高新区,国家高新区总数达到83家,国家高新技术产业总产值年均增长17%以上,2010年达7.6万亿元。国家自主创新示范区建设取得初步成效。全国技术市场合同交易总额年均增长20%,2010年达到3906亿元的规模。

——自主创新环境不断优化。《科学技术进步法》修订实施,《科技规划纲要》配套政策加快落实,国家中长期人才、教育规划相继出台,知识产权战略实施力度明显加强。科技体制改革不断深化,国家创新体系建设取得重要进展。技术创新工程深入实施,知识创新工程试点取得明显成效,各具特色的区域创新体系不断完善,科技中介服务能力不断增强,军民融合的国防科技创新体系建设稳步推进。科技与金融结合更加紧密。科技对外开放不断拓展,国际科技合作进一步加强。创新文化和科研诚信建设得到重视,科普工作广泛开展,全社会关注创新、支持创新、参与创新的氛围正在形成。

"十二五"时期,世界科技发展呈现新趋势,国内经济社会发展提出新要求,我国科技发展仍处于可以大有作为的重要战略机遇期。

世界科技保持快速发展态势,学科交叉和技术融合加快,创新要素和创新资源在全球范围内流动加速,科学技术正孕育着新的突破。网络和信息技术加速渗透和深度应用,将引发以智能、泛在、融合和普适为特征的新一轮信息产业变革。新型节能环保技术、新能源技术等加速突破,将推动世界进入绿色、清洁、低碳发展的新阶段。生物医药、海洋开发、空间观测、新材料等领域的研发创新和产业集聚,将成为培育新经济增长点的强大动力。科学技术的快速发展不仅深刻地影响着人们的思维方式、生活方式和就业取向,而且将引发社会生产方式、全球竞争格局和国民财富获取方式的重大变革。国际金融危机影响深远,世界主要国家都将科技创新提升为国家发展战略,纷纷大幅增加研发投入,强化核心关键技术的研发部署,竞相争夺科技创新人才,抢占战略性新兴产业发展的先机和主动权。

我国处在工业化、信息化、城镇化、市场化、国际化深入发展的重要时期。一方面,经济结构转型加快,体制活力显著增强,国民收入稳步增加,教育水平和人才质量持续提升,经济发展将保持长期向好的趋势,综合国力将再上新台阶,必将为科技事业发展提供坚实保障。另一方面,突破能源资源环境瓶颈制约,应对人口老龄化,解决发展不平衡、不协调、不可持续的问题,对科技创新提出更加迫切的需求。

面对新的形势,必须清醒地认识到,我国科技发展仍存在一些薄弱环节和深层次问题。主要表现为:原始创新能力比较薄弱,企业技术创新活力和动力亟待加强,产学研用结合不够紧密,高层次创新型科技人才相对缺乏,科技资源配置效率有待提高,自主创新政策落实需要进一步深化。我们必须科学判断世界科技发展趋势和准确把握经济社会发展需求,着力解决科技发展中的突出问题,充分发挥科技对经济社会发展的支撑引领作用。

二、总体思路、发展目标和战略部署

(一)总体思路

高举中国特色社会主义伟大旗帜,以邓小平理论和"三个代表"重要思想为指导,深入贯彻落实科学发展观,坚持"自主创新,重点跨越,支撑发展,引领未来"的指导方针,以科学发展为主题,以支撑加快经济发展方式转变为主线,以提高自主创新能力为核心,深化改革开放,深入实施《科技规划纲要》,着力攀登科技发展制高点,着力促进产业结构优化升级,着力满足改善民生的重大科技需求,着力提升科技创新基础能力,着力培养造就创新型科技人才队伍,全面推进国家创新体系建设,实现我国科技发展的战略性跨越,为进入创新型国家行列奠定坚实基础。

突出以下基本要求:

——坚持把实现创新驱动发展作为根本任务。坚定不移地把增强自主创新能力作为科技发展的战略基点,以创新促转型,以转型促发展,推进科技创新与绿色发展、协调发展、和谐发展和扩大内需紧密结合,推动经济社会发展尽快走上创新驱动、内生增长的轨道。

——坚持把促进科技成果转化为现实生产力作为主攻方向。把科技进步和创新与产业升级紧密结合,推进先进科技成果向传统产业的转移和面向市场的商业化应用。围绕经济社会发展重大需求,努力攻克和掌握核心关键技术,推动高新技术产业化,加快培育发展战略性新兴产业,加强农业农村科技创新,支撑重点产业振兴和传统产业升级,促进现代服务业发展。

——坚持把科技惠及民生作为本质要求。坚持以人为本,把科技进步和创新与提高人民生活水平和质量、解决人民群众最关心的就业问题、提高全民科学文化素质和健康素质紧密结合,加强先进适用科技成果的推广普及,使科技进步成果能够更多地惠及广大人民群众。

——坚持把增强科技长远发展能力作为战略重点。瞄准世界科技发展前沿,前瞻部署基础研究和前沿技术研究,鼓励自由探索,持续增加科技积累,进一步提升原始创新能力。着力解决关系国家未来发展的重大科学问题和关键技术问题,推进重大科学技术突破,增强共性、核心技术突破能力。

——坚持把深化改革和扩大开放作为强大动力。加强国家中长期科技、人才、教育规划纲要实施的紧密结合,充分发挥市场配置资源的基础性作用,以建立企业主导技术研发创新的体制机制为重点,深化科技体制改革。提高科技发展的国际化程度,在更加开放的环境下推进自主创新。

(二)发展目标

"十二五"科技发展的总体目标是:自主创新能力大幅提升,科技竞争力和国际影响力显著增强，重点领域核心关键技术取得重大突破，为加快经济发展方式转变提供有力支撑。基本建成功能明确、结构合理、良性互动、运行高效的国家创新体系，国家综合创新能力世界排名由目前第21位上升至前18位，科技进步贡献率力争达到55%，创新型国家建设取得实质性进展。

努力实现以下主要目标：

——研发投入强度大幅提高。全社会研发经费与国内生产总值的比例提高到2.2%。基础研究和前沿技术研究投入持续增加，企业研发投入强度明显提升，科技创新投融资渠道进一步拓展。

——原始创新能力显著提升。科学和技术重点领域取得重大突破。国际科学论文被引用次数进入世界前5位，每万人发明专利拥有量达到3.3件，研发人员发明专利申请量达到12件/百人年。

——科技与经济结合更加紧密。产业技术创新明显加强，经济增长的科技含量明显提高。全国技术市场合同交易总额达到8000亿元，高技术产业增加值占制造业增加值的比重达到18%。

——科技创新更加惠及民生。社会公益领域科技水平整体提升，适应民生改善需求的技术和产品得到大力发展，科技支撑可持续发展和改善基本公共服务的能力显著增强。

——创新基地建设再上新台阶。符合经济社会发展要求和科技自身发展需求的创新基地布局更加合理。建设若干具有世界水平的研发机构和世界一流的研究型大学，建成一批重大科研基础设施和创新平台，形成比较完善的公共科技资源共享机制和服务体系。

——科技人才队伍进一步壮大。每万名就业人员的研发人力投入达到43人年。全民科学素质显著提高，公民具备基本科学素质的比例达到5%。

——科技创新的体制机制不断完善。科技管理改革取得明显进展，激励自主创新的政策有效落实，全社会创新环境进一步优化。

专栏："十二五"时期科技发展主要指标

指标	2010年	2015年
研发经费与国内生产总值的比例(%)	1.75	2.2
每万名就业人员的研发人力投入(人年)	33	43
国际科学论文被引用次数世界排名(位次)	8	5
每万人发明专利拥有量(件)	1.7	3.3
研发人员的发明专利申请量(件/百人年)	10	12
全国技术市场合同交易总额(亿元)	3906	8000
高技术产业增加值占制造业增加值的比重(%)	13	18
公民具备基本科学素质的比例(%)	3.27	5

(三)战略部署

今后五年我国科技发展的总体部署：

——加快实施国家科技重大专项。在"十一五"全面启动实施基础上，重点突破，整体推进，力争在重点领域实现战略性跨越。

——围绕培育和发展战略性新兴产业，加强技术研发、集成应用和产业化示范，集中力量实施一批科技重点专项。

——围绕产业升级和民生改善的迫切需求，加强重点领域的科技攻关，力争突破一批核心关键技术和重大公益技术，切实支撑经济社会发展。

——前瞻部署若干重大科学问题研究，突破制约经济社会发展的8个关键领域重大科学问题，实施6个重大科学研究计划，强化重点战略高技术领域研究，加强科技创新基地和平台的建设布局。

——组织实施创新人才推进计划，加强科技领军人才、优秀专业技术人才、青年科技人才的培养、引进和使用，建立60个左右科学家工作室、300个左右重点领域创新团队和创新人才培养示范基地。

——深化科技管理体制改革和政策落实，深入实施国家技术创新工程和知识创新工程。加强知识产权的创造、应用、保护和管理。深化国际科技合作，营造更加开放的创新环境。

三、加快实施国家科技重大专项

实施国家科技重大专项是科技工作的重中之重。将实施国家科技重大专项作为深化体制改革、促进科技与经济紧密结合的重要载体，加快建立和完善社会主义市场经济条件下政产学研用相结合的新型举国体制，加强围绕产业链的系统部署和产业技术创新战略联盟建设，集中力量突破一批关键共性技术，研发一批具有自主知识产权和市场竞争力的重大战略产品，建设一批技术水平高、带动性强的技术创新平台和产业化示范基地，培育一批具有国际竞争力的创新型企业。同时，结合培育发展战略性新兴产业的紧迫需求，充实调整国家科技重大专项。

1. 核心电子器件、高端通用芯片及基础软件产品

以满足国家信息产业发展重大需求的战略性基础产品为重点，突破高端通用芯片和基础软件关键技术，研发自主可控的国产中央处理器(CPU)、操作系统和软件平台、新型移动智能终端、高效能嵌入式中央处理器、系统芯片(SOC)和网络化软件，实现产业化和批量应用，初步形成自主核心电子器件产品保障体系。

2. 极大规模集成电路制造装备及成套工艺

重点进行45-22纳米关键制造装备攻关，开发32-22纳米互补金属氧化物半导体(CMOS)工艺、90-65纳米特色工艺，开展22-14纳米前瞻性研究，形成65-45纳米装备、材料、工艺配套能力及集成电路制造产业链，进一步缩小与世界先进水平差距，装备和材料占国内市场的份额分别达到10%和20%，开拓国际市场。

3. 新一代宽带无线移动通信网

以时分同步码分多址(TD-SCDMA)后续演进为主线，完成时分同步码分多址长期演进技术(TD-LTE)研发和产业化，开展LTE演进(LTE-Advanced)和后第四代移动通信(4G)关键技术研究，提升我国在国际标准制定中的地位。加快突破移动互联网、宽带集群系统、新一代无线局域网和物联网等核心技术，推动产业应用，促进运营服务创新和知识产权创造，增强产业核心竞争力。

4. 高档数控机床与基础制造装备

重点攻克数控系统、功能部件的核心关键技术，增强我国高档数控机床和基础制造装备的自主创新能力，实现主机与数控系统、功能部件协同发展，重型、超重型装备与精细装备统筹部署，打造完整产业链。国产高档数控系统国内市场占有率达到 8%～10%。研制 40 种重大、精密、成套装备，数控机床主机可靠性提高 60%以上，基本满足航天、船舶、汽车、发电设备制造等四个领域的重大需求。

5. 大型油气田及煤层气开发

以寻找大油气田、提高采收率、打造具有国际竞争力的油田技术服务和非常规天然气战略性产业为主攻方向，加强油气资源勘探开发地质理论研究，攻克非常规天然气高效增产等 13 项重大技术，研制深水油田工程支持船等 11 项重大设备，建成 8 项示范工程，使老油田水驱采收率提高 3%～5%，海上稠油油田聚驱采收率提高 5%，勘探开发整体技术水平达到或接近国际大石油公司的水平。

6. 大型先进压水堆及高温气冷堆核电站

突破先进压水堆和高温气冷堆技术，完善标准体系，搭建技术平台，提升核电产业国际竞争力。依托装机容量为 1000 兆瓦的先进非能动核电技术(AP1000)核电站建设项目，全面掌握 AP1000 核电关键设计技术和关键设备材料制造技术，自主完成内陆厂址标准设计。完成中国的装机容量为 1400 兆瓦的先进非能动核电技术(CAP1400)标准体系设计并建设示范电站，2015 年底具备倒送电和主控室部分投运条件。完成高温气冷堆关键技术研究，2013 年前后示范电站建成并试运行。加强压水堆及高温气冷堆安全技术支撑和核电站乏燃料后处理科研攻关，保障核电安全。

7. 水体污染控制与治理

围绕“三河三湖一江一库”重点流域，重点攻克重污染行业废水全过程治理技术、重污染河流和富营养化湖泊综合治理技术、面源污染控制技术、适用于不同水源水质的净化技术、水环境风险评估与预警遥感监测等关键成套技术 300 项以上。重点研发监控预警设备、饮用水水质净化及输配管网检漏设备等 80 套以上，关键材料、设备国产化率达到 70%以上，成本降低 30%以上。在太湖、辽河等重点流域开展综合示范，示范流域水环境质量提高一个等级并消除劣Ⅴ类，基本建立流域水污染治理和水环境管理技术体系。

8. 转基因生物新品种培育

针对保障食物安全和发展生物育种产业的战略需要，围绕主要农作物和家畜生产，突破基因克隆与功能验证、规模化转基因、生物安全等关键技术，完善转基因生物培育和安全评价体系，获得一批具有重要应用价值和自主知识产权的功能基因，培育一批抗病虫、抗逆、优质、高产、高效的重大转基因新品种，实现新型转基因棉花、优质玉米等新品种产业化，整体提升我国生物育种水平，增强农业科技自主创新能力，促进农业增效农民增收。

9. 重大新药创制

针对满足人民群众基本用药需求和培育发展医药产业的需要，突破一批药物创制关键技术和生产工艺，研制 30 个创新药物，改造 200 个左右药物大品种，完善新药创制与中药现代化技术平台，建设一批医药产业技术创新战略联盟，基本形成具有中国特色的国家药物创新体系,增强医药企业自主研发能力和产业竞争力。

10. 艾滋病和病毒性肝炎等重大传染病防治

针对提高人口健康水平和保持社会和谐稳定的重大需求,重点围绕艾滋病、病毒性肝炎、结核病等重大传染病,突破检测诊断、监测预警、疫苗研发和临床救治等关键技术,研制150种诊断试剂,其中20种以上获得注册证书;10个以上新疫苗进入临床试验。到2015年,重大传染病的应急和综合防控能力显著提升,有效降低艾滋病、病毒性肝炎、结核病的新发感染率和病死率。

11. 组织实施大型飞机等其他国家科技重大专项

四、大力培育和发展战略性新兴产业

培育和发展战略性新兴产业对推进产业结构升级、加快经济发展方式转变具有重要意义,必须把突破一批支撑战略性新兴产业发展的关键共性技术作为科技发展的优先任务。在节能环保、新一代信息技术、生物、高端装备制造、新能源、新材料和新能源汽车等产业领域,集中优势力量进行攻关,为增强战略性新兴产业的核心竞争力奠定坚实基础。充分发挥国家科技重大专项的核心引领作用和高新区的辐射带动作用,大力推进创新成果的集成应用和商业模式创新,加快战略性新兴产业成为国民经济的先导性产业和支柱性产业的步伐。

1. 节能环保

大力发展高效节能、先进环保和循环应用等关键技术、装备及系统。实施半导体照明、煤炭清洁高效利用、"蓝天"工程、废物资源化等科技产业化工程。加强技术的集成和推广应用,快速提高我国节能环保领域整体技术能力及产业竞争力。

专栏:节能环保产业技术

半导体照明。重点发展白光发光二极管(LED)制备、光源系统集成、器件等自主关键技术,实现大型金属有机化学气相沉积(MOCVD)等设备及关键配套材料的国产化,加强半导体照明应用技术创新,建设标准和检验检测体系。加快"十城万盏"半导体照明试点示范,实现更大规模应用。2015年白光发光二极管的发光效率达到国际同期先进水平,半导体照明占据国内通用照明市场30%以上份额,产值预期达到5000亿元,推动我国半导体照明产业进入世界前三强。

煤炭清洁高效利用。重点突破地下煤气化、煤低温催化气化甲烷化、中温催化气化、高温高压甲烷化、煤制烯烃等化工品、第三代煤催化制天然气、重型燃气轮机整机等核心技术。以煤气化为基础进行多联产工程示范,进一步推进煤气化技术综合集成应用;积极发展更高参数的超超临界洁净煤发电技术,开发燃煤电站二氧化碳的收集、利用、封存技术及污染物控制技术,有序建设煤制燃料升级示范工程。

"蓝天"工程。大力推进工业废气、燃煤烟气、机动车污染物、室内空气等净化技术与装备的研发及产业化,加快大气监测先进技术与仪器研发,积极发展温室气体减排与资源化技术及装备。引导产业发展,改善环境质量。

废物资源化。重点突破无害化、稳定化与资源化技术与装备,研发高附加值再生资源产品、大型垃圾焚烧控制技术与成套设备、垃圾综合处理及有机物厌氧产沼关键技术与设备,有效利用废旧金属、废旧机电与电子产品、大宗包装与纺织产品、大宗工业废物、生活垃圾与污泥等量大面广、附加值高的废弃物。开展工程示范,建设废物资源化技术创新服务平台与产业化基地,提升产业化水平。

2. 新一代信息技术

推动下一代互联网、新一代移动通信、云计算、物联网、智能网络终端、高性能计算的发展，实施新型显示、国家宽带网、云计算等科技产业化工程。积极推进三网融合，加快网络与信息安全技术创新，保障网络与信息安全。着力发展集成电路、智慧城市、智慧工业、地理信息、软件信息服务等相关技术，促进信息化带动工业化。

专栏：新一代信息技术

新型显示。突破激光显示高可靠、低成本、长寿命等技术问题；掌握裸眼、非裸眼、真三维和全息等三维显示的节目源、发射、传输、接收、显示等集成技术；研发有机发光显示的发光材料、薄膜晶体管阵列等关键核心技术；加快电子纸和场致发射等前沿显示技术研究进程。实现关键原材料和显示屏的国产化，形成产业集群，新增产值超千亿，促进我国显示产业升级转型。

国家宽带网。以提供100兆入户宽带接入为目标，重点突破网络技术体制、网络节点装备和融合业务体系等关键技术，开发适合三网融合要求的集成电路、软件、关键元器件等基础产品，双向数字电视终端和宽带网络设备产品。建设下一代广播电视网和光纤无线融合的宽带接入环境与示范工程，构建国际领先的新一代国家信息基础设施。

“中国云”工程。形成基于自主核心技术的“中国云”总体技术方案和建设标准，掌握云计算和高性能计算的核心技术。建设国家级云计算平台，引导部门、地方和企业，形成不同规模、不同服务模式的云计算平台，培育发展云计算应用和服务产业。

3. 生物产业

大力发展创新药物、医疗器械、生物农业、生物制造等关键技术和装备。实施生物医药、生物医用材料、先进医疗设备、生物种业、农业生物药物、先进生物制造等科技产业化工程。推动传统产业制造过程的绿色化、低碳化，加快发展绿色农用生物产品，促进优质高效农业发展。

专栏：生物产业技术

生物医药。重点突破药物创制、新型疫苗、抗体药物及规模化制备、疾病早期诊断等关键技术和生产工艺，获得40项拥有自主知识产权的新型药物产品，获得关键专利700～800项，形成关键生产工艺及相关标准100项，建设抗体、疫苗、诊断试剂等新型生物医药开发及产业化基地30～40个，培育10个龙头企业。

生物医用材料。重点突破生物活性特殊涂层、生物因子表面改性及生物功能化修饰、生物材料降解及生物因子缓控释、生物材料微纳米制备、生物医用材料及器械的优化设计和评测等关键技术。研发新型骨及口腔植入体、可降解血管支架、适宜国人的人工关节、介入人工心瓣及防钙化生物瓣膜、新型人工血管、神经修复材料、可承力骨修复材料、创面快速无痕修复材料等重大产品20项以上，获得关键专利50项以上。推动多学科交叉创新及产业化，扶持培育若干龙头企业。

先进医疗设备。开展医学影像、医用电子、临床检验、微创介入、放射治疗、激光治疗等高端医疗设备研究，研制生产15项左右中高端产品，培育20个以上具有较强自主创新能力的骨干企业，大幅提高我国医疗器械产业的国际竞争力。

生物种业。重点突破现代生物育种技术和品种产业化技术，培育动植物新品种1000个，其中重大突破性品种100个。加速动植物新品种和新技术大规模应用，主要农作物和蔬菜新品种示范推广约10亿亩。建立规模化、标准化、机械化、智能化的育种基地、产业化基地及共性技术研究平台。打造具有国际竞争力、全产业链型的龙头企业10个以上。种业总产值提高30%。

农业生物药物。重点发展靶标发现和药物分子设计、药物源头的微生物及产物的高通量挖掘、纳米农业生物药物等前沿关键技术,获得发明专利150项,自主知识产权重大产品80个,建立新工艺、新标准100项,50个新药物、新制剂获产品登记。建立农业药物和生物制剂创新的产业化平台和核心基地,打造10个左右龙头企业。

先进生物制造。重点提升重大化工产品和工业发酵产品的科技与产业化水平。突破生物基材料、生物基平台化合物、手性化工中间体等三大类重大化工产品的生物制造关键技术,建立一批万吨级生物基大宗化学品与生物基材料、千吨级手性中间体产业化生产示范线,实现新增工业产值100亿元/年。突破8～10项微生物制造技术,显著提高聚乳酸等5～6个品种的生产技术水平,实现4～5个传统发酵产品的绿色生产。

4. 高端装备制造

重点发展大型先进运输装备及系统、海洋工程装备、高端智能制造与基础制造装备等。实施高速列车、绿色制造、智能制造、服务机器人、高端海洋工程装备、科学仪器设备等科技产业化工程。研发高速列车谱系化和智能化、绿色产品设计、机器人模块化单元产品等重大关键技术,提升我国制造业的国际竞争力。

专栏:高端装备制造产业技术

高速列车。重点发展高速列车的智能化、谱系化与节能核心关键技术,提升高速列车技术装备、基础设施服役状态检测监测关键技术及高速铁路减振降噪技术,形成我国高速列车智能化安全技术装备和车型系列,构建技术装备及基础设施服役状态检测技术和装备体系。"十二五"高速列车产业总产值预期超过3000亿元。

绿色制造。重点发展先进绿色制造技术与产品,突破制造业绿色产品设计、环保材料、节能环保工艺、绿色回收处理等关键技术。开展绿色制造技术和绿色制造装备的推广应用和产业示范,培育装备再制造、绿色制造咨询与服务、绿色制造软件等新兴产业。

智能制造。发展工业机器人、智能控制、微纳制造、制造业信息化等相关系统和装备,重点研发工业机器人的模块化核心技术和功能部件、重大工程自动化控制系统和智能测试仪器及基础件等技术装备,建设产业技术培训体系,推动技术集成验证与示范应用工作,制定技术与安全标准,培育一批高技术创新企业,实现制造系统智能运行,改造提升装备制造业。

服务机器人。开展服务机器人模块化体系结构研究,重点发展服务机器人机构、感知、控制、交互和安全等模块化核心技术和功能部件。建设一批技术集成验证与示范应用平台,制定相应技术、安全标准,培育一批高技术创新企业,建立服务机器人产业技术创新联盟,促进服务机器人产业发展。

高端海洋工程装备。发展海洋油气勘探开发、深海运载作业和海洋环境监测关键技术与装备,重点开发高精度勘探系统、深水平台、水下生产系统及辅助作业等重大装备,研制一批载人/非载人深海潜水器作业系统,开发海洋环境远程探测雷达、船载大深度拖曳、深海浮/潜标等海洋监测设备。

科学仪器设备。着力新原理、新方法开发,研发信息、生物医药、新材料、新能源、资源环境等领域的重点科学仪器设备核心技术和关键部件,发展量大面广的科学仪器设备,推动光谱、色谱、质谱等通用仪器的小型化、便携化和专用化。强化现有仪器设备的综合利用。强力推动国产科学仪器应用和示范,实现国产优质科学仪器设备的广泛应用,带动相关产业和服务业的发展。

5. 新能源

积极发展风电、太阳能光伏、太阳能热利用、新一代生物质能源、海洋能、地热能、氢能、新一代核能、智能电网和储能系统等关键技术、装备及系统。实施风力发电、高效太阳能、生物质能源、智能电网等科技产业化工程。建立健全新能源技术创新体系，加强促进新能源应用的先进适用技术和模式的研发，有效衔接新能源的生产、运输与消费，促进产业持续、快速发展。

专栏:新能源产业技术

风力发电。重点发展5兆瓦以上风电机组整机及关键部件设计、陆上大型风电场和海上风电场设计和运营、核心装备部件制造、并网、电网调度和运维管理等关键技术，形成从风况分析到风电机组、风电场、风电并网技术的系统布局。积极推进100兆瓦级海上示范风场、10 000兆瓦级陆上示范风场建设，推动近海和陆上风力发电产业技术达到世界先进水平。

高效太阳能。重点发展大型光伏系统设计集成、高效低成本太阳电池、薄膜太阳电池、太阳能热发电等关键技术、组件和成套设备。掌握太阳能发电全产业链的核心技术、生产工艺与设备。扩大实施“金太阳”等示范工程，加强服务体系建设，实现大规模推广应用。

生物质能源。重点发展沼气生产车用燃料、纤维素基液体燃料、农业废弃物气化裂解液体燃料、生物柴油、非粮作物燃料乙醇、250～500吨/日系列生物质燃气开发利用等关键技术和装备，加强生物燃气、城市与工业垃圾能源化、生物液体燃料、固体成型燃料、能源植物良种选育及定向培育等五个方向的研发部署，在重点区域实施“十城百座”等示范工程。形成10～20条生物质能源生产线和成套装备产品供应系统。

智能电网。重点发展大规模间歇式电源并网与储能、高密度多点分布式电流并网、电动汽车充电设施与电网互动协调运行技术、分布式供能、大电网智能分析与安全稳定控制系统、输变电设备智能化等核心技术。建设百万千瓦级海上风电场送出、大电网智能调度与控制、智能变电站等示范工程，建成若干个智能电网示范园区和集成综合示范区。

6. 新材料

大力发展新型功能与智能材料、先进结构与复合材料、纳米材料、新型电子功能材料、高温合金材料等关键基础材料。实施高性能纤维及复合材料、先进稀土材料等科技产业化工程。掌握新材料的设计、制备加工、高效利用、安全服役、低成本循环再利用等关键技术，提高关键材料的供给能力，抢占新材料应用技术和高端制造制高点。

专栏:新材料产业技术

高性能纤维及复合材料。重点突破高性能纤维规模制备稳定化和低成本制备关键技术，形成高强、高强中模、高模和高模高强碳纤维产品系列，加速发展具有自主知识产权的新一代高性能纤维，开发复合材料用关键原材料制备，增强复合技术。促进能源、交通、工业、民生等领域用复合材料的升级换代，建立高性能纤维及复合材料的完整产业链。

先进稀土材料。围绕分离提纯-化合物及金属-高端功能材料-应用全产业链，突破高性能稀土永磁、催化、储氢和发光等材料的制备、应用和产业化关键技术；提高高丰度稀土在化工助剂、轻金属合金、钢铁等材料中的应用水平，促进稀土材料的平衡利用。加强知识产权保护和标准制定，培育稀土材料领域的创新型企业。

7. 新能源汽车

全面实施“纯电驱动”技术转型战略。实施新能源汽车科技产业化工程。坚持“三纵三横”的研发布局，建立“三纵三链”产业技术创新战略联盟。全面掌握核心技术，加快整车系统技术成果的产业化和规模示范,形成整车及零部件工业体系,建设新能源汽车基础设施、产业标准体系和检验检测系统,使我国跻身新能源汽车产业先进国家行列。

专栏:新能源汽车产业技术

新能源汽车。重点推进关键零部件技术(电池-电机-电控)、整车集成技术(混合动力-纯电驱动-下一代纯电驱动)和公共平台技术(技术标准法规-基础设施-测试评价技术)的研究与攻关。继续实施"十城千辆"工程,形成一批国际知名、具有自主知识产权的关键零部件与整车企业。到2015年,突破23个重点技术方向,在30个以上城市进行规模化示范推广,5个以上城市进行新型商业化模式试点应用,电动汽车保有量达100万辆,产值预期超过1000亿元。

五、推进重点领域核心关键技术突破

紧紧围绕我国产业转型升级和改善民生的重大需求,以突破重点领域核心关键技术和掌握自主知识产权为重点,引导产业链向高端延伸,为形成现代产业体系提供有力科技支撑,大力发展惠及民生的科学技术。

(一)加强农业农村科技创新

按照在工业化、城镇化发展中同步推进农业现代化的要求,统筹城乡发展,提高农业现代化水平,改善农村民生,有效推动农业产业发展、农民增收和社会主义新农村建设。加强农业关键技术突破和成果转化应用,为粮食单产年增长率达到0.8%提供科技支撑,保障国家粮食安全和农产品有效供给。建立健全信息化、社会化农村科技服务体系和农业科技成果转化体系,建立一支20万人左右的科技特派员队伍,推进农业农村科技创新创业。

1. 攻克农业和村镇发展的关键技术,促进现代农业发展和新农村建设

继续推进粮食丰产科技工程。加强农林动植物高产高效新品种创制,加快发展农作物种植技术、畜禽水产健康养殖技术、林业资源培育与利用技术、牧区畜牧业和草地保护技术、海洋农业技术等,保障主要农产品有效供给。加强先进多功能农业装备、食品绿色和安全加工、农产品贮藏与物流、现代农用物资、生物质能源与生物质综合利用等技术研发,构建现代农业产业体系。积极发展特色农业,加强农副产品高值化深加工及农产品质量安全控制技术研发,促进健康食品生产。加快农林生态和循环农业技术的集成应用,发展节水农业,开展农业生境控制、污染农田修复利用、农林生态工程、农业重大灾害防控关键技术等研究,提高农业生态保护能力。加强农村信息化、城镇化动态监测、村镇规划、土地节约利用与管护、农村饮水安全保障、宜居社区与安居住宅建设、农村清洁能源开发利用等科技工作,推进城镇化健康发展,加快改善农村人居环境。

专栏:现代农业科技创新重点

粮食丰产科技工程。针对确保粮食高产高效的科技需求,以良田、良种、良法的综合配套为核心,重点突破持续超高产技术,挖掘作物高产潜力。加强大面积丰产高效简化栽培技术研究与集成,实现大面积均衡增产。加强中低产田改良关键技术研究,发挥障碍性农田的增产潜力。开展多熟高效耕作制度、保护性耕作技术、机械化高效生产、资源节约高效和灾害防控等重大关键技术创新和集成示范。

多功能农业装备。瞄准培育低耗低排智能农机装备产业，开展现代农机装备制造、农机智能装备、农机节能减排关键技术研究，重点突破支持精准和大型复杂农机重大技术，开展农业机械化技术集成与示范，培育具有较强国际竞争力的大型农机科技集团。

食品绿色和安全加工。发展食品制造产业、功能食品产业、农产品物流产业、现代食品装备制造产业，开展以营养安全、绿色制造、高效利用、节能减排为目标和以生物技术、工程化技术和信息技术为代表的现代食品加工制造与质量安全控制关键技术与装备研发，攻克食品加工业发展急需解决的重大关键技术和节能减排新工艺，促进产业升级，增强食品产业国际竞争能力，培育具有国际竞争实力的大型食品工业集团。

海洋农业。选择重点海洋产品生产区域，开展优良种苗培育、健康养殖与高效收获、养殖病害控制等关键技术研究；开发海洋资源养护、环境质量控制和选择性捕捞新技术；加强主要海洋经济种类探捕开发技术以及渔场快速监测和精确测报技术，提高远洋渔业装备水平和保鲜储运能力；加强大宗海洋水产品的加工增值技术，提高精深加工能力。

节水农业。以提高农田水分利用效率和效益为核心，研究农业高效用水过程精量控制技术与产品，开发农用机井成井配套设备等大型灌排机械装备。开展干旱半干旱区节水农业技术与装备、粮食主产区水资源高效利用、旱区特色经济作物节水灌溉、半旱地农业高效用水、旱作农业降水高效利用、旱区农田水利工程建设、灌区自动化节水、非传统水资源综合利用等关键技术研究，建立节水农业综合技术体系。

农村信息化。集成开发面向农村信息化服务的关键共性技术，构建农村综合信息服务体系，搭建省级综合服务平台，建设村级服务站点，以信息化促进新农村建设和城乡统筹发展，组织实施国家农村信息化示范省建设试点工作。

村镇宜居社区与小康住宅。以村镇社区规划、小康住宅建造、社区公用设施配置、社区环境改善为核心，开展宜居社区规划、小康住宅开发设计与建造、新型住宅体系与工业化、住宅功能提升与室内环境健康、住宅节能与能效提升、住宅抗震与防灾、新建筑材料开发与应用、社区基础设施与公共服务设施优化配置、社区水质安全及循环利用、社区环境整治等技术的集成研究，建设村镇宜居社区与小康住宅科技示范区。

2. 提高农业科技成果转化应用能力，促进农业产业发展和农民增收

把加强农业科技成果转化体系建设作为促进农业发展和农民增收的关键环节。继续加强星火计划、农业科技成果转化资金、科技富民强县专项行动的实施，促进涉农科技型企业的健康发展，发挥龙头企业、合作社和大型种养户的示范带动作用。推动科研单位同农民专业合作社、龙头企业、农户等开展多种形式技术合作。积极培育涉农科技型中小企业、科技合作组织，加强涉农产业科技服务平台建设，大力支持新型农民和农村实用人才创业和就业。

3. 深入开展农村科技创业行动，促进新型农村科技服务体系构建

深入开展科技特派员农村科技创业行动，大力支持国家农业科技园区等基地建设，加快发展杨凌国家农业高新技术示范区，建设北京现代农业科技城、山东黄河三角洲现代农业科技示范区。加强农村信息化技术集成与示范，构建覆盖全国的公益性推广服务、社会化创业服务、多元化科技服务三位一体相互促进的农村科技服务新格局。建立以现代农业龙头企业为中心、农民专业组织为依托、科技特派员服务站为中介、信息技术为支撑的新型社会化农村科技服务体系。继续完善农业高等学校和科研机构农技推广、农业专家大院、农村科技合作组织、星火科技 12396 等各具特色的多元化农村科技服务模式。继续推进科普惠农兴村，加强农村

基层科普队伍和科普能力建设。

专栏:农村科技创业行动

科技特派员农村科技创业行动。围绕我国现代农业和新农村建设对科技的需求,深入开展科技特派员农村科技创业行动,以农村科技创业和新型农村科技服务体系建设为核心,引导科技人员深入农村基层、农业一线进行科技创业和服务,创建和完善农村科技服务模式,培养农村科技创业人才,宣传农村科技创业典型,促进科技知识、资本、管理等生产要素向农村集聚,为农村改革发展注入新的活力,促进城乡统筹发展。

(二)促进重点产业技术升级

围绕发展现代产业体系和提升产业核心竞争力,加强产业关键共性技术研发,加快行业先进适用技术研发和创新成果推广应用,促进高新技术产业化,支撑重点产业振兴和传统产业改造升级,促进产业整体技术水平明显提高,科技成果转化和产业化能力不断增强,重点产业能耗和排放进一步下降,在关系国计民生的若干重点领域基本建成具有国际竞争力的现代产业技术体系。

1. 强化关键共性技术攻关,提升重点产业核心竞争力

加强技术研发与产业发展的结合,提高制造业整体技术水平。加强设计技术、可靠性技术、制造工艺、基础零部件和电子元器件、大型铸锻件、仪器仪表、计量测试设备等方面基础性、共性技术研发。加快突破机械、钢铁、有色、石化、纺织、轻工、建材等产业核心关键技术,强化新品种、新工艺开发,重点发展重大工程和重大装备急需的新型高附加值材料。加大精密加工技术及装备、百万吨乙烯/精对苯二甲酸(PTA)关键工艺与装备、硬岩推进机装备及关键技术、碳纤维及复合材料加工关键装备、发光二极管制造关键装备、高效率低成本洁净钢生产技术等研发力度,提升系统集成水平,促进装备制造高端化。推动制造业信息化服务增效和制造装备及产品"数控一代"创新应用示范,提高制造业信息化和自动化水平。

加强信息产业关键技术和基础软硬件的研发,重点突破高端容错计算机系统、海量数据存储服务系统、集成电路及关键元器件、新型传感器和智能化信息处理技术、高性能网络、宽带无线移动通信技术、网络与信息安全技术、导航与位置服务技术等关键技术。加强信息与空间技术产品的集成创新,培育新技术和新业务,推动信息与空间产业发展,全面提高国民经济和社会信息化水平。

加强现代交通运输业技术攻关。突破重大运输通道建设工程、综合交通枢纽等交通基础设施建设关键技术。加大内河航运综合能力提升关键技术研发,提升内河航运技术水平。推进交通核心重大装备研制,重点发展汽车节能减排、高性能船艇、安全高效民用飞机等关键技术,深入推进高速铁路重大装备、绿色船舶装备等现代交通领域重大装备发展。加快交通信息系统和智能化技术的发展应用,有效支撑各种运输方式的无缝衔接,提高综合运输效能。

专栏:产业关键技术攻关示范重点

高品质特殊钢。突破高品质特殊钢的超洁净、高均质、细晶化等关键技术,研发超超临界火电机组用钢、重大装备用轴承钢、新一代核电用钢、超低铁损高硅电工钢、高耐磨与高速工具钢等特殊钢材料,实现特殊钢产品生产高效化、减量化和绿色化,满足高速铁路、新能源、核电等国家重大工程需求,形成若干条特色专业化生产线。

高性能分离膜材料。重点开发水处理膜、气体分离膜、特种分离膜等膜材料。水处理膜材料以反渗透膜为突破口,显著提高国产反渗透膜材料的市场占有率;特种分离膜以耐溶剂分离膜和高温气体分离膜为突破口,耐溶剂分离膜达到国际先进水平。推动膜技术在水处理、钢铁、石化、环保等领域的推广应用,造就一批膜材料领域的高素质研发和产业化团队,重点膜材料国内市场占有率提高30%以上。

网络与信息安全。紧密结合国家重大战略需求,在信息内容安全技术、网络与系统安全技术、数据安全及应用技术、新技术所带来的安全问题技术,以及物理安全等方面进行系统部署和关键技术攻关,为国家网域空间信息安全保障提供技术支撑。

导航与位置服务。突破导航原子钟、无缝导航定位技术、全息导航地图、位置信息挖掘与智能服务等关键技术,开展公众、行业、区域应用示范,加快技术和产品研究,促进相关科技成果的转化和产业化,培育导航与位置服务战略性新兴产业。

2. 加大先进适用技术研发和推广力度,促进技术转移和成果产业化应用

围绕促进行业节能减排、提高生产效能、改善工艺流程、降低生产成本,重点研发工业节能技术、可再生能源综合利用技术、计算机辅助设计与制造技术、自动检测与控制技术、计量测试技术、环保材料规模生产技术、新型高效催化技术、绿色化无害化资源回收再利用处理技术等量大面广的行业先进适用技术,推动技术创新成果在全行业的推广应用。结合国家重大工程建设,加强工程装备制造、系统优化和控制、资源综合开发利用等工程技术的研发、集成和推广应用。充分发挥科技中介机构、企业技术研发机构、工程中心等在技术转移、工程化试验和产业化应用中的作用,加强技术的测试、验证认证许可体系建设和产业化配套能力建设。

(三)加快推动现代服务业科技创新

发展知识和技术密集型服务业,加强现代服务业重点领域技术攻关,加大技术集成和商业模式创新,推出一批系统解决方案,建设现代服务业科技创新和产业发展的支撑体系,大力提升我国现代服务业创新能力,加快形成现代服务业集群,显著提高现代服务业比重和水平。

1. 加强技术集成与模式创新,发展知识和技术密集型服务业

大力开展服务模式创新,加强网络信息技术集成应用,着力推进网络化、个性化、虚拟化条件下服务技术研发,建立支持服务全过程的技术体系,形成若干行业技术解决方案、技术平台和标准规范。重点发展电子商务、工业设计、现代物流、系统外包、制造业服务等,改造提升生产性服务业;重点发展现代化教育教学、数字文化、数字医疗与健康、数字生活、数字旅游、空间位置信息服务等,大力培育和发展新兴服务业;重点发展研发设计、技术转移转化、创新创业、科技咨询和科技金融等服务,推进科技服务业创新发展。在现代服务业的若干重点领域加强应用示范,建设一批现代服务业科技创新示范城市、示范园区、示范企业和产业化基地,构建特色明显、优势互补的现代服务业发展格局。

专栏:现代服务业科技行动

数字文化。加强科技与文化融合,开展文化资源数字化加工与数据库建设,数字内容、数字版权交易、演艺文化传播、数字博物馆、文化旅游、艺术品交易应用示范等。

数字医疗健康。开展新农村与城市跨域协同医疗服务、老年人医疗健康服务、基于健康档案的居民健康管理公共服务、面向医疗健康的政府监管综合服务等技术研发与平台建设。

数字生活。开展数字生活服务共性技术支撑与应用聚合服务、智慧城市应用服务、移动生活服务云聚合、数字生活信息精准搜索聚合服务、社区生活圈互动服务、家庭智慧生活主动服务等平台建设与应用示范。

电子商务。开展电子商务云服务、可信交易、支撑服务技术与平台研究开发,重点生产资料、生活资料、旅游、专业市场、国际贸易等领域电子商务服务技术研究开发及示范应用。

现代物流。开展集装箱海公铁多式联运、港航物流综合服务、网购物流服务、物流公共信息平台资源整合集成、供应链全程第三方物流服务、物联网环境下智慧物流等领域技术研发及示范应用。

社会化公共服务。开展开放教育公共服务云平台建设及应用、社会保险服务模式创新系统集成及示范应用、养老服务模式创新及示范应用等。

科技服务业。开展区域产业共性技术创新平台、重点行业通用设计数据库、试验平台、技术转移公共服务平台、面向产业集群的科技服务集成平台、科技金融服务平台等建设与应用。

现代服务业创新发展示范。开展现代服务业创新发展示范,建设一批现代服务业示范城市、示范园区、示范企业和产业化基地。

2. 加强创新能力建设,构建现代服务业科技创新体系

围绕现代服务业发展的重点方向,鼓励产学研合作开展共性工程技术研究和前沿技术研究。鼓励现代服务业企业通过企业技术中心建设等措施,增强现代服务业模式创新和技术集成应用的能力。发挥现代服务业科技园区(基地)在技术转化、创业孵化和企业发展服务的系统功能,打造科技园网络创新服务平台,实现创新要素的在线集成和共享。

3. 加强制度创新和支撑体系建设,优化现代服务业发展环境

拓宽融资渠道,引导社会资金投资现代服务业科技创新。探索建立现代服务业发展的评价指标体系和学科体系。支持现代服务业科技相关科研院所、高等学校、企业开展国际交流与合作。加强现代服务业创新发展的知识普及。适应现代服务业创新特点,加强对促进技术创新、商业模式发展、知识产权保护等方面的制度建设。

(四)大力加强民生科技

重点解决人民群众最关心的重大民生科技问题,集成适合不同地区不同层次人们需求的民生改善技术解决方案,以国家可持续发展实验区等为载体强化技术成果的示范和推广,全面提升科技服务民生的能力。

1. 加快人口健康科技发展,提升全民健康保障能力

针对慢性病、传染病、精神心理疾患等重大疾病,强化临床医学和转化医学研究,突破一批早诊早治技术、规范化诊疗方案和个性化诊疗技术,系统推进转化医学平台、临床协同研究网络、队列研究基地等建设,优化临床研究组织模式。针对妇女儿童、老龄人群、职业人群、残障人群以及基层常见多发病,加强综合防控方案的应用推广、新型诊疗技术研究及生活保障辅具开发。加强中医药和民族医药传承、治未病、优势诊疗技术等研究,促进中医药优势特色的发挥和推进中西医融合发展。加强优生优育、避孕节育技术产品开发。发展数字化医疗、健康管理、健康普及等技术,支撑健康服务体系建设。深入实施全民健康科技行动,大力推进创新医疗器械示范应用、农村卫生适宜技术推广、公众健康知识普及等工作。

2. 加强公共安全科技发展，提高公共安全和防灾减灾能力

加快提升自然灾害应对技术能力，建立基本地理国情监测技术体系，重点开发地震、滑坡、泥石流、台风、水灾、旱灾等重大自然灾害监测预警技术，研制重大自然灾害紧急救灾重大装备，建立重大自然灾害风险管理技术平台。继续强化生产安全保障技术能力，重点开发煤矿及非煤矿采掘、油气开发、危险化学品、特种设备等重点行业生产事故与职业危害防控技术，研发事故灾难应急处置技术及装备。开发交通安全保障和救助关键技术和设备。全面发展食品安全保障技术，逐步建立从源头到餐桌的食品生产全过程安全检测、控制及管理技术，完善食品安全保障及应急处置技术体系。大力提升国境检验检疫科技能力，加快质量安全关键技术创新。研制维护社会稳定、防范和打击犯罪、提高执法能力的技术及装备，构建社会安全保障及应急处置技术体系，强化社会安全保障能力。

3. 强化绿色城镇关键技术创新，促进城市和城镇化可持续发展

加强城镇区域规划与动态监测、城市功能提升与空间节约利用、城市生态居住环境质量保障和城市信息平台等技术研发，大力推动建筑节能与绿色建筑技术研发与示范应用。重点开发绿色建材、可再生能源材料及其与建筑一体化的应用技术，形成我国绿色建造技术体系和管理模式。发展低碳城镇规划、绿色建筑设计、建筑节能等技术。优化绿色施工控制指标体系与标准，开发大型建筑施工过程动态管理与资源配置优化仿真平台。

专栏：民生科技示范重点

公众卫生和全民健康。结合我国基层医疗卫生服务实际需求，筛选疾病防治、卫生保健、民族医药、强身健体等先进实用技术，开展应用示范。遴选国产创新医疗器械产品，进行临床评价、示范试用和普及推广。选择典型医疗单位开展电子病历、医疗信息集成、临床诊疗支持、个人健康信息管理等医疗信息化示范。

临床医学/转化医学研究。以人类发病率高、死亡率高的重大疾病为研究重点，依托优势临床单位开展多学科交叉临床和转化医学研究，建立临床试验基地网络和临床研究技术支持和服务平台，开发评价和验证疾病发病机制、流行病学、早期诊治、药物治疗、个体化治疗等技术和方法，大幅提升我国临床医学水平和转化研究能力。

中医药。重点突破中药材规范化种植、中药配方颗粒质量标准、中药药效物质研究及中药质量评价等关键技术。建立有区域特色的中药研发共性技术平台。重点支持100余个常用中药材品种开展中药规范化种植研究和10余个中药材大品种的深度开发，开展8～10个新药品种的研发、30个传统中药大品种的二次开发，促进3～5个中药品种进入国际市场。

食品安全。加强风险监测与评估、食品污染物高新检测技术与装备研发；开展从农田到餐桌的食品安全科技示范；推动建立食品安全突发事件监控与预警立体交叉网络信息系统。

生产安全。组织煤矿、危险化学品、职业危害等高危行业事故预防、控制、监管、事故处置与应急救援技术及装备研究，选择典型企业、园区开展技术集成与应用示范；促进新技术、新成果应用推广与产业化。

社会安全。研究预防和打击重大刑事犯罪的刑事司法技术，信息网络安全与虚拟社会管理技术，社会治安管理与安全防范技术，信息化、智能化刑侦技术，火灾、核生化安全、反恐与突发事件预警、控制、处置技术和装备，开展科技强警综合示范。

防灾减灾。加强地震、滑坡、泥石流等重大自然灾害立体监测技术、预测预报、群测群防技术与装备研发；开发灾害应急救助技术装备；开展风险管理应用研究；开展防灾减灾科学技术普及，提高公民防灾

减灾意识和技能;组织实施防灾减灾科技示范工程。

绿色建筑技术集成示范。在不同气候区选择一批典型城市(村镇),重点围绕绿色建筑规划与标准、绿色建造与施工技术、绿色建筑室内环境改善和保障技术、绿色建材和资源节约、环境友好集成技术等,开展绿色建筑技术集成的应用与示范,推动绿色建筑与建筑节能发展。

低碳与和谐社区示范。选择典型社区,开展社区低碳消费与节能减排、生活垃圾分类回收、社区养老与互助、社区生态环境建设、社区治安与防灾减灾、社区民主管理等领域的技术应用示范。

(五)建立支撑可持续发展的能源资源环境技术体系

针对能源资源短缺、生态环境恶化、全球气候变化等制约可持续发展的突出问题,围绕建设资源节约型和环境友好型社会的迫切需求,大力加强能源资源勘探开发与清洁高效利用、水资源优化配置与综合利用、污染控制与生态改善、清洁生产与循环经济、气候变化减缓与适应等技术开发与集成应用,提升科技对可持续发展的支撑和引领能力。

1. 发展能源勘探开发和清洁高效利用技术,提高能源安全保障能力

以提升传统能源勘探开发技术能力为目标,重点发展复杂油气藏勘探、煤炭和海洋油气安全开采、油气高效安全集输等技术,加强煤层气、页岩气、油页岩、天然气水合物等非常规油气勘探开发技术研究,保障传统能源有效供给。以提升能源的清洁高效利用能力为目标,重点发展煤炭的气化、液化、煤基化工品加工等清洁转化技术,发展超高参数超临界发电、煤气化整体联合发电、节能型循环流化床发电等技术,发展智能电网、先进核能以及风能、太阳能、生物能、海洋能、地热能等新能源利用技术,加强能源利用关键部件和装备研发。

2. 发展水资源和矿产资源开发技术,提高资源综合利用效率

以强化水资源优化配置和综合利用技术能力为目标,重点发展数字化流域、水资源合理调配和特大水利工程群联合调度技术,加强南水北调、三峡等重大水利工程建设与安全保障技术研发,强化城市节水与工业节水技术开发,加强海水淡化、雨洪利用、人工增雨、再生水等非常规水资源利用关键技术开发。以提升矿产资源勘探开采与综合利用技术能力为目标,发展深部与复杂条件下矿产资源高效勘查技术,加强三维立体勘查技术集成,扩大矿产资源有效探明储量。发展矿产资源高效开采、绿色选冶、高效利用等重大技术与装备,强化稀贵金属资源开发利用。加强海洋及极地矿产资源综合调查技术、非常规矿产资源勘探技术研究,推动矿产资源绿色可持续开发。

3. 发展生态环境保护技术,促进人与自然和谐发展

以提升循环经济和节能减排的技术支撑能力为目标,重点发展重污染行业的清洁生产工艺、大宗废弃物资源化技术、多层次循环经济构建技术。发展烟气治理、机动车尾气净化等技术,饮用水安全保障、污水高效处理与回用等技术,土壤污染治理技术,生活垃圾与危险废物处理处置技术,智能环境检测和监测技术,城市与工业生物质废物集中化燃气利用技术,核放射性污染防护与处置技术。发展近海污染防治技术、地下水污染防治技术、化学品风险控制技术、农村环境综合整治技术,推动减排约束性指标的实现和环境质量的改善。

以提升生态保护和脆弱生态修复技术能力为目标,重点发展典型生态脆弱区生态保护与恢复技术,重大工程建设区生态保护与恢复技术,城市生态保护与建设技术。开发大尺度生态系统监测技术,发展多载体新型生态环境监测与遥感技术,提升退化土地防治技术支撑能力,

不断强化生态系统服务功能。开发生物多样性保护、生物安全保障、持久性有机污染物风险控制等技术，提高我国履行国际环境公约能力。

4. 加强气候变化科学研究和技术集成，全面提高应对能力

加强全球气候变化规律和观测技术研究，开发多源、多尺度观测数据同化、融合与集成技术，发展全球变化背景下极端天气及气候事件预测技术，建立温室气体排放的监测、统计和核查技术体系。加强不同尺度和相关领域气候变化影响和脆弱性评估研究。强化气候变化适应技术研发、集成与示范应用。发展林草固碳等增汇、土地利用和农业减排温室气体、二氧化碳捕集利用与封存等技术。加强应对气候变化重大战略与政策研究，围绕气候变化领域热点问题深入开展应对措施研究，为国家应对气候变化提供支撑。

专栏：可持续发展科技示范重点

海水淡化与综合利用。重点发展高压反渗透和低温多效蒸馏海水淡化、大型海水循环冷却、浓海水处理与化学资源利用等核心技术与装备，建设若干大型海水淡化与综合利用示范工程，加快海水淡化与综合利用产业发展。

生态保护与修复示范。重点选择“两屏三带”生态屏障、退化生态系统、重大工程建设区生态系统、城市生态系统等，开展生态保护与修复关键技术研发和模式构建，并进行应用示范。

环境污染治理示范。重点选择大型城市群、能源资源基地、老工业基地、重污染行业等区域或企业，开展大气污染治理、土壤修复、重金属污染防治、水污染治理、清洁生产等技术综合应用示范。

可持续发展集成技术应用与示范。以国家可持续发展实验区为载体，以转变发展方式、保障民生为重点，加强资源高效利用、节能减排和低碳发展、保障公共安全和改善人居环境等科技示范。

六、前瞻部署基础研究和前沿技术研究

基础研究和前沿技术研究是提升我国原始创新能力和科技长远发展能力的重要基础，是推动科技进步和创新的源泉，必须依据国家重大战略需求和世界科技发展趋势，予以强化部署。

（一）继续加强基础研究

坚持面向国家重大战略需求和瞄准世界科学前沿，进一步完善学科布局，大力推动学科交叉和融合。积极营造有利于自由探索的学术环境，引导兴趣驱动的科学研究聚焦于国家战略需求。加强在若干科学前沿和事关经济社会发展重要方向的战略部署，突破一批关键科学问题，取得一批重大原始创新成果，显著增强我国在世界科学研究中的地位和影响力，为科技长远发展奠定重要基础。

1. 推动学科协调均衡发展，促进学科交叉融合

重视基础研究基本理论和学科建设，结合当前我国学科发展态势，全面协调基础学科发展。继续保持数学、材料科学、工程科学等学科在国际上的优势地位，重点支持代数数论与代数几何、材料科学基础理论、深部资源绿色开发和绿色冶金理论与技术的研究。加大对空间科学、动植物分类学、流行病学、工程海洋学等弱势学科的扶持。加强基础学科之间、基础学科与应用学科、科学与技术、自然科学与人文社会科学的交叉融合，支持医学、纳米、生物信息学等综合交叉学科的发展，积极扶持新兴学科，推动学科整体水平的提高。

2. 探索科学前沿,超前部署若干重大科学问题研究

继续深化基础科学前沿领域研究,包括生命过程的定量研究与系统整合、凝聚态物质与新效应、物质深层次结构和宇宙大尺度物理学规律、核心数学及其在交叉领域的应用、地球系统过程与资源环境和灾害效应、新物质创造与转化的化学过程、脑科学与认知科学、科学实验与观测方法、技术和设备创新等重点研究方向,加强在合成生物学、暗物质等新研究方向的部署。

3. 坚持需求导向,着力突破制约经济社会发展的重大科学问题

围绕国家战略需求,重点部署农业生物遗传改良和农业可持续发展中的基础研究、能源可持续发展中的关键科学问题、信息科学技术基础、地球和环境系统关键过程和规律、人类健康与疾病的基础研究、基础材料改性优化和新材料设计探索及服役失效机理、制造与工程的科学基础、多学科综合交叉的基础研究、空间科学和航空航天重大科学问题等事关经济社会发展的重大科学问题研究。

专栏:需求导向的重大科学问题研究领域和方向

农业科学领域。重点支持农作物高产、抗逆、优质、高效研究,农业动物高产、优质、抗病基础研究,农田资源高效利用研究,农林草综合农业系统的可持续发展,有害生物控制、生物安全及农产品安全等方向。

能源科学领域。重点支持油气资源勘探与开发的新理论和新方法研究,煤炭资源精细探测、绿色开采、高效洁净转换、环境污染控制及灾害防治研究,低品位能源高效热功转换的基础研究,节能的新理论与新方法,新能源和可再生能源规模化利用的基础研究,智能电网的基础研究,支撑核能发展的基础研究等方向。

信息科学领域。重点支持后摩尔时代电子系统集成的基础理论,新型光电子器件、传感器及其应用,太赫兹源、波调制、控制、传输与接收器件,太赫兹辐射与物质的相互作用及其应用技术,能源效率优先和资源优化的通信与网络理论,软件理论与方法,信息内容安全计算基础理论,密码基础理论,安全协议理论与方法,海量信息表示、存储与高效处理,信息科学与系统科学的交叉等。

资源环境科学领域。重点支持影响我国的高影响天气发生发展的规律、机制和预测,气候多尺度变化特征及其检测、预测和预估,影响气候的重要过程参数化和模式发展研究,重要成矿带、我国短缺支柱性矿产及优势矿产、海洋矿产成矿规律,地震、火山等地质灾害基础研究,生态与环境演变、环境污染的机理与控制,城市化的资源环境效应,海洋动力过程及其在气候系统中的作用,我国近海环境及生态的关键过程,海陆气相互作用与东亚季风的季度-年际预测理论,中国典型陆地、海洋生态系统-大气碳、氮气体交换规律与调控理论研究。

人口与健康科学领域。重点支持非传染性慢性复杂疾病机理及其防治、传染性疾病致病机理及其防治、计划生育与生殖健康、灾害医学、我国不同民族疾病易感性、衰老和衰老相关疾病、中医药、人与环境相互作用等领域的基础研究。

材料科学领域。重点支持基础材料产业升级与改造的工艺,先进材料制备科学,复杂服役条件下材料的使用行为与失效,从需求出发的多组元、多层次材料设计与性能模拟,组织结构与性能的高效、高分辨、智能化表征系统研究。

制造与工程科学领域。重点支持极端服役装备设计与强场制造,高速铁路安全监控与保障,信息器件与微纳制造,能源装备设计制造,高性能构件跨尺度制造,数字制造与智能制造,生物制造与仿生制造,超精密、超高速、超常能量条件下的极端制造,以及重大工程自然灾害灾变机理和风险研究,重大工程的减灾和安全设计,重大工程健康状态的检测、监测以及诊断和处置,重大工程对自然环境的干扰及控制,

大型工程的关键生态效应和生态调度基础理论研究等方向。

综合交叉领域。重点支持航空航天中重大力学问题，空间探测与对地观测新原理与技术，灾害形成演变规律和防灾减灾理论与方法，城市发展过程中生态环境、交通以及安全问题的调控与设计，科学、工程与社会问题的建模与计算，合成生物学与生物制造，绿色化学工程，生命科学与多学科的交叉与融合，基于大科学装置和新原理的科学实验方法、技术、仪器与设备等方向。

4. 集中优势力量，推进重大科学研究计划实施

加强顶层设计，完善管理机制，推动蛋白质研究、量子调控研究、纳米研究、发育与生殖研究、全球变化研究和干细胞研究六个重大科学研究计划的实施，力争在未来五年内取得重大突破。以参加国际热核聚变实验堆(ITER)装置建设为契机，启动实施核聚变能研究专项。根据国际科学发展前沿和我国科学发展实际需要，力争启动相关研究计划和大科学工程研究专项。

专栏：国家重大科学研究计划

蛋白质研究。重点在蛋白质结构生物学，蛋白质组学，蛋白质研究新技术、新方法，蛋白质合成降解与调控机制研究，蛋白质生物学功能研究，系统生物学与合成生物学、基于蛋白质的应用基础研究等方面加强部署。

量子调控研究。重点在基于光子、固态系统量子信息处理，量子仿真，量子通信与信息安全，新颖关联量子材料，竞争序和量子相变，关联量子现象理论与数值模拟，单粒子和单量子态、半导体量子结构、等小量子体系，人工带隙材料的能带和带隙调控，光子微结构集成回路及相关元器件，亚波长光子学结构等方面加强研究。

纳米研究。重点在面向国家重大战略需求的纳米材料，传统工程材料的纳米化技术，纳米材料的重大共性问题，纳米技术在环境与能源领域应用的科学基础，纳米材料表征技术与方法，纳米表征技术的生物医学和环境检测应用学等方面加强部署。

发育与生殖研究。重点在胚胎与器官发育的机理，生殖细胞的发生成熟、精卵识别、受精以及着床等生殖发育与生殖调控机制，重要妊娠疾病等发育与生殖相关重大疾病等方面加强研究，推动发育与生殖系统与平台建设，支持建立猴等大动物人类重大疾病模型。

全球变化研究。重点支持全球变暖的基本驱动力及过程与机理，人类活动对全球气候变化的影响及其定量评估，全球变化对社会经济和生态系统的影响机制和定量评估，综合地球观测数据的反演、同化与融合的理论模型和技术构建，地球系统模式研制及全球变化的模拟与预测，地球系统变化的阈值，中国适应气候变化和减排温室气体策略等科学基础研究。

干细胞研究。重点支持细胞重编程及其调控机制研究，干细胞自我更新及多能性维持的机理及新物种多能干细胞的建系，干细胞的定向诱导分化及其调控机制研究，干细胞发育与微环境的相互作用，标志物的发掘、识别与示踪，干细胞临床应用基础研究，植物细胞全能性与器官发生等方面的研究。

专栏：核聚变能研究专项

核聚变能研究专项。加速开展我国聚变能发展研究，完成国际热核聚变实验堆装置建设中我国承担的国际热核聚变实验堆采购包的设计、认证以及制造技术研发，全面消化吸收国际热核聚变实验堆总体设计以及相关技术，开展我国未来磁约束聚变堆的总体设计研究，加快人才培养，建设我国核聚变能研究创新体系。

5. 加强科技基础性工作,持续增强科学研究积累

加强对三极(南极、北极、青藏高原)、三深(深海、深地、深空)、极端环境以及西部干旱地区等重点区域的生态、资源、环境等科学考察调查,积极开展对我国周边及典型区域的综合科学考察。支持对动物志、植物志、孢子志和地理志等重要科技文献、志书、典籍和图件的编研。加强对相关科学数据的采集和保护,进一步完善不同领域和行业的科学数据库建设,扩大数据汇交试点,促进科学数据共享,提高服务能力和水平,为深入开展相关领域的科学研究和政府决策提供科学支撑。

(二)强化前沿技术研究

前沿技术是高技术领域中具有前瞻性、先导性和探索性的重大技术,是未来高技术更新换代和新兴产业发展的重要基础。加大对代表世界高技术发展方向、对国家未来新兴产业的形成和发展具有引领作用的前沿技术的前瞻部署和研发力度,积极抢占前沿技术发展的制高点。对有利于重点产业技术更新换代、实现跨越发展的前沿技术,要集中力量予以攻克,力争形成一批重大产品和技术系统。

1. 信息技术

突破光子信息处理、量子通信、量子计算、太赫兹通信、新型计算系统体系、网构软件、海量数据处理、智能感知与交互等重点技术,攻克普适服务、人机物交互等核心关键技术。研发未来网络/未来互联网、下一代广播电视、卫星移动通信、绿色通信与融合接入、高性能计算与服务环境、高端服务器、海量存储与服务环境、高可信软件与服务、虚拟现实与智能表达等重大技术系统和战略产品。

2. 生物和医药技术

重点研发基因组学及新一代测序技术、蛋白质组学技术、干细胞技术、生物合成技术、生物治疗技术、分子诊断和分子影像技术、生物信息技术、药靶发现与药物分子设计技术。大力开发诊断试剂、疫苗、抗体药物、灵长类疾病动物模型及血液制品、组织工程技术和产品、工业生物技术、生物能源技术、生物医学工程关键部件和生物医学应用材料。发展生物资源开发保护、生物安全监测防控技术及装备。建立基因测序、蛋白质组学、转化医学等研发平台、抗体库和疫苗研发基地。

3. 新材料技术

抢占微电子/光电子/磁电子材料与器件、新型功能与智能材料、高性能结构材料、先进复合材料、纳米材料和器件、超导材料、高效能源材料、生态环境材料、低碳排放材料等前沿制高点。开展材料设计制备加工与评价、材料高效利用、材料服役行为和工程化等关键技术的研发。攻克稀缺材料替代与高效利用、生物医用新材料及表面改性、高性能光电子材料与器件集成、先进晶体与全固态激光材料、国家重大工程用关键材料等核心关键技术。

4. 先进制造技术

围绕绿色制造和智能制造,在微纳制造技术、重大装备技术、智能机器人技术、系统控制技术、制造服务技术等五个方向进行前沿及核心技术攻关。重点研发面向制造业的核心软件、精密工作母机设计制造基础技术、面向全生命周期的复杂装备监测与服务支持系统、现代制造物联网服务平台、控制系统的安全防范与安全系统、工程机械装备、矿山机械装备、人工器官制

造、基于微纳制造的绿色印刷技术与装备和远洋渔业装备等。

5. 先进能源技术

重点探索面向第四代核能、氢能与燃料电池、海洋能、地热能、二氧化碳捕集、利用与封存等方向的前沿技术。围绕节能减排、能源材料和装备、生物质能、储能等战略必争领域和产业核心竞争力的提升,突破核心关键技术。针对可再生能源、节能技术等重大战略技术方向进行重点部署,开发一批重大战略产品和技术系统。

6. 资源环境技术

攻克一批矿产资源与油气资源高效勘探开发与集约化利用核心关键技术与装备,提升重大关键装备的研发能力和行业核心竞争力,大幅提升我国战略性资源勘探与开发利用效率。加强新型污染物治理技术与装备开发,加快推进清洁空气技术与土壤修复技术研发,强化环境事件应急技术与装备开发。大力发展先进环境监测仪器与智能化生态环境监测技术,强化环境污染风险识别与阻断技术开发,提升生态环境监测技术水平。

7. 海洋技术

以形成海上高技术作业能力为目标,强化核心技术开发和装备研制,推进海洋技术由近浅海向深远海的战略转移。围绕海洋环境监测、海洋油气与矿产资源开发、海洋生物资源利用、深海运载与作业等方面,大力发展深水油气勘探开发、深海潜水器、深远海海洋环境监测和海底观测网等核心技术,研制一批海洋开发重大装备,初步具备深海油气勘探开发重大装备的设计与制造能力,推动国家深海公共试验场建设。

8. 现代农业技术

重点攻克农业生物功能基因组学、动物干细胞、靶标发现与药物分子设计、食品营养品质靶向设计和农业物联网等前沿技术。着力突破分子设计育种、食品加工与生物制造、海洋农业、数字农业与智能装备制造以及农产品生境控制等核心关键技术。创制优良动植物新品种、液体生物燃料、生物反应器、新型生物农药、基因工程疫苗和药物、农业智能装备、健康食品、海水养殖等重大产品。

9. 现代交通技术

重点发展大运量高速载运、新能源载运、一体化交通系统安全等技术与装备,实现高效运输服务。重点突破汽车动力系统、重型直升机和船用中速柴油机等制约交通装备发展的重大技术。重点发展交通系统信息化、智能化技术和安全高速的交通运输技术,提高运网协同能力和运输效率。突破交通运输安全保障、资源节约与环境保护、智能化养护等方面的关键技术。

10. 地球观测与导航技术

大力开展先进遥感、地理信息系统、导航定位、深空探测等前沿技术研究。重点建立全球二氧化碳监测、遥感感知网、全球空间信息主动服务、导航定位与位置服务等重大技术系统,培育以授时、导航与位置服务为核心的空间信息产业,形成遥感信息、导航定位和移动通信卫星新兴产业增长点。

七、加强科技创新基地和平台建设

科技创新基地和平台是支撑科技进步和创新的重要物质基础。要以加强自主创新能力建设为目标,优化科技资源配置,推进科技资源开放共享和高效利用,基本建成满足科技创新需求的资源和条件支撑体系。

(一)加强科技创新基地建设布局

依据国民经济和社会发展需求、科技发展的内在规律,继续完善现有各类创新基地建设布局。加强分类指导,引导各类创新基地按照各自功能要求良性发展。推动国家重大创新基地建设。

在能源科学、生命科学、地球科学、环境科学、材料科学、空间和天文科学、粒子物理和核物理、工程技术科学等领域,布局建设一批国家重大科技基础设施和大科学装置。

在能源、信息、资源环境、农业、人口健康、先进制造、交通运输和公共安全等国家战略需求领域,以及基础前沿领域和新兴交叉学科领域,按照择优布局的原则,继续在高等学校和科研院所推进国家重点实验室建设,打造国际一流水平的基础研究骨干基地。结合技术创新工程实施,加强企业国家重点实验室建设。积极推进港澳地区国家重点实验室伙伴实验室建设。促进军民共建国家实验室建设。支持部门和地方加强重点实验室建设。围绕重大科学工程和重大战略科技任务,建设若干国家实验室。继续稳步推进国家野外科学研究观测研究站(网)建设。加强国防科技重点实验室、国防科技先进技术研究中心、军民共建实验室建设。

在关键产业技术领域,结合区域特色和优势科技资源,建设一批国家工程(技术)研究中心、工程实验室,加强考核评估,调整优化建设布局。加强国家大型科学仪器中心、国家级分析测试中心、国家科技图书文献中心、国家实验动物种子中心、国家计量科技创新基地等综合实验服务基地建设。

进一步加强大学科技园、企业技术中心、生产力促进中心、技术转移示范中心、科技企业孵化器等技术创新、成果转化、创业孵化基地的建设和布局。推动国际联合研究中心、国际科技合作创新联盟和国际技术转移中心等国际科技合作基地建设。

(二)加强科技条件资源的开发应用

加强科学仪器设备自主研发和应用。以新原理、新方法为突破口,研发若干前沿重大科研仪器设备。集中力量攻克若干科学仪器设备核心技术和关键部件,研发一批重要通用科学仪器,提升科学仪器设备产业的核心竞争力。加强科学仪器的小型化、专用化研究,加快推进具有自主知识产权科学仪器的应用示范和产业化。

着力推动科研用试剂、优势实验动物资源、实验动物新品种(系)的开发与应用,加强重要分析测试技术研究和应用。加强科技文献领域的关键技术研究和应用。建立高精确度和高稳定性的计量基标准和标准物质体系,加强面向战略性新兴产业发展、民生改善以及其他重点领域的计量基标准、计量方法与计量测试技术研究。加强科学思维、科学方法和科学工具研究,强化创新方法的应用推广。加强科技条件资源的质量保障体系建设,推动科技条件资源管理的规范化和制度化。

(三)推进科技平台建设和开放共享

进一步完善科技基础条件平台和技术创新服务平台的建设布局,强化支撑服务能力建设,更加突出平台的开放运行和为研发创新提供公共服务的能力。在信息、生物、新材料、航空航天、能源、海洋、节能减排等重点领域以及新兴、前沿和交叉学科领域,推动多学科交叉集成、面向社会开放服务的共享平台建设。继续加强科学仪器设备、计量基标准装置、科技文献、科学数据、网络科技环境、自然科技资源等各类科技资源的整合和开放共享。建立健全平台运行服务的评价体系、管理模式和支持方式。鼓励科研院所、高等学校向社会开放科技资源。

加快科技资源开放共享网络建设，构建国家科技资源调查的长效机制，加强科技资源整合与共享的标准化工作。按照分层建设、分级管理的要求，加速中央和地方优质资源的衔接互动。

专栏：科技平台重点工作

重点科技平台建设。建立国家科技平台认定、绩效考核评估和以奖代补制度，推动平台运行服务。推进各类科技计划项目实施形成的科技资源向相关科技平台汇交，完善国家科技平台体系，提升科技资源整合共享水平。加强对地方科技平台工作的指导。面向战略性新兴产业和区域经济发展，推进技术创新服务平台建设。面向重点领域创新需求，推动大型科学仪器设备与试验基地建设，补充完善自然科技资源、科学数据等重点科技资源。

科技资源调查。加强对跨行业、跨部门、跨地区、跨系统分布的重点科技基础条件资源的调查，继续完善大型仪器设备、研究试验基地和生物（动物、植物、微生物）种质资源的调查。开展各类检测资源、科学数据（库）等相关资源的调查。围绕搭建和完善企业技术创新支撑服务体系，针对产业技术创新和战略性新兴产业培育，选择重点领域、重点区域的特色资源开展试点调查。加强调查数据的分析利用。

八、大力培养造就创新型科技人才

人才资源是第一资源，规模宏大的创新型科技人才队伍是加快我国科技进步和创新的根本保障。把科技人才队伍建设摆在科技工作的突出位置，以培养、引进和用好高层次创新型科技人才为核心，创新人才培养体制机制，营造人才成长良好环境，造就规模宏大、结构合理、素质优良的创新型科技人才队伍，为创新型国家建设提供强大的人才保障和智力支持。

（一）壮大和优化创新型科技人才队伍

继续增加科技人力资源供给，进一步优化科技人才结构，提升科技人才质量。重视高层次创新型科技人才队伍建设，加强世界一流科学家、科技领军人才的培养。加大对优秀青年科技人才的发现、培养和资助力度，建立适合青年科技人才成长的用人制度。加强面向生产一线的实用工程人才、卓越工程师和专业技能人才的培养。加强对实验技师等科研辅助人才的培养和培训。重视科技管理、科技服务和科普人才队伍建设，加快科技成果转化服务专业人才队伍培养。通过进一步调整和优化科技人才队伍布局，形成各类人才衔接有序、梯次配备的人才队伍结构。

（二）造就一批高层次科技领军人才和创新团队

以高端人才为引领，坚持整体推进与重点突破相结合，组织实施创新人才推进计划，深入推进“千人计划”、“长江学者奖励计划”、“国家杰出青年科学基金”、“百人计划”等高层次科技人才培养和引进工作。重点培养和引进各类高层次创新型科技人才2.5万人以上。推动科学家工作室建设，凝聚一批世界一流科学家。瞄准世界科技前沿和我国产业发展需求，重点支持和培养2000名左右中青年科技创新领军人才。加强高水平创新团队建设，在实施创新人才推进计划和相关科技计划中，加大对优秀创新团队的引导和支持。

(三)改革完善创新型人才的教育培养模式

深入推进科技教育结合,着力完善适应国家科技发展需求的人才培养模式。推行创新型教育方式方法,把创新教育环节融入国民教育、职业教育和继续教育体系。把提升科学研究能力作为创新型人才培养的关键环节,支持研究生参与承担科研项目,为本科生参加科研活动创造条件,突出培养各级在校学生的科学精神、创造性思维和创新能力。根据国家科技和经济发展需要,及时引导高等学校调整优化学科专业,充分发挥高等学校的人才优势和创新潜力,加强交叉学科、新兴学科领域专业人才培养。加强高等学校工程技术类专业的实践教育,推行产学研合作教育模式和"双导师"制,促进高等学校与科研院所、企业联合培养科技人才。以国家重大科研项目和重大工程、重点学科和重点科研基地、国际学术交流合作项目等为依托带动人才培养。鼓励高新区、大学生创业园等机构开展高等学校毕业生技能培训和创业培训。进一步弘扬科技工作者求真务实、勇于创新的科学精神。

(四)支持科技人员创新创业

重点依托高新区、大学科技园、科技企业孵化器、行业协会等,扶持和鼓励科技人员的创新创业活动。加强对科技型中小企业创新创业和发展的政策支持,积极为创业人才提供服务,培养杰出的创新型企业家和高级管理人才,充分发挥企业家和科技创业者在科技创新中的重要作用。支持重点产业领域中以企业为主体的产学研联盟、研发组织、技术平台等创新团队,为其共性技术研发、公益服务等活动提供支持。

九、提升科技开放与合作水平

扩大科技开放、加强合作交流是适应国内外新形势新变化、深化改革开放的重要内容。研究制定我国科技发展国际化战略,以全球视野搭建合作创新平台,营造开放创新环境,充分吸引全球创新资源,推动我国科学技术事业融入全球科技发展潮流,在更高起点上提升我国科技创新能力。

(一)大幅提高科研活动国际化程度

加强气候变化、能源、环境、粮食安全、重大疾病防控等全球性问题的国际科技合作研究,鼓励国内研发机构与世界一流科研机构建立稳定的合作伙伴关系,提升合作层次和水平。支持国外高水平科学家来华开展合作研究,支持国内优秀科研人员到国外开展合作研究与接受培训。鼓励我国企业和研发机构开展研发外包业务。支持我国企业和研发机构设立境外研发机构。逐步加大国家科技计划的开放力度。推动国际科技合作基地、区域科技合作中心和合作示范园区建设,培育一批从事国际技术转移业务的中介服务机构。积极推动民间国际科技交流与合作。支持国际学术组织、跨国公司和国外研发机构在华建立总部或分支机构。

专栏:国际科技合作基地

国际科技合作基地。推广中美清洁能源中心、中俄科技合作基地联盟、中意联合设计中心等的合作经验,加强项目、人才、基地的结合,进一步优化基地布局。支持基地开展联合研究、国际培训、人才培养等服务,有效发挥基地在国际科技合作中的骨干作用。

区域科技合作中心。积极推进"中亚科技合作中心"、"中国-东盟农业示范基地"等区域科技中心的建设,形成聚集创新要素的国际科技合作平台,增强对区域科技发展的影响力。

（二）进一步完善政府间科技合作机制

巩固和深化政府间科技合作，拓展合作领域，形成层次合理、重点突出的科技合作新格局。深入推进中美创新对话、中俄全面科技合作、中欧科技伙伴计划、中日韩联合研究计划等。继续推动在能源资源开发利用、新材料与先进制造、信息网络、现代农业、生物与健康、生态环境、空间与海洋等前沿技术领域的合作研发。积极开展气候变化、重大疾病、公共安全等全球性重大科技问题的联合攻关。

（三）积极参与国际科技组织与国际大科学计划

积极参与国际科技组织和区域组织的多边科技合作和重大科研项目。支持我国优秀科学家到国际科技组织、学术组织、标准组织和学术期刊任职，提升我国参与重要国际标准制定的能力。有效参与国际大科学计划和大科学工程，继续实施我国发起的"可再生能源与新能源国际合作计划"和"中医药国际科技合作计划"，适时推动发起应对气候变化国际科技合作研究等国际和区域性大科学计划。

（四）加强与发展中国家的科技合作

组织实施面向发展中国家的"科技伙伴计划"，进一步加强与发展中国家的科技合作。在非洲、拉美、东南亚、中亚等地区建立国际技术转移示范点，探索在发展中国家推广科技服务和科技创业的经验。重点在医疗健康、粮食增产、信息通讯、资源环保、生物多样性等领域开展联合研发、技术推广、技术培训、联合考察等合作，扩大科技对外援助，帮助发展中国家加强科技创新能力建设。

（五）加强与港澳台地区的科技合作

加大内地与港澳台地区科技交流与合作的力度，形成更加紧密的科技合作关系。支持港澳地区科技人员、机构参与和承担国家科技计划项目。支持内地和港澳地区的高等学校、科研机构合作设立联合实验室、研发中心，推动研发平台和大型实验仪器设备的互相开放共享。落实"海峡两岸科技论坛共同建议"，推动建立海峡两岸科技合作机制，加强海峡两岸科技产业合作基地、对台科技合作与交流基地、海峡两岸科技园的建设。

十、深化科技体制改革，全面推进国家创新体系建设

加强科技体制改革的统筹规划和系统推进，在促进全社会科技资源高效配置和综合集成、加快科技成果向现实生产力转化、激发各类创新主体的活力等方面取得突破性进展，全面推进国家创新体系建设。

（一）加强科技宏观管理和统筹协调

强化国家对科技发展的总体部署和宏观管理，完善科技、经济协同推进机制，为创新要素的合理流动提供体制机制保障。加强财政投入对全社会科技资源优化配置的引导功能。统筹衔接科技发展战略政策制定、科技计划组织实施和科技基础设施建设。进一步完善部门之间、中央与地方之间的科技工作会商沟通机制，汇聚各方资源共同解决科技发展重大问题。加快转变政府职能，强化科技公共服务。进一步完善专家决策咨询机制和公众参与机制，促进决策的科学化和民主化。

（二）创新产学研有机结合机制

充分发挥市场机制配置资源的基础性作用，不断发展和完善产学研有机结合推动自主创新的机制。发挥企业面向市场和用户的优势，通过委托研发、联合研究、人才培养、共建研究机构等形式，建立与科研机构和高等学校合作创新的战略伙伴关系。坚持政府投入引导与政策措施激励并举，进一步增强科研机构、高等学校面向社会的创新服务功能，激发科技人员服务企业的积极性。进一步加大对产学研联合创新的支持，完善相应的组织方式和组织流程，发挥产业技术创新战略联盟组织承担科技计划项目的作用。

（三）推进科技计划和科研经费管理制度改革

把深化科技计划和科研经费管理制度改革作为科技管理体制改革的突破口。国家重点科技计划进一步突出服务国家目标导向、聚焦重大任务的功能。加强各科技计划围绕创新链、产业链发展的系统部署，优化顶层设计和组织流程，实现资源配置的高效集成和项目、基地、人才的有机结合。财政科技投入进一步加大对基础研究、前沿技术研究、社会公益研究和重大关键共性技术的支持，加大科技成果转化的投入力度，处理好稳定性支持与竞争性支持的关系。根据科研活动的规律和特点，加强科研经费的过程监管，改进科研经费使用的绩效评价，提高科研经费管理的科学化水平。

（四）深化科技评价和奖励制度改革

按照“目标导向、分类实施、客观公正、注重实效”的要求，加强科学技术评价工作的宏观管理、统筹协调和监督检查，建立健全科学技术评价制度。针对科技计划、机构、人员等不同对象，国家、部门、地方等不同层次，基础研究、应用研究、科技产业化等不同类型科技活动的特点，确定不同的评价指标、内容和标准。坚持科研评价的创新和质量导向，避免频繁考核、过度量化，使科研人员专注于科研活动。继续开展科技成果评价试点工作，推动科学技术研究项目的标准化评价。发展第三方独立评估制度，指导和支持社会专业评价机构开展科技评价。

进一步完善科技奖励制度，充分发挥科技奖励在引导科技发展方向和创新模式、激励和表彰科技创新人才、促进社会进步和国家发展中的重要作用。加强科研诚信建设，积极营造诚信、宽松、和谐的科研学术环境，加强科技人员学术行为规范、职业道德监督和对学术不端行为的调查、惩戒。

（五）全面推进国家创新体系建设

进一步加强各类创新主体的紧密联系和有效互动，努力建设符合社会主义市场经济要求和科技发展规律的国家创新体系。

1. 深入实施国家技术创新工程，加快以企业为主体、市场为导向、产学研相结合的技术创新体系建设。以提升企业自主创新能力和产业核心竞争力为目标，以建立企业主导技术研发创新的体制机制为核心，积极引导和支持创新要素向企业集聚。围绕重点产业、战略性新兴产业以及地方支柱产业和产业集群发展，推进产业技术创新战略联盟建设，构建产业技术创新链。推动技术创新服务平台建设，形成促进企业技术创新的支持服务系统，加强面向重点产业和区域创新的公共科技服务。加快创新型企业建设，充分发挥市场作用和政府宏观引导，激励大企业加大研发投入，支持企业建立研发机构、吸引高端人才，加快发展具有高成长性与特色优势的创新型中小企业。深入开展科技人员服务企业行动。深化转制院所企业化发展，依托转制院所加强产业共性技术研发和科技成果转化。

专栏:国家技术创新工程

国家技术创新工程。结合国家重点产业和战略性新兴产业发展,构建一批支撑经济结构战略性调整的产业技术创新战略联盟,建设完善一批面向企业的技术创新服务平台,培育形成一批具有较强国际竞争力的创新型企业,强化企业技术创新人才队伍和创新团队建设,面向企业开放高等学校和科研院所科技资源,引导企业充分利用国际科技资源。形成和完善以企业为主体、市场为导向、产学研相结合的技术创新体系,大幅提升企业自主创新能力,保障关键领域和重点行业的核心关键技术供给,推动企业成为技术创新主体,加速科技成果向现实生产力转化,促进科技与经济更加紧密结合。

2. 强化高水平科研院所和研究型大学建设,加快建立科学研究与高等教育有机结合的知识创新体系。深入实施知识创新工程,实施"创新 2020",推进高校创新,推动高水平研究机构和研究型大学建设,培育一批世界一流学科。稳定支持从事基础研究、前沿技术研究、产业关键共性技术研究和社会公益研究的科研机构。深化科研机构改革,扩大科研机构自主权,加快建立现代科研院所制度。增强高等学校创新活力,充分发挥高等学校在知识创新中的重要作用。在高等学校开展探索科技与教育相结合、强化基础研究的改革试点。引导高等学校、科研院所开展科研管理改革和人才培养模式创新。培育跨学科、跨领域的科研与教学相结合的团队,促进科研与教学互动、与创新人才培养相结合。支持高等学校、科研院所、企业共建研发机构、开展联合研究和人员互聘兼职,探索研究集群、虚拟实验室等新型科研组织形式。

专栏:知识创新工程

知识创新工程。强化战略领域的知识基础积累与建设,优化学科布局,完善学科体系建设,促进学科交叉融合,解决重大战略性科技问题,建设凝聚态物理、数学与复杂系统、地球与环境、空间及海洋等科学中心,建设清洁能源、绿色智能制造、大陆及海洋深部勘探技术等研发基地,力争使材料、化学、物理学、数学、地球科学、天文学、生命科学等主流学科进入世界先进行列,建设一批在世界上有重要影响的一流科研机构和研究型大学。

3. 引导构建军民融合、寓军于民的国防科技创新体系。大力推进军民结合的科研设备共享平台的布局和建设,加强军地科技资源开放共享和军民两用技术相互转移。建设一批军民融合科技园区、军民两用技术创新基地,扩大军民结合的国家重点实验室建设范围,加强军民两用技术联合攻关。扩大民口科研机构和科技型企业对军用技术研发的承接范围和承接力度。

4. 推进各具特色、优势互补的区域创新体系建设。根据国家区域发展战略的总体部署,结合区域经济社会发展需求和科技基础,加强区域创新体系建设。鼓励东部地区提高原始创新能力和可持续发展能力,着力培育产业竞争新优势,加快发展战略性新兴产业、现代服务业和先进制造业。促进中部地区发展现代产业体系,强化节能减排技术支撑和先进适用技术推广,提高资源利用效率和循环经济发展水平。深入实施西部大开发战略和振兴东北老工业基地战略,引导科技资源向欠发达地区流动,加大科技援疆、援藏和支援其他民族地区力度,加强西部能源资源开发、生态环境保护和修复。围绕解决区域发展重大、共性问题,推动跨区域协同创新。引导和推进创新型省份、创新型城市(区)建设,充分发挥中心城市、科技园区在区域创新中的辐射带动作用。加大对自主创新示范区、试验区的支持力度,加强政策创新和经验总结推广。加强区域创新资源集聚和创新基础能力建设，围绕地方优势特色组建重点实验室和创新基地。

5. 构建社会化、网络化的科技中介服务体系。优化科技中介服务组织布局，完善科技中介服务体系。加强高水平科技中介服务机构建设与示范，提高生产力促进中心、大学科技园、科技企业孵化器、技术市场、技术转移机构等科技中介组织的服务功能和服务水平。建立和发展技术转移服务联盟，促进科技中介服务机构资源共享，加大对学会等科技社团的培育力度。

十一、强化科技政策落实和制定，优化全社会创新环境

进一步加强科技政策法规的落实，加强创新政策措施的衔接配套，进一步营造有利于科技进步和创新的环境。

(一)落实和完善科技政策法规

加强科技法律法规体系建设。深入落实《科学技术进步法》，加快配套法规建设。推进《促进科技成果转化法》修订。加强科技资源共享、科研机构、科技中介等方面政策法规的研究制定。强化科技法律法规的执法检查和公众监督。加强科技法律法规的普法宣传。

落实和完善自主创新政策措施。深入落实《科技规划纲要》中的有关政策及其配套政策措施。落实企业研发费用加计扣除、科技企业孵化器、国家大学科技园、高新技术企业和技术先进型服务企业以及对科技中介服务活动的税收扶持政策。加强自主创新政策落实情况的监测评估。完善有关鼓励产学研合作创新、科技成果转化和产业化、科技型中小企业创新创业的政策措施。强化科技政策与财税、金融、产业政策等的衔接配套。制定完善更加有利于研发创新的财政性科研投入所得税征收规定。

(二)深入实施知识产权和技术标准战略

强化科技创新的知识产权目标导向和管理。深化《国家知识产权战略纲要》实施，提升知识产权创造、运用、保护和管理能力。鼓励创新主体从事知识产权创造活动，取得以发明专利为代表的核心技术知识产权，支持通过专利合作条约(PCT)申请国际专利。引导企业采取知识产权转让、许可、质押等方式实现知识产权的市场价值。强化国家科技重大专项和国家科技计划的成果和知识产权管理，建立健全对跨国并购、技术交易等重大经济活动的知识产权审查机制。加强国家重大关键技术领域专利态势分析和预警，引导重点领域形成基础性专利。强化核心技术知识产权保护，加强科技成果登记。推动知识产权管理能力建设，加强知识产权管理人才队伍建设，完善知识产权公共服务体系。

全面实施国家技术标准战略。发挥技术标准在科技创新活动中的导向和保障作用，强化国家重要技术标准包括关键共性和基础类、公益类、重大战略产品类技术标准等的研究、制定及优先采用。在国家科技重大专项和国家科技计划执行中，加强技术标准研制。发挥企业在技术标准研制中的重要作用，引导产学研各方联合推进重要技术标准的研究、制定和采用，支持企业以产业链为纽带形成标准联盟。搭建标准创制公共服务平台，支持企业主导或参与国际技术标准制定。重视技术标准战略与知识产权战略的结合，在技术标准制定中强化知识产权的反垄断审查。加强认证认可技术研究和检测评价技术研究。加强技术性贸易措施体系建设。

(三)持续增加全社会科技投入

继续加大财政科技投入。落实《科学技术进步法》,国家财政科技投入增长幅度,应当高于国家财政经常性收入的增长幅度。落实中央财政科技经费的稳定增长机制,有效带动和促进地方财政加大科技投入。

创新科技投入方式。完善多元化、多渠道科技投入体系,激励企业大幅增加研发投入,促进全社会资金更多投向科技创新。完善科技和金融结合机制,建立多渠道科技融资体系。加快发展服务科技创新的新型金融服务机构,积极探索支持科技创新的融资方式。支持具备条件的国家高新区内非上市股份公司进入代办系统,支持符合条件的高新技术企业上市融资,推动科技型中小企业通过债券市场融资。加快发展创业投资,引导社会资金加大对科技创新的投入。深化科技保险工作,加快发展科技担保等金融中介服务。促进科技型企业信用体系的建立。

(四)优化科技成果转化和产业化环境

把握科技成果转化和产业化规律,把科研攻关与市场开发紧密结合,推动技术与资本等要素的结合,引导资本市场和社会投资更加重视投向科技成果转化和产业化。加强各类高新技术产业化载体建设,增强高新区、产业化基地、大学科技园、科技企业孵化器等的服务功能,完善从企业创业孵化到产业化的全链条支撑服务体系。充分发挥国家自主创新示范区在促进高新技术产业发展中的示范引领作用。深化国家高新区二次创业,推动符合条件的省级高新区升级为国家高新区,优化国家高新区战略布局。

优化我国创新创业服务、专业技术服务和国际化服务的市场环境。加强多层次、多渠道、多元化的科技与市场对接平台和技术交易市场建设。促进高等学校、科研院所科技成果与企业特别是中小企业技术创新需求的有效对接。发展一支高水平的科技中介专业队伍。积极开展科技成果咨询、评估、经纪、推介、交易等工作。

(五)加强科学技术普及工作

深入落实《科学技术普及法》,研究制定实施条例及相关配套政策,制定实施《中国公民科学素质基准》。深入实施全民科学素质行动,动员多方力量参与科普工作,推动形成社会化科普工作格局。激励一线科研人员参与科普工作,开展院士科普行、博士科普行等活动。加强国家科普能力建设,实施《科普基础设施发展规划》,推进科技博物馆建设,启动国家科普示范基地建设。加大科普宣传力度,继续组织好科技活动周等重大科普活动。加强农村基层科普队伍和科普能力建设。加强科普人才队伍建设,建立健全国家科学传播体系的评价机制与奖励制度。建立国家科普统计制度,开展科普监测工作。广泛开展面向基层的科普活动,在全社会营造尊重劳动、尊重知识、尊重人才、尊重创造的浓厚氛围。

(六)加强和改进基层科技工作

强化对基层科技工作的指导和支持。坚持“地方党政一把手抓第一生产力”,高度重视发挥基层科技管理部门作用,加强机构编制和队伍能力建设,提升基层科技管理部门服务本地经济社会发展的能力。加快实施基层科技创新能力建设和县市民生科技专项,充分发挥农转资金、富民强县专项、创新基金等对基层科技创新的扶持作用,扩大和深化科技特派员制度建设。继续推动科技兴县(市)工作,加大全国科技进步考核工作的力度。

加强基层科研组织的能力建设。引导科研院所、高等学校、企业、各类创新基地等基层科研组织完善科技管理体系。加强科技管理人员培训,提高科技管理能力和业务素质。

十二、切实保障规划实施

为有力推进规划顺利实施,必须周密部署,落实责任,强化监督,形成规划实施的强大合力与制度保障。

(一)加强规划实施的组织领导

国家科技主管部门牵头组织实施本规划。各地方、各部门要依据本规划,结合各自实际,突出各自特色,强化本地方、本部门科技发展部署,做好与本规划提出的战略思路和主要目标的衔接,加强重大事项的会商和协调,做好重大任务的分解和落实。各级科技管理部门要加强对科技规划的贯彻宣传,做好协调服务和实施指导,调动和增强社会各方面参与的主动性、积极性。

(二)加强规划实施的衔接协调

在规划实施中,要注重国家中长期科技、人才、教育规划纲要的统筹落实,加强与贯彻实施《国民经济和社会发展第十二个五年规划纲要》的衔接部署,重视与各项国家级重点专项规划以及各地方经济社会发展规划的协调。强化规划对年度计划执行和重大项目安排的统筹指导,确保规划提出的各项任务落到实处。

(三)加强规划评估和动态调整

建立健全科技规划监测评估制度和动态调整机制。要通过监测评估,分析本规划的实施进展情况。特别是对本规划提出的重大任务的执行情况要进行制度化、规范化的检查评估,为科技规划的动态调整提供依据。

(四)加强科技管理的基础性工作

重视开展科技发展战略研究,加强技术预测和技术路线图工作,强化科技统计评估、科技成果登记和科技保密工作,加大科技宣传力度,提高科技信息服务能力,为科技战略决策和管理提供有力支撑。

本规划是深入实施《科技规划纲要》、加强创新型国家建设战略攻坚的五年规划,任务艰巨,责任重大。全国科技界、经济界、企业界等社会各界要在党中央、国务院的坚强领导下,坚定信心,奋发图强,开拓创新,为顺利实现国家“十二五”科学和技术发展规划各项目标任务、加快创新型国家建设进程而努力奋斗!

附录:

重要指标和名词解释

研发经费与国内生产总值的比例:研发活动是指在科学技术领域,为增加知识总量以及运用这些知识去创造新的应用进行的系统的创造性活动,包括基础研究、应用研究、试验发展三类活动。研发经费占国内生产总值比例是指全社会用于科学研究与试验发展活动的经费支出与国内生产总值的比例,是国际上通用的衡量一个国家或地区科技活动规模、科技投入水平和科技创新能力的重要指标,在一定程度上也反映了一个国家或地区的经济发展方式。

每万名就业人员的研发人力投入:每万名就业人员的研发人力投入是指在报告年度内一个国家或地区每万名就业人员中研发人员全时当量的比例。研发人员全时当量是指参与研发活动的全时人员数加非全时人员按工作量折算为全时人员数的总和。例如:有 2 个全时人员和 3 个非全时人员(工作时间分别为 20%、30%和 70%),则研发人员全时当量为 2+0.2+0.3+0.7=3.2 人年。该指标反映了一个国家或地区投入研发活动的人力资本的强度。

国际科学论文被引用次数:国际科学论文被引用次数是指被科学引文索引(SCI)收录的学术论文在发表后的一段时间内被引用的次数之和。该指标是评价国际科学论文质量的重要指标,也反映了一个国家或地区国际科学论文的影响力。

每万人发明专利拥有量:每万人发明专利拥有量是指在报告年度内一个国家或地区每万人拥有的经国内外知识产权行政部门授权且在有效期内的发明专利件数。该指标既反映了一个国家或地区拥有发明专利的数量,也体现了科技成果的市场价值和竞争力。

每百名研发人员的发明专利申请量:发明专利申请量是指在报告年度内一个国家或地区的法人或自然人向知识产权行政部门提出发明专利申请并被受理的件数。每百名研发人员的发明专利申请量是指每百人年研发人员全时当量所拥有的发明专利申请量,该指标反映了研发人员的创新意识和研发投入产出效率。

全国技术市场合同交易总额:全国技术市场合同交易总额是指全国技术合同成交项目的总金额。合同交易总额中的技术交易额可以反映技术转移和科技成果转化的总体规模。技术交易额是指从合同交易总额中扣除购置设备、仪器、零部件、原材料等非技术性费用后的剩余金额。

高技术产业增加值占制造业增加值的比重:高技术产业增加值占制造业增加值的比重是指在一定时期内高技术产业增加值与制造业增加值的比例,是衡量高技术产业对产业结构调整和经济发展方式转变贡献的重要指标。高技术产业是指制造业中技术密集度明显高于其他行业的产业,包括航天航空器制造业、电子及通信设备制造业、电子计算机及办公设备制造业、医药制造业和医疗设备及仪器仪表制造业等行业。

科技进步贡献率:科技进步贡献率是指广义技术进步对经济增长的贡献份额,即扣除了资本和劳动之外的其他因素对经济增长的贡献。这些因素不仅包括科学知识、技术发展或工艺改进,还包括劳动者素质提高和管理创新等。该指标是衡量科技竞争实力和科技成果转化为现实生产力的综合性指标,反映了科技支撑经济社会发展的整体效益。该指标数据来源于中国科学技术发展战略研究院开展的科技进步贡献率评价的测算结果。

国家综合创新能力:在本规划中国家综合创新能力由国家创新指数表征,该指数是对创新资源、知识创造与应用、企业创新、创新绩效和创新环境五个方面若干指标综合计算的结果。该指标数据来源于中国科学技术发展战略研究院发布的《国家创新指数报告》。

公民具备基本科学素质的比例:公民具备基本科学素质的比例是指一个国家或地区拥有的了解必要科学技术知识、掌握基本科学方法、崇尚科学精神的公民的比例。该指标数据来源于中国科学技术协会的中国公民科学素质调查结果。该调查参照国际通用调查题项,对我国18～69周岁公民对科学技术知识的了解程度、对科学技术感兴趣的程度、对科学技术的态度和看法以及公众获得科学技术信息的渠道等方面展开调查。

国家科技重大专项:国家科技重大专项是《科技规划纲要》确定的重大战略任务,是为了实现国家目标,通过核心技术突破和资源集成,在一定时限内完成的重大战略产品、关键共性技术和重大工程,是我国科技发展的重中之重。《科技规划纲要》确定了16个重大专项,涉及信息、生物等战略产业领域,能源资源环境和人民健康等重大紧迫问题,以及军民两用技术和国防技术。

战略性新兴产业:战略性新兴产业是指以重大技术突破和重大发展需求为基础,对经济社会全局和长远发展具有重大引领带动作用,成长潜力巨大的产业,是新兴科技和新兴产业的深度融合,既代表着科技创新的方向,也代表着产业发展的方向,具有科技含量高、市场潜力大、带动能力强、综合效益好等特征。在《国务院关于加快培育和发展战略性新兴产业的决定》中把节能环保、信息、生物、高端装备制造、新能源、新材料、新能源汽车等作为现阶段重点发展的战略性新兴产业。

国家自主创新示范区:国家自主创新示范区是指经国务院批准,在推进自主创新和高技术产业发展方面先行先试、探索经验、做出示范的区域。目前,国务院已批准支持北京中关村科技园区、武汉东湖新技术产业开发区和上海张江高新技术产业开发区建设国家自主创新示范区。建设国家自主创新示范区对于进一步完善科技创新的体制机制,加快发展战略性新兴产业,推进创新驱动发展,加快转变经济发展方式等方面将发挥重要的引领、辐射、带动作用。

国家高新技术产业开发区:国家高新技术产业开发区,简称国家高新区,是指经国务院批准,旨在促进高新技术及其产业的形成和发展的国家级产业开发区,主要通过实施高新技术产业的优惠政策和各项改革措施,推进科技产业化进程,形成我国发展高新技术产业的重要基地。2009年国家高新技术产业开发区为56家,2010年又有27个省级高新技术产业园区升级为国家高新技术产业开发区,截至目前,我国共有国家高新技术产业开发区83家。

国家创新型试点城市:国家创新型试点城市是指通过选择一批创新基础条件好、经济社会发展水平高、对周边带动作用大的城市进行试点,在体制机制和创新政策等方面先行先试,推动其率先进入创新型城市行列,示范和引导更多城市走上创新发展的道路。主要任务包括确立城市创新发展战略、加快经济发展方式转变、促进经济社会协调可持续发展、大力增强企业自主创新能力、加强创新人才培养和创新基地建设、加强创新服务体系建设、营造激励创新的良好环境、推进体制改革和管理创新等。目前,全国已有38个城市(区)被确定为国家创新型试点城市(区)。

产业技术创新战略联盟:产业技术创新战略联盟是指由企业、大学、科研机构或其他组织机构,以企业的发展需求和各方的共同利益为基础,以提升产业技术创新能力为目标,以具有法律约束力的契约为保障,形成的联合开发、优势互补、利益共享、风险共担的技术创新合作组织。推动产业技术创新战略联盟的构建是加强产学研用结合,促进技术创新体系建设的重要举措。目前,已经批准的试点联盟为56家,集聚了1100多家行业龙头企业、重点高校和科研机构。

技术创新服务平台:技术创新服务平台是指面向产业和区域发展的重大需求,通过有效整合高等学校、科研院所、科技中介服务机构以及骨干企业等优势单位资源,面向企业技术创新共性需求提供公共服务的组织体系。技术创新服务平台主要功能包括条件资源服务、技术研发服务、技术成果转化与推广服务、产业技术人才培训与交流服务等。

创新型企业:创新型企业主要是指那些拥有自主知识产权和知名品牌,具有较强国际竞争力,依靠技术创新获取市场竞争优势和持续发展的企业。推动创新型企业建设的主要内容包括引导企业加强创新战略谋划,加强创新能力建设,建立健全技术创新内在机制,加强技术创新管理,发挥广大职工在技术创新中的重要作用等。目前,已经批准的国家创新型试点企业为550家,地方创新型试点企业达4000多家。

科技金融:科技金融是指通过创新财政科技投入方式,引导和促进银行业、证券业、保险业金融机构及创业投资等各类资本,创新金融产品,改进服务模式,搭建服务平台,实现科技创新链条与金融资本链条的有机结合,为初创期到成熟期各发展阶段的科技企业提供融资支持和金融服务的一系列政策和制度的系统安排。加强科技与金融的结合,不仅有利于发挥科技对经济社会发展的支撑作用,也有利于金融创新和金融的持续发展。

创新人才推进计划:创新人才推进计划是国家中长期人才规划纲要明确提出的一项重大人才工程。主要内容包括在我国具有相对优势的科研领域设立科学家工作室,重点支持和培养一批具有发展潜力的中青年科技创新领军人才,重点扶持科技创新创业人才,建设若干重点领域创新团队,以及建设创新人才培养示范基地等。

科技部关于印发国家科技计划项目概算和课题预算编报指南的通知

国科发财字[2007]241号

各有关单位：

为规范国家科技计划项目概预算管理，提高科技计划项目概算和课题预算编报质量，我们制定了《国家科技计划项目概算和课题预算编报指南》。现印发给你们，请遵照执行。

附件：国家科技计划项目概算和课题预算编报指南

科学技术部

二〇〇七年四月二十九日

附件：

国家科技计划项目概算和课题预算

编报指南

科学技术部

二〇〇七年四月

前　言

项目概算、课题预算的编制是国家科技计划经费管理的重要环节,是项目概算咨询评议、课题预算评审评估和项目课题预算安排的重要依据。为便于有关单位了解国家科技计划项目课题预算编报的要求,提高预算编报的质量,我们在充分听取并分析有关方面对预算管理的意见和建议的基础上,根据国家科技计划专项经费管理办法和国家有关财务规章制度的规定,结合预算编制工作的实际情况编制本指南。

本指南适用于863计划、973计划和支撑计划。各有关单位在编制专项经费项目概算和课题预算时,请认真阅读本指南。

目　录

第一部分　项目概算编制

一、项目概算编制的目的

项目概算是国家科技计划项目顺利实施的保障，是确定国家科技计划项目总投入的依据，是项目分任务间合理配置资源的基础。国家科技计划在提出项目立项建议、进行项目可行性论证阶段应当编制项目概算。项目概算经过咨询评议后，作为项目立项决策和控制项目（课题）总预算的重要依据。

二、项目概算申报材料

必须提交的概算申报材料
概算申报书正式书面文件统一使用 A4 纸，双面打印。 概算申报书按以下顺序装订： ◆项目概算申报书封面 ◆项目概算表 A ◆项目概算说明书 * 以上概算书面材料应当使用统一申报软件打印输出。

三、项目概算编报原则及总体要求

1. 概算编报原则

概算编报应当结合项目研究开发任务的实际需要，坚持目标相关性、政策相符性和经济合理性原则。

目标相关性原则：项目概算应与项目研究开发任务密切相关，概算的提出应该围绕项目目标、任务及技术路线等内容进行测算；

政策相符性原则：项目概算应符合有关财政预算管理、国家科技计划经费管理办法的规定，项目概算中的开支范围和开支标准，应严格按照国家科技计划经费管理办法中的具体规定进行测算；

经济合理性原则：项目概算需求应当结合项目研究开发的现有基础、前期投入和支撑条件，本着实事求是、经济合理、提高效益的原则测算提出。

2. 项目概算编报的总体要求

（1）项目概算的编报主体：项目承担（组织、主持、牵头）单位负责编制项目概算申报书。

(2)项目概算编报准备工作:在编制项目概算之前,项目承担(组织、主持、牵头)单位应提前完成以下两方面的工作:

◆在项目立项建议、项目可行性论证报告中提出了项目研究目标及任务分解等内容。

◆认真阅读相关国家科技计划项目专项经费管理办法,并了解其他相关制度的要求与规定。

(3)项目概算的期间:项目概算期间应当与项目实施周期一致,项目概算需求测算的周期不得超过项目实施周期。

(4)支出概算和来源概算必须同时编制:采用支出概算和来源概算同时编制的方法编制项目概算。平衡公式为:

项目经费支出概算合计=项目经费来源概算合计

项目支出概算不得编报不可预见费,也不得列入项目实施前发生的各项经费支出。

(5)概算编制的规范性要求:

◆金额单位和数据精度:概算数据以"万元"为单位,精确到小数点后面两位。各类开支标准或单价以"元"为单位,精确到个位。外币需按人民银行公布的即期汇率折合成人民币。

◆编码与数据平衡关系:概算申报书中有关编号和代码应填写准确,数据之间满足有关的平衡关系,书面文件必须由统一申报软件打印输出。

◆名称的规范性:所有项目和项目承担(组织、主持、牵头)单位的名称,应填写法人单位全称。项目概算申报书中不同地方出现的相同设备、材料等实物信息应填写规范和统一的名称。

◆签字盖章:项目概算申报书必须加盖项目承担(组织、主持、牵头)单位公章,不得以复印件上报。

(6)概算申报书的主要内容:项目概算表 A、概算说明书。

四、概算申报书格式

◆项目概算申报书封面

◆项目概算表 A

◆项目概算说明书

国家科技计划项目概算

申报书

计划名称：

项目编号：

项目名称：

编报单位(公章)：

项目概算期间：　　　　年　　月至　　年　　月

编制日期：　　　　年　　月　　日

中华人民共和国科学技术部制

国家科技计划项目概算表

表 A

项目编号：　　　　　　　　项目名称：　　　　　　　　　　　　　金额单位：万元

序号	科目名称	合计	专项经费	自筹经费
	(1)	(2)	(3)	(4)
1	一、经费支出			
2	1. 设备费			
3	(1)购置设备费			
4	(2)试制设备费			
5	(3)设备改造与租赁费			
6	2. 材料费			
7	3. 测试化验加工费			
8	4. 燃料动力费			
9	5. 差旅费			
10	6. 会议费			
11	7. 国际合作与交流费			
12	8. 出版/文献/信息传播/知识产权事务费			
13	9. 劳务费			
14	10. 专家咨询费			
15	11. 管理费			
16	12.……			
17	13.……			
18	二、经费来源			
19	1. 申请从专项经费获得的资助			/
20	2. 自筹经费来源		/	

国家科技计划项目概算说明书

一、项目前期投入及现有支撑条件。(详细分析说明国家对相关研究开发的前期投入以及已经形成的研发基地、装备条件等情况)

二、经费来源。（详细分析说明不同经费来源、资金到位进度及其用途等。概算表内自筹经费特指与支出相对应的除专项资金外用于项目研究开发的自筹资金）

三、对概算表内列示的研究开发各支出科目的主要用途、与项目研究的相关性及测算方法、测算依据进行详细分析说明。(未对支出进行分析说明的,一般不予核定概算)

(1)设备费

(2)材料费

(3)测试化验加工费

(4)燃料动力费

(5)差旅费

(6)会议费

(7)国际合作与交流费

(8)出版/文献/信息传播/知识产权事务费

(9)劳务费

(10)专家咨询费

(11)其他开支项

四、项目的主要研究内容、任务分解，以及经费概算的需求、测算方法、测算依据等相关说明。

1. 研究任务（课题）一

2. 研究任务（课题）二

3. 研究任务（课题）三

4. ……

五、《国家科技计划项目概算申报书》编制说明

1. 封面

(1)“计划名称”

填报所申请的科技计划名称,应写全称。

(2)“项目编号”、“项目名称”

项目编号、项目名称应根据科技计划管理程序确定填报,未确定之前项目编号可以为空。

(3)“编报单位”

编报单位应为项目承担(组织、主持、牵头)单位,必须填写全称,并与单位公章以及项目立项建议、项目可行性论证报告中的单位名称完全一致。

(4)“项目概算期间”及“编制日期”

项目概算期间与项目立项建议、项目可行性论证报告的起止日期必须一致;编制日期按概算编制完成时的实际日期填报。

2. 表A:国家科技计划项目概算表

项目经费是指财政专项资金和自筹经费中用于项目研究开发活动的各项直接相关费用。专项经费管理办法规定的开支范围以外的各项支出不在表内列示。

项目经费的开支范围一般包括设备费、材料费、测试化验加工费、燃料动力费、差旅费、会议费、国际合作与交流费、出版/文献/信息传播/知识产权事务费、劳务费、专家咨询费、管理费等。

项目经费概算按照经费开支范围确定的支出科目和不同经费来源编列,支出概算应对各项支出的主要用途和测算理由等进行详细说明。

(1)设备费

设备费是指在项目研究开发过程中购置或试制专用仪器设备,对现有仪器设备进行升级改造,以及租赁外单位仪器设备而发生的费用。

(2)材料费

材料费是指在项目研究开发过程中消耗的各种原材料、辅助材料、低值易耗品等的采购及运输、装卸、整理等费用。

(3)测试化验加工费

测试化验加工费是指在项目研究开发过程中支付给外单位(包括项目承担单位内部独立经济核算单位)的检验、测试、化验及加工等费用。

(4)燃料动力费

燃料动力费是指在项目研究开发过程中相关大型仪器设备、专用科学装置等运行发生的可以单独计量的水、电、气、燃料消耗费用等。

(5)差旅费

差旅费是指在项目研究开发过程中开展科学实验(试验)、科学考察、业务调研、学术交流等所发生的外埠差旅费、市内交通费用等。差旅费的开支标准应当按照国家有关规定执行。

(6)会议费

会议费是指在项目研究开发过程中为组织开展学术研讨、咨询以及协调项目等活动而发生的会议费用。项目承担(组织、主持、牵头)单位应当按照国家有关规定,严格控制会议规模、会议数量、会议开支标准和会期。

(7)国际合作与交流费

国际合作与交流费是指在项目研究开发过程中项目研究人员出国及外国专家来华工作的费用。国际合作与交流费应当严格执行国家外事经费管理的有关规定。

(8)出版/文献/信息传播/知识产权事务费

出版/文献/信息传播/知识产权事务费是指在项目研究开发过程中,需要支付的出版费、资料费、专用软件购买费、文献检索费、专业通信费、专利申请及其他知识产权事务等费用。打印、复印、彩扩、照相、印刷、描晒图、制版及购买书籍、文献检索入网等各项费用可在该概算科目列支。

(9)劳务费

劳务费是指在项目研究开发过程中支付给项目组成员中没有工资性收入的相关人员(指参加课题研究但在所在单位和所在岗位没有工资收入的人员,如在校研究生)和项目组临时聘用人员等的劳务性费用。

(10)专家咨询费以及支出标准

专家咨询费是指在项目研究开发过程中支付给临时聘请的咨询专家的费用。专家咨询费不得支付给参与该计划及其项目、项目管理相关的工作人员。

以会议形式组织的咨询,专家咨询费的开支一般参照高级专业技术职称人员500~800元/人天、其他专业技术人员300~500元/人天的标准执行。会期超过两天的,第三天及以后的咨询费标准参照高级专业技术职称人员300~400元/人天、其他专业技术人员200~300元/人天执行。

以通讯形式组织的咨询,专家咨询费的开支一般参照高级专业技术职称人员60~100元/人次、其他专业技术人员40~80元/人次的标准执行。

(11)管理费以及核定原则

管理费是指在项目研究开发过程中对使用本单位现有仪器设备及房屋,日常水、电、气、暖消耗,以及其他有关管理费用的补助支出。管理费概算总额由软件系统按照项目专项经费概算分段超额累退比例法进行控制,核定比例如下:

项目专项经费概算在100万元及以下的部分按照8%的比例核定;

超过100万元至500万元的部分按照5%的比例核定;

超过500万元至1000万元的部分按照2%的比例核定;

超过1000万元的部分按照1%的比例核定。

(12)其他费用概算

项目在研究开发过程中发生的除上述费用之外的其他支出,应当在申请概算时单独列示,单独核定。其他费用必须在“概算说明书”中详细说明与任务合同书中研究任务的相关性,并详细列示概算依据。

(13)经费来源

项目经费按来源渠道的不同分为:从国家科技计划项目专项经费获得的资助和自筹经费来源。自筹经费来源是指国家科技计划项目专项经费以外的各种资金来源,包括:其他财政拨款、单位自有货币资金和其他资金。概算表内自筹经费特指与支出相对应的除专项资金外用于研究开发活动的自筹资金,其他经费来源不在表内列示,可在概算说明书中分析说明。

3. 概算说明书

概算说明书是项目概算申报书的一部分,必须按照规定格式、内容等要求详细编写。

第二部分　课题预算申报

一、预算申报材料要求

必须提交的预算申报材料
(1)预算申报书正式书面文件统一使用 A4 纸,双面打印。 预算申报书内容及装订顺序: ◆项目预算申报书封面(973 计划项目需提供) ◆项目预算基本情况表 A1(973 计划项目需提供) ◆项目预算表 A2～A3(973 计划项目需提供) ◆课题预算申报书封面 ◆承诺书 ◆课题预算基本情况表 B1 ◆课题预算表 B2～B8 ◆课题预算说明书 ◆大型设备申请书 ◆配套经费证明 *
(2)其他相关预算材料 ◆设备报价单(单价≥5 万元的设备须提交此材料) *

以上预算书面材料必须通过统一申报软件打印输出(打 * 号除外)。

二、预算编报原则及总体要求

1. 预算编报原则

预算编报应当根据项目经费概算,并结合课题研究开发任务的实际需要,坚持目标相关性、政策相符性和经济合理性原则。

目标相关性原则:课题预算应与课题研究开发任务密切相关,预算的提出应该围绕课题目标、任务及技术路线等内容进行测算;

政策相符性原则:课题预算应符合有关财政预算管理、国家科技计划经费管理办法的规定,课题预算中的开支范围和开支标准,应严格按照国家科技计划经费管理办法中的具体规定进行测算;

经济合理性原则:课题预算需求应当结合课题研究开发的现有基础、前期投入和支撑条件,本着实事求是、经济合理、提高效益的原则测算提出。

2. 预算编报的总体要求

(1)课题预算的组织编报:项目承担(组织、主持、牵头)单位负责组织,课题承担单位财务部门会同课题负责人共同编制课题预算申报书,课题承担单位、课题负责人对预算编制的真实性负责。

(2)课题预算编报准备工作:在编制课题预算之前,课题承担单位财务部门及课题负责人应确认完成以下两方面的工作:

◆课题研究目标、内容、技术路线、研究周期、参加单位、参加人员及任务分解等内容已明确。

◆认真阅读相关国家科技计划项目专项经费管理办法,并了解其它相关制度的要求与规定。

(3)课题预算编制的任务依据:编制课题预算必须以确定的研究任务为依据,课题的名称、编号、负责人、承担单位、主要研究任务、实施周期以及课题合作单位的有关情况等,不得随意变更。

(4)课题预算期间:课题预算期间应当与课题实施周期一致,课题预算需求测算的周期不得超过课题实施周期。

(5)支出预算和来源预算必须同时编制:采用支出预算和来源预算同时编制的方法编制课题预算。平衡公式为:

课题经费支出预算合计=课题经费来源预算合计

课题支出预算不得编报不可预见费,也不得列入课题实施前发生的各项经费支出。

(6)预算编制的规范性要求:

◆金额单位和数据精度:预算数据以“万元”为单位,精确到小数点后面两位。各类标准或单价以“元”为单位,精确到个位。外币需按人民银行公布的即期汇率折合成人民币。

◆编码与数据平衡关系:预算申报书中有关编号和代码应填写准确,数据之间满足有关的平衡关系,书面文件必须由统一申报软件打印输出。

◆名称的规范性:所有课题和课题承担单位的名称,应填写正式全称,课题承担单位名称、单位开户名称与单位公章必须一致,如有开户名称不一致的情况课题承担单位必须提供证明文件。

课题预算申报书中不同地方出现的相同设备、材料等实物信息应填写规范和统一的名称。

◆签字盖章:课题预算申报书必须经课题承担单位的法定代表人、课题负责人和课题承担单位财务部门负责人签字或盖章,并加盖课题承担单位公章。

(7)预算申报书的主要内容:包括课题基本情况表 B1、课题参加人员基本情况表 B2、课题预算表 B3～B8,预算编制说明材料(预算说明书和各种补充说明材料)。973 计划的项目需填报项目预算基本情况表 A1,并对所有课题进行汇总产生项目预算表 A2～A3。

(8)对预算编制说明材料的要求:

◆预算说明书是课题经费预算的一部分,必须按照规定格式、内容等要求详细编写预算说明书。

◆对出资证明的要求：除申请专项经费外，若存在自筹经费的，需提供出资证明及其他相关财务资料。自筹经费包括单位的自有货币资金、专项用于该课题研究的其他财政资金等。原则上，谁出资谁证明，所有自筹经费证明均应说明经费的来源、金额及具体用途等。

三、课题预算申报书格式

◆课题预算申报书封面

◆承诺书

◆课题基本情况表 B1

◆课题参加人员基本情况表 B2

◆课题预算表 B3

◆设备费—购置/试制设备预算明细表 B4

◆材料费预算明细表 B5

◆测试化验加工费预算明细表 B6

◆国际合作与交流费预算明细表 B7

◆承担单位研究经费支出预算明细表 B8

◆课题预算说明书

◆课题自筹经费来源证明

◆购置(试制)大型设备申请书

国家科技计划课题预算

申报书

计划名称：
项目编号：
项目名称：
课题编号：
课题名称：

课题承担单位（公章）：
课题承担单位法定代表人（签章）：
课题负责人（签章）：
课题承担单位财务部门负责人（签章）：
预算编制人（签章）：

课题预算期间：　　　　年　　月至　　年　　月
编制日期：　　　　　　年　　月　　日

中华人民共和国科学技术部制

承　诺　书

本课题预算申报书的编制是在认真阅读理解相关国家科技计划经费管理办法及国家其他有关财务规章制度基础上，按程序和规定编制的。本单位法定代表人、财务部门负责人、本课题负责人保证预算书各项内容真实、客观，并承担由此引起的相关责任。

法定代表人(签章)：____________

年　　月　　日

财务部门负责人(签章)：____________

年　　月　　日

课题负责人(签章)：____________

年　　月　　日

课题基本情况表

表 B1

<table>
<tr><td colspan="6">填表说明:1. 组织机构代码指企事业单位国家标准代码,无组织机构代码的单位填写“000000000”;
2. 单位名称、单位公章名称及单位开户名称必须一致,如有开户名称不一致等特殊情况,课题承担单位必须提供证明文件。</td></tr>
<tr><td colspan="2">课题编号</td><td colspan="4"></td></tr>
<tr><td colspan="2">课题名称</td><td colspan="4"></td></tr>
<tr><td rowspan="12">课题承担单位</td><td>单位名称</td><td colspan="4"></td></tr>
<tr><td>单位性质</td><td colspan="4">□科研机构
□高等院校
□企业
□其他</td></tr>
<tr><td>单位主管部门</td><td colspan="4"></td></tr>
<tr><td>单位组织机构代码</td><td colspan="4"></td></tr>
<tr><td>单位法定代表人姓名</td><td colspan="4"></td></tr>
<tr><td>单位开户名称</td><td colspan="4"></td></tr>
<tr><td>开户银行(全称)</td><td colspan="4"></td></tr>
<tr><td>银行账号</td><td colspan="4"></td></tr>
<tr><td>单位所属地区</td><td colspan="4">(省、直辖市、自治区等)</td></tr>
<tr><td>电子邮箱</td><td colspan="4"></td></tr>
<tr><td>通信地址</td><td colspan="4"></td></tr>
<tr><td>邮政编码</td><td colspan="4"></td></tr>
<tr><td rowspan="14">相关责任人</td><td rowspan="6">课题负责人</td><td>姓名</td><td colspan="3"></td></tr>
<tr><td>身份证号码</td><td colspan="3"></td></tr>
<tr><td>工作单位</td><td colspan="3"></td></tr>
<tr><td>电话号码</td><td></td><td>手机号码</td><td></td></tr>
<tr><td>电子邮箱</td><td></td><td>邮政编码</td><td></td></tr>
<tr><td>通信地址</td><td colspan="3"></td></tr>
<tr><td rowspan="4">课题联系人</td><td>姓名</td><td colspan="3"></td></tr>
<tr><td>电话号码</td><td></td><td>手机号码</td><td></td></tr>
<tr><td>传真号码</td><td colspan="3"></td></tr>
<tr><td>电子邮箱</td><td colspan="3"></td></tr>
<tr><td rowspan="4">财务部门负责人</td><td>姓名</td><td colspan="3"></td></tr>
<tr><td>身份证号码</td><td colspan="3"></td></tr>
<tr><td>电话号码</td><td></td><td>手机号码</td><td></td></tr>
<tr><td>电子邮箱</td><td colspan="3"></td></tr>
</table>

课题参加人员基本情况表

表 B2　　课题编号：　　　　　　　　　　课题名称：

填表说明：1. 职称分类：A. 正高级 B. 副高级 C. 中级 D. 初级 E. 其他；
2. 人员分类代码：A. 课题负责人 B. 课题骨干 C. 其他研究人员；
3. 是否有工资性收入：Y. 是　N. 否；
4. 课题固定研究人员需填写人员明细。

序号	姓名	身份证号码	工作单位	技术职称	投入本课题的全时工作时间（人月）	是否有工资性收入	人员分类
	(1)	(2)	(3)	(4)	(5)	(6)	(7)
固定研究人员合计						/	/
流动人员或临时聘用人员合计						/	/
累计						/	/

国家科技计划课题预算表

表 B3

课题编号：　　　　　　　　课题名称：　　　　　　　　　　　　　　　　金额单位：万元

序号	预算科目名称	合计	专项经费	自筹经费
	(1)	(2)	(3)	(4)
1	一、经费支出			
2	1. 设备费			
3	(1)购置设备费			
4	(2)试制设备费			
5	(3)设备改造与租赁费			
6	2. 材料费			
7	3. 测试化验加工费			
8	4. 燃料动力费			
9	5. 差旅费			
10	6. 会议费			
11	7. 国际合作与交流费			
12	8. 出版/文献/信息传播/知识产权事务费			
13	9. 劳务费			
14	10. 专家咨询费			
15	11. 管理费			
16	12.……			
17	13.……			
18	二、经费来源			
19	1. 申请从专项经费获得的资助			/
20	2. 自筹经费来源		/	
21	(1)其他财政拨款		/	
22	(2)单位自有货币资金		/	
23	(3)其他资金		/	

专项经费拨付进度申请	第1年	第2年	第3年	第4年	第5年
金额					
比例(%)					

设备费——购置/试制设备预算明细表

表 B4　　课题编号：　　　　课题名称：　　　　金额单位：万元

填表说明：1. 设备分类代码：A 购置、B 试制；
2. 试制设备不需填列本表(6)列、(7)列；
3. 单价≥5 万元的设备需填写明细，并需提供三家以上产品报价单及其联系电话的详细资料；
4. 单价≥100 万元的设备需编制“大型设备申请书”。

序号	设备名称	设备分类	单价（元/台件）	数量（台件）	金额	购置设备型号	购置设备生产国别与地区	主要技术性能指标	用途（与课题研究任务的关系）
	(1)	(2)	(3)	(4)	(5)	(6)	(7)	(8)	(9)
单价 5 万元以上购置设备合计		/	/			/	/	/	/
单价 5 万元以上试制设备合计		/	/			/	/	/	/
单价 5 万元以下购置设备		/	/			/	/	/	/
单价 5 万元以下试制设备		/	/			/	/	/	/
累计		/	/			/	/	/	/

材料费预算明细表

表 B5　　课题编号：　　　　　　课题名称：　　　　　　　　　　　　　　　　　　　　金额单位：万元

填表说明：大宗及贵重材料，是指课题研究过程中消耗数量过多或单位价格较高、总费用在 5 万元及以上的材料，需填写明细。

序号	材料名称	计量单位	单价（元/单位数量）	购置数量	金额
	（1）	（2）	（3）	（4）	（5）
大宗及贵重材料费合计		/	/	/	
其他材料费		/	/	/	
累计		/	/	/	

测试化验加工费预算明细表

表 B6　课题编号：　　　　课题名称：　　　　　　　　金额单位：万元

填表说明：量大及价高测试化验，是指课题研究过程中需测试化验加工的数量过多或单位价格较高、总费用在 5 万元及以上的测试化验加工，需填写明细。

序号	测试化验加工的内容	测试化验加工单位	计量单位	单价（元/单位数量）	数量	金额
	（1）	（2）	（3）	（4）	（5）	（6）
量大及价高测试化验费合计		/	/	/	/	
其他测试化验费		/	/	/	/	
累计		/	/	/	/	

国际合作与交流费预算明细表

表 B7　　课题编号：　　　　　课题名称：　　　　　　　　　　　　　　　　　　　　金额单位:万元

填表说明:合作交流类型为　A. 出国考察　B. 来华交流。

序号	合作交流类型	国家和地区	机构	人数（人）	时间（天）	预算理由（主要合作交流内容及与完成本课题研究目标的关系）	金额
	(1)	(2)	(3)	(4)	(5)	(6)	(7)
累计			/		/	/	

承担单位研究经费支出预算明细表

表 B8　课题编号：　　　　　　课题名称：　　　　　　金额单位：万元

填表说明：承担单位类型分为　A. 第一承担单位　B. 其他承担单位。

序号	单位名称	组织机构代码	承担单位类型	任务分工	研究任务负责人	专项经费	自筹经费
	(1)	(2)	(3)	(4)	(5)	(6)	(7)
累计							

国家科技计划课题预算说明书

一、对承担单位和相关部门承诺提供的支撑条件进行详细说明,并针对课题实施可能形成的科技条件资源和成果,提出社会共享的方案。

二、从现有支撑条件、在课题中承担的主要任务、经费来源、经费需求及测算理由等方面，分别对各承担单位经费安排进行详细说明。

三、对各科目支出的主要用途、与课题研究的相关性及测算方法、测算依据进行详细分析说明。

(一)设备费

(二)材料费

(三)测试化验加工费

(四)燃料动力费

(五)差旅费

(六)会议费

(七)国际合作与交流费

(八)出版/文献/信息传播/知识产权事务费

(九)劳务费

(十)专家咨询费

(十一)其他开支项

四、其他来源经费说明(需说明经费的来源、用途,并提供证明材料)。

国家科技计划课题自筹经费来源证明

________________________(单位全称),为________________________
__________课题的,提供__________万元的配套资金,资金来源为______________
______________(1.国家其他财政拨款 2.地方财政拨款 3.从承担单位获得的资助 4.从其他渠道获得的资助)。

配套资金主要用于:____
________________________(填写具体预算支出科目)。

特此证明!

出资单位(公章):

年 月 日

购置(试制)大型设备申请书

当申请的单台设备价值达到或超过100万元人民币时，必须编制大型设备申请书。大型设备申请书内容要求如下：

1. 设备基本情况

课题编号：		课题名称：		
设备名称：			购置□　试制□	
设备型号：			生产国别：	
主要技术性能指标：				
单价：　　（万元）	设备数量：		设备总价：　　（万元）	
申请专项经费：　（万元）	自筹经费：　　（万元）		注明来源渠道：	
设备安置单位：				
设备共享范围： 全国共享□	设备安置单位内部共享□		项目内部共享□	课题内部共享□

2. 购置/试制该设备的必要性

包括所申请购置/试制的大型设备的用途；设备与课题研究任务的关系；该类设备在国内外的分布和应用情况以及近年来的发展趋势；课题承担单位的现有设备条件及与所申请设备的关系、设备使用率、与国内其他单位共享的可能性等需要说明的问题；试制设备还必须说明试制方法、技术路线、试制周期、参加人员以及试制成功的可能性。

3. 设备使用计划

包括与该购置/试制设备相关的课题和单位的情况、设备安置地点和管理运行单位的情况、安装运行条件、管理方式和设备共享的范围及可能性等其他需要说明的问题。

4. 设备选型和配置以及经费预算

包括所申请购置/试制设备及其部件的名称、型号、性能指标、生产国别或地区、价格、专项经费申请额度、自筹经费的来源渠道及保证性(如果有)、设备及部件在同类设备部件中的档次及理由、从国外进口的理由等其他需要说明的问题；试制设备还必须对完成整台设备试制所需要的全部成本进行分析说明。

5. 设备主要生产厂家的情况

说明购置设备/试制设备部件的生产厂家及试制设备加工厂家的情况。

四、《国家科技计划课题预算申报书》编制说明

1. 封面

(1)“计划名称”

填报所申请的科技计划名称，应写全称。

(2)“项目编号”、“项目名称”

项目编号、项目名称应根据科技计划管理程序确定填报。

(3)“课题编号”、“课题名称”

课题编号、课题名称应根据科技计划管理程序确定填报，与确定的课题申请书中的课题编号、课题名称一致，课题名称应写全称。

(4)“课题承担单位”

课题承担单位应根据科技部确定的承担单位填写全称，必须与单位公章以及修改完善后的课题申请书中的承担单位名称完全一致。

(5)“课题承担单位法定代表人”、“课题负责人”、“课题承担单位财务部门负责人”应该签字或盖章。

(6)“课题预算期间”及“编制日期”

课题预算期间按各计划相关规定填报，其中：863 计划、支撑计划课题预算期间应与课题实施周期一致，973 计划课题预算期间是指分阶段课题(前 2 年或后 3 年)的实施周期；编制日期按预算编制完成时的实际日期填报。

2. 承诺书

课题承担单位法定代表人和课题负责人需对课题预算申报书各项内容的真实、客观负责，并在承诺书上签字或盖章。

3. 表 B1：课题基本情况表

(1)“单位开户名称”

原则上，单位开户名称应与课题承担单位公章一致，如有特殊情况，课题承担单位必须提供证明文件。

(2)“开户银行”

开户银行的信息必须填写全面，必须写明银行所在省、市等信息。填写顺序为：××银行××省(直辖市、自治区)××市(县)××支行(分行)××分理处(营业部等)。如：中国工商银行江苏省南京市鼓楼区支行新街口分理处。

(3)“银行账号”

银行账号必须经课题承担单位财务部门确认。凡中国工商银行的账号位数必须填写 19 位完整账号。

4. 表 B2：课题参加人员基本情况表

本表按参加课题研究的各类人员分别填列，一个研究人员投入本课题的累计全时工作时间不得超过本课题的预算期。

(1)“固定研究人员”

课题固定研究人员按技术职称分为:A. 正高级;B. 副高级;C. 中级;D. 初级;E. 其他。按所承担的任务分为:A. 课题负责人;B. 课题骨干;C. 其他研究人员。课题固定研究人员需按本表所列要求填写明细。

(2)“流动人员以及临时聘用人员”

在读研究生(包括硕士、博士)等流动人员以及临时聘用人员不需要填写明细,只需填写该类人员的投入本课题的全时工作时间。

5. 表 B3:国家科技计划课题预算表

课题经费是指财政专项资金和自筹经费中用于课题研究开发活动的各项直接相关费用。专项经费管理办法规定的开支范围以外的各项支出不在表内列示。

课题经费的开支范围一般包括设备费、材料费、测试化验加工费、燃料动力费、差旅费、会议费、国际合作与交流费、出版/文献/信息传播/知识产权事务费、劳务费、专家咨询费、管理费等。

课题经费预算按照经费开支范围确定的支出科目和不同经费来源编列,支出预算应对各项支出的主要用途和测算理由等进行详细说明。

6. 设备费

设备费是指在课题研究开发过程中购置或试制专用仪器设备,对现有仪器设备进行升级改造,以及租赁外单位仪器设备而发生的费用。购置或试制的单台设备价值达到或超过5万元人民币时(包括用自筹经费购置或试制的设备),应在“表 B4:购置/试制设备预算明细表”中填列清单。

表 B4 中“设备分类”是指将设备费分为:A. 购置设备;B. 试制设备。购置(试制)的单台设备价值达到或超过 5 万元人民币时,除需在表 B4 中列出设备明细清单外,还需在“预算说明书”中说明拟购置(试制)设备与承担单位现有设备的配套情况及组合配套后对本课题研究水平和能力的影响情况等。同时还需提供三家以上代理商的 CIF(到岸价)报价单及其联系电话等详细资料。购置(试制)的单台设备价值达到或超过 100 万元人民币时,还应按照“大型设备申请书格式”的要求,编制大型设备申请书。

7. 材料费

材料费是指在课题研究开发过程中消耗的各种原材料、辅助材料、低值易耗品等的采购及运输、装卸、整理等费用。大宗及贵重材料是指在课题研究过程中消耗数量过多或单位价格较高、总费用在 5 万元及以上的材料。大宗及贵重材料需按“表 B5:材料费预算明细表”的要求填列清单,其他材料需在表 B5 中填列预算总数,并在预算说明书中加以说明。

8. 测试化验加工费

测试化验加工费是指在课题研究开发过程中支付给外单位(包括课题承担单位内部独立经济核算单位)的检验、测试、化验及加工等费用。量大及价高测试化验是指课题研究过程中需测试化验加工的数量过多或单位价格较高、总费用在 5 万元及以上的测试化验加工。量大及价高测试化验需按“表 B6:测试化验加工费预算明细表”的要求填列清单,其他测试化验费需在表 B6 中填列预算总数,并在预算说明书中加以说明。

9. 燃料动力费

燃料动力费是指在课题研究开发过程中相关大型仪器设备、专用科学装置等运行发生的可以单独计量的水、电、气、燃料消耗费用等。燃料动力费只需在表 B3 中填列专项经费预算或自筹经费预算,并在预算说明书中加以说明。

10. 差旅费

差旅费是指在课题研究开发过程中开展科学实验(试验)、科学考察、业务调研、学术交流等所发生的外埠差旅费、市内交通费用等。差旅费的开支标准应当按照国家有关规定执行。差旅费只需在表 B3 中填列专项经费预算或自筹经费预算,并在预算说明书中加以说明。

11. 会议费

会议费是指在课题研究开发过程中为组织开展学术研讨、咨询以及协调项目或课题等活动而发生的会议费用。课题承担单位应当按照国家有关规定,严格控制会议规模、会议数量、会议开支标准和会期。会议费只需在表 B3 中填列专项经费预算或自筹经费预算,并在预算说明书中加以说明。

12. 国际合作与交流费

国际合作与交流费是指在课题研究开发过程中课题研究人员出国及外国专家来华工作的费用。国际合作与交流费应当严格执行国家外事经费管理的有关规定。国际合作与交流费需按"表 B7:国际合作与交流费预算明细表"的要求填列每次合作交流活动。编制表 B7:国际合作与交流费预算明细表"需注意的问题:

(1)"合作交流类型"

国际合作与交流类型分为:A. 出国考察;B. 来华交流。

(2)"时间"

国际合作与交流时间需填列每位研究人员参与该次合作交流活动的天数。

13. 出版/文献/信息传播/知识产权事务费

出版/文献/信息传播/知识产权事务费是指在课题研究开发过程中,需要支付的出版费、资料费、专用软件购买费、文献检索费、专业通信费、专利申请及其他知识产权事务等费用。打印、复印、彩扩、照相、印刷、描晒图、制版及购买书籍、文献检索入网等各项费用可在该预算科目列支。

14. 劳务费

劳务费是指在课题研究开发过程中支付给课题组成员中没有工资性收入的相关人员(指参加课题研究但在所在单位和所在岗位没有工资收入的人员,如在校研究生)和课题组临时聘用人员等的劳务性费用。劳务费只需在表 B3 中填列专项经费预算或自筹经费预算,并在预算说明书中加以说明。

15. 专家咨询费以及支出标准

专家咨询费是指在课题研究开发过程中支付给临时聘请的咨询专家的费用。专家咨询费不得支付给参与该计划及其项目、课题管理相关的工作人员。

以会议形式组织的咨询,专家咨询费的开支一般参照高级专业技术职称人员 500～800 元/人天、其他专业技术人员 300～500 元/人天的标准执行。会期超过两天的,第三天及以后的咨询费标准参照高级专业技术职称人员 300～400 元/人天、其他专业技术人员 200～300 元/人天执行。

以通讯形式组织的咨询，专家咨询费的开支一般参照高级专业技术职称人员 60～100 元/人次、其他专业技术人员 40～80 元/人次的标准执行。

16. 管理费以及核定原则

管理费是指在课题研究开发过程中对使用本单位现有仪器设备及房屋，日常水、电、气、暖消耗，以及其他有关管理费用的补助支出。管理费预算总额由软件系统按照课题专项经费预算分段超额累退比例法进行控制，核定比例如下：

课题经费预算在 100 万元及以下的部分按照 8%的比例核定；

超过 100 万元至 500 万元的部分按照 5%的比例核定；

超过 500 万元至 1000 万元的部分按照 2%的比例核定；

超过 1000 万元的部分按照 1%的比例核定。

管理费实行总额控制，由课题承担单位管理和使用，比例核定只适用于课题层。

17. 其他费用

课题在研究开发过程中发生的除上述费用之外的其他支出，应当在申请预算时单独列示，单独核定。其他费用只需在表 B3 中填列专项经费预算或自筹经费预算，同时必须在预算说明书中详细说明与修改完善后的课题申请书中研究任务的相关性，并详细列示预算依据。

18. 经费来源

课题经费按来源渠道的不同分为：获得的国家科技计划资助的专项经费和自筹经费。自筹经费是指国家科技计划项目专项经费以外的各种渠道来源资金，包括：其他财政拨款、单位自有货币资金和其他资金。预算表内自筹经费特指与支出相对应的除专项资金外用于研究开发活动的自筹资金，其他经费来源不在表内列示，可在预算说明书中分析说明。

自筹经费应当提供出资证明以及依托单位证明。

课题经费来源只需在表 B3 中填列专项经费预算或自筹经费预算，并在预算说明书中加以说明。

19. 对多家单位共同参与完成课题的编报说明

对于多家单位共同参与任务研究的课题，课题承担单位需填写"表 B8：承担单位研究经费支出预算明细表"，并在预算说明书中详细说明所有参加单位分别承担的任务和经费安排。各承担单位名称、承担的任务及任务负责人等信息应与确定的课题申请书保持一致。所有参与单位都需填入表 B8 中，课题承担单位不得随意增加课题合作单位，不得向未填列的单位转拨经费。

第三部分　相关国家科技计划专项经费管理办法

● 财政部　科技部　总装备部关于印发《国家高技术研究发展计划(863 计划)专项经费管理办法》的通知(略,见本书第 25 页)

● 财政部　科技部关于印发《国家重点基础研究发展计划专项经费管理办法》的通知(略,见本书第 11 页)

● 财政部　科技部关于印发《国家科技支撑计划专项经费管理办法》的通知(略,见本书第 18 页)

科技部关于印发《科技部科技计划课题预算评估评审规范》的通知

国科发财字[2006]99 号

机关各厅、司、局，各直属事业单位：

为进一步提高我部归口管理的国家科技计划课题预算管理的科学性，规范课题预算评估评审工作，保证预算评估评审活动质量，充分发挥评估评审活动对课题预算决策的咨询作用，我部研究制定了《科技部科技计划课题预算评估评审规范》。现印发给你们，请遵照执行。

附件：科技部科技计划课题预算评估评审规范

科学技术部

二〇〇六年四月七日

附件：

科技部科技计划课题预算评估评审规范

第一条 为了提高科技部归口管理的国家科技计划课题(或项目，以下统一简称为“课题”)预算管理的科学性，推进和规范课题预算评估评审工作，明确相关各方职责，保证预算评估评审活动质量，充分发挥评估评审活动对课题预算决策的咨询作用，根据《关于国家科研计划实施课题制管理的规定》和《国家科研计划课题评估评审暂行办法》精神，制定本规范。

第二条 预算评估是指科技部或其授权的单位(以下简称“管理部门”)在审定课题预算前，按照专业化的原则，委托具有科技评估能力的单位(以下简称“评估机构”)，按照规范的程序和公允的标准对课题预算进行的专业化咨询和评判活动。

预算评审是指管理部门在审定课题预算前组织评审专家组，由专家组按照规范的程序和公允的标准对课题预算进行的咨询和评判活动。

第三条 科技部归口管理的国家科技计划课题，应引入预算评估评审机制，建立课题立项与预算评估评审之间既相互衔接、又相互制约的机制。因重大自然灾害、突发重大疾病疫情等需要紧急决策的国家特殊目标的课题，可不进行预算评估评审，但必须建立严格的内部决策审批程序，由条件财务司商业务管理司提出预算安排建议，报部务会讨论通过后执行。

第四条 预算评估评审工作的主要任务是对课题申报预算的目标相关性、政策相符性和经济合理性进行评价，目的是为管理部门对课题预算决策提供咨询。预算评估评审坚持独立、客观、公正、科学的原则，并自觉接受有关方面的监督。

第五条 课题预算评估评审工作实行归口管理，分级组织实施。科技部主要负责预算评估评审工作制度和程序的制定、对评估评审过程和结果的检查和监督、财务专家库队伍建设以及预算评估评审信用管理等工作。

第六条 专项经费1000万元以上重大课题原则上采取预算评估的方式，由科技部条件财务司组织；专项经费1000万元以下的课题一般采取预算评审的方式，由承担科技计划过程管理工作的相关部属事业单位或科技部授权的其他单位(以下简称“评审组织单位”)组织。预算评审工作可以在课题立项工作完成后开展，也可与课题立项评审工作同时进行，但必须出具单独的预算评审意见，保证其独立性。

第七条 管理部门应逐步建立评估评审机构信用记录和动态调整机制，促进评估评审机构的良性发展，保障预算评估评审工作的顺利开展。

第八条 评估评审专家是课题预算评估评审工作的重要支撑，应大力加强财务专家队伍建设，逐步建立统一的预算评估评审财务专家库，动态更新和调整评估评审专家，并加强对专家的培训工作。

第九条 预算评估评审应坚持以下要求：

(一)政策相符性。课题预算应符合国家财经法规和科技经费管理制度的相关规定，如有关预算科目的开支范围、开支标准等方面的具体规定。

(二)目标相关性。课题预算应以任务目标为依据，预算支出应与研究任务紧密相关，预算的总量、强度与结构等应符合研究任务的规律和特点。

(三)经济合理性。参照国内外同类研究开发活动的状况以及我国的国情，课题预算应与同类科研活动的支出水平相匹配，材料、设备费等支出应与市场同类产品一般价格水平相匹配，在考虑技术创新风险和不影响研究任务的前提下，提高资金的使用效率。

第十条 预算评估评审的主要依据是课题正式申报的预算书、计划任务书以及在评估评审过程中采集的其他信息。

第十一条 预算评估评审的主要内容包括预算来源和支出的总量、比例结构、人均强度以及与预算支出相应的实物量等方面的合规性、合理性。

人员费：重点审核列支人员费是否符合有关标准及相关管理规定，课题组成员从专项经费预算中列支人员费的合理性，参与课题研究的流动人员列支人员费的情况。

设备费：重点审核仪器设备预算与课题研究内容的相关性、仪器设备共用共享情况，符合《中央级新购大型科学仪器设备联合评议工作管理办法》(试行)的，按其规定执行。

国际合作与交流费：重点审核国际合作与交流费预算与课题研究任务的相关性，压缩一般性出国考察任务。

间接费用：重点审核列支间接费用是否符合相关管理规定，依托单位提供的各种支撑条件与课题研究任务的相关性。

协作研究支出：协作研究支出应严格控制，必须以课题任务书中明确列示的协作研究任务为依据。重点审核协作研究支出与任务内容的相关性及开支合理性。

对材料费、测试化验费等业务性支出，重点审核各项支出内容是否存在交叉重复，支出标准是否符合国家有关政策规定和公允性原则，支出结构和总量是否符合经济合理性原则等。

第十二条 预算评估活动包括形式评估、基本评估、重点评估和报告形成与提交四个基本程序。

(一)形式评估。评估机构接受委托，受理委托方提供的待评课题的材料，依据相关管理规定对申报材料进行形式核查，包括材料的完备性和规范性、关键数据的一致性与平衡关系等。

(二)基本评估。评估机构对课题预算的政策相符性、目标相关性和经济合理性进行分析与评价，形成基本评估结论。如果还存在疑难问题，则启动重点评估程序，否则，进入报告形成和提交阶段。

(三)重点评估。本程序为非强制程序，当课题预算存在问题较多或分析判断难度较大时，启动本程序。评估机构根据课题的具体情况，确定重点评估的内容和方法，如对申请购置的大型设备进行专题论证，对重点问题深入咨询调研或组织答辩等。

(四)报告形成和提交。评估机构综合上述工作，形成预算评估正式报告提交给委托方。

第十三条 预算评审活动主要包括以下基本程序：

(一)材料核查。评审组织单位受理课题预算申报材料，依据相关管理规定对申报材料进行核查。

(二)聘请评审专家。评审组织单位按规定遴选评审专家,并将专家名单报科技部条件财务司备案。在聘请评审专家时应向专家阐明评审的目的、任务与要求、行为准则,对有关评审内容和课题背景作必要的介绍与说明,并提供必要的工作条件和费用。

(三)组织召开专家评审会。评审组织单位召开专家评审会,由专家组对课题预算进行评审,形成专家组评审意见。

专家评审会由专家组组长主持。专家组依据预算申报材料,对课题预算的合规性、合理性进行讨论与评价;每个专家独立填写专家意见表;专家组集中讨论评议,专家组组长综合整理各个专家的意见,形成专家组集体评审意见,完成正式的评审报告,并向专家组所有成员和评审机构代表宣布专家组评审意见。

根据课题预算规模、预算复杂程度等具体情况,在预算评审过程中,可以要求课题组对预算情况进行陈述,并对专家组的疑问进行答辩。但在专家组评审的其他程序,课题组人员应回避。

(四)报告提交。评审专家组向评审组织单位提交评审报告及各专家的评审意见,评审组织单位汇总形成正式评审工作报告,并对评审活动的重要内容进行记录存档。

(五)与课题立项评审合并开展的预算评审工作,应保证评审专家组中包括不少于两名财务专家,专家组在评审过程中应设置专门的环节对课题预算进行评议,并出具单独的预算评审意见。

第十四条 单独开展预算评审工作时,评审专家的群体组成应配置合理,专业具有针对性和互补性。专家组应包括熟悉课题研究内容的技术专家和熟悉财政财务政策的财务专家以及管理专家,每个课题的评审专家总人数不得少于5人,并且为单数,来自相同单位的专家不得超过2人。

第十五条 建立评估评审活动的质量控制体系,采取有效措施保证预算评估评审活动的质量。建立预算评估评审结果复核机制,课题负责人或依托单位对预算评估评审结果存在重大异议的,可以申请复核,复核工作由条件财务司组织。

第十六条 预算评估评审的正式结果为预算评估评审报告,在评估评审活动结束时提交。评估评审机构有义务对管理部门解释评估评审报告。

第十七条 评估评审报告内容描述应明确、具体和充分。除包括评估评审结论外,还应对评估评审活动的目的、范围、依据、方法等主要内容进行说明;预算数据应满足平衡关系,数据调整意见应与文字意见相符;较大幅度预算调整等重大问题必须在评估评审报告中反映。评审报告中除体现评审专家组的一致意见外,还必须对评审专家的不同意见做出说明,并将各评审专家的意见作为附件附于评审报告后面。

第十八条 评估报告必须经过评估主持人和评估机构负责人的审查,正式评估报告上必须有评估机构负责人签字以及评估机构公章。评审报告上必须有评审专家组组长的签字以及专家组全体成员名单。评审组织单位提交的工作报告,必须加盖单位公章。

第十九条 管理部门及工作人员、评估机构及评估人员、评估评审专家、课题依托单位及课题负责人等预算评估评审相关各方的行为准则与规范,按《国家科技计划项目评审行为准则与督查办法》的相关规定执行。

第二十条 预算评估评审工作经费从计划管理费中列支，开支标准按照《科技部科技计划管理费管理试行办法》的规定执行。

第二十一条 本规范自发布之日起执行。

科技部关于印发《科技部科技计划课题预算评估评审实施细则》(暂行)的通知

国科发财字[2006]405 号

机关各厅、司、局,直属机关党委,各直属事业单位:

为进一步规范和指导我部归口管理的国家科技计划课题预算的评估评审工作,保证预算评估评审质量,提高预算管理工作的科学性,合理使用财政科技经费,根据《科技部科技计划课题预算评估评审规范》(国科发财字[2006]99 号)及相关规定,我部研究制定了《科技部科技计划课题预算评估评审实施细则》(暂行)。现印发给你们,请遵照执行。

附件:科技部科技计划课题预算评估评审实施细则(暂行)

科学技术部

二〇〇六年十月八日

附件：

科技部科技计划课题预算评估评审实施细则(暂行)

第一章 总 则

第一条 为了提高科技部归口管理的国家科技计划课题(或项目,以下统称课题)预算管理的科学性,推进、规范和指导各项预算评估评审工作,明确预算评估评审的各方职责、程序、内容和方法,保障预算评估评审的质量,充分发挥评估评审活动对课题预算决策的咨询作用,保障科研经费的合理配置和有效利用,依据《科技部科技计划课题预算评估评审规范》及相关规定,制定《科技部科技计划课题预算评估评审实施细则(暂行)》(以下简称《实施细则》)。

第二条 预算评估是指科技部条财司在审定课题预算前,按照专业化的原则,委托评估机构,按照规范的程序和公允的标准对课题预算进行的专业化咨询和评判活动。

预算评审是指科技部条财司在审定课题预算前组织或委托其他单位组织专家组,由专家组按照规范的程序和公允的标准对课题预算进行的咨询和评判活动。

第三条 科技部归口管理的国家科技计划课题,应引入预算评估评审机制,建立课题立项与预算评估评审之间既相互衔接、又相互制约的机制。

预算评估评审工作可以在课题立项工作完成后开展,也可与课题立项论证工作同时期分阶段独立进行,但必须出具单独的预算评估评审意见。

第四条 预算评估评审工作的主要任务是对课题申报预算的目标相关性、政策相符性和经济合理性进行评价,目的是为课题预算决策提供咨询。

(一)政策相符性。课题预算应符合国家财务政策和国家科技计划经费管理制度的相关规定,如有关预算科目的开支范围、开支标准等方面的具体规定。

(二)目标相关性。课题预算应以课题任务目标为依据,预算支出应与课题任务紧密相关,课题预算的总量、强度与结构等应符合研究任务的规律和特点。

(三)经济合理性。参照国内外同类研究开发活动的状况以及我国的国情,课题预算应与同类科研活动的支出水平相匹配,在考虑技术创新风险和不影响课题任务的前提下,提高资金的使用效率。

第五条 预算评估评审坚持独立、客观、公正、科学的原则,并自觉接受有关方面的监督。科技部条财司应逐步建立评估评审机构信用记录和动态调整机制,促进评估评审机构的良性发展,保障预算评估评审工作的顺利开展。

第六条 预算评审专家是课题预算评审工作的重要支撑,应大力加强预算评审专家队伍的建设,逐步建立统一的预算评审专家库,动态更新和调整评审专家,并加强对专家的培训工作。

第二章 课题经费预算评估评审的组织管理

第七条 课题预算评估评审工作实行归口管理,分级组织实施。科技部条财司归口管理课题预算评估评审工作。

(一)973计划项目课题预算,一般由条财司委托专业机构进行评估。

(二)863计划课题预算,重大项目的课题预算由条财司组织或委托相关单位进行专家评审;重点项目及专题的课题预算由条财司根据科技计划过程管理有关要求授权相关单位组织专家评审。

(三)支撑计划项目课题预算,由条财司委托或授权相关单位组织专家评审。

(四)其他计划(专项)课题预算,由条财司组织开展评估评审,包括委托评估机构进行评估、委托或授权相关单位组织专家评审等。

第八条 科技部条财司负责课题预算评估评审工作的管理,并对评估评审活动进行检查和监督。主要职责如下:

(一)负责预算评估评审工作制度、程序和要求的制定。

(二)委托或授权相关单位开展课题预算评估评审活动。

(三)负责逐步建立并完善统一的课题预算评审专家库,包括技术专家、财务经济专家、管理专家等。

(四)负责审核、备案课题预算评估评审工作方案、评估评审手册和评审专家组名单,并对预算评估评审结果进行审定。

(五)负责课题预算评估机构、评审组织单位、评审专家的信用管理工作。

第九条 评估机构的主要职责如下:

(一)负责编制课题预算评估工作方案和评估手册,并报科技部条财司审核备案。

(二)根据《科技部科技计划课题预算评估评审规范》及本《实施细则》,采用专业、规范的程序和方法,进行课题经费预算评估,提交课题预算评估报告,并有义务对委托方进行相关解释。

(三)接受科技部条财司对课题预算评估工作的检查、监督。

第十条 评审组织单位的主要职责如下:

(一)编制课题预算评审工作方案和评审手册,并报科技部条财司审核备案。

(二)提出专家组候选名单,并报科技部条财司审核备案,聘请专家,组建评审专家组,并向专家明确评审活动的有关要求。

(三)组织相关会议等评审活动,为专家独立、客观、充分地进行课题预算评审创造条件。

(四)向条财司提交专家组预算评审报告和评审专家名单,并提交评审组织单位的评审工作总结,对评审活动组织实施情况进行说明,对有关评审结果进行汇总。

(五)配合条财司对评审专家进行信用管理。

(六)接受科技部条财司对课题预算评审工作的检查、监督。

第十一条 评审专家组对课题预算评审结果负责。评审专家组应根据评审组织单位的要求,认真做好课题预算评审工作,独立、客观、公正、实事求是地提出评审意见,形成课题预算评审报告。

第十二条 课题负责人和课题承担单位有义务接受并配合评估评审工作，按要求及时提供课题有关材料和信息，并确保材料和信息真实、有效。

第三章 课题经费预算评估的程序

第十三条 课题经费预算评估的程序包括预算评估委托、形式审查、基本评估、重点评估、综合分析、报告形成与提交等六个程序。

第十四条 预算评估的委托，是预算评估委托方与评估机构在双方协商、自愿的基础上，通过合同或协议的方式进行。委托合同或协议中应对评估的目的、内容、时间进度要求、保密要求、评估结论的用途及其公开范围、评估费用，以及委托方与评估机构在评估活动中的权利义务等重要内容进行约定。

(一)委托方将预算评估所需有关课题预算申报书(包括预算数据表格、预算说明和预算测算依据以及其他与预算有关的材料)、课题任务书或合同书和有关政策文件等交评估机构。

(二)评估机构根据预算评估委托方的要求和国家科技计划课题特点，制定课题预算评估工作方案，编制课题预算评估手册。

第十五条 评估机构对课题预算的政策相符性、目标相关性和经济合理性进行基本分析与评价，采用政策对比、目标任务对比、数据分析、专家咨询与调研、案例参照等方法，利用多方面信息形成课题预算的基本评估结论。如果还存在一些疑难问题，则启动重点评估程序，否则，进入报告形成和提交阶段。

第十六条 重点评估程序为非强制程序，只对部分课题启动。当课题预算存在问题较多或分析判断难度较大时，启动本程序。评估机构根据课题的具体情况，确定重点评估的内容和方法，如对申请购置(试制)的大型设备进行专题论证、组织课题答辩、对重点问题进行专题调研等。

第十七条 评估机构综合分析，形成课题预算评估报告(格式见相关附件)，按委托协议和相关要求，提交评估报告及有关说明。

第四章 课题经费预算评审的程序

第十八条 课题经费预算评审的程序包括评审委托或授权、形式审查、组建评审专家组、专家组评审、报告形成与提交等五个程序。课题预算评审工作一般通过会议方式组织。

第十九条 条财司委托或授权有关单位组织承办课题预算评审工作，通过合同或协议的方式进行，明确双方的责任与义务，以及评审的进度、费用等要求。

(一)条财司将预算评审所需有关课题预算申报书(包括预算数据表格、预算说明和预算测算依据以及其他与预算有关的材料)、课题任务书或合同书和有关政策文件等交评审组织单位。

(二)评审组织单位根据条财司的要求和国家科技计划课题特点，制定课题预算评审方案，编制课题预算评审手册。

第二十条 评审组织单位制定课题预算评审工作方案和评审手册，包括评审的目的、依据、内容、程序和方法、进度安排、标准、各方行为准则以及规范化工作文档等，如：课题材料形式审查表、评审专家承诺书、专家信息登记表、预算评审专家意见表、预算评审报告、专家评审活动经历与表现记录表等各类工作文档,对评审活动进行规范,并向科技部条财司提交。

第二十一条　评审组织单位根据专家遴选原则,按照统一的专家使用规范,从科技部相关专家库中遴选专家,按课题所属领域和研究内容组建预算评审专家组,并报科技部条财司审核备案。

(一)预算评审专家应了解国家科技计划管理要求和相关财政管理制度,熟悉课题相关研究任务及其经费预算特点,在相关的技术、经济、财务等领域具有丰富的经验和较高的权威性,专家一般应具有高级技术职称或相关职业的执业资格。

(二)预算评审专家组组长由财务经济专家担任,应具备较高的权威性和综合协调能力。

(三)预算评审专家组的人员组成应具有针对性和互补性,符合课题任务及预算支出的特点,一般由财务、经济、技术、管理等方面专家组成,其中必须包括熟悉财政财务政策的财务专家和熟悉课题研究内容的技术专家。对于产学研相结合的课题或有明确产品目标导向的课题,预算评审专家组中应包括来自于企业的专家,对于国际合作交流任务较多和相关预算支出较多的课题,预算评审专家组应包括国际合作方面的专家。

(四)每个课题的预算评审专家总数不得少于 7 人,一般为 7 至 9 人,且为单数,其中技术专家、财务经济专家均不得少于 2 人,来自同一单位的专家不得超过 2 人。

(五)在课题立项工作完成后进行预算评审的,预算评审专家组成员中一般应包含 1 至 3 名曾参与立项论证的技术专家(以下简称立项技术专家),预算评审专家组中立项技术专家人数不得超过预算评审专家组中技术专家总人数的一半,其他预算评审专家应从科技部相关专家库中遴选并定期更换。

(六)以下人员不得聘为评审专家:直接参加该课题研究和管理的人员、课题承担单位人员、与课题有直接利害关系的人员、课题评审组织单位的人员、被评课题以充足理由正式提出希望回避的人员、在以往的评估评审活动中有不良信用记录人员以及不能遵守专家行为准则的人员。

第二十二条　预算评审专家组名单通过科技部条财司审核备案后,原则上评审组织单位应提前将课题预算评审材料送交预算评审专家,让专家有充分时间审阅有关材料。

在正式召开专家评审会前,评审组织单位应对专家组进行培训,学习有关文件和材料,使专家了解相关政策、预算评审活动的目的、原则、要求、方法及标准、行为准则,掌握评审活动的规范化要求,评审专家签订“专家承诺书”(格式见相关附件)。

第二十三条　预算评审专家对课题预算进行评审,形成每个专家的评审意见和专家组集体的预算评审报告。

(一)专家组组长主持预算评审会,根据评审组织单位的要求把握进度,专家组依据预算申报材料,对课题预算的合规性、合理性进行讨论与评价。根据课题专项经费预算规模、预算问题复杂程度等具体情况,在预算评审过程中,可以组织课题答辩,以更加深入准确地了解和分析课题预算。课题答辩工作由评审组织单位负责安排,专家组组长主持,课题负责人和课题承担单位进行陈述和问答专家提问。

(二)每位预算评审专家独立形成评审意见并填写预算评审专家意见表(格式见相

关附件)。

(三)专家组组长应对所有专家意见进行综合整理,在充分反映各专家意见的基础上,汇总形成评审专家组的集体意见,填写预算评审报告(格式见相关附件),并向专家组成员宣布专家组评审意见。如果评审专家组内部就某些特定问题争议较大、不能达成一致意见的,在课题预算评审报告中,应对此进行记录说明,供科技部条财司进行预算安排决策时参考。

(四)预算评审专家和预算评审组织工作人员以外的人员不得参加预算评审会(在课题答辩环节除外)。

第二十四条 在预算评审工作结束时,专家组向预算评审组织单位提交专家组的预算评审报告、每个专家的评审意见表和专家信息登记表(格式见相关附件)。

第二十五条 评审组织单位检查预算评审专家意见表和预算评审报告,遇到预算评审数据不满足平衡关系或数据调整意见与文字意见不相符的,应及时与评审专家组联系,并由评审专家和评审专家组组长进行调整,并在调整处进行签字确认。

第二十六条 评审组织单位对预算评审工作情况进行说明,汇总相关数据,形成预算评审工作总结(格式见相关附件),向条财司提交专家组的预算评审报告、评审专家名单以及评审组织单位的预算评审工作总结。

第五章 预算评估评审内容和方法

第二十七条 评估机构和评审组织单位应依据相关规定对课题预算申报材料进行形式审查,填写形式审查表(格式见相关附件)。形式审查的主要内容是审核预算申报材料内容和法定手续的完备性和规范性,以及各项预算数据的一致性和平衡关系。

若需要补充或修改完善申报材料的,评估机构和评审组织单位应通过条财司通知有关课题负责人和课题承担单位,在规定时间内补充或重新提交预算材料。

第二十八条 预算评估评审的内容包括预算来源和支出,重点是支出预算,主要包括支出总量、比例结构、人均强度以及预算实物量等,主要审核预算是否符合各计划的管理规定,预算内容与课题合同任务是否相关以及课题预算涉及的价格、数量等方面的合理性。涉及预算各个科目,包括设备费、材料费、测试化验加工费、燃料动力费、差旅费、会议费、国际合作与交流费、出版/文献/信息传播/知识产权事务费、劳务费、专家咨询费、管理费等。

第二十九条 预算评估评审方法主要包括政策对比法、目标任务对比法、数据统计分析法、调查法、专家经验法、案例参照法和成果反推法。在评估评审过程中,应在考虑不同领域、不同规模、不同研究阶段、不同类型课题特点的基础上,选择运用不同的方法。

(一)政策对比法,指通过对比相关科技计划经费管理的政策规定、国家相关财务政策审核预算是否与政策相符的方法。

(二)目标任务对比法,指根据课题的合同任务审核预算是否与课题任务目标相关的方法。

(三)数据统计分析法,即通过对领域内同类课题预决算历史数据进行分析,寻找其经费支出一般规律,据此对课题各项预算的规模、结构和强度进行审核的方法。

(四)调查法,即通过调查获取课题某项与特定科研活动相关的预算支出在领域内的常规支出标准,以判断该项预算合理性的方法。

(五)专家经验法,即根据同行专家对科研支出规律和特点的经验,判断课题相应预算合理性的方法。

(六)案例参照法,即通过对照以往领域内同类课题的典型案例,判断课题预算支出合理性的方法。

(七)成果反推法,即根据课题任务书承诺的产出成果反推课题预算经费规模合理性的方法。

第三十条　设备费评估评审应通过数据统计分析法重点核查预算规模和比例结构的合理性。通过目标任务对比法、调查法、专家经验法和案例参照法核查单价5万元以上设备购置与课题任务的相关性、设备预计的利用率、设备购置前后共享的可能性及购买数量和价格的合理性,其中对于单价100万元以上的设备需要重点审查。通过数据统计分析法核查预算总额较高的单价5万元以下的小型设备支出规模的合理性。

第三十一条　材料费应通过数据统计分析法重点审核支出规模、比例结构、人年均强度及大宗贵重材料与一般材料预算比例的合理性。通过目标任务对比法和调查法重点审核材料购置与课题任务的相关性。通过调查法、专家经验法、案例参照法重点审核预算材料种类、单价和数量的合理性。

第三十二条　测试化验加工费应通过数据统计分析法重点审核支出规模、比例结构、人年均强度及大宗与一般测试化验加工预算比例的合理性。通过目标任务对比法和调查法重点审核测试化验加工内容与课题任务的相关性。通过调查法、专家经验法、案例参照法重点审核测试化验加工单价和批次数量的合理性。

第三十三条　燃料动力费应通过数据统计分析法重点审核支出规模、比例结构、人年均强度的合理性。还应通过调查法、专家经验法、案例参照法重点审核与特殊科研业务相关的动力费预算的合理性。

第三十四条　差旅费应通过数据统计分析法重点审核差旅费总额及普通差旅费的支出规模、比例结构、人年均强度的合理性。还应重点审核其中包含的科学考察经费预算。应通过目标任务对比法、数据统计分析法、调查法、专家经验法、案例参照法重点审核科学考察内容、考察地点和课题任务的关联度,科学考察的时间、考察人数、考察燃油费和租车费等预算的合理性。

第三十五条　会议费应通过数据统计分析法重点审核会议费的支出规模、比例结构、人年均强度的合理性。应通过目标任务对比法重点审核预算会议与课题任务目标的关联度。应严格控制会议规模、会议数量和会期。

第三十六条　国际合作与交流费评估评审应通过数据统计分析法重点审核国际合作交流专项经费预算规模、比例结构的合理性。通过政策和任务目标对比法重点审核课题组成员出国考察和邀请外国专家来华访问经费预算的合规性及其与课题研究内容的相关性。应注意压缩一般性出国考察任务,并与国家财政经费支持的其他国际合作交流任务相协调。

第三十七条　出版/文献/信息传播/知识产权事务费应通过数据统计分析法重点审核支出规模、比例结构、人年均强度的合理性。应通过目标任务对比法、调查法、专家经验法、案例参照法重点审核大宗资料购置、软件购置、专利申请、论文和专著出版等与课题任务的关联度及申请数量、单价的预算合理性。

第三十八条 劳务费评估评审中主要应用政策对比法和目标任务对比法，应重点审核参与课题研究的各类人员投入课题的研究时间的合理性、劳务费支出标准的合理性、以及劳务费是否与其投入的研究时间相匹配。

第三十九条 专家咨询费应主要应用政策对比法重点审核咨询费的开支标准，同时用目标任务对比法审核咨询专家的数量。专家咨询费是指在课题研究过程中支付给临时聘请的咨询专家的费用。专家咨询费不得支付给参与项目管理的工作人员。

以会议形式组织的咨询，专家咨询费的开支参照以下标准执行：具有或相当于高级专业技术职称人员第1、2天为500～800元/人天，第3天及以后为300～400元/人天；其他专业技术人员第1、2天为300～500元/人天，第3天及以后为200～300元/人天。

以通讯形式组织的咨询，专家咨询费的开支参照以下标准执行：具有或相当于高级专业技术职称人员60～100元/人项目、其他专业技术人员40～80元/人项目。

第四十条 管理费应通过政策对比法重点审核支出是否符合相关科技计划立项和经费管理办法及规定。通过调查法审核责任单位是否据实申报各种支撑条件及其与课题研究任务的相关性。

课题管理费实行总额控制，由课题承担单位管理和使用。管理费按照课题专项经费预算分段超额累退比例法核定，核定比例如下：

- 课题经费预算在100万元及以下的部分按照8%的比例核定；
- 超过100万元至500万元(含)部分按照5%的比例核定；
- 超过500万元至1000万元(含)部分按照2%的比例核定；
- 超过1000万元部分按照1%的比例核定。

第四十一条 上述各项预算如果存在交叉重复支出或预算内容和经费未按照规定列入指定预算项中，则原则上予以核减。

第六章 预算评估评审报告内容与审核

第四十二条 预算评估评审的正式结果为预算评估评审报告，每个课题一个报告。

(一)预算评估报告是评估机构按照科技评估规范的要求，经过规范的评估程序并采用专业化的评估方法形成的预算分析评价报告。评估机构对评估报告的公正性与科学合理性负责。

(二)预算评审报告是评审专家组按照评审组织单位的要求，经过专门的评审程序，依据专家科研经验形成的预算分析评价报告。评审专家组对评审报告的公正性与科学合理性负责。

第四十三条 预算评估报告内容包括评估活动说明、课题概况、预算基本分析、总体结论等，报告附有课题预算存在的若干主要问题及其评估分析。

预算评审报告内容包括课题预算分析、评审结论及评审活动说明。评审报告中除体现评审专家组的一致意见外，还必须对评审专家的不同意见做出说明。

评估评审报告中应对评估评审活动的目的、范围、依据、标准、方法、数据信息有效期等主要内容进行说明。政策性问题、涉及较大预算额度或预算编制可信度的重大问题必须在评估评审报告中反映。

第四十四条 评估评审报告内容描述应该用词规范、文字清晰、语义明确,依据具体而充分,结论严谨,便于相关用户阅读理解;报告中预算评估评审数据应满足平衡关系,数据调整意见应与文字意见相符。

第四十五条 评估评审报告的格式应规范、统一、科学,符合国家相应科技计划课题经费管理制度的要求。

第四十六条 评估报告在提交条财司前必须经过评估主持人和评估机构负责人的审查,正式评估报告上必须有评估机构负责人签字以及评估机构公章。评审报告上必须有评审专家组组长的签字以及专家组全体成员名单。

第四十七条 在评估评审活动结束时,评估机构、评审专家组将评估评审报告提交给委托方或评审组织单位,并有义务对评估评审报告进行解释。评审组织单位在评审报告的基础上,形成评审工作总结并上交科技部条财司,评审工作总结上必须加盖单位公章。

第四十八条 未经条财司同意,评估机构、评审组织单位、评审专家不得向其他机构或个人提交评估评审报告或扩散评估结果。

第四十九条 评估评审报告主要用于为科技部条财司对课题预算的审查提供决策参考。

第七章 评估评审活动的质量控制

第五十条 评估机构、评审组织单位应建立评估评审活动的内部质量控制体系,明确活动中相关各方应遵守的行为准则,制定严格的评估评审管理制度,规范、科学地开展评估评审活动,以保证科技计划课题预算评估评审活动的质量,切实发挥评估评审活动对课题预算决策的咨询作用。

第五十一条 评估活动的质量控制应覆盖从评估准备到提交评估报告的全过程。评估机构应以《科技评估规范》、评估手册、评估方案等相关文件为依据,重点对评估合同(协议)的签订、评估活动负责人的选派、评估人员培训、评估方案执行、评估结果撰写与审查几个环节进行质量控制,应将评估活动的质量控制目标逐层分解,明确相关人员的责任和行为准则,规范、高效地开展评估活动。

第五十二条 评审组织单位应通过编制评审手册等规范化工作文档、遴选及培训评审专家、明确专家责任与任务、适当控制专家评审工作量、整理检查评审报告和提交工作总结等措施,对评审活动进行质量控制,保证评审活动的规范性和高效性以及评审质量的一致性。

评审活动应按照工作方案所安排的进度进行,在特殊情况下可由评审组织单位内部经一定程序后进行适当调整,但重大调整须事先得到评审活动委托方的同意。

第五十三条 每名评审专家每个工作日所评审的课题数原则上不得超过 5 个,以保证专家有充足的精力对每个课题进行评审。在整个评审活动中,评审专家应全程参与预算评审工作,特殊情况需得到评审组织单位的同意。

第五十四条 为保证评审专家独立、客观、公正地进行评审,评审组织单位应明确评审专家应遵守的行为准则规范,在评审活动正式启动之前予以告知,并要求专家签署相关的承诺书。

第五十五条 在评估活动中，评估机构应坚持独立、客观、公正的原则，坚持第三方的立场，行为规范，遵守以下行为准则：

(一)当评估机构与被评对象有直接利害关系时，评估机构必须向委托方事先申明，经同意后，该评估机构方可承担课题的评估任务，并须在该课题评估报告上注明。

(二)维护被评对象的知识产权，除咨询专家外，不得向与预算评估活动无关的任何单位或个人扩散课题申报材料。评估机构应对评估所涉及课题的研究内容、技术路线、预算方案等进行保密。

(三)应为咨询专家创造有利于专家独立、客观、公正、充分地发表意见的氛围，不得向被评单位及与预算评估活动无关的任何单位或个人透露专家咨询意见。

(四)不得以评估事项为由以各种方式收取被评对象的报酬、费用和礼品。

(五)不得捏造或篡改课题预算申报材料和专家咨询意见。

(六)评估机构是评估结果的责任者，评估人员应加强对课题的了解和对预算材料的分析，加强对咨询专家意见的分析和综合能力，不能单纯依赖咨询专家。

(七)评估机构应当与委托方进行必要沟通，提示其合理理解并恰当使用评估报告，并声明不承担相关当事人决策的责任；不得对委托方和相关当事方进行误导和欺诈。

(八)未经委托方同意，评估机构不得对外发布评估结果，不得向被评对象及与预算评估无关的任何单位或个人提供课题评估报告和有关课题评估结果。

(九)评估机构履行评估委托协议书中规定的义务。

第五十六条 在评审活动中，评审组织单位应遵守以下行为准则：

(一)应根据条财司的委托要求开展评审活动，应为评审专家创造有利于专家独立、客观、公正、充分地发表意见的氛围，并向专家提供必要的工作条件。

(二)不得在评审过程中向评审专家施加倾向性影响，应严格限制与评审工作无关的人员和应回避人员参加与评审工作有关的会议。

(三)不得以评审事项为由以各种方式收取被评对象的报酬、费用和礼品。

(四)应对评审所涉及课题的研究内容、技术路线、预算方案等进行保密。不得向被评单位及与预算评审活动无关的任何单位或个人泄露专家组或专家个人的评审意见。

第五十七条 在评审活动中，评审专家必须遵守以下行为准则：

(一)坚持实事求是的原则，独立、客观、公正地提供个人负责任的意见，不受任何影响公正性因素的干扰。评审意见应表达明确、具体和充分。

(二)维护评审对象的知识产权，妥善保管评审材料并在评审活动结束后将其全部退还评审组织单位，不得复制、扩散与评审有关的材料，对评审所涉及课题的研究内容、技术路线、预算方案等进行保密。

(三)不得向评审组织单位以外的单位或个人扩散评审有关情况。

(四)评审期间，未经评审组织单位许可，评审专家个人不得就评审事项与评审对象联系，不得以任何方式收取评审对象的报酬、馈赠、礼品和费用。

(五)当评审专家与课题存在直接利害关系时，必须主动和尽早地向评审组织单位或评审活动负责人申明并回避。当专家难以判断本人是否符合回避原则时，应主动和尽早地向评审组织单位或评审活动负责人说明有关情况。

第五十八条 在预算评估评审工作结束后10个工作日内,评估机构、评审组织单位将有关材料分别归档,包括纸介质和电子版材料,档案保存期等具体要求按科技部档案管理和相关科技计划管理的有关规定执行。

对于评估,需要存档的材料包括课题计划任务书、课题预算申报书、评估手册、形式审查表、专家信息登记表、评估过程中的有关数据分析结果和咨询调研记录、评估报告及有关说明等。

对于评审,需要存档的材料包括课题计划任务书、课题预算申报书、评审手册、形式审查表、专家信息登记表、专家名单、专家承诺书、专家意见表、评审报告、评审工作总结等。

第八章 评估评审活动的监督

第五十九条 科技部条财司负责国家科技计划课题预算评估评审活动全过程及结果的检查和监督工作,包括对预算评估评审活动的合规性以及评估评审结果的客观公正性进行监督。

根据工作需要,科技部条财司可采取以下一种或多种方式对预算评估评审活动进行监督,并将其结果作为信用评价的依据。

(一)听取评估评审活动各方当事人的口头及书面汇报;

(二)查阅与评估评审活动有关的各类文件、材料;

(三)旁听与评估评审事项有关的会议,对评估评审活动与既定程序、步骤的符合程度进行监督;

(四)向有关单位及个人进行调查核实;

(五)对预算评估评审课题进行抽查,实行重点监督;

(六)其他适当的监督方式。

第六十条 根据工作需要,科技部条财司可将预算评估评审主要结果以适当方式进行反馈或公示。

第六十一条 评审专家对评审活动存有重大异议的,认为存在违法违规行为或其他问题的,可向科技部举报,科技部条财司应及时进行调查并提出相关处理意见。

课题负责人或课题承担单位对预算评估评审结果存有重大异议的,可在规定时限内向条财司提出书面复核申请。经科技部条财司和专业司协商后认为理由充分、有必要启动复核程序的,由条财司组织课题预算评估评审结果的复核工作。

第六十二条 评审组织单位应及时全面地记录预算评审专家的相关信息,包括专家基本信息和信用情况,填写专家参与评审活动经历与表现记录表(格式见相关附件),在评审活动结束后,随同评审工作总结一起提交给科技部条财司,并登录到专家数据库中。

第六十三条 科技部条财司应逐步建立参与预算评估评审的评估机构、评审组织单位和评审专家在预算评估评审中的信用记录和动态调整机制,促进评估机构、评审组织单位的良性发展,保障预算评估评审工作的顺利开展,实现对预算评估评审工作的有效监督。

科技部条财司在采取现场监督方式时,可书面征集评审专家对评审组织单位的意见,作为考察评审组织单位信用状况的支撑信息。

第六十四条 在评估评审活动中，专家存在违规行为的，评估机构或评审组织单位可视情节轻重，采取降低专家信用、专家意见无效、取消专家评估评审资格等处理措施。

第六十五条 在评估评审活动中，评估机构、评审组织单位存在违规行为的，科技部条财司可视情节轻重，采取批评、通报、相关课题预算评估评审结果无效或取消该单位的国家科技计划课题预算评估评审资格等处理措施。

第九章 附 则

第六十六条 本《实施细则》适用于科技部归口管理的、国家财政拨款资助为主的国家各类科技计划课题预算评估评审活动。其他科技课题的预算评估评审活动可以参照本《实施细则》执行。

第六十七条 本《实施细则》由科技部条财司负责解释。

本《实施细则》自发布之日起实施。

工作文件格式模板1:形式审查记录

国家科技计划课题预算申报材料形式审查表

课题编号： 课题名称：

形式审查内容	形式审查结果			待处理问题	处理结果
	合格	不合格	份数		
一、材料内容及完备性审查					
1. 预算申报书					
2. 任务书					
3. 设备报价单					
4. 自筹经费来源证明					
5. 预算书书面文件与电子数据一致性					
二、材料法定手续完备性审查					
1. 课题负责人签字					
2. 课题承担单位财务部门负责人签字					
3. 课题承担单位盖章					
4. 课题承担单位负责人签字					

工作文件格式模板 2:专家信息登记表

国家科技计划课题预算评估评审专家信息登记表

姓名（汉字）		姓名（拼音）		性别		身份证号	
最高学历		毕业院校				出生日期	
工作单位						所在省市	
单位性质	□高等院校 □科研院所 □政府机构 □企业 □其他					主管部门	
技术职称		单位职务		办公电话			
移动电话		住址电话		传真号码			
E-Mail							
业务联系通信地址					邮政编码		
咨询费用邮寄地址					邮政编码		
研究领域		熟悉领域					
研究方向							
熟悉语种		熟悉程度	□精通 □熟练 □良好 □一般				
专业简历	从事专业工作简历以及科技课题评估评审经历等。						
备注							

填表说明：1. 以上信息请使用正式全称；2. 若退休，请填写退休前工作单位、单位职务等；3. 研究领域按国家标准学科分类与代码填写一级学科名称或代码（见背面），熟悉领域和研究方向可自行填写；4. 请务必填写身份证号码，若无身份证，请填写其他有效证件的号码，如护照、军官证等。

专家信息登记表(续)

国家标准学科分类与代码(一级)

学科代码	学科名称	学科代码	学科名称
A110	数学	D530	化学工程
A120	信息科学与系统科学	D540	纺织科学技术
A130	力学	D550	食品科学技术
A140	物理学	D560	土木建筑工程
A150	化学	D570	水利工程
A160	天文学	D580	交通运输工程
A170	地球科学	D590	航空、航天科学技术
A180	生物学	D610	环境科学技术
B210	农学	D620	安全科学技术
B220	林学	D630	管理学
B230	畜牧、兽医科学	E710	马克思主义
B240	水产学	E720	哲学
C310	基础医学	E730	宗教学
C320	临床医学	E740	语言学
C330	预防医学与卫生学	E750	文学
C340	军事医学与特种医学	E760	艺术学
C350	药学	E770	历史学
C360	中医学与中药学	E780	考古学
D410	工程与技术科学基础学科	E790	经济学
D420	测绘科学技术	E810	政治学
D430	材料科学	E820	法学
D440	矿山工程技术	E830	军事学
D450	冶金工程技术	E840	社会学
D460	机械工程	E850	民族学
D470	动力与电气工程	E860	新闻学与传播学
D480	能源科学技术	E870	图书馆、情报与文献学
D490	核科学技术	E880	教育学
D510	电子、通信与自动控制技术	E890	体育科学
D520	计算机科学技术	E910	统计学

注:A类为自然科学,代码为110～180

B类为农业科学,代码为210～240

C类为医药科学,代码为310～360

D类为工程与技术科学,代码为410～630

E类为人文与社会科学,代码为710～910

工作文件格式模板 3:专家承诺书

专家承诺书

本人已认真阅读并理解了课题预算评审手册中有关评审专家的选择条件与回避原则,本人不属于以下情况中的任何一种:

直接参加该课题研究和管理的人员、课题承担单位人员、与课题有直接利害关系或直接经济利益关系的人员、课题评审组织单位的人员、被评课题以充足理由正式提出希望回避的人员、在以往的评估评审活动中有不良信用记录人员以及不能遵守专家行为准则的人员。

本人已认真阅读并理解了课题预算评审手册中有关评审活动参与各方的行为准则的内容,本人愿意遵守其中的评审专家的行为准则,愿意参与课题预算评审活动。

专家签名:

日期:

工作文件格式模板4:课题预算评估报告

×××××-× **年份-批次**	**编号:**

国家科技计划课题预算评估报告

计划名称:

课题编号:

课题名称:

评估委托方:

评估机构负责人(签字):

评估机构(盖章):

评估时间:

一、关于评估活动的说明

内容：

评估委托方、评估对象、评估任务与目的、评估的政策依据、课题任务依据、评估的技术方法、评估报告内容、数据信息有效期。

二、课题概况
内容： 包括课题编号、名称、承担单位、课题负责人、课题任务分解、课题主要承担单位、课题投入人力等。

三、课题预算基本分析
内容： 包括预算概况及各科目预算情况等。

四、总体评估结论
内容： 1)课题预算调整比例。2)对课题预算及其编制质量的总体评价。3)课题预算存在的不合理因素和主要问题。4)建议预算调整意见。5)各预算项调整数额、预算申报数与评估调整后数额的比较。

五、附件：预算中存在的若干主要问题及其评估分析			
预算科目	任务编号	简要说明	评估分析

工作文件格式模板5:预算评审专家意见表

国家科技计划课题预算评审专家意见表

计划名称		
课题编号		
课题名称		
课题预算总额:		其中:专项经费预算金额
一、课题预算分析		
预算科目	预算中存在的不合理问题	建议预算调整额

注1:金额单位为万元。

注2:若此页空间不够,可另附页。

二、评审结论

1. 关于课题专项经费预算的调整建议

专项经费预算申报额	专项经费预算调整额	各科目专项经费调整额												专项经费预算审定额
		设备费	材料费	测试化验加工费	燃料动力费	差旅费	会议费	国际合作与交流费	出版/文献/信息传播/知识产权事务费	劳务费	专家咨询费	管理费	其他	

2. 对课题预算及其编制质量的总体评价，课题预算存在的主要问题。

评审专家签名： 日期：

注：金额单位为万元，增加预算用正数表示，减少预算用负数表示。

工作文件格式模板 6:预算评审报告

国家科技计划课题预算评审报告

计划名称	
课题编号	
课题名称	
课题预算总额:	其中:专项经费预算金额
一、课题预算分析	

预算科目	预算中存在的不合理问题	建议预算调整额

注 1:金额单位为万元。

注 2:若此页空间不够,可另附页。

二、评审结论

1. 关于课题专项经费预算的调整建议

专项经费预算申报额	专项经费预算调整额	各科目专项经费调整额												专项经费预算审定额
		设备费	材料费	测试化验加工费	燃料动力费	差旅费	会议费	国际合作与交流费	出版/文献/信息传播/知识产权事务费	劳务费	专家咨询费	管理费	其他	

2. 对课题预算及其编制质量的总体评价,课题预算存在的主要问题。

3. 有关该课题评审需要说明的问题。

评审专家组组长签字： 日期：

注:金额单位为万元,增加预算用正数表示,减少预算用负数表示。

三、专家组名单

	姓名	工作单位	职称/职务
组长			
组员			

工作文件格式模板 7:预算评审专家名单

预算评审专家名单

序号	姓名	工作单位	职称/职务	专业	身份证号	办公电话	手机

工作文件格式模板8:预算评审工作总结提纲

预算评审工作总结提纲

一、关于评审活动实施情况的说明

说明本次预算评审活动的委托方、评审组织单位、评审对象(国家科技计划类别、领域、课题总数、课题编号和名称等)、评审的依据、程序和方法、评审会的时间、地点、专家选聘情况、会议议程等。

二、关于评审材料提交的说明

说明本次预算评审工作结束后,评审组织单位需提交的材料等。

三、评审结果整理汇总

评审组织单位以文字、数据、表格等简捷形式,依据专家组评审报告,整理汇总本批课题预算评审的专家组评审意见,向委托方提交。

工作文件格式模板 9：专家参与课题预算评审活动经历与表现信息表

专家参与课题预算评审活动经历与表现记录表

专家姓名		身份证号	
评审活动经历信息			
计划名称		评审组织单位	
评审开始时间	年 月 日	评审结束时间	年 月 日
评审方式	□会议 □通讯		
专家角色	□专家组组长 □专家组成员		

序号	领域名称	课题编号	课题名称

评审活动表现信息					
1. 专家的行为规范性	□5 规范	□4 较规范	□3 一般	□2 不太规范	□1 不规范
2. 专家的工作态度	□5 认真	□4 较认真	□3 一般	□2 不太认真	□1 不认真
3. 专家的客观公正性	□5 公正	□4 较公正	□3 一般	□2 不太公正	□1 不公正
4. 专家对评审内容熟悉程度	□5 熟悉	□4 较熟悉	□3 一般	□2 不太熟悉	□1 不熟悉
5. 专家的评审能力	□5 很强	□4 较强	□3 一般	□2 较弱	□1 很弱
6. 专家组长的综合协调能力	□5 很强	□4 较强	□3 一般	□2 较弱	□1 很弱
专家表现综合评价	**□5 很好**	**□4 较好**	**□3 一般**	**□2 较差**	**□1 很差**
备注					
填表人		填表日期			

注：1. 此表由评审组织单位填写，每个专家每次评审活动一张表。

2. 评审活动编号由评审组织单位按照以下规则填写：

单位标识(2 位大写英文字母)＋年份(4 位)＋批次(2 位)。

科技部　教育部　财政部　人力资源和社会保障部　国家自然科学基金委员会关于鼓励科研项目单位吸纳和稳定高校毕业生就业的若干意见

国科发财[2009]97号

各有关科研项目承担单位：

根据国务院办公厅《关于加强普通高等学校毕业生就业工作的通知》(国发办[2009]3号)精神，为进一步加强高校毕业生就业工作，促进科研项目单位吸纳和稳定高校毕业生就业有关政策的贯彻实施，充分发挥科技工作培养人才、促进就业的作用，现就承担重大科研项目的单位(以下简称项目承担单位)聘用优秀高校毕业生就业的有关工作提出如下意见。

一、项目承担单位聘用高校毕业生参加重大科研项目研究的重要意义。优秀高校毕业生特别是研究生是国家科技创新的一支重要生力军。项目承担单位选聘优秀高校毕业生参与研究工作，对加快科研项目实施，提高科研项目研究水平具有积极作用，对促进高校毕业生就业、培养高素质人才、增强国家科技创新能力具有重要的意义，是推动建设创新型国家和人力资源强国的一项重要举措。

二、项目承担单位聘用高校毕业生参与重大科研项目研究的范围。国家鼓励高校、科研机构和企业，按照公开、自愿、双向选择的原则，在所承担的民口科技重大专项、973计划、863计划、科技支撑计划项目以及国家自然科学基金的重大重点项目实施过程中，聘用高校毕业生作为研究助理或辅助人员参与研究工作，并根据国家有关规定签订服务协议，明确双方的权利、责任和义务，聘用对象主要以优秀的应届毕业生为主，包括高校以及有学位授予权的科研机构培养的博士研究生、硕士研究生和本科生。

三、项目承担单位聘用高校毕业生参与重大科研项目研究的经费渠道。项目承担单位聘用高校毕业生参与研究，其劳务性费用和有关社会保险费补助按规定从项目经费中的“劳务费”科目列支。具体操作办法如下：

在研项目在不改变研究目标和经费预算的前提下，采用调整项目经费支出结构的办法，统筹安排聘用高校毕业生需要支出的劳务性费和社会保险费补助。项目（课题）组根据聘用计划提出预算调整意见，报项目承担单位批准同意后，按照相关经费管理制度规定调整执行。新立项目在编制预算前，要结合项目研究实际需求做好聘用计划，认真测算相应经费需求并纳入项目预算申请，按照相关经费管理制度规定核批下达。

四、相关经费的审核、管理和监督。重大科研项目聘用高校毕业生作为研究助理和辅助人员参与研究，其劳务性费用和社会保险费补助开支标准，原则上按相应岗位在当地的实际情况由项目承担单位确定。项目承担单位要加强对相关经费的财务管理，各项费用必须纳入单位财务统一核算，并按照单位工资的发放程序和方法以及社会保险缴费的有关规定执行。单位内部财务（审计）和监察部门要加强对相关经费的日常监督，确保资金支出的科学、合理和安全。

五、项目承担单位聘用高校毕业生的相关就业政策。高校毕业生参与项目研究期间，其户口、档案可存放在项目承担单位所在地或入学前家庭所在地人才交流中心。聘用期满，根据工作需要可以续聘或到其他岗位就业，就业后工龄与参与研究期间的工作时间合并计算，社会保险缴费年限合并计算。

六、加强重大科研项目聘用高校毕业生工作的组织领导。国家鼓励重大科研项目聘用优秀的高校毕业生参与研究工作。项目承担单位要结合项目研究工作需求，统筹安排，做好重大科研项目吸纳和稳定高校毕业生工作，为聘用的高校毕业生提供良好的研究和生活保障。高校和有关科研机构要加强宣传和引导，鼓励优秀的毕业生参与重大科研项目研究工作。各有关部门要切实发挥职能,落实工作责任,确保相关就业政策的落实,解决毕业生的后顾之忧。

七、各有关部门要切实履行职责,加强对相关经费使用情况的监督检查,提高财政资金的使用效益。同时,加强对重大科研项目聘用高校毕业生工作进展情况的跟踪指导和监督,认真研究解决执行中出现的问题,为相关工作的稳步推进创造良好的政策环境。

八、各地方要积极鼓励本地区设立的重大科研项目聘用高校毕业生参与研究工作,促进高校毕业生就业。具体措施办法可结合各地方实际,参照本意见另行制定。

科技部　教育部　财政部　人保部　国家科学基金委

二〇〇九年二月二十七日

科技部　教育部　财政部印发《关于进一步加强科研项目吸纳高校毕业生就业有关工作的通知》

国科办财[2010]20号

各有关科研项目承担单位：

为促进科研项目单位吸纳和稳定高校毕业生就业，去年二月，科技部、教育部、财政部、人力资源和社会保障部、国家自然科学基金委员会联合下发了《关于鼓励科研项目单位吸纳和稳定高校毕业生就业的若干意见》（国科发财[2009]97号，以下简称97号文），鼓励重大科研项目承担单位聘用优秀高校毕业生作为科研助理或辅助人员参与研究工作。97号文发布以后，在项目承担单位和高校毕业生中产生了积极的反响，科研项目吸纳毕业生就业工作稳步推进，一批优秀高校毕业生走上了国家重大科研计划（专项）项目科研助理的岗位，对促进毕业生就业，加快科研项目实施起到了积极的促进作用。为深入推进97号文的贯彻落实，加大科研项目吸纳毕业生工作力度，现就有关工作补充通知如下：

一、提高认识，加强组织领导

项目承担单位选聘优秀高校毕业生担任项目科研助理，是毕业生就业工作和科技管理改革的一项重要制度创新。各项目承担单位要站在推动建设创新型国家和人力资源强国的战略高度，认真贯彻落实97号文件精神，加强组织领导，切实采取措施，根据项目研究需要提出并发布岗位需求信息，坚持双向选择和平等自愿的原则，深入推进毕业生选聘工作，不断优化单位科研队伍规模和结构。

二、规范程序,做好项目预算调整工作

项目承担单位聘用高校毕业生发生的劳务性费用和有关社会保险费补助按规定从项目经费中的“劳务费”科目列支。对新立项项目,要在预算编制过程中,认真测算需求并纳入项目预算。对在研项目,应及时提出预算调整申请,经所在单位审核汇总后,按照相应计划(专项)经费管理办法规定的程序和要求,分别报送科技部或财政部相应计划(专项)经费管理部门。科技部或财政部将在收到申请后一个月内提出批复意见。预算调整申请材料应包括预算调整申请表、拟聘毕业生的基本情况、当地相应岗位劳务性费用和社会保险费补助开支标准说明等相关材料。

三、实事求是,提高预算编制质量

现行国家各科技计划(重大专项)经费管理办法中,除明确管理费(间接费用)按规定比例核定外,其他各预算科目均没有比例限制。项目承担单位应按照目标相关性、政策相符性和经济合理性的原则,根据科研工作实际和拟聘用毕业生计划,实事求是地编制项目预算和提出预算调整申请。在预算评估评审和预算调整审核过程中,应当充分考虑不同科研项目对聘用毕业生经费的实际需求,客观科学地做出评价,保障项目研究工作顺利开展。

特此通知。

科学技术部办公厅　教育部办公厅　财政部办公厅

二〇一〇年三月二十四日

中华人民共和国主席令

第八十二号

《中华人民共和国科学技术进步法》已由中华人民共和国第十届全国人民代表大会常务委员会第三十一次会议于2007年12月29日修订通过，现将修订后的《中华人民共和国科学技术进步法》公布，自2008年7月1日起施行。

中华人民共和国主席　胡锦涛

二〇〇七年十二月二十九日

中华人民共和国科学技术进步法

（1993 年 7 月 2 日第八届全国人民代表大会常务委员会第二次会议通过
2007 年 12 月 29 日第十届全国人民代表大会常务委员会第三十一次会议修订）

目　录

第一章　总　　则

第一条　为了促进科学技术进步，发挥科学技术第一生产力的作用，促进科学技术成果向现实生产力转化，推动科学技术为经济建设和社会发展服务，根据宪法，制定本法。

第二条　国家坚持科学发展观，实施科教兴国战略，实行自主创新、重点跨越、支撑发展、引领未来的科学技术工作指导方针，构建国家创新体系，建设创新型国家。

第三条　国家保障科学技术研究开发的自由，鼓励科学探索和技术创新，保护科学技术人员的合法权益。

全社会都应当尊重劳动、尊重知识、尊重人才、尊重创造。

学校及其他教育机构应当坚持理论联系实际，注重培养受教育者的独立思考能力、实践能力、创新能力，以及追求真理、崇尚创新、实事求是的科学精神。

第四条　经济建设和社会发展应当依靠科学技术，科学技术进步工作应当为经济建设和社会发展服务。

国家鼓励科学技术研究开发，推动应用科学技术改造传统产业、发展高新技术产业和社会事业。

第五条 国家发展科学技术普及事业，普及科学技术知识，提高全体公民的科学文化素质。

国家鼓励机关、企业事业组织、社会团体和公民参与和支持科学技术进步活动。

第六条 国家鼓励科学技术研究开发与高等教育、产业发展相结合，鼓励自然科学与人文社会科学交叉融合和相互促进。

国家加强跨地区、跨行业和跨领域的科学技术合作，扶持民族地区、边远地区、贫困地区的科学技术进步。

国家加强军用与民用科学技术计划的衔接与协调，促进军用与民用科学技术资源、技术开发需求的互通交流和技术双向转移，发展军民两用技术。

第七条 国家制定和实施知识产权战略，建立和完善知识产权制度，营造尊重知识产权的社会环境，依法保护知识产权，激励自主创新。

企业事业组织和科学技术人员应当增强知识产权意识，增强自主创新能力，提高运用、保护和管理知识产权的能力。

第八条 国家建立和完善有利于自主创新的科学技术评价制度。

科学技术评价制度应当根据不同科学技术活动的特点，按照公平、公正、公开的原则，实行分类评价。

第九条 国家加大财政性资金投入，并制定产业、税收、金融、政府采购等政策，鼓励、引导社会资金投入，推动全社会科学技术研究开发经费持续稳定增长。

第十条 国务院领导全国科学技术进步工作，制定科学技术发展规划，确定国家科学技术重大项目、与科学技术密切相关的重大项目，保障科学技术进步与经济建设和社会发展相协调。

地方各级人民政府应当采取有效措施，推进科学技术进步。

第十一条 国务院科学技术行政部门负责全国科学技术进步工作的宏观管理和统筹协调；国务院其他有关部门在各自的职责范围内，负责有关的科学技术进步工作。

县级以上地方人民政府科学技术行政部门负责本行政区域的科学技术进步工作；县级以上地方人民政府其他有关部门在各自的职责范围内，负责有关的科学技术进步工作。

第十二条 国家建立科学技术进步工作协调机制，研究科学技术进步工作中的重大问题，协调国家科学技术基金和国家科学技术计划项目的设立及相互衔接，协调军用与民用科学技术资源配置、科学技术研究开发机构的整合以及科学技术研究开发与高等教育、产业发展相结合等重大事项。

第十三条 国家完善科学技术决策的规则和程序，建立规范的咨询和决策机制，推进决策的科学化、民主化。

制定科学技术发展规划和重大政策，确定科学技术的重大项目、与科学技术密切相关的重大项目，应当充分听取科学技术人员的意见，实行科学决策。

第十四条 中华人民共和国政府发展同外国政府、国际组织之间的科学技术合作与交流，鼓励科学技术研究开发机构、高等学校、科学技术人员、科学技术社会团体和企业事业组织依法开展国际科学技术合作与交流。

第十五条 国家建立科学技术奖励制度,对在科学技术进步活动中做出重要贡献的组织和个人给予奖励。具体办法由国务院规定。

国家鼓励国内外的组织或者个人设立科学技术奖项,对科学技术进步给予奖励。

第二章 科学研究、技术开发与科学技术应用

第十六条 国家设立自然科学基金,资助基础研究和科学前沿探索,培养科学技术人才。

国家设立科技型中小企业创新基金,资助中小企业开展技术创新。

国家在必要时可以设立其他基金,资助科学技术进步活动。

第十七条 从事下列活动的,按照国家有关规定享受税收优惠:

(一)从事技术开发、技术转让、技术咨询、技术服务;

(二)进口国内不能生产或者性能不能满足需要的科学研究或者技术开发用品;

(三)为实施国家重大科学技术专项、国家科学技术计划重大项目,进口国内不能生产的关键设备、原材料或者零部件;

(四)法律、国家有关规定规定的其他科学研究、技术开发与科学技术应用活动。

第十八条 国家鼓励金融机构开展知识产权质押业务,鼓励和引导金融机构在信贷等方面支持科学技术应用和高新技术产业发展,鼓励保险机构根据高新技术产业发展的需要开发保险品种。

政策性金融机构应当在其业务范围内,为科学技术应用和高新技术产业发展优先提供金融服务。

第十九条 国家遵循科学技术活动服务国家目标与鼓励自由探索相结合的原则,超前部署和发展基础研究、前沿技术研究和社会公益性技术研究,支持基础研究、前沿技术研究和社会公益性技术研究持续、稳定发展。

科学技术研究开发机构、高等学校、企业事业组织和公民有权依法自主选择课题,从事基础研究、前沿技术研究和社会公益性技术研究。

第二十条 利用财政性资金设立的科学技术基金项目或者科学技术计划项目所形成的发明专利权、计算机软件著作权、集成电路布图设计专有权和植物新品种权,除涉及国家安全、国家利益和重大社会公共利益的外,授权项目承担者依法取得。

项目承担者应当依法实施前款规定的知识产权,同时采取保护措施,并就实施和保护情况向项目管理机构提交年度报告;在合理期限内没有实施的,国家可以无偿实施,也可以许可他人有偿实施或者无偿实施。

项目承担者依法取得的本条第一款规定的知识产权,国家为了国家安全、国家利益和重大社会公共利益的需要,可以无偿实施,也可以许可他人有偿实施或者无偿实施。

项目承担者因实施本条第一款规定的知识产权所产生的利益分配,依照有关法律、行政法规的规定执行;法律、行政法规没有规定的,按照约定执行。

第二十一条 国家鼓励利用财政性资金设立的科学技术基金项目或者科学技术计划项目所形成的知识产权首先在境内使用。

前款规定的知识产权向境外的组织或者个人转让或者许可境外的组织或者个人独占实施

的，应当经项目管理机构批准；法律、行政法规对批准机构另有规定的，依照其规定。

第二十二条 国家鼓励根据国家的产业政策和技术政策引进国外先进技术、装备。

利用财政性资金和国有资本引进重大技术、装备的，应当进行技术消化、吸收和再创新。

第二十三条 国家鼓励和支持农业科学技术的基础研究和应用研究，传播和普及农业科学技术知识，加快农业科学技术成果转化和产业化，促进农业科学技术进步。

县级以上人民政府应当采取措施，支持公益性农业科学技术研究开发机构和农业技术推广机构进行农业新品种、新技术的研究开发和应用。

地方各级人民政府应当鼓励和引导农村群众性科学技术组织为种植业、林业、畜牧业、渔业等的发展提供科学技术服务，对农民进行科学技术培训。

第二十四条 国务院可以根据需要批准建立国家高新技术产业开发区，并对国家高新技术产业开发区的建设、发展给予引导和扶持，使其形成特色和优势，发挥集聚效应。

第二十五条 对境内公民、法人或者其他组织自主创新的产品、服务或者国家需要重点扶持的产品、服务，在性能、技术等指标能够满足政府采购需求的条件下，政府采购应当购买；首次投放市场的，政府采购应当率先购买。

政府采购的产品尚待研究开发的，采购人应当运用招标方式确定科学技术研究开发机构、高等学校或者企业进行研究开发，并予以订购。

第二十六条 国家推动科学技术研究开发与产品、服务标准制定相结合，科学技术研究开发与产品设计、制造相结合；引导科学技术研究开发机构、高等学校、企业共同推进国家重大技术创新产品、服务标准的研究、制定和依法采用。

第二十七条 国家培育和发展技术市场，鼓励创办从事技术评估、技术经纪等活动的中介服务机构，引导建立社会化、专业化和网络化的技术交易服务体系，推动科学技术成果的推广和应用。

技术交易活动应当遵循自愿、平等、互利有偿和诚实信用的原则。

第二十八条 国家实行科学技术保密制度，保护涉及国家安全和利益的科学技术秘密。

国家实行珍贵、稀有、濒危的生物种质资源、遗传资源等科学技术资源出境管理制度。

第二十九条 国家禁止危害国家安全、损害社会公共利益、危害人体健康、违反伦理道德的科学技术研究开发活动。

第三章 企业技术进步

第三十条 国家建立以企业为主体，以市场为导向，企业同科学技术研究开发机构、高等学校相结合的技术创新体系，引导和扶持企业技术创新活动，发挥企业在技术创新中的主体作用。

第三十一条 县级以上人民政府及其有关部门制定的与产业发展相关的科学技术计划，应当体现产业发展的需求。

县级以上人民政府及其有关部门确定科学技术计划项目，应当鼓励企业参与实施和平等竞争；对具有明确市场应用前景的项目，应当鼓励企业联合科学技术研究开发机构、高等学校共同实施。

第三十二条 国家鼓励企业开展下列活动：

(一)设立内部科学技术研究开发机构；

(二)同其他企业或者科学技术研究开发机构、高等学校联合建立科学技术研究开发机构，或者以委托等方式开展科学技术研究开发；

(三)培养、吸引和使用科学技术人员；

(四)同科学技术研究开发机构、高等学校、职业院校或者培训机构联合培养专业技术人才和高技能人才，吸引高等学校毕业生到企业工作；

(五)依法设立博士后工作站；

(六)结合技术创新和职工技能培训，开展科学技术普及活动，设立向公众开放的普及科学技术的场馆或者设施。

第三十三条 国家鼓励企业增加研究开发和技术创新的投入，自主确立研究开发课题，开展技术创新活动。

国家鼓励企业对引进技术进行消化、吸收和再创新。

企业开发新技术、新产品、新工艺发生的研究开发费用可以按照国家有关规定，税前列支并加计扣除，企业科学技术研究开发仪器、设备可以加速折旧。

第三十四条 国家利用财政性资金设立基金，为企业自主创新与成果产业化贷款提供贴息、担保。

政策性金融机构应当在其业务范围内对国家鼓励的企业自主创新项目给予重点支持。

第三十五条 国家完善资本市场，建立健全促进自主创新的机制，支持符合条件的高新技术企业利用资本市场推动自身发展。

国家鼓励设立创业投资引导基金，引导社会资金流向创业投资企业，对企业的创业发展给予支持。

第三十六条 下列企业按照国家有关规定享受税收优惠：

(一)从事高新技术产品研究开发、生产的企业；

(二)投资于中小型高新技术企业的创业投资企业；

(三)法律、行政法规规定的与科学技术进步有关的其他企业。

第三十七条 国家对公共研究开发平台和科学技术中介服务机构的建设给予支持。

公共研究开发平台和科学技术中介服务机构应当为中小企业的技术创新提供服务。

第三十八条 国家依法保护企业研究开发所取得的知识产权。

企业应当不断提高运用、保护和管理知识产权的能力，增强自主创新能力和市场竞争能力。

第三十九条 国有企业应当建立健全有利于技术创新的分配制度，完善激励约束机制。

国有企业负责人对企业的技术进步负责。对国有企业负责人的业绩考核，应当将企业的创新投入、创新能力建设、创新成效等情况纳入考核的范围。

第四十条 县级以上地方人民政府及其有关部门应当创造公平竞争的市场环境，推动企业技术进步。

国务院有关部门和省、自治区、直辖市人民政府应当通过制定产业、财政、能源、环境保护等政策，引导、促使企业研究开发新技术、新产品、新工艺，进行技术改造和设备更新，淘汰技术落后的设备、工艺，停止生产技术落后的产品。

第四章 科学技术研究开发机构

第四十一条 国家统筹规划科学技术研究开发机构的布局，建立和完善科学技术研究开发体系。

第四十二条 公民、法人或者其他组织有权依法设立科学技术研究开发机构。国外的组织或者个人可以在中国境内依法独立设立科学技术研究开发机构，也可以与中国境内的组织或者个人依法联合设立科学技术研究开发机构。

从事基础研究、前沿技术研究、社会公益性技术研究的科学技术研究开发机构，可以利用财政性资金设立。利用财政性资金设立科学技术研究开发机构，应当优化配置，防止重复设置；对重复设置的科学技术研究开发机构，应当予以整合。

科学技术研究开发机构、高等学校可以依法设立博士后工作站。科学技术研究开发机构可以依法在国外设立分支机构。

第四十三条 科学技术研究开发机构享有下列权利：

(一)依法组织或者参加学术活动；

(二)按照国家有关规定，自主确定科学技术研究开发方向和项目，自主决定经费使用、机构设置和人员聘用及合理流动等内部管理事务；

(三)与其他科学技术研究开发机构、高等学校和企业联合开展科学技术研究开发；

(四)获得社会捐赠和资助；

(五)法律、行政法规规定的其他权利。

第四十四条 科学技术研究开发机构应当按照章程的规定开展科学技术研究开发活动；不得在科学技术活动中弄虚作假，不得参加、支持迷信活动。

利用财政性资金设立的科学技术研究开发机构开展科学技术研究开发活动，应当为国家目标和社会公共利益服务；有条件的，应当向公众开放普及科学技术的场馆或者设施，开展科学技术普及活动。

第四十五条 利用财政性资金设立的科学技术研究开发机构应当建立职责明确、评价科学、开放有序、管理规范的现代院所制度，实行院长或者所长负责制，建立科学技术委员会咨询制和职工代表大会监督制等制度，并吸收外部专家参与管理、接受社会监督；院长或者所长的聘用引入竞争机制。

第四十六条 利用财政性资金设立的科学技术研究开发机构，应当建立有利于科学技术资源共享的机制，促进科学技术资源的有效利用。

第四十七条 国家鼓励社会力量自行创办科学技术研究开发机构，保障其合法权益不受侵犯。

社会力量设立的科学技术研究开发机构有权按照国家有关规定，参与实施和平等竞争利用财政性资金设立的科学技术基金项目、科学技术计划项目。

社会力量设立的非营利性科学技术研究开发机构按照国家有关规定享受税收优惠。

第五章　科学技术人员

第四十八条　科学技术人员是社会主义现代化建设事业的重要力量。国家采取各种措施，提高科学技术人员的社会地位，通过各种途径，培养和造就各种专门的科学技术人才，创造有利的环境和条件，充分发挥科学技术人员的作用。

第四十九条　各级人民政府和企业事业组织应当采取措施，提高科学技术人员的工资和福利待遇；对有突出贡献的科学技术人员给予优厚待遇。

第五十条　各级人民政府和企业事业组织应当保障科学技术人员接受继续教育的权利，并为科学技术人员的合理流动创造环境和条件，发挥其专长。

第五十一条　科学技术人员可以根据其学术水平和业务能力依法选择工作单位、竞聘相应的岗位，取得相应的职务或者职称。

第五十二条　科学技术人员在艰苦、边远地区或者恶劣、危险环境中工作，所在单位应当按照国家规定给予补贴，提供其岗位或者工作场所应有的职业健康卫生保护。

第五十三条　青年科学技术人员、少数民族科学技术人员、女性科学技术人员等在竞聘专业技术职务、参与科学技术评价、承担科学技术研究开发项目、接受继续教育等方面享有平等权利。

发现、培养和使用青年科学技术人员的情况，应当作为评价科学技术进步工作的重要内容。

第五十四条　国家鼓励在国外工作的科学技术人员回国从事科学技术研究开发工作。利用财政性资金设立的科学技术研究开发机构、高等学校聘用在国外工作的杰出科学技术人员回国从事科学技术研究开发工作的，应当为其工作和生活提供方便。

外国的杰出科学技术人员到中国从事科学技术研究开发工作的，按照国家有关规定，可以依法优先获得在华永久居留权。

第五十五条　科学技术人员应当弘扬科学精神，遵守学术规范，恪守职业道德，诚实守信；不得在科学技术活动中弄虚作假，不得参加、支持迷信活动。

第五十六条　国家鼓励科学技术人员自由探索、勇于承担风险。原始记录能够证明承担探索性强、风险高的科学技术研究开发项目的科学技术人员已经履行了勤勉尽责义务仍不能完成该项目的，给予宽容。

第五十七条　利用财政性资金设立的科学技术基金项目、科学技术计划项目的管理机构，应当为参与项目的科学技术人员建立学术诚信档案，作为对科学技术人员聘任专业技术职务或者职称、审批科学技术人员申请科学技术研究开发项目等的依据。

第五十八条　科学技术人员有依法创办或者参加科学技术社会团体的权利。

科学技术协会和其他科学技术社会团体按照章程在促进学术交流、推进学科建设、发展科学技术普及事业、培养专门人才、开展咨询服务、加强科学技术人员自律和维护科学技术人员合法权益等方面发挥作用。

科学技术协会和其他科学技术社会团体的合法权益受法律保护。

第六章 保障措施

第五十九条 国家逐步提高科学技术经费投入的总体水平；国家财政用于科学技术经费的增长幅度，应当高于国家财政经常性收入的增长幅度。全社会科学技术研究开发经费应当占国内生产总值适当的比例，并逐步提高。

第六十条 财政性科学技术资金应当主要用于下列事项的投入：

（一）科学技术基础条件与设施建设；

（二）基础研究；

（三）对经济建设和社会发展具有战略性、基础性、前瞻性作用的前沿技术研究、社会公益性技术研究和重大共性关键技术研究；

（四）重大共性关键技术应用和高新技术产业化示范；

（五）农业新品种、新技术的研究开发和农业科学技术成果的应用、推广；

（六）科学技术普及。

对利用财政性资金设立的科学技术研究开发机构，国家在经费、实验手段等方面给予支持。

第六十一条 审计机关、财政部门应当依法对财政性科学技术资金的管理和使用情况进行监督检查。

任何组织或者个人不得虚报、冒领、贪污、挪用、截留财政性科学技术资金。

第六十二条 确定利用财政性资金设立的科学技术基金项目，应当坚持宏观引导、自主申请、平等竞争、同行评审、择优支持的原则；确定利用财政性资金设立的科学技术计划项目的项目承担者，应当按照国家有关规定择优确定。

利用财政性资金设立的科学技术基金项目、科学技术计划项目的管理机构，应当建立评审专家库，建立健全科学技术基金项目、科学技术计划项目的专家评审制度和评审专家的遴选、回避、问责制度。

第六十三条 国家遵循统筹规划、优化配置的原则，整合和设置国家科学技术研究实验基地。

国家鼓励设置综合性科学技术实验服务单位，为科学技术研究开发机构、高等学校、企业和科学技术人员提供或者委托他人提供科学技术实验服务。

第六十四条 国家根据科学技术进步的需要，按照统筹规划、突出共享、优化配置、综合集成、政府主导、多方共建的原则，制定购置大型科学仪器、设备的规划，并开展对以财政性资金为主购置的大型科学仪器、设备的联合评议工作。

第六十五条 国务院科学技术行政部门应当会同国务院有关主管部门，建立科学技术研究基地、科学仪器设备和科学技术文献、科学技术数据、科学技术自然资源、科学技术普及资源等科学技术资源的信息系统，及时向社会公布科学技术资源的分布、使用情况。

科学技术资源的管理单位应当向社会公布所管理的科学技术资源的共享使用制度和使用情况，并根据使用制度安排使用；但是，法律、行政法规规定应当保密的，依照其规定。

科学技术资源的管理单位不得侵犯科学技术资源使用者的知识产权，并应当按照国家有关规定确定收费标准。管理单位和使用者之间的其他权利义务关系由双方约定。

第六十六条 国家鼓励国内外的组织或者个人捐赠财产、设立科学技术基金,资助科学技术研究开发和科学技术普及。

第七章 法律责任

第六十七条 违反本法规定,虚报、冒领、贪污、挪用、截留用于科学技术进步的财政性资金,依照有关财政违法行为处罚处分的规定责令改正,追回有关财政性资金和违法所得,依法给予行政处罚;对直接负责的主管人员和其他直接责任人员依法给予处分。

第六十八条 违反本法规定,利用财政性资金和国有资本购置大型科学仪器、设备后,不履行大型科学仪器、设备等科学技术资源共享使用义务的,由有关主管部门责令改正,对直接负责的主管人员和其他直接责任人员依法给予处分。

第六十九条 违反本法规定,滥用职权,限制、压制科学技术研究开发活动的,对直接负责的主管人员和其他直接责任人员依法给予处分。

第七十条 违反本法规定,抄袭、剽窃他人科学技术成果,或者在科学技术活动中弄虚作假的,由科学技术人员所在单位或者单位主管机关责令改正,对直接负责的主管人员和其他直接责任人员依法给予处分;获得用于科学技术进步的财政性资金或者有违法所得的,由有关主管部门追回财政性资金和违法所得;情节严重的,由所在单位或者单位主管机关向社会公布其违法行为,禁止其在一定期限内申请国家科学技术基金项目和国家科学技术计划项目。

第七十一条 违反本法规定,骗取国家科学技术奖励的,由主管部门依法撤销奖励,追回奖金,并依法给予处分。

违反本法规定,推荐的单位或者个人提供虚假数据、材料,协助他人骗取国家科学技术奖励的,由主管部门给予通报批评;情节严重的,暂停或者取消其推荐资格,并依法给予处分。

第七十二条 违反本法规定,科学技术行政等有关部门及其工作人员滥用职权、玩忽职守、徇私舞弊的,对直接负责的主管人员和其他直接责任人员依法给予处分。

第七十三条 违反本法规定,其他法律、法规规定行政处罚的,依照其规定;造成财产损失或者其他损害的,依法承担民事责任;构成犯罪的,依法追究刑事责任。

第八章 附 则

第七十四条 涉及国防科学技术的其他有关事项,由国务院、中央军事委员会规定。

第七十五条 本法自 2008 年 7 月 1 日起施行。

中华人民共和国主席令

第二十一号

《中华人民共和国预算法》已由中华人民共和国第八届全国人民代表大会第二次会议于 1994 年 3 月 22 日通过，现予公布，自 1995 年 1 月 1 日起施行。

中华人民共和国主席　江泽民

一九九四年三月二十二日

中华人民共和国预算法

（1994 年 3 月 22 日第八届全国人民代表大会第二次会议通过）

第一章　总　则

第一条　为了强化预算的分配和监督职能，健全国家对预算的管理，加强国家宏观调控，保障经济和社会的健康发展，根据宪法，制定本法。

第二条　国家实行一级政府一级预算，设立中央，省、自治区、直辖市，设区的市、自治州，县、自治县、不设区的市、市辖区，乡、民族乡、镇五级预算。

不具备设立预算条件的乡、民族乡、镇，经省、自治区、直辖市政府确定，可以暂不设立预算。

第三条　各级预算应当做到收支平衡。

第四条　中央政府预算（以下简称中央预算）由中央各部门（含直属单位，下同）的预算组成。

中央预算包括地方向中央上解的收入数额和中央对地方返还或者给予补助的数额。

第五条　地方预算由各省、自治区、直辖市总预算组成。

地方各级总预算由本级政府预算（以下简称本级预算）和汇总的下一级总预算组成；下一级只有本级预算的，下一级总预算即指下一级的本级预算。

没有下一级预算的，总预算即指本级预算。地方各级政府预算由本级各部门（含直属单位，下同）的预算组成。

地方各级政府预算包括下级政府向上级政府上解的收入数额和上级政府对下级政府返还或者给予补助的数额。

第六条　各部门预算由本部门所属各单位预算组成。

第七条　单位预算是指列入部门预算的国家机关、社会团体和其他单位的收支预算。

第八条　国家实行中央和地方分税制。

第九条　经本级人民代表大会批准的预算，非经法定程序，不得改变。

第十条　预算年度自公历 1 月 1 日起，至 12 月 31 日止。

第十一条　预算收入和预算支出以人民币元为计算单位。

第二章　预算管理职权

第十二条　全国人民代表大会审查中央和地方预算草案及中央和地方预算执行情况的报

告；批准中央预算和中央预算执行情况的报告；改变或者撤销全国人民代表大会常务委员会关于预算、决算的不适当的决议。

全国人民代表大会常务委员会监督中央和地方预算的执行；审查和批准中央预算的调整方案；审查和批准中央决算；撤销国务院制定的同宪法、法律相抵触的关于预算、决算的行政法规、决定和命令；撤销省、自治区、直辖市人民代表大会及其常务委员会制定的同宪法、法律和行政法规相抵触的关于预算、决算的地方性法规和决议。

第十三条 县级以上地方各级人民代表大会审查本级总预算草案及本级总预算执行情况的报告；批准本级预算和本级预算执行情况的报告；改变或者撤销本级人民代表大会常务委员会关于预算、决算的不适当的决议；撤销本级政府关于预算、决算的不适当的决定和命令。

县级以上地方各级人民代表大会常务委员会监督本级总预算的执行；审查和批准本级预算的调整方案；审查和批准本级政府决算（以下简称本级决算）；撤销本级政府和下一级人民代表大会及其常务委员会关于预算、决算的不适当的决定、命令和决议。

设立预算的乡、民族乡、镇的人民代表大会审查和批准本级预算和本级预算执行情况的报告；监督本级预算的执行；审查和批准本级预算的调整方案；审查和批准本级决算；撤销本级政府关于预算、决算的不适当的决定和命令。

第十四条 国务院编制中央预算、决算草案；向全国人民代表大会作关于中央和地方预算草案的报告；将省、自治区、直辖市政府报送备案的预算汇总后报全国人民代表大会常务委员会备案；组织中央和地方预算的执行；决定中央预算预备费的动用；编制中央预算调整方案；监督中央各部门和地方政府的预算执行；改变或者撤销中央各部门和地方政府关于预算、决算的不适当的决定、命令；向全国人民代表大会、全国人民代表大会常务委员会报告中央和地方预算的执行情况。

第十五条 县级以上地方各级政府编制本级预算、决算草案；向本级人民代表大会作关于本级总预算草案的报告；将下一级政府报送备案的预算汇总后报本级人民代表大会常务委员会备案；组织本级总预算的执行；决定本级预算预备费的动用；编制本级预算的调整方案；监督本级各部门和下级政府的预算执行；改变或者撤销本级各部门和下级政府关于预算、决算的不适当的决定、命令；向本级人民代表大会、本级人民代表大会常务委员会报告本级总预算的执行情况。

乡、民族乡、镇政府编制本级预算、决算草案；向本级人民代表大会作关于本级预算草案的报告；组织本级预算的执行；决定本级预算预备费的动用；编制本级预算的调整方案；向本级人民代表大会报告本级预算的执行情况。

第十六条 国务院财政部门具体编制中央预算、决算草案；具体组织中央和地方预算的执行；提出中央预算预备费动用方案；具体编制中央预算的调整方案；定期向国务院报告中央和地方预算的执行情况。

地方各级政府财政部门具体编制本级预算、决算草案；具体组织本级总预算的执行；提出本级预算预备费动用方案；具体编制本级预算的调整方案；定期向本级政府和上一级政府财政部门报告本级总预算的执行情况。

第十七条 各部门编制本部门预算、决算草案；组织和监督本部门预算的执行；定期向本级政府财政部门报告预算的执行情况。

第十八条 各单位编制本单位预算、决算草案;按照国家规定上缴预算收入,安排预算支出,并接受国家有关部门的监督。

第三章 预算收支范围

第十九条 预算由预算收入和预算支出组成。

预算收入包括:

(一)税收收入;

(二)依照规定应当上缴的国有资产收益;

(三)专项收入;

(四)其他收入。

预算支出包括:

(一)经济建设支出;

(二)教育、科学、文化、卫生、体育等事业发展支出;

(三)国家管理费用支出;

(四)国防支出;

(五)各项补贴支出;

(六)其他支出。

第二十条 预算收入划分为中央预算收入、地方预算收入、中央和地方预算共享收入。

预算支出划分为中央预算支出和地方预算支出。

第二十一条 中央预算与地方预算有关收入和支出项目的划分、地方向中央上缴收入、中央对地方返还或者给予补助的具体办法,由国务院规定,报全国人民代表大会常务委员会备案。

第二十二条 预算收入应当统筹安排使用;确需设立专用基金项目的,须经国务院批准。

第二十三条 上级政府不得在预算之外调用下级政府预算的资金。下级政府不得挤占或者截留属于上级政府预算的资金。

第四章 预算编制

第二十四条 各级政府、各部门、各单位应当按照国务院规定的时间编制预算草案。

第二十五条 中央预算和地方各级政府预算,应当参考上一年预算执行情况和本年度收支预测进行编制。

第二十六条 中央预算和地方各级政府预算按照复式预算编制。

复式预算的编制办法和实施步骤,由国务院规定。

第二十七条 中央政府公共预算不列赤字。

中央预算中必需的建设投资的部分资金,可以通过举借国内和国外债务等方式筹措,但是借债应当有合理的规模和结构。

中央预算中对已经举借的债务还本付息所需的资金,依照前款规定办理。

第二十八条 地方各级预算按照量入为出、收支平衡的原则编制，不列赤字。除法律和国务院另有规定外，地方政府不得发行地方政府债券。

第二十九条 各级预算收入的编制，应当与国民生产总值的增长率相适应。

按照规定必须列入预算的收入，不得隐瞒、少列，也不得将上年的非正常收入作为编制预算收入的依据。

第三十条 各级预算支出的编制，应当贯彻厉行节约、勤俭建国的方针。

各级预算支出的编制，应当统筹兼顾，确保重点，在保证政府公共支出合理需要的前提下，妥善安排其他各类预算支出。

第三十一条 中央预算和有关地方政府预算中安排必要的资金，用于扶助经济不发达的民族自治地方、革命老根据地、边远、贫困地区发展经济文化建设事业。

第三十二条 各级政府预算应当按照本级政府预算支出额的百分之一至百分之三设置预备费，用于当年预算执行中的自然灾害救灾开支及其他难以预见的特殊开支。

第三十三条 各级政府预算应当按照国务院的规定设置预算周转金。

第三十四条 各级政府预算的上年结余，可以在下年用于上年结转项目的支出；有余额的，可以补充预算周转金；再有余额的，可以用于下年必需的预算支出。

第三十五条 国务院应当及时下达关于编制下一年预算草案的指示。

编制预算草案的具体事项，由国务院财政部门部署。

第三十六条 省、自治区、直辖市政府应当按照国务院规定的时间，将本级总预算草案报国务院审核汇总。

第三十七条 国务院财政部门应当在每年全国人民代表大会会议举行的一个月前，将中央预算草案的主要内容提交全国人民代表大会财政经济委员会进行初步审查。

县、自治县、直辖市、设区的市、自治州政府财政部门应当在本级人民代表大会会议举行的一个月前，将本级预算草案的主要内容提交本级人民代表大会有关的专门委员会或者根据本级人民代表大会常务委员会主任会议的决定提交本级人民代表大会常务委员会有关的工作委员会进行初步审查。

县、自治县、不设区的市、市辖区政府财政部门应当在本级人民代表大会会议举行的一个月前，将本级预算草案的主要内容提交本级人民代表大会常务委员会进行初步审查。

第五章 预算审查和批准

第三十八条 国务院在全国人民代表大会举行会议时，向大会作关于中央和地方预算草案的报告。

地方各级政府在本级人民代表大会举行会议时，向大会作关于本级总预算草案的报告。

第三十九条 中央预算由全国人民代表大会审查和批准。

地方各级政府预算由本级人民代表大会审查和批准。

第四十条 乡、民族乡、镇政府应当及时将经本级人民代表大会批准的本级预算报上一级政府备案。

县级以上地方各级政府应当及时将经本级人民代表大会批准的本级预算及下一级政府报

送备案的预算汇总,报上一级政府备案。

县级以上地方各级政府将下一级政府依照前款规定报送备案的预算汇总后,报本级人民代表大会常务委员会备案。国务院将省、自治区、直辖市政府依照前款规定报送备案的预算汇总后,报全国人民代表大会常务委员会备案。

第四十一条 国务院和县级以上地方各级政府对下一级政府依照本法第四十条规定报送备案的预算,认为有同法律、行政法规相抵触或者有其他不适当之处,需要撤销批准预算的决议的,应当提请本级人民代表大会常务委员会审议决定。

第四十二条 各级政府预算经本级人民代表大会批准后,本级政府财政部门应当及时向本级各部门批复预算。各部门应当及时向所属各单位批复预算。

第六章 预算执行

第四十三条 各级预算由本级政府组织执行,具体工作由本级政府财政部门负责。

第四十四条 预算年度开始后,各级政府预算草案在本级人民代表大会批准前,本级政府可以先按照上一年同期的预算支出数额安排支出;预算经本级人民代表大会批准后,按照批准的预算执行。

第四十五条 预算收入征收部门,必须依照法律、行政法规的规定,及时、足额征收应征的预算收入。不得违反法律、行政法规规定,擅自减征、免征或者缓征应征的预算收入,不得截留、占用或者挪用预算收入。

第四十六条 有预算收入上缴任务的部门和单位,必须依照法律、行政法规和国务院财政部门的规定,将应当上缴的预算资金及时、足额地上缴国家金库(以下简称国库),不得截留、占用、挪用或者拖欠。

第四十七条 各级政府财政部门必须依照法律、行政法规和国务院财政部门的规定,及时、足额地拨付预算支出资金,加强对预算支出的管理和监督。

各级政府、各部门、各单位的支出必须按照预算执行。

第四十八条 县级以上各级预算必须设立国库;具备条件的乡、民族乡、镇也应当设立国库。

中央国库业务由中国人民银行经理,地方国库业务依照国务院的有关规定办理。

各级国库必须按照国家有关规定,及时准确地办理预算收入的收纳、划分、留解和预算支出的拨付。

各级国库库款的支配权属于本级政府财政部门。除法律、行政法规另有规定外,未经本级政府财政部门同意,任何部门、单位和个人都无权动用国库库款或者以其他方式支配已入国库的库款。

各级政府应当加强对本级国库的管理和监督。

第四十九条 各级政府应当加强对预算执行的领导,支持政府财政、税务、海关等预算收入的征收部门依法组织预算收入,支持政府财政部门严格管理预算支出。

财政、税务、海关等部门在预算执行中,应当加强对预算执行的分析;发现问题时应当及时建议本级政府采取措施予以解决。

第五十条 各部门、各单位应当加强对预算收入和支出的管理，不得截留或者动用应当上缴的预算收入，也不得将不应当在预算内支出的款项转为预算内支出。

第五十一条 各级政府预算预备费的动用方案，由本级政府财政部门提出，报本级政府决定。

第五十二条 各级政府预算周转金由本级政府财政部门管理，用于预算执行中的资金周转，不得挪作他用。

第七章 预算调整

第五十三条 预算调整是指经全国人民代表大会批准的中央预算和经地方各级人民代表大会批准的本级预算，在执行中因特殊情况需要增加支出或者减少收入，使原批准的收支平衡的预算的总支出超过总收入，或者使原批准的预算中举借债务的数额增加的部分变更。

第五十四条 各级政府对于必须进行的预算调整，应当编制预算调整方案。中央预算的调整方案必须提请全国人民代表大会常务委员会审查和批准。

县级以上地方各级政府预算的调整方案必须提请本级人民代表大会常务委员会审查和批准；乡、民族乡、镇政府预算的调整方案必须提请本级人民代表大会审查和批准。未经批准，不得调整预算。

第五十五条 未经批准调整预算，各级政府不得做出任何使原批准的收支平衡的预算的总支出超过总收入或者使原批准的预算中举借债务的数额增加的决定。

对违反前款规定做出的决定，本级人民代表大会、本级人民代表大会常务委员会或者上级政府应当责令其改变或者撤销。

第五十六条 在预算执行中，因上级政府返还或者给予补助而引起的预算收支变化，不属于预算调整。接受返还或者补助款项的县级以上地方各级政府应当向本级人民代表大会常务委员会报告有关情况；接受返还或者补助款项的乡、民族乡、镇政府应当向本级人民代表大会报告有关情况。

第五十七条 各部门、各单位的预算支出应当按照预算科目执行。不同预算科目间的预算资金需要调剂使用的，必须按照国务院财政部门的规定报经批准。

第五十八条 地方各级政府预算的调整方案经批准后，由本级政府报上一级政府备案。

第八章 决 算

第五十九条 决算草案由各级政府、各部门、各单位，在每一预算年度终了后按照国务院规定的时间编制。

编制决算草案的具体事项，由国务院财政部门部署。

第六十条 编制决算草案，必须符合法律、行政法规，做到收支数额准确、内容完整、报送及时。

第六十一条 各部门对所属各单位的决算草案，应当审核并汇总编制本部门的决算草案，在规定的期限内报本级政府财政部门审核。

各级政府财政部门对本级各部门决算草案审核后发现有不符合法律、行政法规规定的，有权予以纠正。

第六十二条　国务院财政部门编制中央决算草案，报国务院审定后，由国务院提请全国人民代表大会常务委员会审查和批准。

县级以上地方各级政府财政部门编制本级决算草案，报本级政府审定后，由本级政府提请本级人民代表大会常务委员会审查和批准。

乡、民族乡、镇政府编制本级决算草案，提请本级人民代表大会审查和批准。

第六十三条　各级政府决算经批准后，财政部门应当向本级各部门批复决算。

第六十四条　地方各级政府应当将经批准的决算，报上一级政府备案。

第六十五条　国务院和县级以上地方各级政府对下一级政府依照本法第六十四条规定报送备案的决算，认为有同法律、行政法规相抵触或者有其他不适当之处，需要撤销批准该项决算的决议的，应当提请本级人民代表大会常务委员会审议决定；经审议决定撤销的，该下级人民代表大会常务委员会应当责成本级政府依照本法规定重新编制决算草案，提请本级人民代表大会常务委员会审查和批准。

第九章　监　督

第六十六条　全国人民代表大会及其常务委员会对中央和地方预算、决算进行监督。

县级以上地方各级人民代表大会及其常务委员会对本级和下级政府预算、决算进行监督。

乡、民族乡、镇人民代表大会对本级预算、决算进行监督。

第六十七条　各级人民代表大会和县级以上各级人民代表大会常务委员会有权就预算、决算中的重大事项或者特定问题组织调查，有关的政府、部门、单位和个人应当如实反映情况和提供必要的材料。

第六十八条　各级人民代表大会和县级以上各级人民代表大会常务委员会举行会议时，人民代表大会代表或者常务委员会组成人员，依照法律规定程序就预算、决算中的有关问题提出询问或者质询，受询问或者受质询的有关的政府或者财政部门必须及时给予答复。

第六十九条　各级政府应当在每一预算年度内至少两次向本级人民代表大会或者其常务委员会作预算执行情况的报告。

第七十条　各级政府监督下级政府的预算执行；下级政府应当定期向上一级政府报告预算执行情况。

第七十一条　各级政府财政部门负责监督检查本级各部门及其所属各单位预算的执行；并向本级政府和上一级政府财政部门报告预算执行情况。

第七十二条　各级政府审计部门对本级各部门、各单位和下级政府的预算执行、决算实行审计监督。

第十章　法律责任

第七十三条　各级政府未经依法批准擅自变更预算，使经批准的收支平衡的预算的总支出超过总收入，或者使经批准的预算中举借债务的数额增加，对负有直接责任的主管人员和其他直接责任人员追究行政责任。

第七十四条 违反法律、行政法规的规定，擅自动用国库库款或者擅自以其他方式支配已入国库的库款的，由政府财政部门责令退还或者追回国库库款，并由上级机关给予负有直接责任的主管人员和其他直接责任人员行政处分。

第七十五条 隐瞒预算收入或者将不应当在预算内支出的款项转为预算内支出的，由上一级政府或者本级政府财政部门责令纠正，并由上级机关给予负有直接责任的主管人员和其他直接责任人员行政处分。

第十一章 附 则

第七十六条 各级政府、各部门、各单位应当加强对预算外资金的管理。预算外资金管理办法由国务院另行规定。各级人民代表大会要加强对预算外资金使用的监督。

第七十七条 民族自治地方的预算管理，依照民族区域自治法的有关规定执行；民族区域自治法没有规定的，依照本法和国务院的有关规定执行。

第七十八条 国务院根据本法制定实施条例。

第七十九条 本法自 1995 年 1 月 1 日施行。1991 年 10 月 21 日国务院发布的《国家预算管理条例》同时废止。

中华人民共和国主席令

第二十四号

《中华人民共和国会计法》已由中华人民共和国第九届全国人民代表大会常务委员会第十二次会议于1999年10月31日修订通过，现将修订后的《中华人民共和国会计法》公布，自2000年7月1日起施行。

中华人民共和国主席　江泽民

一九九九年十月三十一日

中华人民共和国会计法

（1985年1月21日第六届全国人民代表大会常务委员会第九次会议通过，根据1993年12月29日第八届全国人民代表大会常务委员会第五次会议《关于修改〈中华人民共和国会计法〉的决定》修正，1999年10月31日第九届全国人民代表大会常务委员会第十二次会议修订）

第一章 总 则

第一条 为了规范会计行为，保证会计资料真实、完整，加强经济管理和财务管理，提高经济效益，维护社会主义市场经济秩序，制定本法。

第二条 国家机关、社会团体、公司、企业、事业单位和其他组织（以下统称单位）必须依照本法办理会计事务。

第三条 各单位必须依法设置会计账簿，并保证其真实、完整。

第四条 单位负责人对本单位的会计工作和会计资料的真实性、完整性负责。

第五条 会计机构、会计人员依照本法规定进行会计核算，实行会计监督。

任何单位或者个人不得以任何方式授意、指使、强令会计机构、会计人员伪造、变造会计凭证、会计账簿和其他会计资料，提供虚假财务会计报告。

任何单位或者个人不得对依法履行职责、抵制违反本法规定行为的会计人员实行打击报复。

第六条 对认真执行本法，忠于职守，坚持原则，做出显著成绩的会计人员，给予精神的或者物质的奖励。

第七条 国务院财政部门主管全国的会计工作。

县级以上地方各级人民政府财政部门管理本行政区域内的会计工作。

第八条 国家实行统一的会计制度。国家统一的会计制度由国务院财政部门根据本法制定并公布。

国务院有关部门可以依照本法和国家统一的会计制度制定对会计核算和会计监督有特殊要求的行业实施国家统一的会计制度的具体办法或者补充规定，报国务院财政部门审核批准。

中国人民解放军总后勤部可以依照本法和国家统一的会计制度制定军队实施国家统一的会计制度的具体办法，报国务院财政部门备案。

第二章　会计核算

第九条　各单位必须根据实际发生的经济业务事项进行会计核算，填制会计凭证，登记会计账簿，编制财务会计报告。

任何单位不得以虚假的经济业务事项或者资料进行会计核算。

第十条　下列经济业务事项，应当办理会计手续，进行会计核算：

(一)款项和有价证券的收付；

(二)财物的收发、增减和使用；

(三)债权债务的发生和结算；

(四)资本、基金的增减；

(五)收入、支出、费用、成本的计算；

(六)财务成果的计算和处理；

(七)需要办理会计手续、进行会计核算的其他事项。

第十一条　会计年度自公历1月1日起至12月31日止。

第十二条　会计核算以人民币为记账本位币。

业务收支以人民币以外的货币为主的单位，可以选定其中一种货币作为记账本位币，但是编报的财务会计报告应当折算为人民币。

第十三条　会计凭证、会计账簿、财务会计报告和其他会计资料，必须符合国家统一的会计制度的规定。

使用电子计算机进行会计核算的，其软件及其生成的会计凭证、会计账簿、财务会计报告和其他会计资料，也必须符合国家统一的会计制度的规定。

任何单位和个人不得伪造、变造会计凭证、会计账簿及其他会计资料，不得提供虚假的财务会计报告。

第十四条　会计凭证包括原始凭证和记账凭证。

办理本法第十条所列的经济业务事项，必须填制或者取得原始凭证并及时送交会计机构。

会计机构、会计人员必须按照国家统一的会计制度的规定对原始凭证进行审核，对不真实、不合法的原始凭证有权不予接受，并向单位负责人报告；对记载不准确、不完整的原始凭证予以退回，并要求按照国家统一的会计制度的规定更正、补充。

原始凭证记载的各项内容均不得涂改；原始凭证有错误的，应当由出具单位重开或者更正，更正处应当加盖出具单位印章。原始凭证金额有错误的，应当由出具单位重开，不得在原始凭证上更正。

记账凭证应当根据经过审核的原始凭证及有关资料编制。

第十五条　会计账簿登记，必须以经过审核的会计凭证为依据，并符合有关法律、行政法规和国家统一的会计制度的规定。会计账簿包括总账、明细账、日记账和其他辅助性账簿。

会计账簿应当按照连续编号的页码顺序登记。会计账簿记录发生错误或者隔页、缺号、跳行的，应当按照国家统一的会计制度规定的方法更正，并由会计人员和会计机构负责人(会计主管人员)在更正处盖章。

使用电子计算机进行会计核算的，其会计账簿的登记、更正，应当符合国家统一的会计制度的规定。

第十六条 各单位发生的各项经济业务事项应当在依法设置的会计账簿上统一登记、核算，不得违反本法和国家统一的会计制度的规定私设会计账簿登记、核算。

第十七条 各单位应当定期将会计账簿记录与实物、款项及有关资料相互核对，保证会计账簿记录与实物及款项的实有数额相符、会计账簿记录与会计凭证的有关内容相符、会计账簿之间相对应的记录相符、会计账簿记录与会计报表的有关内容相符。

第十八条 各单位采用的会计处理方法，前后各期应当一致，不得随意变更；确有必要变更的，应当按照国家统一的会计制度的规定变更，并将变更的原因、情况及影响在财务会计报告中说明。

第十九条 单位提供的担保、未决诉讼等或有事项，应当按照国家统一的会计制度的规定，在财务会计报告中予以说明。

第二十条 财务会计报告应当根据经过审核的会计账簿记录和有关资料编制，并符合本法和国家统一的会计制度关于财务会计报告的编制要求、提供对象和提供期限的规定；其他法律、行政法规另有规定的，从其规定。

财务会计报告由会计报表、会计报表附注和财务情况说明书组成。向不同的会计资料使用者提供的财务会计报告，其编制依据应当一致。有关法律、行政法规规定会计报表、会计报表附注和财务情况说明书须经注册会计师审计的，注册会计师及其所在的会计师事务所出具的审计报告应当随同财务会计报告一并提供。

第二十一条 财务会计报告应当由单位负责人和主管会计工作的负责人、会计机构负责人（会计主管人员）签名并盖章；设置总会计师的单位，还须由总会计师签名并盖章。

单位负责人应当保证财务会计报告真实、完整。

第二十二条 会计记录的文字应当使用中文。在民族自治地方，会计记录可以同时使用当地通用的一种民族文字。在中华人民共和国境内的外商投资企业、外国企业和其他外国组织的会计记录可以同时使用一种外国文字。

第二十三条 各单位对会计凭证、会计账簿、财务会计报告和其他会计资料应当建立档案，妥善保管。会计档案的保管期限和销毁办法，由国务院财政部门会同有关部门制定。

第三章 公司、企业会计核算的特别规定

第二十四条 公司、企业进行会计核算，除应当遵守本法第二章的规定外，还应当遵守本章规定。

第二十五条 公司、企业必须根据实际发生的经济业务事项，按照国家统一的会计制度的规定确认、计量和记录资产、负债、所有者权益、收入、费用、成本和利润。

第二十六条 公司、企业进行会计核算不得有下列行为：

（一）随意改变资产、负债、所有者权益的确认标准或者计量方法，虚列、多列、不列或者少列资产、负债、所有者权益；

（二）虚列或者隐瞒收入，推迟或者提前确认收入；

(三)随意改变费用、成本的确认标准或者计量方法,虚列、多列、不列或者少列费用、成本;

(四)随意调整利润的计算、分配方法,编造虚假利润或者隐瞒利润;

(五)违反国家统一的会计制度规定的其他行为。

第四章 会计监督

第二十七条 各单位应当建立、健全本单位内部会计监督制度。单位内部会计监督制度应当符合下列要求:

(一)记账人员与经济业务事项和会计事项的审批人员、经办人员、财物保管人员的职责权限应当明确,并相互分离、相互制约;

(二)重大对外投资、资产处置、资金调度和其他重要经济业务事项的决策和执行的相互监督、相互制约程序应当明确;

(三)财产清查的范围、期限和组织程序应当明确;

(四)对会计资料定期进行内部审计的办法和程序应当明确。

第二十八条 单位负责人应当保证会计机构、会计人员依法履行职责,不得授意、指使、强令会计机构、会计人员违法办理会计事项。

会计机构、会计人员对违反本法和国家统一的会计制度规定的会计事项,有权拒绝办理或者按照职权予以纠正。

第二十九条 会计机构、会计人员发现会计账簿记录与实物、款项及有关资料不相符的,按照国家统一的会计制度的规定有权自行处理的,应当及时处理;无权处理的,应当立即向单位负责人报告,请求查明原因,做出处理。

第三十条 任何单位和个人对违反本法和国家统一的会计制度规定的行为,有权检举。收到检举的部门有权处理的,应当依法按照职责分工及时处理;无权处理的,应当及时移送有权处理的部门处理。收到检举的部门、负责处理的部门应当为检举人保密,不得将检举人姓名和检举材料转给被检举单位和被检举人个人。

第三十一条 有关法律、行政法规规定,须经注册会计师进行审计的单位,应当向受委托的会计师事务所如实提供会计凭证、会计账簿、财务会计报告和其他会计资料以及有关情况。

任何单位或者个人不得以任何方式要求或者示意注册会计师及其所在的会计师事务所出具不实或者不当的审计报告。

财政部门有权对会计师事务所出具审计报告的程序和内容进行监督。

第三十二条 财政部门对各单位的下列情况实施监督:

(一)是否依法设置会计账簿;

(二)会计凭证、会计账簿、财务会计报告和其他会计资料是否真实、完整;

(三)会计核算是否符合本法和国家统一的会计制度的规定;

(四)从事会计工作的人员是否具备从业资格。

在对前款第(二)项所列事项实施监督,发现重大违法嫌疑时,国务院财政部门及其派出机构可以向与被监督单位有经济业务往来的单位和被监督单位开立账户的金融机构查询有关情况,有关单位和金融机构应当给予支持。

第三十三条 财政、审计、税务、人民银行、证券监管、保险监管等部门应当依照有关法律、行政法规规定的职责，对有关单位的会计资料实施监督检查。

前款所列监督检查部门对有关单位的会计资料依法实施监督检查后，应当出具检查结论。有关监督检查部门已经作出的检查结论能够满足其他监督检查部门履行本部门职责需要的，其他监督检查部门应当加以利用，避免重复查账。

第三十四条 依法对有关单位的会计资料实施监督检查的部门及其工作人员对在监督检查中知悉的国家秘密和商业秘密负有保密义务。

第三十五条 各单位必须依照有关法律、行政法规的规定，接受有关监督检查部门依法实施的监督检查，如实提供会计凭证、会计账簿、财务会计报告和其他会计资料以及有关情况，不得拒绝、隐匿、谎报。

第五章　会计机构和会计人员

第三十六条 各单位应当根据会计业务的需要，设置会计机构，或者在有关机构中设置会计人员并指定会计主管人员；不具备设置条件的，应当委托经批准设立从事会计代理记账业务的中介机构代理记账。

国有的和国有资产占控股地位或者主导地位的大、中型企业必须设置总会计师。总会计师的任职资格、任免程序、职责权限由国务院规定。

第三十七条 会计机构内部应当建立稽核制度。

出纳人员不得兼任稽核、会计档案保管和收入、支出、费用、债权债务账目的登记工作。

第三十八条 从事会计工作的人员，必须取得会计从业资格证书。

担任单位会计机构负责人（会计主管人员）的，除取得会计从业资格证书外，还应当具备会计师以上专业技术职务资格或者从事会计工作三年以上经历。

会计人员从业资格管理办法由国务院财政部门规定。

第三十九条 会计人员应当遵守职业道德，提高业务素质。对会计人员的教育和培训工作应当加强。

第四十条 因有提供虚假财务会计报告，做假账，隐匿或者故意销毁会计凭证、会计账簿、财务会计报告，贪污，挪用公款，职务侵占等与会计职务有关的违法行为被依法追究刑事责任的人员，不得取得或者重新取得会计从业资格证书。

除前款规定的人员外，因违法违纪行为被吊销会计从业资格证书的人员，自被吊销会计从业资格证书之日起五年内，不得重新取得会计从业资格证书。

第四十一条 会计人员调动工作或者离职，必须与接管人员办清交接手续。

一般会计人员办理交接手续，由会计机构负责人（会计主管人员）监交；会计机构负责人（会计主管人员）办理交接手续，由单位负责人监交，必要时主管单位可以派人会同监交。

第六章　法律责任

第四十二条 违反本法规定，有下列行为之一的，由县级以上人民政府财政部门责令限期改正，可以对单位并处三千元以上五万元以下的罚款；对其直接负责的主管人员和其他直接责

任人员,可以处二千元以上二万元以下的罚款;属于国家工作人员的,还应当由其所在单位或者有关单位依法给予行政处分:

(一)不依法设置会计账簿的;

(二)私设会计账簿的;

(三)未按照规定填制、取得原始凭证或者填制、取得的原始凭证不符合规定的;

(四)以未经审核的会计凭证为依据登记会计账簿或者登记会计账簿不符合规定的;

(五)随意变更会计处理方法的;

(六)向不同的会计资料使用者提供的财务会计报告编制依据不一致的;

(七)未按照规定使用会计记录文字或者记账本位币的;

(八)未按照规定保管会计资料,致使会计资料毁损、灭失的;

(九)未按照规定建立并实施单位内部会计监督制度或者拒绝依法实施的监督或者不如实提供有关会计资料及有关情况的;

(十)任用会计人员不符合本法规定的。

有前款所列行为之一,构成犯罪的,依法追究刑事责任。

会计人员有第一款所列行为之一,情节严重的,由县级以上人民政府财政部门吊销会计从业资格证书。

有关法律对第一款所列行为的处罚另有规定的,依照有关法律的规定办理。

第四十三条　伪造、变造会计凭证、会计账簿,编制虚假财务会计报告,构成犯罪的,依法追究刑事责任。

有前款行为,尚不构成犯罪的,由县级以上人民政府财政部门予以通报,可以对单位并处五千元以上十万元以下的罚款;对其直接负责的主管人员和其他直接责任人员,可以处三千元以上五万元以下的罚款;属于国家工作人员的,还应当由其所在单位或者有关单位依法给予撤职直至开除的行政处分;对其中的会计人员,并由县级以上人民政府财政部门吊销会计从业资格证书。

第四十四条　隐匿或者故意销毁依法应当保存的会计凭证、会计账簿、财务会计报告,构成犯罪的,依法追究刑事责任。

有前款行为,尚不构成犯罪的,由县级以上人民政府财政部门予以通报,可以对单位并处五千元以上十万元以下的罚款;对其直接负责的主管人员和其他直接责任人员,可以处三千元以上五万元以下的罚款;属于国家工作人员的,还应当由其所在单位或者有关单位依法给予撤职直至开除的行政处分;对其中的会计人员,并由县级以上人民政府财政部门吊销会计从业资格证书。

第四十五条　授意、指使、强令会计机构、会计人员及其他人员伪造、变造会计凭证、会计账簿,编制虚假财务会计报告或者隐匿、故意销毁依法应当保存的会计凭证、会计账簿、财务会计报告,构成犯罪的,依法追究刑事责任;尚不构成犯罪的,可以处五千元以上五万元以下的罚款;属于国家工作人员的,还应当由其所在单位或者有关单位依法给予降级、撤职、开除的行政处分。

第四十六条　单位负责人对依法履行职责、抵制违反本法规定行为的会计人员以降级、撤职、调离工作岗位、解聘或者开除等方式实行打击报复，构成犯罪的，依法追究刑事责任；尚不构成犯罪的，由其所在单位或者有关单位依法给予行政处分。对受打击报复的会计人员，应当恢复其名誉和原有职务、级别。

第四十七条 财政部门及有关行政部门的工作人员在实施监督管理中滥用职权、玩忽职守、徇私舞弊或者泄露国家秘密、商业秘密，构成犯罪的，依法追究刑事责任；尚不构成犯罪的，依法给予行政处分。

第四十八条 违反本法第三十条规定，将检举人姓名和检举材料转给被检举单位和被检举人个人的，由所在单位或者有关单位依法给予行政处分。

第四十九条 违反本法规定，同时违反其他法律规定的，由有关部门在各自职权范围内依法进行处罚。

第七章 附 则

第五十条 本法下列用语的含义：

单位负责人，是指单位法定代表人或者法律、行政法规规定代表单位行使职权的主要负责人。

国家统一的会计制度，是指国务院财政部门根据本法制定的关于会计核算、会计监督、会计机构和会计人员以及会计工作管理的制度。

第五十一条 个体工商户会计管理的具体办法，由国务院财政部门根据本法的原则另行规定。

第五十二条 本法自 2000 年 7 月 1 日起施行。

中华人民共和国主席令

第四十八号

《全国人民代表大会常务委员会关于修改〈中华人民共和国审计法〉的决定》已由中华人民共和国第十届全国人民代表大会常务委员会第二十次会议于2006年2月28日通过，现予公布，自2006年6月1日起施行。

中华人民共和国主席　胡锦涛

二〇〇六年二月二十八日

中华人民共和国审计法

（1994年8月31日第八届全国人民代表大会常务委员会第九次会议通过，根据2006年2月28日第十届全国人民代表大会常务委员会第二十次会议《关于修改〈中华人民共和国审计法〉的决定》修正）

第一章 总 则

第一条 为了加强国家的审计监督，维护国家财政经济秩序，提高财政资金使用效益，促进廉政建设，保障国民经济和社会健康发展，根据宪法，制定本法。

第二条 国家实行审计监督制度。国务院和县级以上地方人民政府设立审计机关。

国务院各部门和地方各级人民政府及其各部门的财政收支，国有的金融机构和企业事业组织的财务收支，以及其他依照本法规定应当接受审计的财政收支、财务收支，依照本法规定接受审计监督。

审计机关对前款所列财政收支或者财务收支的真实、合法和效益，依法进行审计监督。

第三条 审计机关依照法律规定的职权和程序，进行审计监督。

审计机关依据有关财政收支、财务收支的法律、法规和国家其他有关规定进行审计评价，在法定职权范围内做出审计决定。

第四条 国务院和县级以上地方人民政府应当每年向本级人民代表大会常务委员会提出审计机关对预算执行和其他财政收支的审计工作报告。审计工作报告应当重点报告对预算执行的审计情况。必要时，人民代表大会常务委员会可以对审计工作报告做出决议。

国务院和县级以上地方人民政府应当将审计工作报告中指出的问题的纠正情况和处理结果向本级人民代表大会常务委员会报告。

第五条 审计机关依照法律规定独立行使审计监督权，不受其他行政机关、社会团体和个人的干涉。

第六条 审计机关和审计人员办理审计事项，应当客观公正，实事求是，廉洁奉公，保守秘密。

第二章 审计机关和审计人员

第七条 国务院设立审计署，在国务院总理领导下，主管全国的审计工作。审计长是审计署的行政首长。

第八条 省、自治区、直辖市、设区的市、自治州、县、自治县、不设区的市、市辖区的人民政府的审计机关，分别在省长、自治区主席、市长、州长、县长、区长和上一级审计机关的领导下，负责本行政区域内的审计工作。

第九条 地方各级审计机关对本级人民政府和上一级审计机关负责并报告工作，审计业务以上级审计机关领导为主。

第十条 审计机关根据工作需要，经本级人民政府批准，可以在其审计管辖范围内设立派出机构。

派出机构根据审计机关的授权，依法进行审计工作。

第十一条 审计机关履行职责所必需的经费，应当列入财政预算，由本级人民政府予以保证。

第十二条 审计人员应当具备与其从事的审计工作相适应的专业知识和业务能力。

第十三条 审计人员办理审计事项，与被审计单位或者审计事项有利害关系的，应当回避。

第十四条 审计人员对其在执行职务中知悉的国家秘密和被审计单位的商业秘密，负有保密的义务。

第十五条 审计人员依法执行职务，受法律保护。

任何组织和个人不得拒绝、阻碍审计人员依法执行职务，不得打击报复审计人员。

审计机关负责人依照法定程序任免。审计机关负责人没有违法失职或者其他不符合任职条件的情况的，不得随意撤换。地方各级审计机关负责人的任免，应当事先征求上一级审计机关的意见。

第三章 审计机关职责

第十六条 审计机关对本级各部门(含直属单位)和下级政府预算的执行情况和决算以及其他财政收支情况，进行审计监督。

第十七条 审计署在国务院总理领导下，对中央预算执行情况和其他财政收支情况进行审计监督，向国务院总理提出审计结果报告。

地方各级审计机关分别在省长、自治区主席、市长、州长、县长、区长和上一级审计机关的领导下，对本级预算执行情况和其他财政收支情况进行审计监督，向本级人民政府和上一级审计机关提出审计结果报告。

第十八条 审计署对中央银行的财务收支，进行审计监督。审计机关对国有金融机构的资产、负债、损益，进行审计监督。

第十九条 审计机关对国家的事业组织和使用财政资金的其他事业组织的财务收支，进行审计监督。

第二十条 审计机关对国有企业的资产、负债、损益，进行审计监督。

第二十一条 对国有资本占控股地位或者主导地位的企业、金融机构的审计监督，由国务院规定。

第二十二条 审计机关对政府投资和以政府投资为主的建设项目的预算执行情况和决

算，进行审计监督。

第二十三条 审计机关对政府部门管理的和其他单位受政府委托管理的社会保障基金、社会捐赠资金以及其他有关基金、资金的财务收支，进行审计监督。

第二十四条 审计机关对国际组织和外国政府援助、贷款项目的财务收支，进行审计监督。

第二十五条 审计机关按照国家有关规定，对国家机关和依法属于审计机关审计监督对象的其他单位的主要负责人，在任职期间对本地区、本部门或者本单位的财政收支、财务收支以及有关经济活动应负经济责任的履行情况，进行审计监督。

第二十六条 除本法规定的审计事项外，审计机关对其他法律、行政法规规定应当由审计机关进行审计的事项，依照本法和有关法律、行政法规的规定进行审计监督。

第二十七条 审计机关有权对与国家财政收支有关的特定事项，向有关地方、部门、单位进行专项审计调查，并向本级人民政府和上一级审计机关报告审计调查结果。

第二十八条 审计机关根据被审计单位的财政、财务隶属关系或者国有资产监督管理关系，确定审计管辖范围。

审计机关之间对审计管辖范围有争议的，由其共同的上级审计机关确定。

上级审计机关可以将其审计管辖范围内的本法第十八条第二款至第二十五条规定的审计事项，授权下级审计机关进行审计；上级审计机关对下级审计机关审计管辖范围内的重大审计事项，可以直接进行审计，但是应当防止不必要的重复审计。

第二十九条 依法属于审计机关审计监督对象的单位，应当按照国家有关规定建立健全内部审计制度；其内部审计工作应当接受审计机关的业务指导和监督。

第三十条 社会审计机构审计的单位依法属于审计机关审计监督对象的，审计机关按照国务院的规定，有权对该社会审计机构出具的相关审计报告进行核查。

第四章 审计机关权限

第三十一条 审计机关有权要求被审计单位按照审计机关的规定提供预算或者财务收支计划、预算执行情况、决算、财务会计报告，运用电子计算机储存、处理的财政收支、财务收支电子数据和必要的电子计算机技术文档，在金融机构开立账户的情况，社会审计机构出具的审计报告，以及其他与财政收支或者财务收支有关的资料，被审计单位不得拒绝、拖延、谎报。

被审计单位负责人对本单位提供的财务会计资料的真实性和完整性负责。

第三十二条 审计机关进行审计时，有权检查被审计单位的会计凭证、会计账簿、财务会计报告和运用电子计算机管理财政收支、财务收支电子数据的系统，以及其他与财政收支、财务收支有关的资料和资产，被审计单位不得拒绝。

第三十三条 审计机关进行审计时，有权就审计事项的有关问题向有关单位和个人进行调查，并取得有关证明材料。有关单位和个人应当支持、协助审计机关工作，如实向审计机关反映情况，提供有关证明材料。

审计机关经县级以上人民政府审计机关负责人批准，有权查询被审计单位在金融机构的账户。

审计机关有证据证明被审计单位以个人名义存储公款的,经县级以上人民政府审计机关主要负责人批准,有权查询被审计单位以个人名义在金融机构的存款。

第三十四条　审计机关进行审计时,被审计单位不得转移、隐匿、篡改、毁弃会计凭证、会计账簿、财务会计报告以及其他与财政收支或者财务收支有关的资料,不得转移、隐匿所持有的违反国家规定取得的资产。

审计机关对被审计单位违反前款规定的行为,有权予以制止;必要时,经县级以上人民政府审计机关负责人批准,有权封存有关资料和违反国家规定取得的资产;对其中在金融机构的有关存款需要予以冻结的,应当向人民法院提出申请。

审计机关对被审计单位正在进行的违反国家规定的财政收支、财务收支行为,有权予以制止;制止无效的,经县级以上人民政府审计机关负责人批准,通知财政部门和有关主管部门暂停拨付与违反国家规定的财政收支、财务收支行为直接有关的款项,已经拨付的,暂停使用。

审计机关采取前两款规定的措施不得影响被审计单位合法的业务活动和生产经营活动。

第三十五条　审计机关认为被审计单位所执行的上级主管部门有关财政收支、财务收支的规定与法律、行政法规相抵触的,应当建议有关主管部门纠正;有关主管部门不予纠正的,审计机关应当提请有权处理的机关依法处理。

第三十六条　审计机关可以向政府有关部门通报或者向社会公布审计结果。

审计机关通报或者公布审计结果,应当依法保守国家秘密和被审计单位的商业秘密,遵守国务院的有关规定。

第三十七条　审计机关履行审计监督职责,可以提请公安、监察、财政、税务、海关、价格、工商行政管理等机关予以协助。

第五章　审计程序

第三十八条　审计机关根据审计项目计划确定的审计事项组成审计组,并应当在实施审计三日前,向被审计单位送达审计通知书;遇有特殊情况,经本级人民政府批准,审计机关可以直接持审计通知书实施审计。

被审计单位应当配合审计机关的工作,并提供必要的工作条件。

审计机关应当提高审计工作效率。

第三十九条　审计人员通过审查会计凭证、会计账簿、财务会计报告,查阅与审计事项有关的文件、资料,检查现金、实物、有价证券,向有关单位和个人调查等方式进行审计,并取得证明材料。

审计人员向有关单位和个人进行调查时,应当出示审计人员的工作证件和审计通知书副本。

第四十条　审计组对审计事项实施审计后,应当向审计机关提出审计组的审计报告。审计组的审计报告报送审计机关前,应当征求被审计对象的意见。被审计对象应当自接到审计组的审计报告之日起十日内,将其书面意见送交审计组。审计组应当将被审计对象的书面意见一并报送审计机关。

第四十一条　审计机关按照审计署规定的程序对审计组的审计报告进行审议,并对被审计对象对审计组的审计报告提出的意见一并研究后，提出审计机关的审计报告；对违反国家规定的财政收支、财务收支行为，依法应当给予处理、处罚的，在法定职权范围内做出审计决定或者向有关主管机关提出处理、处罚的意见。

审计机关应当将审计机关的审计报告和审计决定送达被审计单位和有关主管机关、单位。审计决定自送达之日起生效。

第四十二条 上级审计机关认为下级审计机关做出的审计决定违反国家有关规定的，可以责成下级审计机关予以变更或者撤销，必要时也可以直接做出变更或者撤销的决定。

第六章 法律责任

第四十三条 被审计单位违反本法规定，拒绝或者拖延提供与审计事项有关的资料的，或者提供的资料不真实、不完整的，或者拒绝、阻碍检查的，由审计机关责令改正，可以通报批评，给予警告；拒不改正的，依法追究责任。

第四十四条 被审计单位违反本法规定，转移、隐匿、篡改、毁弃会计凭证、会计账簿、财务会计报告以及其他与财政收支、财务收支有关的资料，或者转移、隐匿所持有的违反国家规定取得的资产，审计机关认为对直接负责的主管人员和其他直接责任人员依法应当给予处分的，应当提出给予处分的建议，被审计单位或者其上级机关、监察机关应当依法及时做出决定，并将结果书面通知审计机关；构成犯罪的，依法追究刑事责任。

第四十五条 对本级各部门（含直属单位）和下级政府违反预算的行为或者其他违反国家规定的财政收支行为，审计机关、人民政府或者有关主管部门在法定职权范围内，依照法律、行政法规的规定，区别情况采取下列处理措施：

（一）责令限期缴纳应当上缴的款项；

（二）责令限期退还被侵占的国有资产；

（三）责令限期退还违法所得；

（四）责令按照国家统一的会计制度的有关规定进行处理；

（五）其他处理措施。

第四十六条 对被审计单位违反国家规定的财务收支行为，审计机关、人民政府或者有关主管部门在法定职权范围内，依照法律、行政法规的规定，区别情况采取前条规定的处理措施，并可以依法给予处罚。

第四十七条 审计机关在法定职权范围内做出的审计决定，被审计单位应当执行。

审计机关依法责令被审计单位上缴应当上缴的款项，被审计单位拒不执行的，审计机关应当通报有关主管部门，有关主管部门应当依照有关法律、行政法规的规定予以扣缴或者采取其他处理措施，并将结果书面通知审计机关。

第四十八条 被审计单位对审计机关做出的有关财务收支的审计决定不服的，可以依法申请行政复议或者提起行政诉讼。

被审计单位对审计机关做出的有关财政收支的审计决定不服的，可以提请审计机关的本级人民政府裁决，本级人民政府的裁决为最终决定。

第四十九条 被审计单位的财政收支、财务收支违反国家规定，审计机关认为对直接负责的主管人员和其他直接责任人员依法应当给予处分的，应当提出给予处分的建议，被审计单位或者其上级机关、监察机关应当依法及时做出决定，并将结果书面通知审计机关。

第五十条　被审计单位的财政收支、财务收支违反法律、行政法规的规定，构成犯罪的，依法追究刑事责任。

第五十一条　报复陷害审计人员的，依法给予处分；构成犯罪的，依法追究刑事责任。

第五十二条　审计人员滥用职权、徇私舞弊、玩忽职守或者泄露所知悉的国家秘密、商业秘密的，依法给予处分；构成犯罪的，依法追究刑事责任。

第七章　附　则

第五十三条　中国人民解放军审计工作的规定，由中央军事委员会根据本法制定。

第五十四条　本法自1995年1月1日起施行。1988年11月30日国务院发布的《中华人民共和国审计条例》同时废止。

中华人民共和国主席令

第二十二号

《全国人民代表大会常务委员会关于修改〈中华人民共和国票据法〉的决定》已由中华人民共和国第十届全国人民代表大会常务委员会第十一次会议于2004年8月28日通过，现予公布，自公布之日起施行。

中华人民共和国主席　胡锦涛

二〇〇四年八月二十八日

中华人民共和国票据法

（1995年5月10日第八届全国人民代表大会常务委员会第十三次会议通过，根据
2004年8月28日第十届全国人民代表大会常务委员会第十一次会议
《关于修改〈中华人民共和国票据法〉的决定》修正）

第一章　总　则

第一条　为了规范票据行为，保障票据活动中当事人的合法权益，维护社会经济秩序，促进社会主义市场经济的发展，制定本法。

第二条　在中华人民共和国境内的票据活动，适用本法。

本法所称票据，是指汇票、本票和支票。

第三条　票据活动应当遵守法律、行政法规，不得损害社会公共利益。

第四条　票据出票人制作票据，应当按照法定条件在票据上签章，并按照所记载的事项承担票据责任。

持票人行使票据权利，应当按照法定程序在票据上签章，并出示票据。

其他票据债务人在票据上签章的，按照票据所记载的事项承担票据责任。

本法所称票据权利，是指持票人向票据债务人请求支付票据金额的权利，包括付款请求权和追索权。

本法所称票据责任，是指票据债务人向持票人支付票据金额的义务。

第五条　票据当事人可以委托其代理人在票据上签章，并应当在票据上表明其代理关系。

没有代理权而以代理人名义在票据上签章的，应当由签章人承担票据责任；代理人超越代理权限的，应当就其超越权限的部分承担票据责任。

第六条　无民事行为能力人或者限制民事行为能力人在票据上签章的，其签章无效，但是不影响其他签章的效力。

第七条　票据上的签章，为签名、盖章或者签名加盖章。

法人和其他使用票据的单位在票据上的签章，为该法人或者该单位的盖章加其法定代表人或者其授权的代理人的签章。

在票据上的签名，应当为该当事人的本名。

第八条 票据金额以中文大写和数码同时记载，二者必须一致，二者不一致的，票据无效。

第九条 票据上的记载事项必须符合本法的规定。

票据金额、日期、收款人名称不得更改，更改的票据无效。

对票据上的其他记载事项，原记载人可以更改，更改时应当由原记载人签章证明。

第十条 票据的签发、取得和转让，应当遵循诚实信用的原则，具有真实的交易关系和债权债务关系。

票据的取得，必须给付对价，即应当给付票据双方当事人认可的相对应的代价。

第十一条 因税收、继承、赠与可以依法无偿取得票据的，不受给付对价的限制。但是，所享有的票据权利不得优于其前手的权利。

前手是指在票据签章人或者持票人之前签章的其他票据债务人。

第十二条 以欺诈、偷盗或者胁迫等手段取得票据的，或者明知有前列情形，出于恶意取得票据的，不得享有票据权利。

持票人因重大过失取得不符合本法规定的票据的，也不得享有票据权利。

第十三条 票据债务人不得以自己与出票人或者与持票人的前手之间的抗辩事由，对抗持票人。但是，持票人明知存在抗辩事由而取得票据的除外。

票据债务人可以对不履行约定义务的与自己有直接债权债务关系的持票人，进行抗辩。

本法所称抗辩，是指票据债务人根据本法规定对票据债权人拒绝履行义务的行为。

第十四条 票据上的记载事项应当真实，不得伪造、变造。伪造、变造票据上的签章和其他记载事项的，应当承担法律责任。

票据上有伪造、变造的签章的，不影响票据上其他真实签章的效力。

票据上其他记载事项被变造的，在变造之前签章的人，对原记载事项负责；在变造之后签章的人，对变造之后的记载事项负责；不能辨别是在票据被变造之前或者之后签章的，视同在变造之前签章。

第十五条 票据丧失，失票人可以及时通知票据的付款人挂失止付，但是，未记载付款人或者无法确定付款人及其代理付款人的票据除外。

收到挂失止付通知的付款人，应当暂停支付。

失票人应当在通知挂失止付后三日内，也可以在票据丧失后，依法向人民法院申请公示催告，或者向人民法院提起诉讼。

第十六条 持票人对票据债务人行使票据权利，或者保全票据权利，应当在票据当事人的营业场所和营业时间内进行，票据当事人无营业场所的，应当在其住所进行。

第十七条 票据权利在下列期限内不行使而消灭：

（一）持票人对票据的出票人和承兑人的权利，自票据到期日起二年。见票即付的汇票、本票，自出票日起二年；

（二）持票人对支票出票人的权利，自出票日起六个月；

（三）持票人对前手的追索权，自被拒绝承兑或者被拒绝付款之日起六个月；

（四）持票人对前手的再追索权，自清偿日或者被提起诉讼之日起三个月。

票据的出票日、到期日由票据当事人依法确定。

第十八条 持票人因超过票据权利时效或者因票据记载事项欠缺而丧失票据权利的，仍享有民事权利，可以请求出票人或者承兑人返还其与未支付的票据金额相当的利益。

第二章 汇 票

第一节 出票

第十九条 汇票是出票人签发的，委托付款人在见票时或者在指定日期无条件支付确定的金额给收款人或者持票人的票据。

汇票分为银行汇票和商业汇票。

第二十条 出票是指出票人签发票据并将其交付给收款人的票据行为。

第二十一条 汇票的出票人必须与付款人具有真实的委托付款关系，并且具有支付汇票金额的可靠资金来源。

不得签发无对价的汇票用以骗取银行或者其他票据当事人的资金。

第二十二条 汇票必须记载下列事项：

(一)表明“汇票”的字样；

(二)无条件支付的委托；

(三)确定的金额；

(四)付款人名称；

(五)收款人名称；

(六)出票日期；

(七)出票人签章。

汇票上未记载前款规定事项之一的，汇票无效。

第二十三条 汇票上记载付款日期、付款地、出票地等事项的，应当清楚、明确。

汇票上未记载付款日期的，为见票即付。

汇票上未记载付款地的，付款人的营业场所、住所或者经常居住地为付款地。

汇票上未记载出票地的，出票人的营业场所、住所或者经常居住地为出票地。

第二十四条 汇票上可以记载本法规定事项以外的其他出票事项，但是该记载事项不具有汇票上的效力。

第二十五条 付款日期可以按照下列形式之一记载：

(一)见票即付；

(二)定日付款；

(三)出票后定期付款；

(四)见票后定期付款。

前款规定的付款日期为汇票到期日。

第二十六条 出票人签发汇票后，即承担保证该汇票承兑和付款的责任。出票人在汇票得不到承兑或者付款时，应当向持票人清偿本法第七十条、第七十一条规定的金额和费用。

第二节 背书

第二十七条 持票人可以将汇票权利转让给他人或者将一定的汇票权利授予他人行使。

出票人在汇票上记载“不得转让”字样的，汇票不得转让。

持票人行使第一款规定的权利时，应当背书并交付汇票。

背书是指在票据背面或者粘单上记载有关事项并签章的票据行为。

第二十八条 票据凭证不能满足背书人记载事项的需要，可以加附粘单，黏附于票据凭证上。

粘单上的第一记载人，应当在汇票和粘单的黏接处签章。

第二十九条 背书由背书人签章并记载背书日期。

背书未记载日期的，视为在汇票到期日前背书。

第三十条 汇票以背书转让或者以背书将一定的汇票权利授予他人行使时，必须记载被背书人名称。

第三十一条 以背书转让的汇票，背书应当连续。持票人以背书的连续，证明其汇票权利；非经背书转让，而以其他合法方式取得汇票的，依法举证，证明其汇票权利。

前款所称背书连续，是指在票据转让中，转让汇票的背书人与受让汇票的被背书人在汇票上的签章依次前后衔接。

第三十二条 以背书转让的汇票，后手应当对其直接前手背书的真实性负责。

后手是指在票据签章人之后签章的其他票据债务人。

第三十三条 背书不得附有条件。背书时附有条件的，所附条件不具有汇票上的效力。

将汇票金额的一部分转让的背书或者将汇票金额分别转让给二人以上的背书无效。

第三十四条 背书人在汇票上记载“不得转让”字样，其后手再背书转让的，原背书人对后手的被背书人不承担保证责任。

第三十五条 背书记载“委托收款”字样的，被背书人有权代背书人行使被委托的汇票权利。但是，被背书人不得再以背书转让汇票权利。

汇票可以设定质押；质押时应当以背书记载“质押”字样。被背书人依法实现其质权时，可以行使汇票权利。

第三十六条 汇票被拒绝承兑、被拒绝付款或者超过付款提示期限的，不得背书转让；背书转让的，背书人应当承担汇票责任。

第三十七条 背书人以背书转让汇票后，即承担保证其后手所持汇票承兑和付款的责任。背书人在汇票得不到承兑或者付款时，应当向持票人清偿本法第七十条、第七十一条规定的金额和费用。

第三节 承兑

第三十八条 承兑是指汇票付款人承诺在汇票到期日支付汇票金额的票据行为。

第三十九条 定日付款或者出票后定期付款的汇票，持票人应当在汇票到期日前向付款人提示承兑。

提示承兑是指持票人向付款人出示汇票，并要求付款人承诺付款的行为。

第四十条 见票后定期付款的汇票，持票人应当自出票日起一个月内向付款人提示承兑。

汇票未按照规定期限提示承兑的，持票人丧失对其前手的追索权。

见票即付的汇票无需提示承兑。

第四十一条　付款人对向其提示承兑的汇票,应当自收到提示承兑的汇票之日起三日内承兑或者拒绝承兑。

付款人收到持票人提示承兑的汇票时,应当向持票人签发收到汇票的回单。回单上应当记明汇票提示承兑日期并签章。

第四十二条　付款人承兑汇票的,应当在汇票正面记载“承兑”字样和承兑日期并签章;见票后定期付款的汇票,应当在承兑时记载付款日期。

汇票上未记载承兑日期的,以前条第一款规定期限的最后一日为承兑日期。

第四十三条　付款人承兑汇票,不得附有条件;承兑附有条件的,视为拒绝承兑。

第四十四条　付款人承兑汇票后,应当承担到期付款的责任。

第四节　保证

第四十五条　汇票的债务可以由保证人承担保证责任。

保证人由汇票债务人以外的他人担当。

第四十六条　保证人必须在汇票或者粘单上记载下列事项:

(一)表明“保证”的字样;

(二)保证人名称和住所;

(三)被保证人的名称;

(四)保证日期;

(五)保证人签章。

第四十七条　保证人在汇票或者粘单上未记载前条第(三)项的,已承兑的汇票,承兑人为被保证人;未承兑的汇票,出票人为被保证人。

保证人在汇票或者粘单上未记载前条第(四)项的,出票日期为保证日期。

第四十八条　保证不得附有条件;附有条件的,不影响对汇票的保证责任。

第四十九条　保证人对合法取得汇票的持票人所享有的汇票权利,承担保证责任。但是,被保证人的债务因汇票记载事项欠缺而无效的除外。

第五十条　被保证的汇票,保证人应当与被保证人对持票人承担连带责任。汇票到期后得不到付款的,持票人有权向保证人请求付款,保证人应当足额付款。

第五十一条　保证人为二人以上的,保证人之间承担连带责任。

第五十二条　保证人清偿汇票债务后,可以行使持票人对被保证人及其前手的追索权。

第五节　付款

第五十三条　持票人应当按照下列期限提示付款:

(一)见票即付的汇票,自出票日起一个月内向付款人提示付款;

(二)定日付款、出票后定期付款或者见票后定期付款的汇票,自到期日起十日内向承兑人提示付款。

持票人未按照前款规定期限提示付款的,在做出说明后,承兑人或者付款人仍应当继续对持票人承担付款责任。

通过委托收款银行或者通过票据交换系统向付款人提示付款的,视同持票人提示付款。

第五十四条　持票人依照前条规定提示付款的,付款人必须在当日足额付款。

第五十五条 持票人获得付款的，应当在汇票上签收，并将汇票交给付款人。持票人委托银行收款的，受委托的银行将代收的汇票金额转账收入持票人账户，视同签收。

第五十六条 持票人委托的收款银行的责任，限于按照汇票上记载事项将汇票金额转入持票人账户。

付款人委托的付款银行的责任，限于按照汇票上记载事项从付款人账户支付汇票金额。

第五十七条 付款人及其代理付款人付款时，应当审查汇票背书的连续，并审查提示付款人的合法身份证明或者有效证件。

付款人及其代理付款人以恶意或者有重大过失付款的，应当自行承担责任。

第五十八条 对定日付款、出票后定期付款或者见票后定期付款的汇票，付款人在到期日前付款的，由付款人自行承担所产生的责任。

第五十九条 汇票金额为外币的，按照付款日的市场汇价，以人民币支付。

汇票当事人对汇票支付的货币种类另有约定的，从其约定。

第六十条 付款人依法足额付款后，全体汇票债务人的责任解除。

第六节 追索权

第六十一条 汇票到期被拒绝付款的，持票人可以对背书人、出票人以及汇票的其他债务人行使追索权。

汇票到期日前，有下列情形之一的，持票人也可以行使追索权：

（一）汇票被拒绝承兑的；

（二）承兑人或者付款人死亡、逃匿的；

（三）承兑人或者付款人被依法宣告破产的或者因违法被责令终止业务活动的。

第六十二条 持票人行使追索权时，应当提供被拒绝承兑或者被拒绝付款的有关证明。

持票人提示承兑或者提示付款被拒绝的，承兑人或者付款人必须出具拒绝证明，或者出具退票理由书。未出具拒绝证明或者退票理由书的，应当承担由此产生的民事责任。

第六十三条 持票人因承兑人或者付款人死亡、逃匿或者其他原因，不能取得拒绝证明的，可以依法取得其他有关证明。

第六十四条 承兑人或者付款人被人民法院依法宣告破产的，人民法院的有关司法文书具有拒绝证明的效力。

承兑人或者付款人因违法被责令终止业务活动的，有关行政主管部门的处罚决定具有拒绝证明的效力。

第六十五条 持票人不能出示拒绝证明、退票理由书或者未按照规定期限提供其他合法证明的，丧失对其前手的追索权。但是，承兑人或者付款人仍应当对持票人承担责任。

第六十六条 持票人应当自收到被拒绝承兑或者被拒绝付款的有关证明之日起三日内，将被拒绝事由书面通知其前手；其前手应当自收到通知之日起三日内书面通知其再前手。持票人也可以同时向各汇票债务人发出书面通知。

未按照前款规定期限通知的，持票人仍可以行使追索权。因延期通知给其前手或者出票人造成损失的，由没有按照规定期限通知的汇票当事人，承担对该损失的赔偿责任，但是所赔偿的金额以汇票金额为限。

在规定期限内将通知按照法定地址或者约定的地址邮寄的，视为已经发出通知。

第六十七条　依照前条第一款所作的书面通知，应当记明汇票的主要记载事项，并说明该汇票已被退票。

第六十八条　汇票的出票人、背书人、承兑人和保证人对持票人承担连带责任。

持票人可以不按照汇票债务人的先后顺序，对其中任何一人、数人或者全体行使追索权。

持票人对汇票债务人中的一人或者数人已经进行追索的，对其他汇票债务人仍可以行使追索权。被追索人清偿债务后，与持票人享有同一权利。

第六十九条　持票人为出票人的，对其前手无追索权。持票人为背书人的，对其后手无追索权。

第七十条　持票人行使追索权，可以请求被追索人支付下列金额和费用：

(一)被拒绝付款的汇票金额；

(二)汇票金额自到期日或者提示付款日起至清偿日止，按照中国人民银行规定的利率计算的利息；

(三)取得有关拒绝证明和发出通知书的费用。

被追索人清偿债务时，持票人应当交出汇票和有关拒绝证明，并出具所收到利息和费用的收据。

第七十一条　被追索人依照前条规定清偿后，可以向其他汇票债务人行使再追索权，请求其他汇票债务人支付下列金额和费用：

(一)已清偿的全部金额；

(二)前项金额自清偿日起至再追索清偿日止，按照中国人民银行规定的利率计算的利息；

(三)发出通知书的费用。

行使再追索权的被追索人获得清偿时，应当交出汇票和有关拒绝证明，并出具所收到利息和费用的收据。

第七十二条　被追索人依照前二条规定清偿债务后，其责任解除。

第三章　本　票

第七十三条　本票是出票人签发的，承诺自己在见票时无条件支付确定的金额给收款人或者持票人的票据。

本法所称本票，是指银行本票。

第七十四条　本票的出票人必须具有支付本票金额的可靠资金来源，并保证支付。

第七十五条　本票必须记载下列事项：

(一)表明“本票”的字样；

(二)无条件支付的承诺；

(三)确定的金额；

(四)收款人名称；

(五)出票日期；

(六)出票人签章。

本票上未记载前款规定事项之一的，本票无效。

第七十六条 本票上记载付款地、出票地等事项的，应当清楚、明确。

本票上未记载付款地的，出票人的营业场所为付款地。

本票上未记载出票地的，出票人的营业场所为出票地。

第七十七条 本票的出票人在持票人提示见票时，必须承担付款的责任。

第七十八条 本票自出票日起，付款期限最长不得超过二个月。

第七十九条 本票的持票人未按照规定期限提示见票的，丧失对出票人以外的前手的追索权。

第八十条 本票的背书、保证、付款行为和追索权的行使，除本章规定外，适用本法第二章有关汇票的规定。

本票的出票行为，除本章规定外，适用本法第二十四条关于汇票的规定。

第四章 支 票

第八十一条 支票是出票人签发的，委托办理支票存款业务的银行或者其他金融机构在见票时无条件支付确定的金额给收款人或者持票人的票据。

第八十二条 开立支票存款账户，申请人必须使用其本名，并提交证明其身份的合法证件。

开立支票存款账户和领用支票，应当有可靠的资信，并存入一定的资金。

开立支票存款账户，申请人应当预留其本名的签名式样和印鉴。

第八十三条 支票可以支取现金，也可以转账，用于转账时，应当在支票正面注明。

支票中专门用于支取现金的，可以另行制作现金支票，现金支票只能用于支取现金。

支票中专门用于转账的，可以另行制作转账支票，转账支票只能用于转账，不得支取现金。

第八十四条 支票必须记载下列事项：

（一）表明“支票”的字样；

（二）无条件支付的委托；

（三）确定的金额；

（四）付款人名称；

（五）出票日期；

（六）出票人签章。

支票上未记载前款规定事项之一的，支票无效。

第八十五条 支票上的金额可以由出票人授权补记，未补记前的支票，不得使用。

第八十六条 支票上未记载收款人名称的，经出票人授权，可以补记。

支票上未记载付款地的，付款人的营业场所为付款地。

支票上未记载出票地的，出票人的营业场所、住所或者经常居住地为出票地。

出票人可以在支票上记载自己为收款人。

第八十七条 支票的出票人所签发的支票金额不得超过其付款时在付款人处实有的存款金额。

出票人签发的支票金额超过其付款时在付款人处实有的存款金额的,为空头支票。禁止签发空头支票。

第八十八条 支票的出票人不得签发与其预留本名的签名式样或者印鉴不符的支票。

第八十九条 出票人必须按照签发的支票金额承担保证向该持票人付款的责任。

出票人在付款人处的存款足以支付支票金额时,付款人应当在当日足额付款。

第九十条 支票限于见票即付,不得另行记载付款日期。另行记载付款日期的,该记载无效。

第九十一条 支票的持票人应当自出票日起十日内提示付款;异地使用的支票,其提示付款的期限由中国人民银行另行规定。

超过提示付款期限的,付款人可以不予付款;付款人不予付款的,出票人仍应当对持票人承担票据责任。

第九十二条 付款人依法支付支票金额的,对出票人不再承担受委托付款的责任,对持票人不再承担付款的责任。但是,付款人以恶意或者有重大过失付款的除外。

第九十三条 支票的背书、付款行为和追索权的行使,除本章规定外,适用本法第二章有关汇票的规定。

支票的出票行为,除本章规定外,适用本法第二十四条、第二十六条关于汇票的规定。

第五章 涉外票据的法律适用

第九十四条 涉外票据的法律适用,依照本章的规定确定。

前款所称涉外票据,是指出票、背书、承兑、保证、付款等行为中,既有发生在中华人民共和国境内又有发生在中华人民共和国境外的票据。

第九十五条 中华人民共和国缔结或者参加的国际条约同本法有不同规定的,适用国际条约的规定。但是,中华人民共和国声明保留的条款除外。

本法和中华人民共和国缔结或者参加的国际条约没有规定的,可以适用国际惯例。

第九十六条 票据债务人的民事行为能力,适用其本国法律。

票据债务人的民事行为能力,依照其本国法律为无民事行为能力或者为限制民事行为能力而依照行为地法律为完全民事行为能力的,适用行为地法律。

第九十七条 汇票、本票出票时的记载事项,适用出票地法律。

支票出票时的记载事项,适用出票地法律,经当事人协议,也可以适用付款地法律。

第九十八条 票据的背书、承兑、付款和保证行为,适用行为地法律。

第九十九条 票据追索权的行使期限,适用出票地法律。

第一百条 票据的提示期限、有关拒绝证明的方式、出具拒绝证明的期限,适用付款地法律。

第一百零一条 票据丧失时,失票人请求保全票据权利的程序,适用付款地法律。

第六章 法律责任

第一百零二条 有下列票据欺诈行为之一的,依法追究刑事责任:

（一）伪造、变造票据的；

（二）故意使用伪造、变造的票据的；

（三）签发空头支票或者故意签发与其预留的本名签名式样或者印鉴不符的支票，骗取财物的；

（四）签发无可靠资金来源的汇票、本票，骗取资金的；

（五）汇票、本票的出票人在出票时作虚假记载，骗取财物的；

（六）冒用他人的票据，或者故意使用过期或者作废的票据，骗取财物的；

（七）付款人同出票人、持票人恶意串通，实施前六项所列行为之一的。

第一百零三条 有前条所列行为之一，情节轻微，不构成犯罪的，依照国家有关规定给予行政处罚。

第一百零四条 金融机构工作人员在票据业务中玩忽职守，对违反本法规定的票据予以承兑、付款或者保证的，给予处分；造成重大损失，构成犯罪的，依法追究刑事责任。

由于金融机构工作人员因前款行为给当事人造成损失的，由该金融机构和直接责任人员依法承担赔偿责任。

第一百零五条 票据的付款人对见票即付或者到期的票据，故意压票，拖延支付的，由金融行政管理部门处以罚款，对直接责任人员给予处分。

票据的付款人故意压票，拖延支付，给持票人造成损失的，依法承担赔偿责任。

第一百零六条 依照本法规定承担赔偿责任以外的其他违反本法规定的行为，给他人造成损失的，应当依法承担民事责任。

第七章 附 则

第一百零七条 本法规定的各项期限的计算，适用民法通则关于计算期间的规定。

按月计算期限的，按到期月的对日计算；无对日的，月末日为到期日。

第一百零八条 汇票、本票、支票的格式应当统一。

票据凭证的格式和印制管理办法，由中国人民银行规定。

第一百零九条 票据管理的具体实施办法，由中国人民银行依照本法制定，报国务院批准后施行。

第一百一十条 本法自 1996 年 1 月 1 日起施行。

中华人民共和国主席令

第六十八号

《中华人民共和国政府采购法》已由中华人民共和国第九届全国人民代表大会常务委员会第二十八次会议于 2002 年 6 月 29 日通过，现予公布，自 2003 年 1 月 1 日起施行。

中华人民共和国主席　江泽民

二〇〇二年六月二十九日

中华人民共和国政府采购法

（2002年6月29日第九届全国人民代表大会常务委员会第二十八次会议通过）

第一章　总　则

第一条　为了规范政府采购行为，提高政府采购资金的使用效益，维护国家利益和社会公共利益，保护政府采购当事人的合法权益，促进廉政建设，制定本法。

第二条　在中华人民共和国境内进行的政府采购适用本法。

本法所称政府采购，是指各级国家机关、事业单位和团体组织，使用财政性资金采购依法制定的集中采购目录以内的或者采购限额标准以上的货物、工程和服务的行为。

政府集中采购目录和采购限额标准依照本法规定的权限制定。

本法所称采购，是指以合同方式有偿取得货物、工程和服务的行为，包括购买、租赁、委托、雇用等。

本法所称货物，是指各种形态和种类的物品，包括原材料、燃料、设备、产品等。

本法所称工程，是指建设工程，包括建筑物和构筑物的新建、改建、扩建、装修、拆除、修缮等。

本法所称服务，是指除货物和工程以外的其他政府采购对象。

第三条　政府采购应当遵循公开透明原则、公平竞争原则、公正原则和诚实信用原则。

第四条　政府采购工程进行招标投标的，适用招标投标法。

第五条　任何单位和个人不得采用任何方式，阻挠和限制供应商自由进入本地区和本行业的政府采购市场。

第六条　政府采购应当严格按照批准的预算执行。

第七条　政府采购实行集中采购和分散采购相结合。集中采购的范围由省级以上人民政府公布的集中采购目录确定。

属于中央预算的政府采购项目，其集中采购目录由国务院确定并公布；属于地方预算的政府采购项目，其集中采购目录由省、自治区、直辖市人民政府或者其授权的机构确定并公布。

纳入集中采购目录的政府采购项目，应当实行集中采购。

第八条　政府采购限额标准，属于中央预算的政府采购项目，由国务院确定并公布；属于地方预算的政府采购项目，由省、自治区、直辖市人民政府或者其授权的机构确定并公布。

第九条　政府采购应当有助于实现国家的经济和社会发展政策目标，包括保护环境，扶持不发达地区和少数民族地区,促进中小企业发展等。

第十条 政府采购应当采购本国货物、工程和服务。但有下列情形之一的除外:

(一)需要采购的货物、工程或者服务在中国境内无法获取或者无法以合理的商业条件获取的;

(二)为在中国境外使用而进行采购的;

(三)其他法律、行政法规另有规定的。

前款所称本国货物、工程和服务的界定,依照国务院有关规定执行。

第十一条 政府采购的信息应当在政府采购监督管理部门指定的媒体上及时向社会公开发布,但涉及商业秘密的除外。

第十二条 在政府采购活动中,采购人员及相关人员与供应商有利害关系的,必须回避。供应商认为采购人员及相关人员与其他供应商有利害关系的,可以申请其回避。

前款所称相关人员,包括招标采购中评标委员会的组成人员,竞争性谈判采购中谈判小组的组成人员,询价采购中询价小组的组成人员等。

第十三条 各级人民政府财政部门是负责政府采购监督管理的部门,依法履行对政府采购活动的监督管理职责。

各级人民政府其他有关部门依法履行与政府采购活动有关的监督管理职责。

第二章 政府采购当事人

第十四条 政府采购当事人是指在政府采购活动中享有权利和承担义务的各类主体,包括采购人、供应商和采购代理机构等。

第十五条 采购人是指依法进行政府采购的国家机关、事业单位、团体组织。

第十六条 集中采购机构为采购代理机构。设区的市、自治州以上人民政府根据本级政府采购项目组织集中采购的需要设立集中采购机构。

集中采购机构是非营利事业法人,根据采购人的委托办理采购事宜。

第十七条 集中采购机构进行政府采购活动,应当符合采购价格低于市场平均价格、采购效率更高、采购质量优良和服务良好的要求。

第十八条 采购人采购纳入集中采购目录的政府采购项目,必须委托集中采购机构代理采购;采购未纳入集中采购目录的政府采购项目,可以自行采购,也可以委托集中采购机构在委托的范围内代理采购。

纳入集中采购目录属于通用的政府采购项目的,应当委托集中采购机构代理采购;属于本部门、本系统有特殊要求的项目,应当实行部门集中采购;属于本单位有特殊要求的项目,经省级以上人民政府批准,可以自行采购。

第十九条 采购人可以委托经国务院有关部门或者省级人民政府有关部门认定资格的采购代理机构,在委托的范围内办理政府采购事宜。

采购人有权自行选择采购代理机构,任何单位和个人不得以任何方式为采购人指定采购代理机构。

第二十条 采购人依法委托采购代理机构办理采购事宜的,应当由采购人与采购代理机构签订委托代理协议,依法确定委托代理的事项,约定双方的权利义务。

第二十一条 供应商是指向采购人提供货物、工程或者服务的法人、其他组织或者自然人。

第二十二条 供应商参加政府采购活动应当具备下列条件:

(一)具有独立承担民事责任的能力;

(二)具有良好的商业信誉和健全的财务会计制度;

(三)具有履行合同所必需的设备和专业技术能力;

(四)有依法缴纳税收和社会保障资金的良好记录;

(五)参加政府采购活动前三年内,在经营活动中没有重大违法记录;

(六)法律、行政法规规定的其他条件。

采购人可以根据采购项目的特殊要求,规定供应商的特定条件,但不得以不合理的条件对供应商实行差别待遇或者歧视待遇。

第二十三条 采购人可以要求参加政府采购的供应商提供有关资质证明文件和业绩情况,并根据本法规定的供应商条件和采购项目对供应商的特定要求,对供应商的资格进行审查。

第二十四条 两个以上的自然人、法人或者其他组织可以组成一个联合体,以一个供应商的身份共同参加政府采购。

以联合体形式进行政府采购的,参加联合体的供应商均应当具备本法第二十二条规定的条件,并应当向采购人提交联合协议,载明联合体各方承担的工作和义务。联合体各方应当共同与采购人签订采购合同,就采购合同约定的事项对采购人承担连带责任。

第二十五条 政府采购当事人不得相互串通损害国家利益、社会公共利益和其他当事人的合法权益;不得以任何手段排斥其他供应商参与竞争。

供应商不得以向采购人、采购代理机构、评标委员会的组成人员、竞争性谈判小组的组成人员、询价小组的组成人员行贿或者采取其他不正当手段谋取中标或者成交。

采购代理机构不得以向采购人行贿或者采取其他不正当手段谋取非法利益。

第三章 政府采购方式

第二十六条 政府采购采用以下方式:

(一)公开招标;

(二)邀请招标;

(三)竞争性谈判;

(四)单一来源采购;

(五)询价;

(六)国务院政府采购监督管理部门认定的其他采购方式。

公开招标应作为政府采购的主要采购方式。

第二十七条 采购人采购货物或者服务应当采用公开招标方式的,其具体数额标准,属于中央预算的政府采购项目,由国务院规定;属于地方预算的政府采购项目,由省、自治区、直辖市人民政府规定;因特殊情况需要采用公开招标以外的采购方式的,应当在采购活动开始前获得设区的市、自治州以上人民政府采购监督管理部门的批准。

第二十八条 采购人不得将应当以公开招标方式采购的货物或者服务化整为零或者以其他任何方式规避公开招标采购。

第二十九条 符合下列情形之一的货物或者服务,可以依照本法采用邀请招标方式采购:

(一)具有特殊性,只能从有限范围的供应商处采购的;

(二)采用公开招标方式的费用占政府采购项目总价值的比例过大的。

第三十条 符合下列情形之一的货物或者服务,可以依照本法采用竞争性谈判方式采购:

(一)招标后没有供应商投标或者没有合格标的或者重新招标未能成立的;

(二)技术复杂或者性质特殊,不能确定详细规格或者具体要求的;

(三)采用招标所需时间不能满足用户紧急需要的;

(四)不能事先计算出价格总额的。

第三十一条 符合下列情形之一的货物或者服务,可以依照本法采用单一来源方式采购:

(一)只能从唯一供应商处采购的;

(二)发生了不可预见的紧急情况不能从其他供应商处采购的;

(三)必须保证原有采购项目一致性或者服务配套的要求,需要继续从原供应商处添购,且添购资金总额不超过原合同采购金额百分之十的。

第三十二条 采购的货物规格、标准统一、现货货源充足且价格变化幅度小的政府采购项目,可以依照本法采用询价方式采购。

第四章 政府采购程序

第三十三条 负有编制部门预算职责的部门在编制下一财政年度部门预算时,应当将该财政年度政府采购的项目及资金预算列出,报本级财政部门汇总。部门预算的审批,按预算管理权限和程序进行。

第三十四条 货物或者服务项目采取邀请招标方式采购的,采购人应当从符合相应资格条件的供应商中,通过随机方式选择三家以上的供应商,并向其发出投标邀请书。

第三十五条 货物和服务项目实行招标方式采购的,自招标文件开始发出之日起至投标人提交投标文件截止之日止,不得少于二十日。

第三十六条 在招标采购中,出现下列情形之一的,应予废标:

(一)符合专业条件的供应商或者对招标文件做实质响应的供应商不足三家的;

(二)出现影响采购公正的违法、违规行为的;

(三)投标人的报价均超过了采购预算,采购人不能支付的;

(四)因重大变故,采购任务取消的。

废标后,采购人应当将废标理由通知所有投标人。

第三十七条 废标后,除采购任务取消情形外,应当重新组织招标;需要采取其他方式采购的,应当在采购活动开始前获得设区的市、自治州以上人民政府采购监督管理部门或者政府有关部门批准。

第三十八条 采用竞争性谈判方式采购的，应当遵循下列程序：

（一）成立谈判小组。谈判小组由采购人的代表和有关专家共三人以上的单数组成，其中专家的人数不得少于成员总数的三分之二。

（二）制定谈判文件。谈判文件应当明确谈判程序、谈判内容、合同草案的条款以及评定成交的标准等事项。

（三）确定邀请参加谈判的供应商名单。谈判小组从符合相应资格条件的供应商名单中确定不少于三家的供应商参加谈判，并向其提供谈判文件。

（四）谈判。谈判小组所有成员集中与单一供应商分别进行谈判。在谈判中，谈判的任何一方不得透露与谈判有关的其他供应商的技术资料、价格和其他信息。谈判文件有实质性变动的，谈判小组应当以书面形式通知所有参加谈判的供应商。

确定成交供应商。谈判结束后，谈判小组应当要求所有参加谈判的供应商在规定时间内进行最后报价，采购人从谈判小组提出的成交候选人中根据符合采购需求、质量和服务相等且报价最低的原则确定成交供应商，并将结果通知所有参加谈判的未成交的供应商。

第三十九条 采取单一来源方式采购的，采购人与供应商应当遵循本法规定的原则，在保证采购项目质量和双方商定合理价格的基础上进行采购。

第四十条 采取询价方式采购的，应当遵循下列程序：

（一）成立询价小组。询价小组由采购人的代表和有关专家共三人以上的单数组成，其中专家的人数不得少于成员总数的三分之二。询价小组应当对采购项目的价格构成和评定成交的标准等事项做出规定。

（二）确定被询价的供应商名单。询价小组根据采购需求，从符合相应资格条件的供应商名单中确定不少于三家的供应商，并向其发出询价通知书让其报价。

（三）询价。询价小组要求被询价的供应商一次报出不得更改的价格。

（四）确定成交供应商。采购人根据符合采购需求、质量和服务相等且报价最低的原则确定成交供应商，并将结果通知所有被询价的未成交的供应商。

第四十一条 采购人或者其委托的采购代理机构应当组织对供应商履约的验收。大型或者复杂的政府采购项目，应当邀请国家认可的质量检测机构参加验收工作。验收方成员应当在验收书上签字，并承担相应的法律责任。

第四十二条 采购人、采购代理机构对政府采购项目每项采购活动的采购文件应当妥善保存，不得伪造、变造、隐匿或者销毁。采购文件的保存期限为从采购结束之日起至少保存十五年。

采购文件包括采购活动记录、采购预算、招标文件、投标文件、评标标准、评估报告、定标文件、合同文本、验收证明、质疑答复、投诉处理决定及其他有关文件、资料。

采购活动记录至少应当包括下列内容：

（一）采购项目类别、名称；

（二）采购项目预算、资金构成和合同价格；

（三）采购方式，采用公开招标以外的采购方式的，应当载明原因；

（四）邀请和选择供应商的条件及原因；

(五)评标标准及确定中标人的原因;

(六)废标的原因;

(七)采用招标以外采购方式的相应记载。

第五章 政府采购合同

第四十三条 政府采购合同适用合同法。采购人和供应商之间的权利和义务,应当按照平等、自愿的原则以合同方式约定。

采购人可以委托采购代理机构代表其与供应商签订政府采购合同。由采购代理机构以采购人名义签订合同的,应当提交采购人的授权委托书,作为合同附件。

第四十四条 政府采购合同应当采用书面形式。

第四十五条 国务院政府采购监督管理部门应当会同国务院有关部门,规定政府采购合同必须具备的条款。

第四十六条 采购人与中标、成交供应商应当在中标、成交通知书发出之日起三十日内,按照采购文件确定的事项签订政府采购合同。

中标、成交通知书对采购人和中标、成交供应商均具有法律效力。中标、成交通知书发出后,采购人改变中标、成交结果的,或者中标、成交供应商放弃中标、成交项目的,应当依法承担法律责任。

第四十七条 政府采购项目的采购合同自签订之日起七个工作日内,采购人应当将合同副本报同级政府采购监督管理部门和有关部门备案。

第四十八条 经采购人同意,中标、成交供应商可以依法采取分包方式履行合同。

政府采购合同分包履行的,中标、成交供应商就采购项目和分包项目向采购人负责,分包供应商就分包项目承担责任。

第四十九条 政府采购合同履行中,采购人需追加与合同标的相同的货物、工程或者服务的,在不改变合同其他条款的前提下,可以与供应商协商签订补充合同,但所有补充合同的采购金额不得超过原合同采购金额的百分之十。

第五十条 政府采购合同的双方当事人不得擅自变更、中止或者终止合同。政府采购合同继续履行将损害国家利益和社会公共利益的,双方当事人应当变更、中止或者终止合同。有过错的一方应当承担赔偿责任,双方都有过错的,各自承担相应的责任。

第六章 质疑与投诉

第五十一条 供应商对政府采购活动事项有疑问的,可以向采购人提出询问,采购人应当及时做出答复,但答复的内容不得涉及商业秘密。

第五十二条 供应商认为采购文件、采购过程和中标、成交结果使自己的权益受到损害的,可以在知道或者应知其权益受到损害之日起七个工作日内,以书面形式向采购人提出质疑。

第五十三条 采购人应当在收到供应商的书面质疑后七个工作日内做出答复,并以书面形式通知质疑供应商和其他有关供应商,但答复的内容不得涉及商业秘密。

第五十四条 采购人委托采购代理机构采购的，供应商可以向采购代理机构提出询问或者质疑，采购代理机构应当依照本法第五十一条、第五十三条的规定就采购人委托授权范围内的事项做出答复。

第五十五条 质疑供应商对采购人、采购代理机构的答复不满意或者采购人、采购代理机构未在规定的时间内做出答复的，可以在答复期满后十五个工作日内向同级政府采购监督管理部门投诉。

第五十六条 政府采购监督管理部门应当在收到投诉后三十个工作日内，对投诉事项做出处理决定，并以书面形式通知投诉人和与投诉事项有关的当事人。

第五十七条 政府采购监督管理部门在处理投诉事项期间，可以视具体情况书面通知采购人暂停采购活动，但暂停时间最长不得超过三十日。

第五十八条 投诉人对政府采购监督管理部门的投诉处理决定不服或者政府采购监督管理部门逾期未做处理的，可以依法申请行政复议或者向人民法院提起行政诉讼。

第七章 监督检查

第五十九条 政府采购监督管理部门应当加强对政府采购活动及集中采购机构的监督检查。

监督检查的主要内容是：

（一）有关政府采购的法律、行政法规和规章的执行情况；

（二）采购范围、采购方式和采购程序的执行情况；

（三）政府采购人员的职业素质和专业技能。

第六十条 政府采购监督管理部门不得设置集中采购机构，不得参与政府采购项目的采购活动。

采购代理机构与行政机关不得存在隶属关系或者其他利益关系。

第六十一条 集中采购机构应当建立健全内部监督管理制度。采购活动的决策和执行程序应当明确，并相互监督、相互制约。经办采购的人员与负责采购合同审核、验收人员的职责权限应当明确，并相互分离。

第六十二条 集中采购机构的采购人员应当具有相关职业素质和专业技能，符合政府采购监督管理部门规定的专业岗位任职要求。

集中采购机构对其工作人员应当加强教育和培训；对采购人员的专业水平、工作实绩和职业道德状况定期进行考核。采购人员经考核不合格的，不得继续任职。

第六十三条 政府采购项目的采购标准应当公开。

采用本法规定的采购方式的，采购人在采购活动完成后，应当将采购结果予以公布。

第六十四条 采购人必须按照本法规定的采购方式和采购程序进行采购。

任何单位和个人不得违反本法规定，要求采购人或者采购工作人员向其指定的供应商进行采购。

第六十五条 政府采购监督管理部门应当对政府采购项目的采购活动进行检查，政府采购当事人应当如实反映情况，提供有关材料。

第六十六条　政府采购监督管理部门应当对集中采购机构的采购价格、节约资金效果、服务质量、信誉状况、有无违法行为等事项进行考核,并定期如实公布考核结果。

第六十七条　依照法律、行政法规的规定对政府采购负有行政监督职责的政府有关部门,应当按照其职责分工,加强对政府采购活动的监督。

第六十八条　审计机关应当对政府采购进行审计监督。政府采购监督管理部门、政府采购各当事人有关政府采购活动,应当接受审计机关的审计监督。

第六十九条　监察机关应当加强对参与政府采购活动的国家机关、国家公务员和国家行政机关任命的其他人员实施监察。

第七十条　任何单位和个人对政府采购活动中的违法行为,有权控告和检举,有关部门、机关应当依照各自职责及时处理。

第八章　法律责任

第七十一条　采购人、采购代理机构有下列情形之一的,责令限期改正,给予警告,可以并处罚款,对直接负责的主管人员和其他直接责任人员,由其行政主管部门或者有关机关给予处分,并予通报:

(一)应当采用公开招标方式而擅自采用其他方式采购的;

(二)擅自提高采购标准的;

(三)委托不具备政府采购业务代理资格的机构办理采购事务的;

(四)以不合理的条件对供应商实行差别待遇或者歧视待遇的;

(五)在招标采购过程中与投标人进行协商谈判的;

(六)中标、成交通知书发出后不与中标、成交供应商签订采购合同的;

(七)拒绝有关部门依法实施监督检查的。

第七十二条　采购人、采购代理机构及其工作人员有下列情形之一,构成犯罪的,依法追究刑事责任;尚不构成犯罪的,处以罚款,有违法所得的,并处没收违法所得,属于国家机关工作人员的,依法给予行政处分:

(一)与供应商或者采购代理机构恶意串通的;

(二)在采购过程中接受贿赂或者获取其他不正当利益的;

(三)在有关部门依法实施的监督检查中提供虚假情况的;

(四)开标前泄露标底的。

第七十三条　有前两条违法行为之一影响中标、成交结果或者可能影响中标、成交结果的,按下列情况分别处理:

(一)未确定中标、成交供应商的,终止采购活动;

(二)中标、成交供应商已经确定但采购合同尚未履行的,撤销合同,从合格的中标、成交候选人中另行确定中标、成交供应商;

(三)采购合同已经履行的,给采购人、供应商造成损失的,由责任人承担赔偿责任。

第七十四条　采购人对应当实行集中采购的政府采购项目,不委托集中采购机构实行集中采购的,由政府采购监督管理部门责令改正;拒不改正的,停止按预算向其支付资金,由其上级行政主管部门或者有关机关依法给予其直接负责的主管人员和其他直接责任人员处分。

第七十五条 采购人未依法公布政府采购项目的采购标准和采购结果的，责令改正，对直接负责的主管人员依法给予处分。

第七十六条 采购人、采购代理机构违反本法规定隐匿、销毁应当保存的采购文件或者伪造、变造采购文件的，由政府采购监督管理部门处以二万元以上十万元以下的罚款，对其直接负责的主管人员和其他直接责任人员依法给予处分；构成犯罪的，依法追究刑事责任。

第七十七条 供应商有下列情形之一的，处以采购金额千分之五以上千分之十以下的罚款，列入不良行为记录名单，在一至三年内禁止参加政府采购活动，有违法所得的，并处没收违法所得，情节严重的，由工商行政管理机关吊销营业执照；构成犯罪的，依法追究刑事责任：

（一）提供虚假材料谋取中标、成交的；

（二）采取不正当手段诋毁、排挤其他供应商的；

（三）与采购人、其他供应商或者采购代理机构恶意串通的；

（四）向采购人、采购代理机构行贿或者提供其他不正当利益的；

（五）在招标采购过程中与采购人进行协商谈判的；

（六）拒绝有关部门监督检查或者提供虚假情况的。

供应商有前款第（一）至（五）项情形之一的，中标、成交无效。

第七十八条 采购代理机构在代理政府采购业务中有违法行为的，按照有关法律规定处以罚款，可以依法取消其进行相关业务的资格，构成犯罪的，依法追究刑事责任。

第七十九条 政府采购当事人有本法第七十一条、第七十二条、第七十七条违法行为之一，给他人造成损失的，并应依照有关民事法律规定承担民事责任。

第八十条 政府采购监督管理部门的工作人员在实施监督检查中违反本法规定滥用职权，玩忽职守，徇私舞弊的，依法给予行政处分；构成犯罪的，依法追究刑事责任。

第八十一条 政府采购监督管理部门对供应商的投诉逾期未作处理的，给予直接负责的主管人员和其他直接责任人员行政处分。

第八十二条 政府采购监督管理部门对集中采购机构业绩的考核，有虚假陈述，隐瞒真实情况的，或者不作定期考核和公布考核结果的，应当及时纠正，由其上级机关或者监察机关对其负责人进行通报，并对直接负责的人员依法给予行政处分。

集中采购机构在政府采购监督管理部门考核中，虚报业绩，隐瞒真实情况的，处以二万元以上二十万元以下的罚款，并予以通报；情节严重的，取消其代理采购的资格。

第八十三条 任何单位或者个人阻挠和限制供应商进入本地区或者本行业政府采购市场的，责令限期改正；拒不改正的，由该单位、个人的上级行政主管部门或者有关机关给予单位责任人或者个人处分。

第九章　附　则

第八十四条 使用国际组织和外国政府贷款进行的政府采购，贷款方、资金提供方与中方达成的协议对采购的具体条件另有规定的，可以适用其规定，但不得损害国家利益和社会公共利益。

第八十五条 对因严重自然灾害和其他不可抗力事件所实施的紧急采购和涉及国家安全和秘密的采购,不适用本法。

第八十六条 军事采购法规由中央军事委员会另行制定。

第八十七条 本法实施的具体步骤和办法由国务院规定。

第八十八条 本法自 2003 年 1 月 1 日起施行。